ÖSTERREICHISCHE AKADEMIE DER WISSENSCHAFTEN
MATHEMATISCH-NATURWISSENSCHAFTLICHE KLASSE
DENKSCHRIFTEN, 113. BAND

ZUM BAU DES HIMALAYA

VON

GERHARD FUCHS

(MIT 70 ABBILDUNGEN UND 9 FALTTAFELN)

SPRINGER-VERLAG WIEN GMBH 1967

Meinen Eltern gewidmet

Additional material to this book can be downloaded from http://extras.springer.com

ISBN 978-3-211-86343-5   ISBN 978-3-7091-5792-3 (eBook)
DOI 10.1007/978-3-7091-5792-3

Inhaltsverzeichnis

	Seite
Vorwort	5
Summary	9
A. The Zones of the Himalaya	9
1. The Tertiary-Zone	9
2. The Krol Unit	9
3. The Chail Nappe	14
4. The Crystalline Nappe	15
5. The Tethys- or Tibetan Zone	16
B. The Development of the Himalayas	20
Übersicht	23

I. DER NIEDERE UND HOHE HIMALAYA 23

Einführung 23

A. Beschreibung der besuchten Gebiete 25
   1. Nepal 26
      a) Butwal — Tansing — Riri Bazar 26
      b) Riri Bazar — Bari Gad — Dhorpatan 33
      c) Dhorpatan — Uttar Ganga — Jangla Bhanjyang — Tarakot . 46
      d) Die Umgebung von Tarakot und das untere Barbung Khola . 62
      e) Das untere Tarap Khola 71
      f) Tukucha — Dana — Beni — Kusma 73
      g) Kusma — Pokhara 79
      h) Kusma — Tansing 81
   2. Garhwal 86
      a) Rishikesh — Deoprayag — Srinagar — Ruduprayag . . . 87
      b) Srinagar — Pauri — Lansdowne 92
   3. Mussoorie (bei Dehra Dun) 99
   4. Das Simla-Sutlej-Gebiet 101
      a) Solon — Simla 101
      b) Bilaspur — Simla 104
      c) Simla — Naldera — Sutlej-Tal 109
      d) Profil Mashobra — Shali Peak 114
   5. Bilaspur — Mandi 121
   6. Mandi — Kulu — Rohtang-Paß 124
   7. Mandi — Jogindernagar 127
   8. Jammu und Kashmir 128

B. Regionale Übersicht 131
   1. Stratigraphie 132
      a) Simla slates 133
      b) Chandpur 134
      c) Chail-Serie 135
      d) Nagthat 137
      e) Blaini 138
      f) Infra Krol shales 140
      g) Krol-Serie 140
      h) Shali-Fazies (Shali-, Deoban-, Tejam-Kalk usw.) 141
      i) Tal-Serie 144
      j) Tertiär 145
      k) Stratigraphie der Kristallin-Decke 145

	Seite

2. Tektonik 146
   a) Die Tertiär-Zone (Sub-Himalaya) 146
   b) Die Krol-Einheit 146
   c) Die Chail-Decke 149
   d) Die Kristallin-Decke 150
   e) Metamorphose 151
   f) Strukturelemente des Indischen Schildes im Himalaya 152
   g) Einige allgemeine Bemerkungen zur Tektonik 152

II. DIE TETHYS- ODER TIBET-ZONE 153
Einführung 153
Geographische Lage des Arbeitsgebietes 154

A. Stratigraphie 155
1. Dhaulagiri-Kalk 155
2. Die Hangendabgrenzung des Dhaulagiri-Kalkes und mögliches Silur 157
3. Devon 161
   a) Tilicho-Paß-Formation 161
   b) Die Kalk-Fazies des Tarap Khola 163
   c) Die Dolomit-Fazies 164
   d) Fragliches Devon 165
4. Ice Lake-Formation (Unterkarbon) 167
5. Thini Chu-Formation (Oberes Perm) 168
6. Die Trias 172
   a) Untertrias (Skyth) 172
   b) Mukut-Kalk 179
   c) Tarap-Schiefer 181
   d) Quarzit-Serie (Quartzite Beds) 183
   e) Kioto-Kalk 184
7. Jura 186
   a) Lumachelle-Formation 186
   b) „Ferruginous Beds" 189
8. Mustang-Granit 190

B. Tektonik 191
1. Der SW-Rand des Tibetischen Randsynklinoriums 192
2. Die Mukut-Synklinale 193
3. Antiklinale N von Terang 194
4. Synklinale von Tukot-Barbong 194
5. Antiklinale N von Barbong 194
6. Synklinale von Tarap-Charka 195
7. Antiklinale von Zaba (Nangung Khola) 195
8. Synklinale von Koma 196
9. Antiklinale des Panjang Khola 196
10. Störungen 197
   a) Überschiebungen 197
   b) Schuppungen und dem Streichen folgende Brüche 197
   c) Transversale Störungen 197

III. DIE ENTWICKLUNG DES HIMALAYA 198
Literatur 208

Vorwort

1963 ging mein langgehegter Wunsch, als Expeditionsgeologe im höchsten Gebirge unserer Erde, dem Himalaya, arbeiten zu dürfen, in Erfüllung. Die Österreichische Himalaya-Gesellschaft bot mir die Gelegenheit, an der von ihr durchgeführten „Österreichischen Dhaula Himal Expedition 1963" teilzunehmen. Das Ziel dieser Expedition war die bergsteigerische und geographisch-geologische Erschließung des nördlichen Bereiches der Dhaulagirigruppe in West-Nepal. Unserer achtköpfigen Mannschaft gehörten an: Egbert Eidher als Leiter der Expedition, die Bergsteiger Franz Huber, Adolf Weissensteiner, Walter Gstrein und Ernst Kulhavy, der Arzt Dr. Klaus Kubiena, der Geograph Dr. Hans Fischer sowie der Verfasser.

Anfang Februar 1963 verließen wir Wien und erreichten Anfang März Nepal. Damit begannen für mich die geologischen Aufnahmen.

In Butwal, einer kleinen Ortschaft am Rande des Gebirges gegen die Gangesebene, begann unser Marsch (siehe Taf. 2). Auf der Anmarsch-Route zum Dhaula Himal querten wir sämtliche geologischen und geographischen Großzonen des Gebirges. Die Zeit von Mitte April bis Ende August diente der systematischen Aufnahme des unter dem Namen Dolpo bekannten Gebietes (Charkabhot auf der ¼″-Karte) N der Dhaulagirigruppe und der nördlichen Teile dieses Gebirgsstockes. Mit den ersten Schlechtwettereinbrüchen des nahenden Monsuns (Ende Mai) trat die Expedition den Rückmarsch an, während ich, begleitet von einem Sherpa, meine Arbeit weiter fortsetzte. In den Tälern nördlich des Himalaya-Hauptkammes dringt nämlich der Monsun nur stark abgeschwächt durch, wodurch die Weiterführung der geologischen Aufnahmen möglich war. Es ist mir eine Freude, der Österreichischen Himalaya-Gesellschaft nicht nur für die ermöglichte Teilnahme an der Expedition zu danken, sondern auch dafür, daß sie so großes Verständnis für meine wissenschaftliche Arbeit bewies und mir den Aufenthalt in Nepal bis September ermöglicht hat.

Der Rückmarsch führte mich entlang des Kali Gandaki, östlich des Dhaulagiri, vom Tibetischen Grenzgebirge wieder durch sämtliche Zonen des Himalaya bis nach Butwal, dem Ausgangspunkt unserer Expedition, den ich Ende September erreichte.

Das aufgesammelte Fossilmaterial wurde Spezialisten zur paläontologischen Bearbeitung übergeben. Ein Kurzbericht über die vorläufigen Ergebnisse wurde in den Verh. G. B. A. 1964 veröffentlicht.

Bei der Querung der Gebiete S des Himalaya-Hauptkammes fanden sich verschiedene Widersprüche gegenüber der tektonischen Gliederung Nepals von T. Hagen, doch konnte ich kein klares Bild gewinnen. Es schien mir unbedingt notwendig, die entsprechenden Zonen im relativ gut erforschten indischen Himalayaanteil zu Vergleichszwecken kennenzulernen, da nach dem Studium der über diese Gebiete ziemlich reichhaltigen Literatur sich zahlreiche Parallelen abzeichneten. Naturgemäß sind die verkehrstechnisch aufgeschlossensten Gebiete auch geologisch am besten bekannt. Es reifte in mir daher der Plan, mit dem Wagen nach Indien zu fahren und die interessantesten Punkte im NW-Himalaya aufzusuchen. Anschließend wurde die Teilnahme an dem im Dezember 1964 in New Delhi stattfindenden XXII. Internationalen Geologenkongreß geplant.

Ende September 1964 verließ ich mit meinem Kollegen von der Geologischen Bundesanstalt Dr. Benno Plöchinger und meinem Freund, dem Techniker Paul König, Wien. Die Teilnahme Dr. Plöchingers schien in Hinblick auf seine Aufnahmetätigkeit in den Alpen für Vergleiche zwischen Himalaya und Alpen von großem Wert zu sein, während Herr König die technische Betreuung des Fahrzeuges übernommen hatte.

Die Anreise nach Indien auf dem Landweg wurde durch geologische Exkursionen in den Elburz und Hindukush unterbrochen. Ende Oktober erreichten wir Kashmir (siehe Abb. 1). Wir waren nun am Ziel unserer Fahrt, im Himalaya. Sämtliche hier abgefahrenen Strecken wurden geologisch aufgenommen.

In Kashmir besuchten wir zu Vergleichszwecken mit der Tethys-Zone in Nepal eine Reihe der klassischen Typlokalitäten.

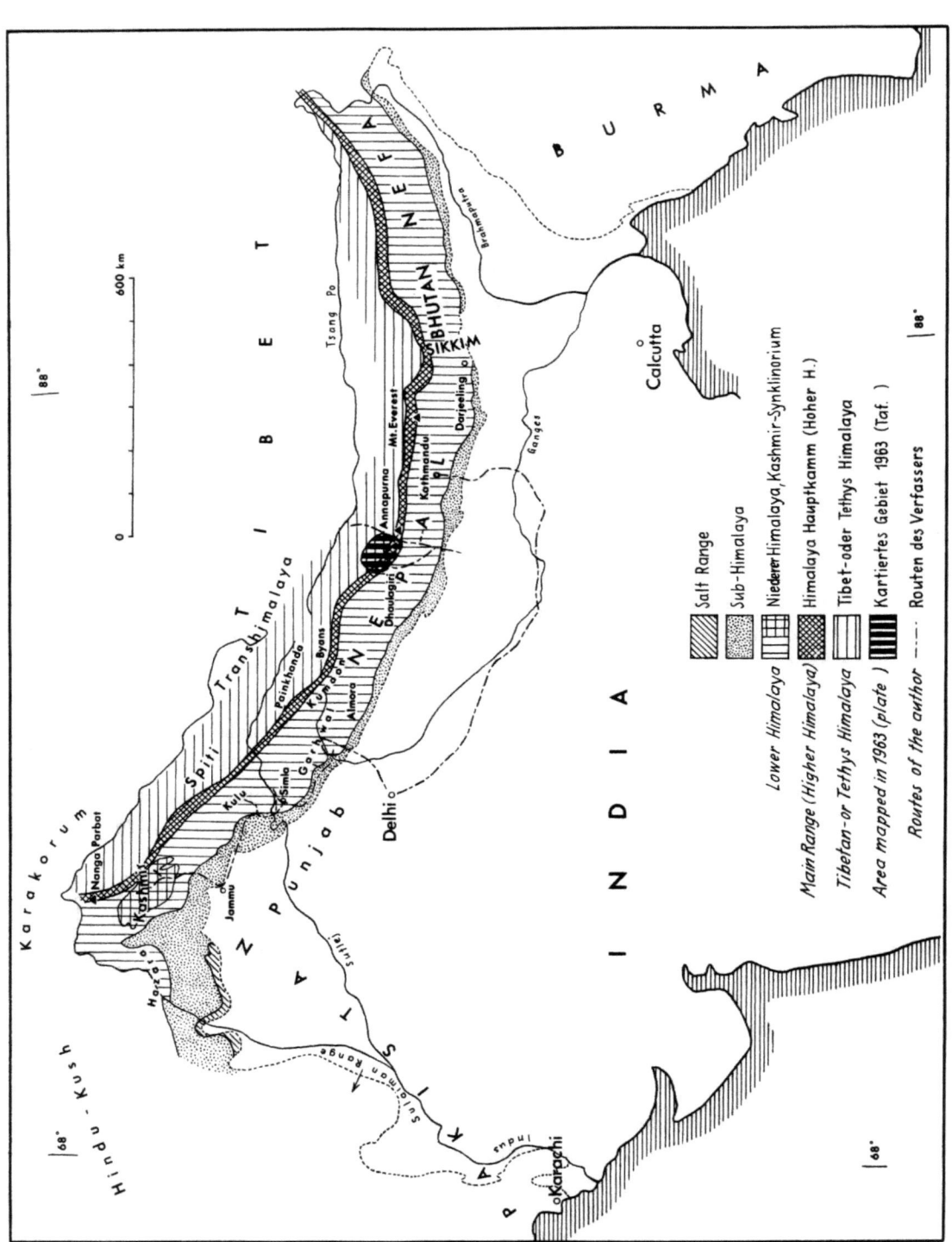

Abb. 1: Geographische Übersicht der Zonen des Himalayas (frei nach A. GANSSER 1964, Fig. 1).
Outline of the geographic zones of the Himalaya (partly after S. GANSSER 1964, Fig. 1).

Das Straßenprofil nach Kathmandu (Nepal) bildete den Abschluß unserer vergleichenden Studien im Himalaya.

Nach dem eben erst Gesehenen erwies sich die Teilnahme am Internat. Geologenkongreß, die Gelegenheit zu persönlichen Aussprachen mit anderen im Himalaya arbeitenden Geologen bot, als fruchtbringend.

In der vorliegenden Arbeit werden die Ergebnisse der Forschungsreisen von 1963 und 1964 gemeinsam behandelt.

Das Fossilmaterial beider Expeditionen wurde von folgenden Damen und Herren bearbeitet:

Herrn Prof. Dr. H. Flügel, Graz (paläozoische Korallen),

Frau J. R. P. Ross, Urbana, Illinois (USA) (Bryozoen),

Herrn Prof. Dr. J. B. Waterhouse, z. Z. Toronto, Canada (jungpaläozoische Brachiopoden und Gastropoden),

Herrn Prof. Dr. R. Sieber, Geol. B. A. Wien (das restliche, sehr umfangreiche paläo- und mesozoische Fossilmaterial).

Durch ihre Bestimmungsarbeit haben die Genannten einen wesentlichen Beitrag zur vorliegenden Arbeit geleistet, wofür an dieser Stelle besonders gedankt sei.

Herr Prof. Dr. W. Siegl, Leoben, bearbeitete die mitgebrachten Erzproben. Seine Ergebnisse sind als Beitrag in der vorliegenden Arbeit enthalten (S. 50). Für seine Arbeit sowie für den recht fruchtbaren Meinungsaustausch möchte ich Herrn Prof. Siegl herzlichst danken.

Die Durchführung meiner Arbeiten im Himalaya wurde nur durch das besondere Entgegenkommen von Herrn Prof. Dr. H. Küpper, dem Direktor der Geologischen Bundesanstalt, ermöglicht. Herr Direktor Küpper erwirkte für mich nicht nur die Freistellung im Jahre 1963 und die Freistellung von Kollegen Plöchinger und mir im Jahre 1964, sondern zeigte auch sein großes Verständnis für unsere Arbeit, indem er uns die Ausarbeitung im Rahmen unserer Dienstverpflichtung an der Geol. B. A. gestattete. Es ist mir daher ein aufrichtiges Bedürfnis, Herrn Direktor Prof. Dr. H. Küpper für seine stete Hilfsbereitschaft herzlichst zu danken.

Ebenso möchte ich dem Bundesministerium für Unterricht für die zweimalige Freistellung sowie für die finanzielle Unterstützung aufrichtigsten Dank sagen.

Auch meinen verehrten Lehrern, Herrn Prof. Dr. Dr. E. Clar und Herrn Prof. Doktor O. Kühn, danke ich an dieser Stelle herzlich für die Unterstützung meiner Pläne.

Die Finanzierung der Forschungsfahrt 1964 schien anfangs ein fast unüberwindliches Problem darzustellen.

Die großzügige Unterstützung von seiten des Theodor-Körner-Stiftungsfonds zur Förderung von Wissenschaft und Kunst, der Österreichischen Akademie der Wissenschaften, des Kulturamtes der Stadt Wien, der Sektion Österreichischer Gebirgsverein des Österreichischen Alpenvereines und zahlreicher öffentlicher und privater Stellen ermöglichte schließlich die Durchführung unserer Pläne. Ich möchte allen Institutionen und Personen, die uns dabei geholfen haben, meinen aufrichtigsten Dank ausdrücken.

Der Österreichischen Akademie der Wissenschaften darf ich weiters herzlichst dafür danken, daß die Arbeit in vorliegendem Umfang zur Publikation gelangen konnte.

Die Tafeln und Abbildungen wurden von der Zeichenabteilung der Geologischen Bundesanstalt in druckfertige Form gebracht. Herrn J. Kerschhofer, Frau I. Zack, Herrn P. Mundsperger und Herrn A. Roeder möchte ich für ihre Arbeit und die Ausführung gebührend danken.

Frl. L. Blümert habe ich für die mühevolle und umfangreiche Schreibmaschinenarbeit besonders zu danken.

Für die Durchsicht des „Summary" möchte ich Herrn Dr. F. Stefan, Wien, und Herrn Prof. Dr. J. B. Waterhouse, Toronto, herzlichst danken.

Danken möchte ich auch den Kameraden, die mich auf den beiden Expeditionen begleitet haben, für ihre Hilfe und die Zusammenarbeit, die es mir erlaubt hat, mehr Zeit für die wissenschaftliche Arbeit zu verwenden.

Hier muß ich auch in Dankbarkeit des Sherpas PUTHERKYA gedenken, der mich auf den monatelangen Gepäcksmärschen durch das weite Bergland Dolpo begleitet hat, der mit mir sich durch angeschwollene, eisige Flüsse gekämpft hat und der mir bei Verpflegungs- und Trägerbeschaffung stets treu zur Seite stand.

Nicht vergessen werde ich die Hilfe, die mir mein Onkel, akad. Maler Prof. Robert FUCHS, mit Rat und Tat erwiesen hat.

Zuletzt, aber wahrlich nicht an letzter Stelle, möchte ich meiner lieben Frau für ihre durch so lange Zeit bewiesene Opferbereitschaft und ihr großes Verständnis für meine Arbeit danken.

Adr. d. Verf.: Geologische Bundesanstalt, 1030 Wien, Rasumofskygasse 23, Austria

Summary

In 1963 the author was a member of the Austrian Dhaula Himal Expedition*) and studied the structures of the Nepal-Himalayas in the meridian of Dhaulagiri. In 1964 he visited the Kashmir, Kulu, Simla and Ganges regions to compare Nepal with the geologically wellknown areas of the NW-Himalayas (Fig. 1).

A. THE ZONES OF THE HIMALAYA

Compared with the Alps the number of tectonic-stratigraphic units is small, and traceable over long distances along the strike of the Himalayas. These units characterized by specific rock assemblages, grade of metamorphism, and tectonic style are (from S to N):
1. The Tertiary Zone
2. The Krol Unit
3. The Chail Nappe
4. The Crystalline Nappe
5. The Tethys or Tibetan Zone
6. The Flysch- or Klippen Zone might be a separate northernmost zone of the Himalayas. As the author has not visited that zone, it is discussed not herein.

1. The Tertiary Zone:

This is built up almost entirely by Tertiary rocks, except in the NW in Jammu where limestones and dolomites of Krol age form the cores of anticlines. This zone was not studied by the author.

2. The Krol Unit:

The stratigraphy was investigated on a modern basis by AUDEN (1934). His scheme is applicable also in Nepal. We accept the stratigraphic correlation of the sequences of the Krol Belt with those of Hazara and the Salt Range stressed by AUDEN, WADIA, WEST and others. AUDEN (1948, p. 79; 1951, p. 133; 1953, p. 127—128) found that the rocks of the Shali-Tejam Zone are of the same age as those of the Krol Belt, differing only in facies. AUDEN's opinion was that the Krol Facies**), originally deposited north of the Shali Facies**), was brought to its southern position by thrusting.

We conclude that Krol and Shali Facies, both belonging to the same structural unit, are in the original order of position (Pl. 3, Fig. 70). The former is found in the southwestern parts, the Shali Facies in the northeastern, inner zones of the Krol Unit.

Opinions differ on the age of the outer and inner carbonate zones of the Lower Himalayas (see A. GANSSER 1964).

We favour a Permo-Carboniferous to Lower Triassic age for both the Krol and the Shali limestones, for the following reasons.

The Permo-Carboniferous Blaini-Krol sequence is underlain by thick clastic formations (Jaunsars and Simla slates). There is no Early Palaeozoic or Late Precambrian carbonate formation. The Naldera and Kakarhatti limestones are not primary interstratifications in

---
*) Organized by the Austrian Himalayan Society.
**) We suggest these names for the two facies of the Krol Unit.

the Simla slates but placed there by imbrication and thrusting. In the Shali-Tejam Zone not far NE from the Krol Belt a Late Precambrian to Orodovician age for the carbonate formation some thousand meters thick would require too rapid a change in facies from the Simla slates or Jaunsars of the Krol Belt. The Simla slates of the Simla area are thrust over the Shali window showing that slates were deposited N of the named zone. Such rapid facial changes are highly improbable, especially as transitions are unknown. If the Shali-Tejam carbonate rocks were Precambrian to Ordovician as favoured by K. S. VALDIYA 1962 a, b and A. GANSSER 1964, this would mean that a stratigraphic gap from Silurian up to the base of the Eocene would exist in the Shali-Tejam Zone.

W of Simla the Shalis reach the northeastern boundary of the Tertiary Zone (Pl. 1 B, 3). Here it is obvious that the Shalis are in the same tectonic position as the Krols. Both are thrust over the Tertiaries and both are overlain by the Simla slate outlier. Between the Shali limestones of Karara Chandi and the Krols of the Krol Mt. there is a gap of only 15 miles (WEST, 1939, p. 160—161). But the correspondence is clearly seen (Pl. 1 B, 3).

Moreover many similarities exist between the Shali Krol carbonate series again suggesting that there is only one thick carbonate formation in the Lower Himalayas, of the same age as the Productus limestone of the Salt Range.

Simla slates: This formation is found in cores of anticlines or thrust over younger rocks. It consists of green, grey, dark slates, often finely laminated, with layers of sandstone, greywacke and rather rare quartzite: Like the corresponding Hazara-, Attock-, and Dogra slates they are a monotonous formation over 1000 m thick of typical geosynclinal character, only slightly metamorphosed and generally thought to be late Precambrian (Purana) to Cambrian in age. The fossiliferous Cambrian and Ordovician/Silurian of Kashmir agrees in lithology with the underlying Dogra slates. There is no sharp boundary (WADIA, 1934, p. 134—143) between the two, and in absence of fossils the younger series probably would be considered to be the upper part of the Dogra slates. So it seems possible that the corresponding Simla slates in their upper parts are of Ordovician or even Silurian age (see Pl. 4).

Chandpur: The Jaunsars, thick clastic series, are found between the Simla slates and the Blainis. Today the view seems generally accepted that the Mandhalis are Carboniferous (Guides to excursions of Int. Geol. Congr. 1964), so the Chandpurs form the lower part of the Jaunsars.

The rocks are alternating slates, schists, phyllites, quartzites, tuffaceous layers rich in chlorite, sometimes finely laminated. AUDEN (1934) mentions basic rocks also. The colours of the rocks vary from white, grey to green, and purple. This formation occurs in Nepal (Bari Gad etc.) also. In the zone of the Baxas (Bhutan) the Sinchu La quartzite seems correlative. The geological age of the Chandpurs is hard to decide: we think them Up. Silurian-Devonian.

Nagthat: AUDEN (1934) uses the name for a red and green formation of sandstones, arkoses, quartzites, conglomerates, slates, and phyllites, forming the upper part of the Jaunsars. Further to the E, and in the northeastern Shali Facies varicoloured orthoquartzites (e. g. Khaira quartzite), sandstones, slates, with red arenaceous dolomites in the upper part are found. Current bedding, ripple marks, desiccation cracks, intraformational breccias etc. indicate the shallow water character of the sediments. Consisting of orthoquartzite and carbonate, they show a "higher grade of maturity" (PETTIJOHN 1957) than correlative beds of Simla.

Where the Blaini boulder bed is missing, it is impossible to draw a sharp boundary between the Nagthats and the Blainis. Therefore the age of the Nagthats seems to be Lower to Middle Carboniferous, probably going into the Devonian also.

Blaini: Characteristic of the Simla area are the Blaini boulder beds and the pink limestones, accompanied by pink and purple shales and slates (AUDEN 1934). OLDHAM (1888a) was the first to compare the boulder bed with the Talchir tillite of the Salt Range. Today OLDHAM's correlation is accepted, and the Upper Carboniferous age of the Blainis seems rather certain*).

The distribution of the Blaini limestone is much wider. The dolomitic limestones are often accompanied by red and green shales and sandstones, and quartzites. The frequent red colour of the beds is caused by content of jasper and hematite. In the Uttar Ganga there are also sedimentary oolitic hematite ores in the Blainis. In many places there is no sharp boundary between these rocks and the overlying Krol- and Shali limestones nor with the Nagthats e.g. N Tansing, Uttar Ganga, Surtibang Lekh, all Nepal, Pl. 2, 5 (15, 12).

From the Baxas (Bhutan) very similar beds, containing hematite ores, are known (see A. GANSSER 1964, p. 187). The lower part of the Jainti quartzite seems to correspond with the Nagthats while the upper part is to be correlated to the Blainis (Pl. 5). J. E. O'ROURKE (1962, p. 300) also found that in the Himalayas the sedimentary iron ores of known age are for the most part Permo-Carboniferous.

In the Sutlej valley the Khaira quartzite grades into the Lower Shali limestone (Pl. 5 [3, 4]). The thin-bedded, varicoloured, mostly pink dolomitic limestones in the lower parts of the latter correspond to Blaini.

Red beds are found all along the northern rim of the Indian subcontinent in Permo-Carboniferous times: in the Speckled Sandstone and Lavender Clay of the Salt Range (after E. R. GEE, cited in PASCOE 1959, p. 753—754) and in the red shales and sandstones, below the Infra Trias limestone (Hazara). The transition from the red beds into the limestone as described by MIDDLEMISS 1896 (compare his Pl. 3, Section 1 with our Pl. 5 [3, 4], Fig. 34) reinforces the great resemblance of the Shalis to the Infra Trias of Hazara.

Infra Krol: Dark bituminous shales and slates with arenaceous layers are frequently found at the base of the thick carbonate sequences of the Krol and Shali Facies. But there are instances (N. Tansing, Uttar Ganga etc.) where the Blainis grade into the carbonate formation. Here the black shales are missing (see Pl. 5 [15, 12]), perhaps because the sedimentary basin was divided into troughs with black shale facies and ridges where the shallow water sedimentation of the Nagthat-Blainis continued.

The Shali slates of the Sutlej area do not seem to have precisely the same stratigraphic niveau as the Infra Krols (see Pl. 4, 5).

Krol series: In the Krol Belt AUDEN (1934) was able to subdivide the carbonate complex (600—1300 m) into five stages. In Garhwal only a subdivision into Lower Krol limestone, Red Shales and Upper Krol limestone is possible. In Nepal the Red Shales are wanting. Here a dark bluish grey limestone formation (Lower Krol lms., 300—500 m) grades into a dolomitic sequence of ca. 500 m (Upper Krol lms.). As in the Krol Belt, the rocks are often cherty. For the carbonate rocks of the Shali Facies several local names are in use: Shali, Deoban lms., calc zones of Tejam and Pithoragarh, stromatolitic dolomites etc. Common features of these carbonate rocks are the stromatolites, arenaceous layers, intraformational breccias (Fig. 5 [Pl. 11], 32) and occasional varicoloured beds, showing the shallow water deposition of the cherty dolomites and limestones. For MISRA and VALDIYA (1961) and VALDIYA (1962a) the stromatolites are evidence for late Precambrian to Ordovician age. A. GANSSER agrees with them (1964, p. 98, 236), whereas P. BORDET refers the "dolomites with *Collenia*" to the Devonian. But algal structures of this kind are found in rocks of various age (Precambrian—Mesozoic) and therefore no age determination should be based on their existence. It is undecided whether the Baxa dolomites are to be correlated

---

*) Prof. Dr. J. B. WATERHOUSE kindly informed me that he would prefer a Lower Permian age for the Talchir.

in facies with the Krol or the Shalis. Judging by the character of the whole Baxa series we would prefer the latter. In the Krol Unit of the eastern Himalayas the terrestrial plant bearing Damudas are often found instead of the carbonate rocks.

In the NW-Himalayas the influence of the Permo-Carboniferous Panjal volcanic series is more and more noticeable approaching Kashmir. The Autochthonous Fold Belt (WADIA 1931) of Kashmir corresponds to the Krol Unit, carbonate rocks are nearly without any significance, the trappean rocks being predominant. Thus important facial changes are shown by the Permian rocks of the Krol Unit. The carbonate sequences (Krol, Shali), which are to be correlated with the Productus limestone of the Salt Range or the Infra Trias limestone of Hazara, are replaced in Kashmir by the Panjal Volcanics and in the E by Lower Gondwanas.

Whereas the lower stratigraphic boundary is fixed by the underlying Blainis, there is some uncertainty concerning the upper one. But as the sedimentary rhythm of the Lower Himalayas resembles that of the Salt Range and Hazara, we may assume that sedimentation ends after the Lower Trias (see Pl. 4).

Tal series: The Tal series has yielded the earliest fossils in this part of the Himalayas. The Jurassic-Cretaceous Tal beds were subdivided by AUDEN (1934) into a lower part with dark bituminous shales, cherts, and greywackes (600—1200 m) and an upper part, of quartzites, conglomerates, sandstones, and shales (600—1500 m). The facies of the upper part is similar to that of Nagthat, and the two are difficult to separate if structure is complicated (Bari Gad, Kali Gandaki valley, Pl. 2, 3).

In Nepal there are shales, sandstones conglomerates and quartzites which we correlate with Tal (Tansing, Masjam pass [Pl. 2]). This view is strengthened by a poorly preserved sculptured cast of a bivalve. We think it also probable that the red beds of the Burtibang area (Bari Gad, Pl. 2, 3) are Tal.

The age of the Madhan slates of the Sutlej region is rather doubtful, but may be placed somewhere in the Upper Mesozoic or earliest Tertiary, as Eocene lies above.

The youngest beds of the Krol Unit are the Eocene and the Dagshais of the Shali window (WEST 1939), showing that the Krol Unit was overthrust by the nappes not before the Lower Miocene. In Garhwal Eocene is known (MIDDLEMISS 1887a)*).

Structure: In the NW, in Kashmir the Krol Unit is represented by the Autochthonous Fold Belt (WADIA 1931), a narrow zone between the Tertiary Foreland and the Kashmir Nappe.

Similary the Krol Unit is very much reduced in the Dhauladhar Range, forming a narrow band stretching along the southwestern slopes of the Range (Pl. 1). In Mandi rocks of the Shali series are tectonized into single lenses and blocks (Lokhan formation, Pl.1A, Fig. 36). Like in Kashmir Panjal trap belongs to the Krol Unit. In the Kulu valley Shalis appear in a tectonic window (Larji, AUDEN 1948) (Pl. 1A).

In the Sutlej region the Krol Unit is found in the Shali semiwindow (Pl. 1B). Though overthrust by higher thrust sheets, in the deep valley of the Sutlej the thick Shalis of the window are still connected with the Shalis of Bilaspur. The latter form the southwestern boundary of the Lower Himalayas and are thrust over the Tertiary (Pl. 1B, 3). Here the Outer and the Inner Carbonate Zones meet showing that they belong to one structural unit. We cannot accept GANSSER's view (1964, p. 247 left) that the Eocene of the Shali window sheds significant light on the Main Boundary fault. The Eocene belongs to the Krol Unit, and the Shali Thrust is to be correlated to the Giri Thrust (see WEST 1939) and not with the Main Boundary fault, which in the Simla area seems to be identical with the Krol Thrust.

---

*) In Nepal Eocene is also mentioned in unpublished reports of the Nepal Bureau of Mines and a new occurrence was found by our expedition 1967.

SE of Bilaspur at Karara Chandi the Krol Unit is again reduced to ca. 50 m (Pl. 1B, 3; Fig. 29) and is pinching out towards SE (WEST 1939). Here the Simla slates of the Simla outlier border against the Tertiary. Lenses and lamellae of Kakarhatti limestone in the Simla slates are the only representatives of the Krol Unit. These limestones correspond to the Naldera limestone, to those of the Sutlej valley (Basantpur, Seoni) and others, described by PILGRIM and WEST (1928, p. 113—115). These authors think the limestones are stratigraphic intercalations in the Simla slates, a view generally accepted. 1939 WEST found it necessary to make two exceptions (p. 158—159). Observations led us to conclude that all these limestones belong to the Shali series and were thrust into the Simla slates by movements along the Shali-Giri Thrust. So they do not represent a stratigraphic horizon but one of tectonic implantation.

In the area of the Krol Mt. (locus typicus) the Krol Unit is well developed again. Like the outliers SE of Bilaspur, the window of Solon shows clearly that the Krols are thrust over the Tertiaries (Krol Thrust).

E from the Chor Mt. the higher nappes are eroded, and the Krol Unit is found over vast areas in Chakrata (Pl. 1). The region between Chakrata and the Ganges is poorly known. Along the boundary against the Tertiaries the Krol Unit is well investigated. In the core of the Mussoorie syncline, formed by the Krols, two outliers of higher units (Satengal, Banali) were found by AUDEN (1937a). These correspond to the larger outlier of Lansdowne. We correlate all these outliers with the Chail Nappe (see later).

From Garhwal, and also from Simla AUDEN (1934, 1937a) describes several "autochthonous windows". He thinks that in these windows Simla slates, overlain by Eocene, crop out below the Krol Thrust, showing the "nappe" character of the Krol Nappe. This view was generally accepted (see A. GANSSER 1964). The author found that in two of these "windows" (in the Ganges valley and at the Nayar River) Jaunsars and not Simla slates were underlying the Krols (normal sequence) (Pl. 1C). N of Bilaspur we found highly deformed Tertiary rocks being very similar to Simla slates, so we think that some of AUDEN's "windows" are windows of the Tertiary Zone which comes out below the Krol Unit, but others are merely normal stratigraphic sequences belonging to the Krol Unit.

Because there is such a contrast in the type of structure between the Krol Unit and the overthrust nappes, we think the Krol Unit to be parautochthonous. The Krols show dominantly steep angle folding and imbrication. Even the first investigators, e.g. OLDHAM (1883a, b, p. 197), were surprised that "almost undisturbed and nearly horizontal" lying rocks, showing higher metamorphism, are found underlain by "intensely disturbed" but nonmetamorphic rocks. Today we know that the horizontal rocks only seem to be undisturbed for they have been thrust in form of nappes over considerable distances. In nearly every section we found disharmonic tectonics between the Krol Unit and the nappes. There is a true thrust contact against the Tertiary Zone, and there are outliers of the Krols and Tertiary windows, but the maximum thrust distance observed is ca. 14 km (SE Bilaspur). So our opinion is that the Krol Unit is to some extent sheared off from its base, and its southwestern frontal parts have been thrust on to the Tertiaries, but that in the main it is parautochthonous.

In Almora the Krol Unit pinches out E of Naini Tal. The Ladhiya formation (VALDIYA 1963) corresponding to the Chail series, shows thrust contact against the Tertiaries. But more to the N the Krol Unit crops out in several more extensive tectonic windows (Pithoragarh, Tejam etc.).

The continuation of these windows was called in Nepal „Bajang Nappes" by T. HAGEN (1959a). At the SW-front of the Lower Himalaya the Krol Unit starts again with HAGEN's "Piuthan Zone". HAGEN thinks the rock material of this zone to be Upper Mesozoic-

Tertiary in age (p. 17). But we could find only sequences characteristic for the Krol Belt. E of the Kali Gandaki the southern parts of the "Nawakot Nappes" correspond to the Krol Unit, the northern parts being Chail.

In the meridian of Kathmandu the higher nappes nearly reach the Tertiary Zone. Here and in E-Nepal the Krol Unit is considerably reduced, forming a narrow band in the S of the Mahabharat Range.

In Sikkim and Bhutan the Krol Unit is represented by the Damudas and the Baxas. There are small tectonic windows of these rocks in the Rangit valley (A. M. N. GHOSH 1952, see also GANSSER 1964, p. 176) and at the Kenga La (PILGRIM 1906). The Daling Thrust, forming the upper boundary of the Krol Unit, is to be correlated to the Chail Thrust.

There are two occurrences of Simla slate-thrust masses between Krol Unit and Chail Nappe: The Simla slate outlier of Simla also contains Jaunsars and Blainis. It is thrust along the Shali-Giri Thrust over Shalis or Krols respectively. PILGRIM and WEST (1928) and WEST (1939) have called the basal parts of these Simla slates "Chails" as the rocks are showing slight metamorphism. This has caused much confusion (WEST 1939, p. 161*), PASCOE 1950, p. 434, 440, 454). But the name Chail should be reserved for the typical rock assemblage of the Chail Nappe.

The second occurrence is in the Uttar Ganga region (Nepal, Pl. 2).

3. The Chail Nappe:

In Simla, PILGRIM and WEST (1928) have given this name to a thrust unit, characterized by a typical rock assemblage (Chail series), by its low-grade metamorphism, and a tectonic position between the Krol Unit and Crystalline Nappe. The Chail Nappe extends from Kulu in the NW to Bhutan in the E.

The Chail series is a very characteristic assemblage formed by schists, quartzites, arkoses, conglomerates (Pl. 14, Fig. 16, 18), psammitic schists, and basic, probably volcanic rocks, all having suffered epimetamorphism. In different parts of the Himalayas the formation is described under various names (see below). The lithology resembles that of the Chandpurs or the Tanawals, a correlation confirmed by our discovery that the Chail series forms part of a stratigraphic sequence comparable to that of the Shali Facies. In the Jangla Bhanjyang area (Nepal, Pl. 2, 3 [9], 7) a formation of red sandstone, quartzite, shale, and pink dolomite is found overlying the Chails (Pl. 15, Fig. 19). A transition leads from these Nagthats (ca. 2000 m) to a formation of pink and grey dolomite, slate, and quartzite (ca. 1000 m, Blaini or Lower Shali lms.)(Pl. 16, Fig. 20). Black slates follow above (150—200 m, Shali slates)(Pl. 17, Fig. 21). Next come grey phyllites, dolomitic or micaceous marble alternating (400—500 m), then 300—400 m micaceous marble and calc schists. More carbonate rocks and a top quartzite lie above, but in this upper part imbrications are possible. The rest of the Jangla Bhanjyang sequence is a sedimentary one, clearly corresponding to that of the Shali Facies. The Chail series, being Upper Silurian-Devonian, is much younger than assumed by former investigators. The Jangla section shows that the metamorphism is of Alpidic, and not of Precambrian age.

The Chail Nappe in Simla where it was first investigated (PILGRIM and WEST 1928) is somewhat restricted. It forms the northern frame of the Shali window. In the S there is a sheet of Simla slates between Shalis and the Chail Nappe (Pl. 1B).

In Kulu the Chail Nappe frames the Shali rocks of the window (Pl. 1A). To the NW from Kulu it loses its importance and seems to pinch out towards Kashmir.

To the E from Simla it was traced around the Chor Mt. by PILGRIM and WEST.

---

*) Note that in the section on p. 162, WEST shows chiefly Simla slates in the southern slopes of the Nauti Khad as we do (Pl. 3 [4, 5]).

In Chakrata the distribution of the Chail Nappe can be deduced from the extension of the "Bawars" (OLDHAM 1883a, b, 1888a). OLDHAM's descriptions leave no doubt on the correspondence of Bawars and Chails. Here there might be younger beds similar to those of the Jangla section (Nepal), overlying the Chails (1888a, p. 136).

In Garhwal there are outliers of the Chail Nappe thrust on Krols: Satengal, Banali (AUDEN 1937a) and the area of Lansdowne ("Inner Schistose Series" MIDDLEMISS 1887a) (Pl. 1C, 3 [7]). In the region of the Alaknanda the Chail Nappe extends over a vast area. The quartzites, schists and volcanics of the "Garhwal series" are not forming one sedimentary sequence with the carbonate rocks as AUDEN has thought.

It is the same in Almora where according to HEIM and GANSSER (1939) and GANSSER (1964) a normal sequence exists, Tejam carbonate rocks below, quartzites, schists, and basic rocks above. According to VALDIYA (1962, 1963) this sequence is inverse. On regional considerations there must be a thrust plane separating the quartzites from the carbonate rocks. The quartzite zones of Berinag, the Ladhiya formation (VALDIYA 1963) etc. correspond to the Chails. The thrust at the base of the Chail Nappe is shown by the fact that the Chails overlie various formations: in Tejam and Pithoragarh the carbonate rocks; in the Ganges area Eocene and Tal beds (Lansdowne Syncline); at Satpuli and Deoprayag Jaunsars; at Satengal Tal series etc. Therefore the quartzitic rocks framing the calc zones of Almora are separated by thrusts from the carbonates below and the Crystalline thrust sheet above.

E of Nainital the Chail Nappe borders the Siwaliks as can be seen from VALDIYA's map (1963).

In Nepal the Chail Nappe has vast extension in the Hiunchuli region and in the northern parts of the Nepalese Midlands between the Kali Gandaki and Nawakot. Here the "Series of Kunchha" (BORDET 1961) corresponds to the Chail series, the former was taken to be Upper Mesozoic by BORDET.

A comparison of Pl. 1 and 2 with HAGEN's tectonic map (1959a) shows why we could not apply HAGEN's scheme. HAGEN has divided one and the same lithologic-tectonic zone (e.g. Chail Nappe) to different units (Hiunchuli-Zone, Muri-Zone, Nawakot Nappes, and Zone of Pokhara) and has put different sequences (Krol and Chail) to one unit (Nawakot).

E of the meridian of Kathmandu the Chail Nappe seems to be restricted to a narrow band at the foot of the mountains and to the windows (Okhaldunga, Angbung T. HAGEN 1959a). This is caused by the large extension of the Crystalline Nappe in E Nepal.

In Sikkim and Bhutan the Dalings correspond to the Chail series. The Daling Thrust corresponds to the Chail Thrust separating the Dalings from the underlying rocks. GANSSER (1964, p. 178) points out that transitions between Dalings and gneiss as well as tectonic contacts have been observed. Our opinion is that there is a thrust at the base of the Crystalline as in Simla, Garhwal and Nepal. GANSSER reports lenses of gneiss (1964, p. 178, 180; fig. 123, 126) which we think to be indicative of a thrust. The appearance of transition seems to be misleading, as the lower parts of the Crystalline Nappe consist of phyllitic rocks similar to the Chails and Dalings. In the Jangla Bhanjyang area for instance a transition between the Chails and the micaschists of the Lower Kathmandu Nappe (T. HAGEN) would be reported if the separating sedimentary sequence was absent.

4. The Crystalline Nappe:

We use this name for the crystalline complex which is thrust 100 km over to lower units towards SW, having its roots in the Great Himalayan Range. Further investigations probably will make it possible to subdivide this unit.

In the NW WADIA has given the name Kashmir Nappe to this unit. This is the only instance where a complete fossiliferous sedimentary sequence is found overlying the crystalline rocks.

The higher parts of the Dhauladhar Range are formed by synclinal outliers of the Crystalline Nappe.

In Simla it was called Jutogh Nappe by PILGRIM and WEST (1928). E from the Chor Mt. the nappe recedes to the N, Chakrata being an area of axial culmination.

SE from the Ganges-Alaknanda outliers of the Crystalline are frequent again: granitegneiss of Lansdowne, Dudatoli-Almora Crystalline, Chamoli-, Baijnath-, and Askot-Crystalline. From here the greatest thrust distances are known (over 100 km). The work of VALDIYA (1963) shows that the "Dandeldhura Zone" (T. HAGEN 1959a) is the eastern continuation of the Almora Crystalline. Therefore it is to be correlated with HAGEN's Kathmandu Nappes, and is not autochthonous as HAGEN had suggested.

In the Dhaulagiri region the Crystalline may be subdivided into a lower and an upper unit. The first is thin and of low metamorphic rank (Jutogh type), the latter is thick and comprises augengneiss, migmatite, and highly metamorphosed carbonate rocks. We can not follow HAGEN (1959a) who subdivided it into five Kathmandu Nappes and the Khumbu Nappes.

In eastern Nepal, in Sikkim and Bhutan the Crystalline Nappe extends over a vast area.

Two occurrences of nonmetamorphosed sediments, overlying the metamorphics of the Crystalline Nappe, are known: The Silurian of Phulchauki (BORDET 1960, 1961) and the Devonian Tang-Chu series (GANSSER 1964).

Part of the metamorphism is certainly Precambrian, but there are also indications for Caledonian (Ordovician—Silurian) and Alpidic metamorphism (compare GANSSER 1964, p. 252—253). Therefore the Crystalline is a polymetamorphic complex with high and low grade metamorphism. Contrary to GANSSER (1964, p. 251) the author does not hesitate to combine the various parts of the Crystalline in one tectonic unit even if they are showing some lithologic differences. We think that the reversed metamorphism in the lower parts of the crystalline complex is caused by tectonics.

5. The Tethys- or Tibetan Zone:

Our knowledge of this zone is based on our investigations in northern Nepal (Pl. 7—9) and a visit to Kashmir. But it is not too difficult to correlate the fossiliferous beds with those of other parts of this zone (Pl. 4). For better understanding we refer to the plates and the preliminary report (FUCHS 1964). Fossil lists[*] are found in the German part as far as they are not yet published (H. FLÜGEL 1964, 1966, WATERHOUSE 1966).

Dhaulagiri limestone: The author suggests this name for the thick-bedded, partly argillaceous or arenaceous limestone formation forming the basal parts of the Tibetan Zone in Nepal. The 2000—4000 m thick monotonous formation shows rhythmic banding, which stresses its geosynclinal character (Pl. 18, 19, 20). The fossil content, brachiopoda, crinoids and *Orthoceras* are indicative of Ordovician age. Fossils, reported by HEIM and GANSSER (1939) and EGELER et al. (1964) from corresponding formations point in the same direction, even though these authors assign a Cambrian age. The Dhaulagiri limestone grades in its basal parts into the metamorphic complex underlying (northern parts of the Crystalline dip under the Tibetan Zone). The formation frequently shows slight metamorphism. Conspicuous differences in thickness between 4000 m in the Dhaulagiri group and 600—800 m for the Tarap and lower Barbung Khola suggest that the lower boundary is not a stratigraphic one, but one of decreasing metamorphism. As we cannot exclude a Cambrian age of the lower parts, the age of the formation is most probably Cambro-Ordovician. The formation corresponds to the "Nilgiri Carbonate group", but also to part of "Larjung fn."

---

[*] Sample numbers in brackets [].

and "North face Quartzite fn." (EGELER et al. 1964) and to the Garbyang series (HEIM and GANSSER 1939). We think it possible that in Kumaon the calcareous eastern facies of the Cambro-Ordovician grades into that of Spiti which is poorer in limestone. The Ralam Conglomerate, found only in the W of Kumaon, could correspond to the basal conglomerate of the Ordovician of Spiti (see HAYDEN 1904). This interpretation (Pl. 4) differs from that of HEIM and GANSSER (1939) and GANSSER (1964).

Silurian (?): The Dutch expedition 1962 has found graptolites of Llandoverian age (EGELER et al. 1964, STRACHAN et al. 1964) in their Dark Band fn. This formation as well as our Devonian overlie Dhaulagiri limestone and show that the age of the latter cannot be Devonian as HAGEN (1959b) and BORDET (1961, p. 216, et al. 1964) have assumed.

We could not find fossils indicative of Silurian, but there are beds between Dhaulagiri limestone and Devonian, which are probably of Silurian age. In the Dhaula Himal a conspicuous light band (50—150 m) consists of light dolomitic marls, siltstone, dark limestone, quartzite, and black shales (Pl. 18, 20). In the Tarap Khola (Pl. 9 [3]) the Dhaulagiri lms. grades into dark limestone (300—400 m). Sandstone, quartzitic schists, and limestones (with crinoids) succeed, overlain by black slates, then the Devonian limestones.

N and NE from the Ringmo lake (Pl. 9 [1]) light dolomitic marls and siltstones are found in the upper part of the Dhaulagiri limestone. A transition zone (100 m) between the latter and the Devonian limestones and dolomites shows that there cannot be any gap in the Ordovician-Devonian sequence.

The Silurian (?) beds show strong facial changes, if we compare various sections.

Devonian: In contrast to the uniform Cambro-Ordovician the Silurian and also the Devonian beds show conspicuous facial differences.

In the eastern parts of the mapped area a flysch formation is found, named Tilicho pass fn. by EGELER et al. (1964). The phyllites, slates, siltstones, sandstones, and quartzites show graded bedding, disturbed bedding, load casts, flute casts, frondescent casts (Pl. 21, Fig. 42), and hieroglyphs. A limestone horizon has yielded crinoids, bryozoa, and ammonoids [98, 99, 100] (Pl. 9 [4]). The age of the formation is Devonian, possibly containing also part of the uppermost Silurian.

At the upper boundary micaceous sandstone, calcareous quartzite, and arenaceous limestone is found (10—30 m). The character of the fauna [34, 75, 76] from which Carboniferous forms are missing points to an Upper Devonian age for these beds. In the Hidden Valley also a breccia was observed in this horizon (Pl. 21, Fig. 44).

In the Tarap Khola a thick sequence of limestone, dolomite, shaly marl, and shales was found (see Pl. 9 [3]), [55, 56] have yielded crinoids, bryozoa, corals, and brachiopods, pointing to a Devonian age. Oolites and other sedimentary structures show that the beds were deposited in shallow water.

Still further W in the area of the Deokamukh Khola 1000 m of dolomite have been observed (Pl. 22, Fig. 45, Pl. 9 [1, 2]). Intercalations of limestone, marl and arenaceous shales are rich in Middle Devonian fossils [140, 141, 142, 143] (see FLÜGEL 1966).

Carbonate rocks of questionable Devonian age are those N of Schiman (Pl. 8 [1]), the contact metamorphic beds N Charka (Pl. 7, 8), and ESE of Charka (Pl. 7, 8 [10, 11], 9 [10]).

Ice Lake formation: This name was given by EGELER et al. (1964) to a formation of dark, often marly or shaly limestone, 50—250 m thick. The formation is very rich in fossils (corals, brachiopoda, bryozoa, crinoids, gastropoda, and cephalopoda). It was deposited under anaerobic conditions in quiet but not too deep water. The determination of our fossil material proved a Lower Carboniferous age (FLÜGEL, 1964, 1966; WATERHOUSE 1966). It is to be correlated to the Syringothyris lms. (Kashmir), or the Lipak series (Spiti). Near Tarap the Carboniferous limestone is 6 m thick only. Farther W, NW and N form there the formation is missing at all (Pl. 7, 9). There the Devonian dolomite is overlain by the Permian Thini Chu fn. According to HEIM and GANSSER (1939) a similar gap exists in Kumaon.

Thini Chu fn. (EGELER et al. 1964). This formation 80—300 m thick consists of thick-bedded light quartzite, sandstone, and dark slates and is a marker horizon recognizable from afar by its banded character (Pl. 22, Fig. 46, 47). Conglomeratic layers, cross bedding, a footprint of a tetrapod (Pl. 23, Fig. 48) and *Calamites* stress the shallow water to litoral deposition of the formation. Arenaceous shales predominate in the upper 25—50 m sequence. In the uppermost 15 m dark, fossiliferous limestones are frequent.

The rich fossil content clearly indicates an Upper Permian age (H. FLÜGEL 1966, WATERHOUSE 1966). As in other parts of the Tethys Zone Productus shales (Kuling), Lachi series of Tibet the Upper Permian beds are transgressive deposited directly on the Lower Carboniferous or the Devonian dolomite.

In the northern parts of Dolpo the quartzites pinch out, shales and slates with sandstone layers are found there, indicating the deepening of the sea. Only Permian fossils are found, but the lower part of the sequence is not well dated and could be older.

The Lower Trias forms a thin (10—25 m) easily recognizable band. At the base there is a bed of dark limestone 1.5—2.5 m thick with ferruginous weathering. The lowermost part of this bed is still Permian [108] 0—0.8 m above base, while in the upper part the first ammonites are found 1.5—2.5 m above base. Grey shales with a few limestone layers, then light thin-bedded dense limestones and dark nodular limestones succeed (see detailed sections in German part, Pl. 23. Fig. 49, Pl. 24, Fig. 50).

In the northern parts of Dolpo the basal bed is rich in Fe and Mn showing a violet to brown colour. Here ammonites are the only fossils while in the S also lamellibranchiata are found. The fauna as well as the character of the sediments indicates bathyal or even abyssal depostion, showing that the sea had deepened rapidly at the beginning of the Mesozoic. The Lower Trias of Nepal is similar to Painkhanda and Spiti, but differs from eastern Kumaon. The latter seems to have been deposited near the southern shore of the Tethys.

Mukut limestone: We suggest this name for a formation of blue limestone, marl, and dark shale (100—300 m). Scattered fossils often pyritized can be found throughout the formation of Anisian, Ladinic and Carnic age, like the Kalapani limestone (HEIM and GANSSER 1939). The upper boundary of the Mukut lms. is not sharp. The formation becomes arenaceous and micaceous, grading into the Tarap shales. By analogy with other parts of the Tibetan Zone (Spiti etc.) we assume that the arenaceous-argillaceous sedimentation starts at the beginning of the Noric (Pl. 24, Fig. 51, Pl. 25).

As in the Lower Trias there are also facies differences in the Mukut limestone: N of Charka and in the Kahajong Khola the lowest 30—80 m of the formation are nearly free of lime, consisting of soft, dark shales. This seems to be the facies of deep water far from land.

Tarap shales: We use this name for a formation 100—500 m thick, consisting of grey, green, and brown shaly siltstone, sandstone, and dark shales with black concretions (Pl. 10, 25). Bioglyphs, frondescent casts, graded bedding and slump bedding stress the flysch character of the formation. The rare fossils and the similarity to the Kuti shales point to Noric age. P. BORDET et al. (1964) who have found good fossils also compare the formation to the Kuti shales. In the uppermost 40—80 m the sand content increases—sandstone- and quartzite layers being frequent.

Quartzite series: The soft dark Tarap shales are overlain by a thick-bedded alternation of light quartzite, sandstone, carbonate quartzite, arenaceous limestone, and pure limestone (Kioto lms.). This sequence was called Lower Lumachelle fn. by EGELER et al. (1964), but as lumachelles [69] are not always present, we prefer the term used by HAYDEN (1904) and DIENER (1912). The fauna points ot a Rhaetic age, but the lower part without fossils might be Upper Noric (Pl. 26, Fig. 55, Pl. 27, Fig. 57).

This formation seems to be developed uniformly all over the Himalayas, except for the presence of violet, orange, yellow, and green marls and shales in the top of the Quartzite series near Mukut and in the Hidden Valley, Northern Nepal (Pl. 27, Fig. 57).

As beds like the overlying Kioto lms. are intercalated in the Quartzite series, and rare quartzites are found in the Kioto lms., the two formations are intimately connected.

Kioto limestone: Overlying the soft Tarap shales the Quartzite series and Kioto limestone form lofty peaks and crests (Pl. 22, 25, Fig. 46, 52, 53, 54, Pl. 10a, b). In Kashmir we found that the Kioto- or Megalodon limestone is developed just as in Nepal, which stresses the uniform character of the formation.

Layers of oolite, intraformational breccias, or cross-bedded arenaceous limestone point to a shallow water origin (like Quartzite series).

Fossils are rare, and support a Rhaetic age. The lower boundary is to be drawn in the Rhaetic as the Quartzite series contains already Rhaetic faunae. This is in contrast to DIENER (1912) who considered that the Kioto lms. commenced in the Upper Noric (see also PASCOE 1959, p. 883, 1169).

The upper boundary of the Kioto lms. is much disputed. According to HAYDEN (1904) and DIENER (1912) the Kioto lms. comprises also the Liassic and part of the Dogger. HEIM and GANSSER (1939) thought their Laptal series to be Liassic and so drew the upper boundary of the Kioto lms. in the Liassic. In Nepal we found the Kioto lms. grading into a thin-bedded Jurassic sequence, showing much similarity to the Laptal series. These beds have yielded fossils of the Dogger (Bajocien—Bathonien) showing that HAYDEN's and DIENER's view was right. As the fossils found by HEIM and GANSSER (1939) in the Laptal series are indicative of Jurassic, but not of specific Liassic age, we think the Laptal series, Upper Lumachelle fn. (EGELER et al. 1964), and the bivalve rich beds of the Shalshal cliff (DIENER 1895b) to be identical with the Dogger of BORDET et al. (1964) and our Lumachelle fn. (Bajocien-Bathonien). So the Kioto lms. is Rhaetic to lower Dogger in age.

Lumachelle formation: This is the youngest formation W of the Thakkhola graben. It consists of a thin-bedded alternation of sandstone, limestone, marl, and shale, rich in fossils (Pl. 25, Fig. 53, Pl. 27, Fig. 59). For age and correlation see above and Pl. 4.

Younger beds are found only in the graben of the Thakkhola E of the area mapped by the author (see HAGEN [1959b]), BORDET et al. (1964) and EGELER et al. (1964). It should only be mentioned that the existence of stratigraphic gaps in the Lias-Dogger sequence (HEIM and GANSSER [1939]) do not seem likely.

Late orogenic granites (Mustang granite) are found in the mountains near the Tibetan border. The Tethys sediments are metmorphosed near the granite contact.

In Nepal the structure of the Tibetan Zone is not complicated as can be seen from Pl. 7 and 8. It shows open folds with some small-scale folding. Whereas in the southern zones (2.—4.) the direction of the movements is towards SW only, in the Tibetan Zone the folds tend towards SW and NE. To the NW the tectonic axis of the synclinorium strikes into the air, the southern synclines end in this direction and new more northern fold elements strike against the SW-boundary of the Tibetan Zone.

Thrusts are found as local complications, having no regional importance (S of Zaba, NW of Dingju, N of Ringmo lake, and Lulo Khola (Pl. 29, Fig. 62).

Imbrication and faulting following the strike direction is especially frequent in the synclinal cores, formed by Kioto lms. and Jurassic beds (Pl. 7, 8, 10a, b, 25, 27, 28, 30, Fig. 54, 59, 60, 63 [S. 193], 66). This seems to be caused by the different mechanical properties of the Kioto lms. and the underlying Tarap shales. Similar faults are found in the Devonian dolomites of the Deokamukh Khola.

These structures seem to be nearly synchronous with the folding, but there are also transverse faults which are clearly younger (9 km ESE of Charka, Dangarjong fault).

B. THE DEVELOPMENT OF THE HIMALAYAS

In this chapter we synthesize previous and new observations into a uniform picture of the palaeogeographic and structural development of the Himalayas.

The Precambrian orogenic zones of the northern Indian shield, the Aravallis and Vindhyans, strike transversely across the Himalayas (NE, ENE respectively). The NW-SE direction of the Himalayas appears first in the distribution of thick geosynclinal deposits of late Precambrian to Orodovician age (Simla-, Dogra slates, Martoli, Haimanta, Cambrian of Kashmir, Garbyang fn., Dhaulagiri lms. etc.) (Fig. 67). These are restricted to the Himalayas. The sediments of similar age deposited at the northern edges of the Indian shield show quite different facies (Up. Vindhyans, Cambrian of the Salt Range). Since late Precambrian times the peninsular area and the Himalayas show different developments.

There is no evidence for a Precambrian/Cambrian unconformity in the Himalayas.

The uniform geosynclinal sedimentation in the Himalayas was ended by the Caledonian orogeny. A NW—SE striking orogenic belt was then attached to the Indian subcontinent, influencing the sedimentation in the Himalayan region during all following epochs (Fig. 68). NE of it the marine sedimentation was interrupted either not at all (Nepal) or for only a short period (Muth quartzite). But the facial relations changed. The Silurian-Devonian beds of the Tethys Zone show highly variable rather than uniform facies (terrestrial Muth quartzite, dolomite-, calcareous-, and flysch facies).

SW of the early Palaeozoic range molasse sediments were deposited in a continental basin. In the northern parts of it immediately at the foot of the mountains the Chails and Dalings were accumulated, while in the southern parts the Chandpurs were deposited. Especially the Chails are typical molasse sediments of low maturity (high content of feldspar). The basic eruptions seem to be outbursts of final basic volcanism, so often found in molasse sediments. In Kashmir molasse deposits (Tanawals) are even found on the orogenic belt.

The existence of this early Palaeozoic (Ordovician/Silurian) orogeny is not only apparent from the character of the sediments deposited in the Himalayan region. There are instances of unconformities (WADIA 1934 map, p. 142, 144—147). It is a wellknown fact that the metamorphism of the crystalline complex gradually decreases in the thick late Precambrian-Ordovician sediments of the Tibetan Zone so that no sharp boundary can be drawn (see also GANSSER 1964, p. 115—117).

The Devonian Tang-Chu series (GANSSER 1964) is found overlying the crystalline, not metamorphosed.

This early Palaeozoic orogeny is of greatest importance because since then a ridge exists in the Himalayas, separating the fossiliferous marine sequence of the Tethys Zone from the unfossiliferous deposits SW of it (Fig. 68—71, Pl. 6). WADIA (1961, p. 420, 426—427) and LATREILLE 1959, p. 224, 226) have given similar interpretations.

The Tethys seems to have been in connection with the sea of the Salt range only in Kashmir and, in a very restricted manner, also with the Lower Himalaya Basin. We are of the opinion that SE from Kashmir no younger beds were deposited on the separating ridge (crystalline complex) apart from the Phulchauki Silurian (?) and the Tang-Chu series. The facies of the Tethys sediments makes it probable that they were covering only the northernmost parts of the Crystalline. Fig. 68—70 show a northward protrusion of the Himalayan ridge in Kumaon and western Nepal, as concluded from the character or lack of sediments.

The rather mature orthoquartzites indicative of low relief energy of the Nagthats show that the erosion of the Palaeozoic range was far advanced in Upper Devonian-Carboniferous times.

In the Upper Carboniferous*) a remarkable marine transgression along the northern shore of the Indian shield reached the Salt Range, Hazara, Kashmir, and also the continental basin of the Lower Himalayas, but lost its marine character in the latter (Fig. 69). As in the Salt Range basal tillites are found also in the southern parts of the Lower Himalayas (Blaini). But there are also transitions from Nagthat to the Blainis. The iron of the predominantly red coloured Nagthats has its source in the areas of the northern Indian shield and the Himalayan ridge, which were under persistent decomposition for long times. The iron was enriched to iron formations in the beds transgressing the continental basin (Blaini in Uttar Ganga, higher Jainti quartzite etc.). The red colours are also found in the Infra Trias of Hazara (MIDDLEMISS 1896) and in the Salt Range (PASCOE 1959, p. 753—754). The Permian Productus limestone of the Salt Range is rich in fossils, whereas the corresponding carbonate rocks of the Infra Trias, Krols, Shalis, Baxas etc. are unfossiliferous (Fig. 70) due probably to the isolation of the basin in which conditions were not favourable for life. Immediately after the transgression the connection with the Productus sea seems to have been lost (black slates of Infra Krol and Shali slates). This assumption would also explain the presence of Gondwana plants in Kashmir (Fig. 69, 70). The Permo-Carboniferous sequence of Kashmir shows varying and somewhat disturbed conditions (Panjal volcanic series, alternation of terrestrial, volcanic and marine beds) (Pl. 6). In the eastern Himalaya the carbonate rocks (Baxa) are substituted in many places by Gondwana beds (Damuda), showing the eastern end of the basin.

The Lower Carboniferous of the Tibetan Zone is predominantly calcareous (Lipak s. Ice Lake fn., Everest lms.) as it is found in eastern Kashmir (Syringothyris lms.). In the Tibetan Zone Upper Carboniferous is only known from Spiti (Po series). It is characteristic of that zone that Upper Carboniferous and the lower parts of the Permian are missing (in contrast to the Lower Himalayas and the Salt Range, where the Up. Carboniferous-Lower Permian is transgressive). The Kuling series, Thini Chu fn., Lachi series (Upper Permian) transgress over various earlier beds (Pl. 4).

Throughout the entire Himalayas sedimentation seems to be continuous from Permian to Triassic. In the Salt Range and probably also in Hazara (MIDDLEMISS 1896) and the Lower Himalayas it ends after the Lower Trias.

In the Tibetan Zone the beginning of the Trias is marked by a deepening of the sea (Nepal). The Anisian-Carnic is argillaceous-calcareous whereas the Noric is argillaceous-arenaceous (partly flysch).

In Kashmir the Middle Triassic is arenaceous, the Upper Triassic is calcareous.

In the uppermost Noric and Rhaetic sedimentation becomes uniform. The Quartzite series and Kioto limestone are found in Hazara, Kashmir, and the Tibetan Zone from Spiti to Nepal. The shallow water facies of this beds documents a regression in the Tethys, whilst in Hazara the Kioto lms. is transgressive (MIDDLEMISS 1896). Up to the Rhaetic the sequence of Hazara was similar to the Salt Range or the Lower Himalayas, from the Rhaetic on it corresponds to the Tethys Zone.

The Middle Jurassic beds rich in lumachelles were also deposited in shallow water.

The Salt Range area was transgressed after an interval by Jurassic beds (PASCOE 1959). This transgression also reaches the basin of the Lower Himalayas. The Tal series, yielding the earliest fossils in that area (Jurassic-Cretaceous), shows in its lower parts greywacke facies, in the upper ones continental orthoquartzite facies similar to Nagthat.

In the Tibetan Zone a new phase in sedimentation starts with the Spiti shales (Tithonian-Neocomian), leading to a Cretaceous-Lower Tertiary flysch deposition (Giumal sst. etc.).

---

*) Prof. Dr. J. B. WATERHOUSE prefers a Lower Permian age (personal communication).

Unlike the Alps the position of the only flysch zone of the Himalayas is in the "hinterland" between Himalaya and the Karakorum. It seems that the early Palaeozoic Himalayan range and the basin SW of it were, though unstable, attached parts of peninsular India. A flysch trough could only form in the geosynclinal region (Tethys) N of it.

The Eocene transgression of the Salt Range, Kashmir etc. reached apparently only the western parts of the Lower Himalayan basin (W of the Landsdowne area). The Lower Miocene Dagshais, Kasaulis, Murrees etc. are also found only in the NW-Himalayas*). This shows that all the ingressions have reached the Lower Himalayan basin from NW, from the area Salt Range-Hazara-Kashmir.

In the Middle Miocene the main thrust movements started which follows from two facts specially: Dagshais, youngest beds of the Krol Unit, are found below higher thrust sheets in the Shali area and the sedimentation of the Siwaliks begins in the Middle Miocene.

The debris of the growing Himalayas is accumulated in the molasse basin of the Siwaliks SW of the orogenic belt.

The ridge (Caledonian Orogen) that has influenced sedimentation since the Upper Silurian becomes a structural unit, the Crystalline Nappe. This is thrust over 100 km towards SW.

The thick Devonian molasse (Chails) also forms a separate unit, the Chail Nappe. It acts like a lubricating medium for the overthrusting Crystalline Nappe.

The sediments of the southern parts of the Lower Himalayan basin were sheared off by the overthrusting nappes, forming the Krol Unit. The steep folds and imbrications of that parautochthonous unit contrast to the nearly horizontally overlying nappes. Along the boundary against the Tertiary Zone the Krol Unit is thrust over the Tertiaries (up to 14 km).

Like the Alps the Himalayas override their molasse zone (Siwaliks). This zone shows simple structures compared to the inner zones. It has suffered the last tectonic phases only.

Apart from Kumaon where higher tectonic elements have been overthrust (klippen and flysch), the Tibetan Zone does not show very complicated structure.

After the thrust movements the units, lying upon each other, were exposed to folding. These late movements have caused synclines where the outliers are found (eg. Dhauladhar Range, Simla, Lansdowne, Almora, Mahabharat Range) and anticlines, in which windows were eroded (e.g. Kulu, Shali, Tejam).

The Himalayas were lifted to their lofty heights relatively late, in the Plio-Pleistocene as documented by the coarse material of the Upper Siwaliks.

According to T. Hagen (1959a, 1960) the northern ranges were lifted first, the southern ones followed. So the rivers flowing to the S had to cut through the younger ranges. Rivers were dammed up to lakes (Kathmandu, Thakkhola).

Raised river terraces and earthquakes show that the Himalayas are still rising.

---

*) In the course of our expedition 1967 we have found new occurrences of Eocene and Dagshais in W-Nepal. Eocene beds are also mentioned in unpublished reports of the Nepal Bureau of Mines.

Übersicht

In Teil I der vorliegenden Arbeit wird der Niedere und Hohe Himalaya und nur am Rande Teile des Sub-Himalaya beschrieben (Abb. 1). Geologisch-tektonisch sind diese Zonen nur gemeinsam zu behandeln. Nach der Beschreibung der einzelnen Gebiete (I A) folgt eine regionale Übersicht (I B).

Teil II befaßt sich speziell mit der Tibet-Zone Nepals, wobei auch auf andere Gebiete der Tibet-Zone und auf Kashmir Bezug genommen wird.

Im Teil III versucht der Verfasser eine einheitliche Darstellung der paläogeographisch-tektonischen Entwicklung des Himalayaraumes zu geben.

I. DER NIEDERE UND HOHE HIMALAYA

Einführung

Der Deckenbau des Himalaya ist weit weniger kompliziert als der der Alpen, aber er ist ebenso großzügig. Die Strukturen sind, vielleicht gerade wegen ihrer Schlichtheit, umso eindrucksvoller und überzeugender.

So beschreiben schon die in der zweiten Hälfte des vorigen Jahrhunderts im Himalaya arbeitenden Geologen die merkwürdige Tatsache, daß Granite, Gneise und metamorphe Schiefer in flacher Lagerung nichtmetamorphen Kalken und selbst fossilführenden Gesteinen der Kreide und des Eozän aufruhen (H. B. MEDLICOTT 1864, H. B. MEDLICOTT und BLANFORD 1879, F. R. MALLET 1874, R. D. OLDHAM 1883, C. S. MIDDLEMISS 1887). So schreibt z. B. C. S. MIDDLEMISS (1887, S. 36) bezüglich des heute als Deckscholle erkannten Gebietes von Lansdowne, „One seems almost driven to conclude that if a boring were sunk through the centre of the schistose area, we should inevitably strike the Tal beds (höher mesozoische, fossilführende Serie, Anm. d. Verf.) below". Die hier Pionierarbeit leistenden Geologen erkannten auch, daß diese Erscheinungen nicht als Folge lokaler Komplikationen zu deuten seien, sondern regionaler Natur sind. Man suchte daher nach einer Erklärung für diese, in verschiedenen Teilen des Himalaya immer wieder zu beobachtende, rätselhafte Auflagerung älterer Gesteine auf allem Anschein nach jüngeren. Die Ursache sah man vorwiegend in Bruchbildung (reversed faults). H. B. MEDLICOTT (1864 und 1879) glaubte diese Erscheinungen am ehesten im Sinne der Ablagerung der jüngeren Gesteine in den Tälern eines älteren Reliefs eines Gneisgebirges erklären zu können. Spätere Bewegungen hätten den Gneis der Hochgebiete randlich über die Talfüllungen gepreßt. C. S. MIDDLEMISS (1887, S. 38) sieht in dem pilzartigen Heraussteigen einzelner Massen und in deren allseitigem Überschieben der umgebenden jüngeren Gesteine die Antwort der Erdkruste auf horizontal gerichtete Schubkräfte. Dagegen dachte F. R. MALLET (1874), der im Darjeelinggebiet arbeitete, an eine normale Schichtfolge, deren oberste, jüngste Glieder metamorph geworden sind.

Sämtliche Autoren betonten jedoch immer wieder das Rätselhafte an diesen Beobachtungen und entschieden sich mit einigem Zögern und mit Vorbehalten zu der ihnen wahrscheinlichsten Deutung.

Der ungarische Geologe L. v. LOCZY hat bei seinem Besuch Sikkims im Jahre 1878 als erster erkannt, daß die beobachteten Lagerungsverhältnisse auf tektonischem Wege durch riesenhafte Überfaltungen zustande gekommen sind. Er hat seine Ansicht bereits 1883 in einem Vortrag und 1907 in schriftlicher Form dargelegt. Erst durch A. HEIM und A. GANSSER (1939) wurde diese bisher nichtbeachtete Ersterkenntnis L. v. LOCZYS gebührend gewürdigt.

In den zwanziger und dreißiger Jahren wurde unter der Organisation des Geological Survey of India der Deckenbau des Himalaya durch die ausgezeichneten systematischen Arbeiten von J. B. AUDEN, G. E. PILGRIM, D. N. WADIA und W. D. WEST belegt. A. HEIM und A. GANSSER haben im Verlauf der Schweizer Expedition 1936 den Bau des zentralen Himalaya erforscht. Obwohl damals weite Bereiche des nordwestlichen und zentralen Himalaya unter Berücksichtigung moderner Gesichtspunkte aufgenommen wurden, existieren auch heute noch erhebliche Lücken zwischen den gut studierten Gebieten.

Heute ist die Tätigkeit des Geological Survey of India vorwiegend auf die Erfordernisse der Angewandten Geologie abgestimmt. Doch werden von Universitäten aus auch akademische Fragenkreise, wie der Bau des Himalaya, behandelt (K. S. VALDIYA).

Nepal war bis 1950 für Fremde fast unzugänglich und daher, abgesehen vom Everest-Gebiet und dem Bereiche von Kathmandu, geologisch so gut wie unbekannt. T. HAGEN, ein im Dienste der UNO arbeitender Schweizer Geologe, hat in zwölfjähriger Arbeit das Land systematisch aufgenommen. Leider ist seine Übersichtskarte nicht erschienen. Es wurden bloß knappgehaltene tektonische Übersichten und eine Beschreibung der Siwalik-Zone veröffentlicht.

Unter der Leitung von P. BORDET haben Arbeitsgruppen französischer Geologen im Verlaufe mehrerer Expeditionen im östlichen und westlichen Nepal gearbeitet. Als Geologe der Schweizer Everest-Expedition 1952 betrieb A. LOMBARD Forschungen im Everest-Gebiet. Eine Gruppe von niederländischen Geologen unter der Leitung von C. G. EGELER erarbeitete 1962 ein Profil durch den Himalaya entlang des Kali Gandaki.

Der Rückstand in der geologischen Kenntnis des Himalaya in Nepal konnte durch die Arbeit der genannten Forscher und Forschungsgruppen zum Großteil aufgeholt werden. Die Auffassungen bezüglich des Gebirgsbaues gehen jedoch auseinander. So sehen die französischen und holländischen Geologen nur eine geringe Anzahl von Hauptüberschiebungen und fassen die beobachtbare Gesteinsabfolge des Niederen Himalaya im wesentlichen als verschuppte und gefaltete normale stratigraphische Serie auf. Im Gegensatz dazu beschreibt T. HAGEN einen äußerst komplizierten Deckenbau, der sich aus unzähligen, sich im Streichen ablösenden Deckenelementen aufbaut. Es fehlt natürlich nicht an Versuchen, die von verschiedenen Bearbeitern aufgestellten tektonischen Einheiten zu parallelisieren und Vergleiche zu den klassischen Gebieten des NW-Himalaya zu ziehen: Relativ einfach ist der Vergleich der Tertiär-Zone, die den Südrand des Gebirges aufbaut, obwohl auch hier Unterteilungen möglich sind. Aber als Ganzes scheidet sie sich klar von den überschiebenden Einheiten des Niederen Himalaya. Hier verglich T. HAGEN seine Nawakot-Decken mit der Krol Nappe J. B. AUDENS, dessen Garhwal Nappe er mit seinen aus kristallinen Gesteinen aufgebauten Kathmandu-Decken parallelisiert. Da es sich aber bei T. HAGEN um Deckensysteme von 4 bzw. 5 Einzeldecken handelt und außerdem noch zahlreiche weitere tektonische Elemente angenommen werden, ergeben sich bei solchen Vergleichen gewisse Schwierigkeiten.

Für die Klärung der interessanten Frage, wieweit sich die Deckenelemente des Himalaya über größere Distanzen hin verfolgen lassen, hielt der Verfasser ein persönliches Kennenlernen der von J. B. AUDEN, G. E. PILGRIM und W. D. WEST bearbeiteten Gebiete für unerläßlich. Bei der Fahrt in den NW-Himalaya im Jahre 1964 traf der Verfasser die gleichen Gesteinsvergesellschaftungen an wie in Nepal. Dadurch gelang es, die Gesteinsfolgen Nepals zu den in den genannten Gebieten aufgestellten klassischen stratigraphischen Begriffen in Beziehung zu setzen. Auch die tektonischen Einheiten, die ja durch bestimmte stratigraphische Abfolgen in bestimmter Fazies charakterisiert werden, fanden sich wieder. Manche Unklarheit, der sich der Verfasser 1963 noch gegenübergestellt sah, konnte durch den Vergleich einer ganzen Reihe von z. T. weit auseinanderliegenden Profilen beseitigt werden. Als wesentlichstes Resultat unserer Untersuchungen ergab sich mit aller Klarheit die Gliederung in 5 tektonische Großeinheiten:

1. Die Tertiär-Zone mit ihrer autochthonen Unterlagerung (wurde nicht näher untersucht).

2. Die parautochthone Krol-Einheit (= Krol Nappe J. B. AUDEN) ist Zone 1 randlich aufgeschoben. Eine südwestliche Krol-Fazies und eine nordöstliche Shali-Fazies sind in der Krol-Einheit zu unterscheiden. Weit im E, in Sikkim, stellen die Gondwanapflanzen-führenden Damuda-Schichten eine fazielle Vertretung der Krol-Serie dar.

3. Die Chail-Decke ist durch ihren charakteristischen Gesteinsbestand, tektonischen Stil und leichte Metamorphose von der von ihr überschobenen Krol-Einheit unterschieden. Es kann gezeigt werden, daß diese von G. E. PILGRIM und W. D. WEST 1928 im Simla-Gebiet erkannte Decke regionalen Charakter hat und über weite Entfernungen, vermutlich durch den gesamten Himalaya, zu verfolgen ist.

4. Die Kristallin-Decke wurzelt in der Kristallinen Zentralzone des Himalaya und findet sich in Form zahlreicher Deckschollen den tieferen Einheiten aufgeschoben.

Das fensterförmige Auftauchen der nicht metamorphen Kalke und Dolomite der Krol-Einheit unter hochmetamorphen Gneisen und Graniten der Kristallin-Decke zeigt wohl am überzeugendsten den Deckenbau des Himalaya. Diese Einheit wurde als Jutogh Nappe (G. E. PILGRIM und W. D. WEST 1928), als Garhwal Nappe (J. B. AUDEN 1937, einschließlich der Gesteine der Chail-Decke!), als Crystalline Almora Zone und Crystalline Central Zone (A. HEIM und A. GANSSER 1939) sowie als Kathmandu-Decken (T. HAGEN 1952) bezeichnet.

Die nordöstlichsten Teile der Kristallin-Zone bilden die natürliche Unterlagerung der

5. Tethys- oder Tibet-Zone. Diese ist aus fossilreichen, gut gliederbaren Ablagerungen des Paläo- und Mesozoikums aufgebaut und zeigt Falten- und Schuppenbau. Auch diese von Kashmir über Spiti, Nepal bis Sikkim reichende Zone wurde in ihrer Selbständigkeit früh erkannt.

Durch C. DIENER, A. v. KRAFFT sowie A. HEIM und A. GANSSER wurde die Existenz noch höherer tektonischer Elemente bekannt gemacht. Sie liegen in heute aus politischen Gründen unzugänglichen Gebieten und können in der vorliegenden Arbeit nur am Rande Erwähnung finden.

Das Beobachtungsmaterial wird unter Berücksichtigung vorhandener Literatur gebietsweise besprochen werden. Sich daraus ergebende Schlußfolgerungen bezüglich der Stratigraphie, Fazies, Paläogeographie und Tektonik werden in den Abschnitten I B und III behandelt werden.

A. Beschreibung der besuchten Gebiete

Da der Verfasser mit seinen Untersuchungen in Nepal begonnen hat, seien die Gebiete, die beim An- bzw. Rückmarsch in W-Nepal gequert wurden, zuerst behandelt.

1. NEPAL

a) Butwal — Tansing — Riri Bazar (siehe Taf. 2, 3)

Von der Endstation der Bahn in Nautanwa oder dem Flugfeld von Bhairava aus quert man auf schmaler Straße den unter dem Namen Terai bekannten Waldgürtel, ehe man in Butwal den Fuß der Berge erreicht. Man befindet sich hier in der südlichsten Zone des Himalaya, der Tertiär-Zone, die hier von Gesteinen der Siwalik-Formation aufgebaut wird.

N der Hängebrücke von Butwal ist der Gesteinsbestand entlang der Flußufer gut zu studieren: Dickbankige (1—5 m), fein- bis mittelkörnige Sandsteine überwiegen. Sie sind meist grau, mürbe, glimmerig, führen häufig etwas Glaukonit, was die oft zu beobachtende eisenschüssige Verwitterung verursacht. Auch kohlige Pflanzenreste sind häufig zu beobachten. Zwischen den festen Sandsteinbänken finden sich dünnschichtige, oft kreuzgeschichtete mergelig-tonige Sandsteine bis sandige Mergelschiefer, vereinzelt harte, kremfarbene Mergelkalkbänke und ab und zu Lagen bröckelig zerfallender, gelblich verwitternder Tonmergel (meist 0,2—1 m dick). Die Mergel zeigen häufig knollig-unebene S-Flächen. Dunkelbraun anwitternde Toneisensteinkonkretionen von unregelmäßiger Form sind in ihnen vereinzelt zu beobachten.

Etwa 3 mm breite Chondriten sind als Lebensspuren zu nennen. Brekziöse Einstreuungen mergeliger Komponenten im Sandstein sind wohl synsedimentär.

Diese zu etwa 80% aus Sandstein bestehende Serie zeigt flache Lagerung mit stark schwankender Einfallsrichtung. Während im Ortsbereich von Butwal häufig SW-Fallen zu beobachten ist, stellt sich gegen N, gegen die Schlucht zu, allgemeines NE-Fallen ein.

Die gleiche Gesteinsserie findet sich mit analogen Lagerungsverhältnissen in den Bergen W und NW von Butwal. WNW von der Ortschaft wurde eine Brekzienlage beobachtet: In sandig-mergeliger Grundmasse sind 0,5—2 cm, vereinzelt 4 cm Dm.*) besitzende kantengerundete Komponenten von Sandstein und Mergelkalk sehr dicht gelagert.

Die bis zu 1000 m hohe Bergkette N von Butwal durchbricht der Tinai-Fluß in einer engen Schlucht, durch die der Weg nach Tansing führt. Hier tritt der dickbankige Charakter der Siwalik-Formation besonders stark hervor. 10—15 m mächtige, aus massigem bis dickbankigem, mittelkörnigem Sandstein bestehende Rippen treten morphologisch hervor gegenüber den weicheren, aus grüngrauen, rötlichen und schokoladebraunen Tonmergeln oder aus sandigen Mergeln mit eingeschalteten dünnen, tonigen Sandsteinlagen aufgebauten Partien (1—3, selten 5 m dick). Etwa 500 m N der Ortschaft fanden sich Pflanzenhäcksel und mehrere dm große, verkohlte Holzstücke in einem großen, etwa 5 m abgestürzten Sandsteinblock. 2,5 km N Butwal fand sich der gut erhaltene Abdruck eines Blattes.

Die beschriebene Serie fällt in dem Bereich zwischen dem nördlichen Ortsende von Butwal und etwa 3,5 km N davon mit 25—45° gegen N—NE ein. Danach versteilt sich das Einfallen auf 55°. Hier, in den nördlichsten 1,2 km der Schlucht, tritt eine Änderung des Gesteinshabitus ein: In den kreuzgeschichteten mittel- bis grobkörnigen Sandsteinen mehren sich brekziöse und konglomeratische Lagen sowie vereinzelt eingestreute Gerölle. Die kanten- bis gut gerundeten Komponenten (0,5—5 cm Dm.) bestehen aus rosa und weißem Quarz, grauem Mergelkalk, dunklem Kalk, Gneis und Kohlestückchen. Ein 15 cm langer, wohl synsedimentär aufgearbeiteter Mergelbrocken zeigt Verzahnungen mit dem umgebenden Sandstein.

Die Schlucht endet vor einem Längstal, in dem sich der nach Butwal fließende Fluß in zwei Äste teilt. Über eine Brücke erreicht man die kleine Ortschaft Zaugi.

---
*) Dm. = Durchmesser

Etwa 150 m NNW der Ortschaft hat ein Hangrutsch einen Großaufschluß geschaffen. 5—6 m mächtige Bänke von Sandstein, Sandstein mit vereinzelter Geröllführung und Konglomerat, deren Gerölle sehr dicht gelagert sind, wechsellagern mit etwa gleich mächtigen Bändern von rotbraunen, gelben, grauen und grünlichen tonig-mergeligen Gesteinen, die bröckelig zerfallen. Auch letztere enthalten klastische Komponenten bis 1 mm Dm. Die 1—4 cm, maximal 10 cm Dm. erreichenden Gerölle der Konglomeratlagen setzen sich zu 70—80% aus rötlichem, grauem, grünlichem Quarz und Quarzit zusammen; der Rest sind rote und dunkle Tonschiefer, dunkle Phyllite, schwarze Lydite (Hornstein aus Krol-Serie?) und grauer Sandstein. Die Gesteine fallen 10/40 (erste Zahl Fallrichtung, zweite Fallwinkel).

Von Zaugi wendet sich der Weg kurz nach E und steigt dann nach der Ortschaft Bointhe durch dichten Wald an. Nach dem Blockwerk zu schließen, hört die Konglomeratführung wieder auf und die mit 30—40° gegen N—NE abtauchenden Gesteine sind vor allem Sandstein und sandiger Tonschiefer, vereinzelt finden sich gelblicher Mergelkalk und Brekzienlagen.

Die Main Boundary Thrust beendet im Bereiche der Ortschaften Ranibas und Marek (etwa 900 m S. H.) die Entwicklung der Siwaliks.

Nach T. HAGEN (1959a) handelt es sich im Bereiche Butwals um Mittel-Siwaliks. Die bunten, konglomeratischen Gesteine von Zaugi stellen vermutlich eine isoklinale Einmuldung von Ober-Siwaliks dar.

Die erwähnte Störungszone (M. B. T.) ist morphologisch durch Einsattelungen in den von der Mahabharat-Kette gegen S hinabziehenden Rücken deutlich gekennzeichnet. In einem dieser Sättel liegt der Ort Marek. Die hier sehr mürben Sandsteine der Siwaliks — die Zwischenschiefer sind zu roten und grünen Letten verschmiert — fallen mit 60° gegen N ein. Es folgen darüber stark durchbewegte, dünnblättrige, dunkelgraue bis schwärzliche Tonschiefer. Rostige Kluftbeläge machen einen gewissen Pyritgehalt wahrscheinlich. Vereinzelt sind bis 3 cm dicke, dunkle Dolomitlagen eingeschaltet. Entsprechend der starken Durchbewegung schwankt die Lagerung der Gesteine in weiten Grenzen (horizontal, NNW/20—40).

Dieser Zug dunkler Schiefer ist bloß 10—15 m mächtig. Es folgt darüber ein saiger stehender Keil von hellem, zerdrücktem Dolomit. Man könnte das Gestein für eine Gehängebrekzie halten, wenn nicht die zerbrochenen Stücke des plattigen Dolomits Faltenzüge (im Meterbereich) erkennen ließen und die Lagerung des etwa 25—30 m mächtigen Gesteinskörpers dagegen spräche. Das Gestein verwittert löcherig mit Neigung zu Höhlenbildung.

Es folgen saiger stehend wieder dunkle, graue, etwas sandige, plattelige Schiefer von 50—60 m Mächtigkeit.

Wo der Weg auf einer Brücke den Bach quert, gelangt man in Plattenkalk, der steil gegen NNE abtaucht (10/70). Höher oben am Hang scheint das Einfallen flacher zu werden (320/25). Typisch ist die Entwicklung in 1—20 cm dicken Platten, und entsprechend der Feinschichtigkeit des Sediments (mm- bis cm-Bänderung) schwankt die Farbe lagenweise zwischen dunkelblaugrau bis bräunlich und hellem Grau bis Gelb. Die dunklen Lagen sind fast dichte, manchmal etwas mergelige Kalke, während die helleren Bänder aus fein- bis zuckerkörnigem dolomitischem Kalk bis Dolomit bestehen.

Folgt man dem Weg aufwärts durch das ziemlich enge Tal, so wird diese Wechselfolge immer reicher an Dolomit, der bis zu 1,5 m dicke Bänke bildet. Es erfolgt so ein allmählicher Übergang in eine reine Dolomitserie. Das bläuliche, bräunlich- bis lichtgraue Gestein ist sehr feinkörnig und anfangs nur plattig-bankig (5—50 cm), während sich gegen das Hangende massige Dolomitpartien einschalten. Diese zeigen ausgeprägtere Klüftigkeit und liefern eckigen, stückigen Schutt. In einzelnen Lagen zeigt sich höherer Kieselsäuregehalt.

Die etwa 500 m mächtige, plattige Kalk-Dolomit-Wechselfolge und der daraus hervorgehende, ebenso mächtige Dolomit fallen steil (60—85°) gegen N bis NNE ein.

Wo das Tal aus der bisherigen NE-Richtung gegen NNW umbiegt, quert man im Bereiche einer Ortschaft die Hangendgrenze des Dolomit. Im Ort und auf dem in Serpentinen den letzten Berghang zur Paßhöhe emporziehenden Weg findet man nur stark verfaltete, grünlichgraue Schiefer.

Im Ortsbereich sind es etwas festere Grauwackenschiefer, die schon makroskopisch gelblich anwitternde, bis 5 mm große Feldspatstückchen und Quarz erkennen lassen.

U. d. M. sieht man in einer sehr feinkörnigen Tonschiefergrundmasse zahlreiche eckige Stückchen von häufig undulösem Quarz, Plagioklas (Albit, Oligoklas) mit Zwillingslamellen und z. T. mit Hellglimmereinschlüssen, Quarzit von etwa 0,4 mm Körnigkeit, Quarz-Plagioklas-Mikroklinkorngruppen (vermutlich Granit), Mikroklin und Stückchen von Schiefer und feinkristallinem Kieselgestein. Daneben gibt es noch etwas Erz und limonitische Substanz sowie Chlorit. Die eingestreuten Körner zeigen durchschnittlich Korndurchmesser von 0,1—1 mm, überschreiten diese Werte aber auch. Ein Zerbrechen der Komponenten infolge tektonischer Beanspruchung ist gelegentlich zu beobachten.

Wo der Weg nach der Ortschaft zum Masjam-Paß ansteigt, werden diese Grauwackenschiefer seltener. Dünnschiefrige, oft spießig zerfallende, grünlich-gelbliche, feine Tonschiefer bauen die Hänge auf.

Infolge der starken Durchbewegung schwankt das Fallen in weiten Grenzen. Anfänglich herrscht N-Fallen vor, gegen die Paßhöhe zu überwiegt allmählich steiles S-Fallen.

30 Höhenmeter vor Erreichen des ungefähr 1250 m hohen Passes erfolgt der Übergang in sehr tonigen, mürben, grünlichen Sandstein, der bräunlich verwittert und konglomeratisch wird (40 m mächtig). Die 1—6 cm, max. 25 cm Dm. besitzenden, gut gerundeten Komponenten sind grünlicher Quarzit und Sandstein. Außer Konglomeraten und Sandstein finden sich auch Grauwackenschiefer und eisenschüssige, feinbrekziöse Sandsteine.

Soweit die Verfaltung eine Schätzung zuläßt, dürfte die gesamte Schiefer-Sandstein-Folge etwa 600 m mächtig sein.

Auf der Paßhöhe (Masjam) herrscht S- bis SE-Fallen mit etwa 60°. Westlich und nordöstlich der hier befindlichen Ortschaft Masjam stehen anscheinend linsig und in bis 10 m mächtigen Zügen auftretende, sehr harte, in eckigen Stücken brechende Quarzite an. Sie sind teils weiß, teils durch Graphit schwärzlich gefärbt und zeigen manchmal Kreuzschichtung. Im Verband mit den hellen und dunklen Quarziten kommen quarzitische Sandsteine, grüngraue oder dunkelpigmentierte Tonschiefer vor.

Es besteht kaum Zweifel darüber, daß die über der Main Boundary Thrust folgende Reihe dunkle Schiefer-Kalk-Dolomit der Folge Infra Krol-Krol Kalk-Krol Dolomit entspricht. Der Verfasser vermutet, daß die darüber folgende Grauwacken-Schiefer-Konglomerat-Serie der normal überlagernden jurassischen Tal-Serie entspricht.

Der Abstieg von der Paßregion erfolgt in ENE-Richtung. Nach der Querung zweier Quarzitzüge, die den oben beschriebenen entsprechen und mit 55—65° gegen S fallen, bewegt man sich durchwegs in weichen, grauen Tonschiefern. Im unteren Teil des Hanges entwickelt sich ein morphologisch deutlich abgesetzter Rücken, der aus hartem, feinkörnigem, manchmal quarzitischem oder etwas arkosigem Sandstein aufgebaut wird. Das grüngraue, bankige Gestein zerfällt zu scharfkantigem Blockwerk. An Werfener Schiefer erinnernde rotviolette bis gelbliche, sandige Tonschiefer bis tonreiche Sandsteine bilden Lagen zwischen den festen Sandsteinbänken, sie treten aber mengenmäßig stark zurück.

Wo der Weg den kleinen Fluß erreicht (bei Dumrea), konnte 220/70 als Fallwert gemessen werden, NE davon, nach der Brücke saigere Lagerung (0/85, 170/85). Es münden hier 2 kleinere Täler zusammen, der Weg folgt dem einen aufwärts in NNW-Richtung. Dieser Bereich besteht noch aus dem hier ziemlich massig werdenden Sandstein. Etwa 400 m N der besagten Talgabelung wendet sich das Tal nach E. Hier schalten sich immer mehr rote und gelbliche, sandige Schiefer in die eckig brechenden Sandsteine ein.

Es erfolgt somit der Übergang in eine Serie stark zerscherter, gelblicher und roter, feinsandiger Tonschiefer, dunkelpigmentierter Schiefer, und schiefriger Sandsteine. Die Sandsteinfolge ist etwa 600 m mächtig, während die darauffolgenden Schiefer und Sandsteine 300 m Mächtigkeit erreichen dürften (Einfallen 20/85).

Knapp nach der Einmündung eines kleinen Seitentales von N in das ENE verlaufende Tal, durch das der Weg nach Tansing führt, gelangt man in eine Tonschieferfolge, die Züge von Quarzit und Graphitschiefer enthält. Die Serie dürfte derjenigen N vom Masjam-Paß entsprechen: Außer bröckelig zerfallendem, kleinklüftigem, schwärzlichem Graphitquarzit, weißem Quarzit mit Geröllagen (Komponenten dunkler und heller Quarz, Dm. bis mehrere cm) finden sich grünliche, graue und bräunliche blockig zerfallende Quarzite bis quarzitische Sandsteine in den Schiefern. Die Umgebung der quarzitischen Gesteine ist meist stark durchbewegt.

Diese Gesteine begleiten eine längere Strecke, da der Weg die Streichrichtung unter einem sehr kleinen Winkel quert. Die Mächtigkeit dürfte 100 m kaum übersteigen.

Knapp bevor das Tal und damit der Weg bei Tsatsipal in die N-Richtung umbiegen, gelangt man in eine Folge von festen Tonschiefern mit seidig schimmernden s-Flächen (slates). Die sedimentäre Feinbänderung — bedingt durch grünliche, graue, gelbliche sandigere und dunkle tonreichere Lagen — wird von den s-Flächen unter z. T. großem Winkel geschnitten. Diese transversal geschieferten Gesteine enthalten auch gelbliche Sandsteinbänke. Die Serie, die sehr an Simla slates erinnert, fällt mit 70—85° gegen NNE ein, Spitzfalten, die gelegentlich zu beobachten sind, zeigen fast horizontale E—W-Achsen. Der nördliche Bereich der 500—600 m mächtigen Folge wirkt durch häufige Serizithäute auch phyllitisch. Außer häufigen Lagen von Sandstein finden sich auch solche von gelblichem bis bläulichem Kalk (dm dick).

Bevor sich das Tal zum Becken S Tansing weitet, quert man ein 40 m mächtiges, ebenfalls steil NNE-fallendes Band interessanter Gesteine: Rotviolette und grüne Tonschiefer bis serizitische Schiefer enthalten Brekzien und Karbonatbänke. Die Brekzien führen bis einige cm große, gelängte Gerölle von rosa bis kremfarbenem, gelblich anwitterndem, feinstkristallinem Dolomit in einer Grundmasse von grünlichem bis silbrigseidig schimmerndem serizitisch-quarzitischem Schiefer. Unter den Komponenten, die sehr dicht liegen, finden sich auch Flatschen von grauem phyllitischem Schiefer. Partien von spätigem, weißem Karbonat sind wohl chemisch umgelagert.

Dieses Band hat größere streichende Verbreitung, da der von NW kommende, das Tal NE vom Masjam-Paß durchfließende kleine Fluß Blöcke dieser Brekzien mitführt.

U. d. M.: Die feinkristallinen Dolomit-Komponenten weisen Sprossung von Serizit (0,1 mm) auf. Die phyllitischen Schiefer-Komponenten zeigen ein in s-ausgerichtetes feinblättriges Serizitgemenge mit bis 0,2 mm großen Körnchen von Epidot und etwas Erz. Die Grundmasse besteht aus einem Gemenge von undulösem Quarz (0,05—0,15, max. 0,5 mm), Karbonat (0,02—0,2 mm), Hellglimmer (0,02—0,1, max. 0,25 mm), Erzblättchen (bis 1 mm) und Säulchen von Klinozoisit (0,2 mm). Grobspätige Karbonatpartien sind bei der Durchbewegung umgelagert worden.

Die die Brekzie überlagernden bunten, seidigen Schiefer (einige m) sind stark durchbewegt (B 100/10), es folgen plötzlich flachgelagerte violette und grünliche Tonschiefer mit einer Bank von grauem bis himbeerfarbenem, quarzitischem Sandstein mit weißen Kluftausfüllungen von Quarz. Es weitet sich hier das Tal zu einer Beckenlandschaft. Geht man den aus den Alluvionen ragenden Hügeln entlang gegen N, so kann man beobachten, daß die anfangs horizontale Lagerung in sanftes S- bis SE-Fallen übergeht (180/25, 145/37). Die tiefe Verwitterung läßt nur gelbliche, plattelige Tonschiefer bis seidig schimmernde Schiefer mit dünnen Sandsteinlagen erkennen.

Am Fuß des Bergkammes, auf dem die Stadt Tansing liegt, also am N-Ende des Beckens, gelangt man in grobblockig zerfallenden, mit dem Hang einfallenden Quarzit (180/35). Das weiß bis rötlich sandig-mürb verwitternde, zuckerkörnige Gestein ist ein lichter Arkosequarzit, der mit gelblich anwitternden plattigen Tonschiefern wechsellagert. Die selben Schiefer wurden oben aus der Beckenlandschaft, also aus dem Hangenden des Quarzits, beschrieben.

Im Verband mit dem Quarzit und den zwischengeschalteten Tonschiefern finden sich grau, gelblich oder rötlich gefärbte, fleckige, kieselige Tonschiefer bis kieselige Mergel. Der Bruch ist bei hohem Kieselsäureanteil splittrig, scharfkantig-muschelig. Die mm bis 2 cm großen, ovalen, hellen Flecken sind u. d. M. als ehemals amorphe Kieselsäuretropfen erkennbar. Es zeigt sich beginnende Umkristallisation zu Quarz. Nach s orientierte Quarzspindeln durchsetzen ein feines Gemenge von amorpher, unter x Nicols nicht aufhellender Kieselsäure und Kristallisationskernen von Quarz. Außer Tropfen bildet die Kieselsäure auch Gänge und Adern im Tonschiefer. Die Verdrängung der Tonschiefersubstanz bei der Wanderung der Kieselsäure ist deutlich erkennbar. Limonitkrusten auf den Klüften dürften von den in den Tonschiefern enthaltenen Erzpartikelchen herrühren.

Die kieseligen Gesteine sind am besten am Bergkamm W von Tansing zu beobachten. Der Kamm wird von Quarzit und den ihm eingeschalteten Schiefern aufgebaut. Der Verfasser fand als einziges Fossil im Niederen Himalaya Nepals ein Bruchstück vom Abdruck einer Bivalvenschale. Diese zeigt Längsrippen und eine feine Querstruktur. Der Fundpunkt liegt am Bergkamm, wo der von N vom Kali Gandaki heraufführende Muliweg den nordwestlichen Ortsrand von Tansing erreicht.

Die Gesteine fallen im Bereich von Tansing flach (15—35°) gegen SE bis E ein. Das starke Schwanken in der Einfallsrichtung — es findet sich vereinzelt auch N-Fallen — ist durch eine gewisse Wellung der relativ flach gelagerten Gesteine bedingt.

Der Weg nach Riri Bazar folgt W von Tansing ein Stück dem Kamm und wendet sich danach gegen NW. Leicht an Höhe verlierend, quert der Weg zu einer Einsattelung in dem NW von Tansing vom Hauptkamm gegen N ausstrahlenden Seitenkamm. Man gelangt dabei in das Liegende der Quarzitfolge. Wo sich der Weg nach N zum Sattel (Baoga, 1260 m) wendet, unterlagert den Quarzit zuerst ein 10—20 m mächtiges Band von grünlichem, fein- bis mittelkörnigem Arkosesandstein und grauem, sandigem Tonschiefer (Fallen 180/30). Es folgen dunkelgraue bis schwärzliche Tonschiefer, die splittrig brechen und etwas mergelig sein können (Fallen 220/30). Diese werden bald von grauen, grünlichen oder gelblichen, sandigen Tonschiefern abgelöst. Einzelne größere Körner von Quarz oder Feldspat verursachen Unebenheiten auf den s-Flächen. Diese Folge grünlicher Arkoseschiefer bis schiefriger Sandsteine erinnert sehr an die S vom Masjam-Paß.

Die flach gelagerten Gesteine werden etwa 80 m N vom Sattel von einem maximal 20 m mächtigen, etwa 100 m zu verfolgenden linsenförmigen Gangkörper steil durchschlagen (190/70). Das rauh, klüftig, ocker anwitternde Gestein besteht aus blaugrauem Quarz, der eckig bricht und dm-große herauswitternde Karbonatknollen enthält. Bei Berührung mit HCl zeigt der Quarz einen gewissen Karbonatgehalt. Parallel zum Salband zeigt sich gelegentlich Feinbänderung. Blaue und grüne sekundäre Kupferminerale deuten auf Vererzungsspuren hin.

Gangtrümer sind gelegentlich im Nebengestein zu beobachten, und weiter westlich fanden sich Nebengesteinseinschlüsse im Gang. Vom Sattel (Baoga, 1260 m, nach Aneroid) führt der Weg nach Riri Bazar in ein Tal (Gurung Khola)[8] hinab, das zuerst in westlicher Richtung verläuft. Etwas westlich des Sattels wurde bei einer Quellfassung frisches Gesteinsmaterial gefördert: Grauer Sandstein mit Feinlagen, reich an kohliger Substanz. Der Sandstein enthält Brekzienlagen, deren linsig geformte, meist 0,5 cm, vereinzelt 2 cm

---

[8] Das nepalische Wort Khola bedeutet Fluß, es werden damit aber auch Tallandschaften bezeichnet (z. B. Thakkhola).

Dm. erreichende Komponenten sich aus gelblich bis kremfarben anwitternden Karbonatgesteinen, grünlichem oder weißem Quarz und dunklem Tonschiefer zusammensetzen. Außer Sandstein und Brekzien finden sich dunkle, harte, z. T. sandige (Silt-)Schiefer.

Die Gesteine, die den Weg eine Weile begleiten, zeigen z. T. NW-Fallen von 25°.

Wie aus Blockfunden zu ersehen ist, erreichen die Quarz-, Karbonatgesteine- und auch Gneis-führenden Brekzien Komponentenlängen von 5 cm.

Bei einer Seehöhe von etwa 1200 m kann man entlang des Weges auf einer Länge von 50 m feingebänderte Gesteine beobachten: Hellgrünliche, gelbliche und graue, auf s seidig glänzende, Serizit führende, Millimeterschichtung zeigende mergelige Schiefer und dunkle, fast schwärzliche, phyllitische Schiefer mit quarzitischen Bändern. In den gefälteten Gesteinen ist z. T. gradierte Schichtung zu erkennen.

Im Liegenden dieser auffallenden Gesteine gelangt man erneut in arkosige Sandsteine, splitterige, harte Schiefer und Brekzien, die mit 40° gegen E einfallen und z. T. Querachsen (10/10) zeigen. Die Brekzien sind teils fein, werden gelegentlich aber auch sehr grob (bis 20 cm Komponentendurchmesser). Stücke von dunklem Tonschiefer und grünlichem, feldspatführendem Sandstein dürften aus der eigenen Formation stammen, während blaugrauer Kalk und gelblich anwitternder Dolomit der unterlagernden Karbonatgesteinsfolge (Krol) entstammen. Auch Quarzit und Phyllit bilden Komponenten. Die Grundmasse besteht aus Karbonatquarzit bis Sandkalk.

Vom orogr. rechten Hang herabgestürzte Blöcke zeigen die feingebänderten Gesteine mit konkordanten bis 12 cm dicken, ocker anwitternden Lagen des blauen karbonatisch-quarzigen Ganggesteins.

Aus der Schiefer-Sandstein-Brekzienfolge gelangt man gegen das Liegende in einen etwa 100 m mächtigen Zug von gebanktem, blaugrauem bis hellgrauem, feinkörnigem Dolomit, der zu hellem, kleinstückigem Grus verwittert. Er enthält dunkle, weiß anwitternde Lagen und Knauern von Hornstein (1—3 cm dick) und zeigt selten blaue, verquarzte Partien, letztere wohl im Zusammenhang mit den bereits erwähnten Gängen. Es folgen wieder 30 m gelblich verwitternde Schiefer und Sandstein, 8 m Dolomit, 10 m Schiefer, dann bleibt der Weg in der sehr mächtigen Dolomitserie. Da die Gesteine sehr stark durchbewegt sind, sind die Schiefereinschaltungen wohl tektonisch durch Störung des ursprünglichen Kontaktes Schiefer-Dolomit entstanden. Die Gesteine fallen mit 30—35° gegen E bis ESE.

Nach der kleinen Brücke schwankt die Lagerung des Dolomits sehr stark zwischen 50—80° gegen NE und steilem SSW-Fallen.

Wo das Tal, dem der Weg folgt, mit einem anderen von S kommenden zusammentrifft, herrscht flache Lagerung. Es gibt hier eine Höhle und Quellaustritte.

Das Tal verläuft nun etwa 1 km in nördlicher Richtung. Auf dieser Strecke herrscht sehr flaches NE-Fallen. Unter dem hellen Dolomit tauchen im Talgrund kurz dünnplattige, dunkle, Hornstein führende Dolomite und dunkle Zwischenschiefer auf, dann marschiert man wieder lange Strecken im lichten, dickbankigen bis massigen Dolomit. Nach dem Talknick gegen W herrscht schwebende Lagerung, nach dem linken Seitental sanftes SSW-Fallen (200/25). Vereinzelt finden sich tektonische Brekzien. Nach dem einzelnen Haus bei der kleinen Brücke, über die der Weg auf die orographisch rechte Seite wechselt, wird der Dolomit dunkler und plattig. Es herrscht entlang des Weges mittelsteiles NNE-Fallen (15/5—45) mit gelegentlichen Verfaltungen (β 85/10). Erst von dem Punkt, wo das Tal aus der WNW- in die NNW-Richtung biegt, erkennt man eine S-vergente, liegende Falte, deren Liegendschenkel am Wege gegen NNE einfällt, während an den Hängen darüber, im Bereich des überkippten Hangendschenkels durchwegs, SSE- bis S-Fallen mit 25—35° herrscht. Die Achse der Großfalte taucht sanft gegen E ab.

Der letzte, NNW-verlaufende Talabschnitt wird von plattig-bankigen, hellgrau bis bläulichen Dolomiten aufgebaut. Gegen N, gegen das Haupttal des Kali Gandaki zu, wird der Dolomit immer dünnplattiger und dunkler und geht schließlich im Haupttal in eine Plattenkalkfolge über. Es herrscht auf diesem Abschnitt durchwegs S- bis SSE-Fallen mit 25—55°, selten 70°.

Im Haupttal verläuft der Weg durch die auf alten Terrassen des Kali Gandaki angelegten Felder. W vom Weg erhebt sich ein einzelner Hügel aus den Feldern. Die ihn aufbauenden Gesteine fallen mit 55° gegen SSE ein. Man kann hier beobachten, wie aus der Folge dunkler, plattiger Dolomite gegen das Liegende zu, also gegen den N-Fuß des Hügels, allmählich durch Wechsellagerung eine Bänderkalkserie hervorgeht. Diese dunklen, blaugrauen Gesteine enthalten nur mehr vereinzelt dünne, heller anwitternde Dolomitlagen. Die Bänderung liegt im mm- bis cm-Bereich. Die angewitterten Oberflächen der sehr feinkörnigen, fast dichten Kalke sind glatt und zeigen rundliche Formen.

Der Weg wendet sich gegen W, um auf der orographisch rechten Seite des Kali-Gandaki-Tales stromaufwärts nach Riri Bazar zu führen. Größtenteils geht man auf alten Flußterrassen, nur an wenigen Punkten berührt der Weg den anstehenden Fels. Etwa 2 km vor Riri drängt der Fluß in einer Schlinge sehr gegen S, und der Weg ist an dieser Engstelle in steilaufgerichtete, dunkle Plattenkalke mit Dolomitbändern gehauen (355/90). Gleich danach herrscht wieder das regionale sanfte SSE-Fallen (150/30), das auch in den Wandstufen der orographisch rechten Talseite über dem Weg zu beobachten ist. Nach dem Schutt zu schließen, werden die Wände von gut gebankten, dunklen Dolomiten mit Kalklagen aufgebaut (S-Fallen mit etwa 30°).

Knapp vor Riri Bazar kann man am gegenüberliegenden Flußufer einen Aufschluß von schwärzlichen Schiefern sehen. Wo der Weg zum Zusammenfluß des Riri-Flusses mit dem Kali Gandaki hinunterführt, kann man am Ufer unter den Schottern und Sanden der Terrasse zwischen herabgestürzten Blöcken von Gehängebrekzie schwarze Letten austreten sehen. Die zähe Masse enthält Stückchen von schwarzem Schiefer.

Gleich nördlich davon liegt die Ortschaft Riri Bazar, wo der Kali Gandaki aus der S- in die E-Richtung umbiegt.

Rückblick: Im großen zeigt der beschriebene Abschnitt synklinale Lagerung. Der N-fallenden Abfolge schwarze Schiefer — dunkle Kalke und Dolomite — helle Hornstein führende Dolomite — Grauwacken, Schiefer, Sandsteine, Konglomerate und Tonschiefer der südlichen Mahabharat-Kette (Masjam-Paß) entspricht ein korrelater Gegenflügel im Bereiche Tansing-Riri Bazar.

Nach dem Besuch des NW-Himalaya sieht der Verfasser diese Abfolge als sicheres Korrelat von Infra Krol shales — Krol Kalk (Krol A) — Krol Dolomit an. Die obersten Teile der Abfolge, also die Schiefer, Grauwacken, Arkosesandsteine, Konglomerate und Brekzien sowie die darüber folgenden Quarzite und Schiefer von Tansing möchte der Verfasser als Untere und Obere Tal-Serie auffassen. Dafür spricht die Lagerung, die Tatsache, daß sich die unterlagernden Kalke und Dolomite als Komponenten in den Brekzien finden sowie der Fund eines Fossils bei Tansing.

Gelblich verwitternde, graue, sandig-tonige Schiefer, wie sie sich in dieser Serie finden, haben gewisse Ähnlichkeit mit denen in der Unteren Tal-Serie von Landour (Mussoorie). An die Grauwackenschiefer erinnernde Gesteine fanden sich zusammen mit rötlichen Quarzsandsteinbänken in der die Krol-Dolomite überlagernden Tal-Serie S Satpuli (im Gebiet N Lansdowne, Garhwal).

Obwohl der lithologische Charakter der Tal-Serie in verschiedenen Gebieten anscheinend sehr unterschiedlich ist, so spricht die Beschreibung der Gesteine dieser Serie, wie sie sich etwa in E. H. PASCOE (1959, S. 1189—1191) findet, sehr für eine Zuordnung der in Nepal angetroffenen Gesteinsvergesellschaftung zu der jurassisch-kretazischen Tal-Serie.

Schwer ist die Beantwortung der Frage, ob die im Kern dieser Synklinale der Mahabharat-Kette gelegenen steilgestellten Sandsteine, Schiefer und Quarzite des Gebietes Masjam-Paß S Tansing zur Tal-Serie gehören oder eine Deckscholle älterer Gesteine darstellen, worauf später eingegangen werden soll*).

b) Riri Bazar — Bari Gad — Dhorpatan

Im Ortsbereich des N des Riri-Flusses gelegenen Riri Bazar begegnet man, vermutlich nach Querung einer Störung, die dem genannten Fluß folgt, einer neuen Gesteinsfolge: Im cm- bis mm-Bereich gebänderte grünliche, graue, gelbliche, dunkelgraue Tonschiefer, die ausgeprägte Transversalschieferung zeigen (slates). Sie brechen splitterig, plattelig. Z. T. treten dunkelgraue Phyllite in der Serie auf.

Dieser Gesteinsbestand erinnert sehr stark an die sandsteinärmeren Partien in den Simla slates N Mashobra und an anderen Punkten des Simla-Gebietes sowie an die bereits beschriebenen Schiefer etwa 8 km S Tansing.

Die Gesteine fallen N Riri Bazar mit 30—40° gegen NNE bis NE ein, beim Fortschreiten nach NNE das Kali-Gandaki-Tal aufwärts versteilt sich der Einfallswinkel bis 90° und wird gegen die Stelle zu, wo der Weg das Kali-Gandaki-Tal verläßt und einem Seitental (Tal Khola) in WNW-Richtung folgt, wieder flacher (35—50°). Die tektonische Achse verläuft E—W. Die Transversalschieferung fällt steil gegen NNE ein, während das ss oft flachere Lagerung zeigt.

Auf der Strecke N Riri sind die Aufschlüsse stellenweise durch grobe Nagelfluh (Gerölle bis 50 cm Dm.) verdeckt.

An dem bereits erwähnten Punkt, wo der Weg das gegen NE abbiegende Kali Gandaki-Tal verläßt, gelangt man in den Bereich einer neuen Serie:

Zwischen rot-violetten, blätterigen und apfelgrünen, splitterigen, serizitischen Schiefern finden sich bräunliche, rosa, fleischrote, fast dichte Kalk- und Dolomitlagen (2 bis 100 cm) eingelagert. Durch feine Schieferzwischenlagen erscheinen die Karbonatgesteine oft dünnlagig (3—5 mm). Sie wittern eisenschüssig braun bis orange an.

Diese bunte Serie taucht mit 25—40° gegen N ab. Auch sie zeigt Transversalschieferung.

Der Weg folgt dem Streichen der Gesteine. Wo sich das Seitental weitet, schwankt die Lagerung in weiten Grenzen (NE- bis NNW-Fallen von 20—85°), flaches N-Abtauchen überwiegt aber. Die bunte Serie fällt so unter einen wohl nicht über 40—50 m mächtig werdenden Dolomitzug ein, der den orographisch linken Hang durchzieht.

Der braun verwitternde, bankig-plattige, hellgraue bis bläuliche Dolomit enthält dm-dicke Lagen reich an Quarz-Körnern. Diese sandigen Bänder enthalten auch bis 3 cm lange, eckige Dolomitstücke. Es handelt sich offenbar um synsedimentäre Brekzienlagen im Dolomit. Dies geht klar hervor, wo fast dichte, kremfarben anwitternde Dolomitlagen sich in eckige Schollen auflösen, die im braun anwitternden, sandig-spätigen Dolomit schwimmen.

Das Tal, dem der Weg folgt, biegt aus der WNW- in die NNW-Richtung um, und man erwartet, daß der Dolomitzug das Tal quert, was aber nicht eintritt. Man bewegt sich durchwegs in N bis NNW einfallenden (320—0°/30—35°) Quarziten und Schiefern.

---

*) Unsere neuesten Untersuchungen haben gezeigt, daß die Gesteine N vom Masjam-Paß zur Tal-Serie gehören, von tertiären Dagshais überlagert werden, worauf eine Deckscholle von Simla states und Blainis folgt (siehe Taf. 2, 3 [13]).

Es ist eine plattige (4—30 cm, meist 10 cm) Wechselfolge von harten, lichten, grauen bis bräunlichen Quarziten mit feinen Rostpünktchen und graugrünen, z. T. dunkelgrauen, etwas phyllitischen Schiefern. Die Quarzite zeigen Wellenfurchen. Die Dicke ein und derselben Quarzitbank schwankt oft sehr stark.

Da man auch beim Fortschreiten gegen NNW in dieser Serie bleibt, muß hier der Dolomit gegen W zu auskeilen. Die Lagerung der Gesteine ist in dem Bereich, wo der Dolomit zu erwarten wäre, stark gestört. Der Dolomit des orogr. linken Hanges liegt flach, die Schiefer und Quarzite zeigen Fallwerte von 320/30 bis 25/85. Man begegnet vereinzelt auch Querachsen (350/80°). Das Auskeilen des Dolomits gegen W ist daher wohl tektonisch bedingt.

Das Tal teilt sich in zwei Seitengräben, und der Weg führt auf dem dazwischenliegenden Rücken aufwärts. Die mit 50° NNW-fallende, gebänderte Quarzit-Schiefer-Phyllit-Serie wird hier allmählich schieferreicher, der Quarzit tritt zurück. Ab einer Seehöhe von 1000 m bewegt man sich fast nur in grünlichen, seidig schimmernden, serizitischen Schiefern und grauen Phylliten. Die Gesteine fallen flach mit 20—45° gegen NNW—NNE ein. Die tektonischen Achsen streichen meist WNW—ESE.

Nach dem Rasthaus auf SH etwa 1100 m wird die Serie phyllitischer, silbriggrau mit flach gewellten s-Flächen.

Wo sich bei den Häusern (SH. etwa 1180 m) der Hang versteilt, findet sich wieder der bläuliche, braun anwitternde Dolomit. Es herrscht flaches N-Fallen (10/25). Auf ein 6—7 m mächtiges Dolomitband folgen 10—12 m Quarzit und Phyllit, darüber 8 m zu tektonischer Brekzie zertrümmerter Dolomit, Dolomitplatten und eingepreßter Phyllit. Über diesem stark durchbewegten Bereich folgt plattiger (4—10 cm), blauer Dolomit. Die Mächtigkeit des Dolomitzuges läßt sich schwer angeben, da die Hangendgrenze ebenfalls stark tektonisiert und undeutlich aufgeschlossen ist. Die Mächtigkeit dürfte aber im Bereich von 50—100 m liegen.

In den Hangendpartien des Dolomit finden sich graue, silbrig glänzende Phyllite eingeschaltet.

Beim Rasthaus Tarapani (S. H. 1330 m) wechsellagern stark tektonisierter, kleingrusig zerfallender Dolomit und Quarzit (NW-Einfallen mit 15—25°). Auch Phyllit und Rauhwacke finden sich in dieser Wechselfolge.

Der Bereich des etwa 1350 m hohen Sattels wird von stark gefalteten, serizitisch-phyllitischen Schiefern mit plattigen Lagen von hellem, grünlichem Quarzit aufgebaut. Vereinzelt findet sich darinnen zerdrückter Dolomit.

Beim Abstieg in nördlicher Richtung gelangt man, da hier flaches SSW-Fallen herrschend wird (205/15—30), aus den schiefrigen Gesteinen wieder in Dolomit (nicht über 40 m mächtig).

In den darunter folgenden silbrig glänzenden, apfelgrünen Phylliten mit dünnen Quarzitlagen versteilt sich das Einfallen (210/65).

Wo das Tälchen eng wird und aus der N- in die NE-Richtung biegt, gelangt man wieder in einen mit 15—30° gegen SW abtauchenden Dolomitzug.

Der Weg quert auf ungefähr gleicher Höhe bleibend den orogr. linken Hang des Tales (Gjubesi Khola). Dabei gelangt man aus dem plattigen, hellgrauen, braun anwitternden Dolomit, der auch eingepreßte Lagen von Serizitphyllit aufweist, in das Liegende des Dolomits. Dieses wird von phyllitischen Schiefern und Quarzit gebildet.

Da sich wieder sanftes NNE-Fallen einstellt (20/25), erreicht der Dolomit, der die höheren Hangteile aufbaut, in einer Einfaltung von wenigen Metern Mächtigkeit den Weg.

Bis zur Ortschaft Datim, die auf dem Rücken steht, zu dem der Weg hinüber quert, durchwandert man sanft NNE-fallende grünliche, gelbliche, graue, violette, splitterige Schiefer und Serizitphyllite mit Bänken und Platten von lichtem Quarzit.

Von Datim führt der Weg hinab ins Tal des Bari (Bari Gad). Nach mit 10—20° gegen W abtauchender Achse gewellte, violette und grünliche, serizitische Schiefer bauen die Hänge auf. Die Quarzitlagen treten hier zurück. Die s-Flächen fallen meist mit 15—40° gegen SW bis WSW, vereinzelt findet sich 30—40° NW- bis NNW-Fallen.

Blickt man gegen W in den Seitengraben hinab, so erkennt man in der gegenüberliegenden Flanke eine S-vergente, liegende Synklinale. Synklinaler Bau dürfte dafür verantwortlich sein, daß der letzterwähnte Dolomitzug nicht ins Bari Gad hinabzieht.

Der Weg erreicht den Talgrund des Bari Gad, wo der genannte Graben in einer Klamm ins Haupttal mündet. In den grauen, phyllitischen Schiefern finden sich Lagen von Quarzit, Karbonatquarzit und bläulichem bis bräunlichem, dolomitischem Kalk.

Der Anmarschweg der Expedition folgte nun auf der orogr. linken Talseite das Bari Gad flußaufwärts.

Nach der Querung auf das NE-Ufer herrscht mittelsteiles bis steiles N- bis NE-Fallen vor. Über den phyllitischen Schiefern mit Quarzitlagen folgen schwarze, weiche Schiefer, darüber lichter Dolomit, der die höheren Hangteile aufbaut. In einem großen Hanganriß SE Rupakot kann man die Lagerungsverhältnisse gut studieren (Abb. 2). Vom Liegenden gegen das Hangende zeigt sich folgendes Profil:

1. Etwa 150 m grüne und rotviolette, serizitische Schiefer mit dm- bis m-mächtigen Bändern von weißem, stark geschiefertem Karbonatquarzit und Quarzit mit Serizit und Fuchsit auf den s-Flächen.

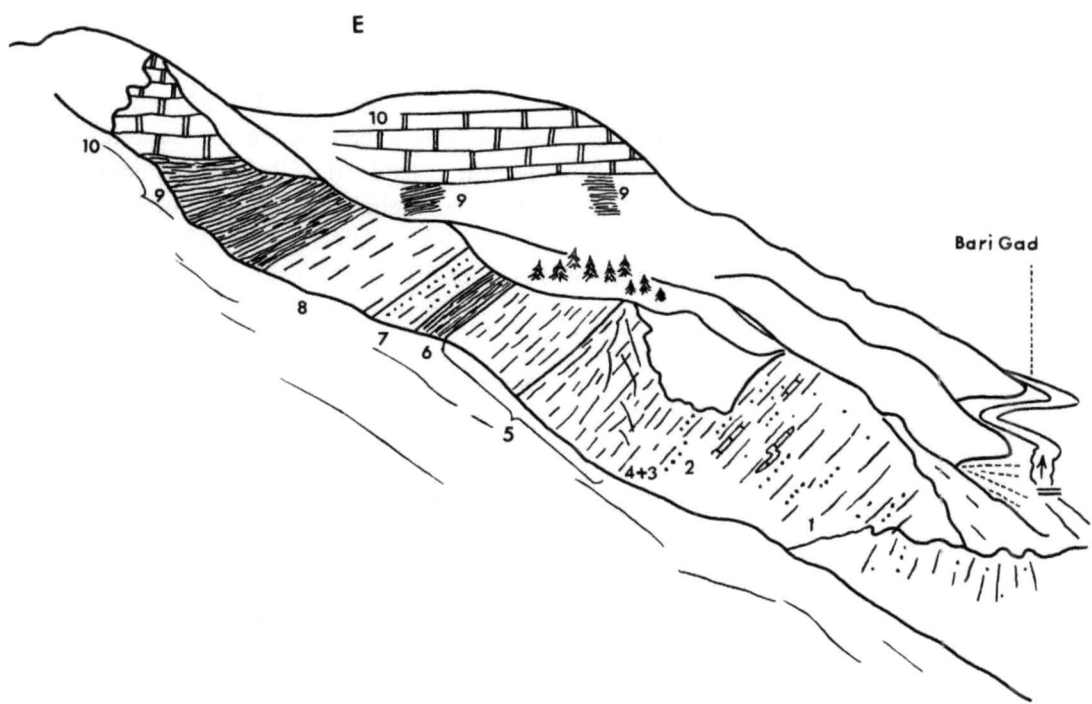

Abb. 2: Ansichtsskizze des Hanganriß E Rupakot (Bari Gad); (Beschreibung im Text).
View of the outcrop E of Rupakot, Bari Gad.
1—3 Sericitic and quartzitic schists ⎫
   4 grey quartzite ⎪
   5 grey phyllite ⎬ Jaunsar (Chandpur)
   6 black slate and phyllite ⎪
   7 sericitic-quartzitic schists ⎭
8—9 dark phyllites and slates (Infra Krol)
  10 grey cherty dolomite (Krol-Shali)

U. d. M. zeigt der Karbonatquarzit in einem feinkörnigen, quarzarmen Gemenge von Karbonat (0,01—0,03 mm) linsige Züge von Quarz, meist ein verzahntes Mosaik bildend (0,02—0,08 mm, selten bis 0,6 mm). Im Zusammenhang mit den Quarzlagen findet sich grobkörnigeres, umkristallisiertes Karbonat (bis 0,4 mm) und ebenfalls neu gewachsener, einschlußarmer Plagioklas (Albit), der wenige Zwillingslamellen aufweist (0,12—0,2 mm). Strähne von Hellglimmer, die Fuchsit enthalten, durchziehen das stark schiefrige Gestein. Etwas Erz und sehr selten winzige Turmalinkriställchen.

Die Schiefer sind stark geknittert und gefältelt, die karbonatisch-quarzitischen Lagen sind vielfach mylonitisiert und tektonische Brekzien-Zonen zeugen von der intensiven Durchbewegung.

2. Etwa 50 m graugrüne, serizitische Schiefer mit Lagen von gelblichem und weißem Karbonatquarzit, Quarzit und weißem, mylonitischem Dolomit.

3. 10 m grüne, serizitische Schiefer mit im 3- bis 6-cm-Bereich plattigen, weißen Quarziten.

4. 3 m grauer Quarzit.

5. Etwa 150 m graue Phyllite.

6. 10 m schwarze, dünnblätterige Schiefer und Phyllite, von weißen Quarzadern durchzogen.

7. 10 m lichte grünliche, serizitisch-quarzitische Schiefer.

8. Etwa 100 m dünnblätterige, graue Phyllite, die eine 5 m mächtige Bank von grauem Quarzit enthalten.

9. Etwa 150 m schwarze, z. T. recht harte Schiefer, die dm-Lagen von braunem Quarzit enthalten. Die Schiefer zerfallen stückig und zeigen weiße Ausblühungen. Die Gesteine fallen deutlich flacher ein.

10. Mit horizontaler, z. T. sogar flach S-fallender, Lagerung folgt weißer bis grauer, Hornstein führender Dolomit von großer Mächtigkeit.

Die Liegend- und Hangendgrenze der schwarzen Schiefer sind diskordant, doch dürfte die hier sehr intensive Tektonik dies hervorgerufen haben. In diesem Zusammenhang ist zu erwähnen, daß am SW-Fuß des Hügels, am S-Ende des Profils, Rollstücke von gelblichem bis grauem Dolomit herumliegen. Der Hornstein und Stromatolithen führender Dolomit scheint die oberste Partie des Hügels zu bilden. Dies spräche für ein lokales, diskordantes Überschieben des Dolomits über die Schiefer.

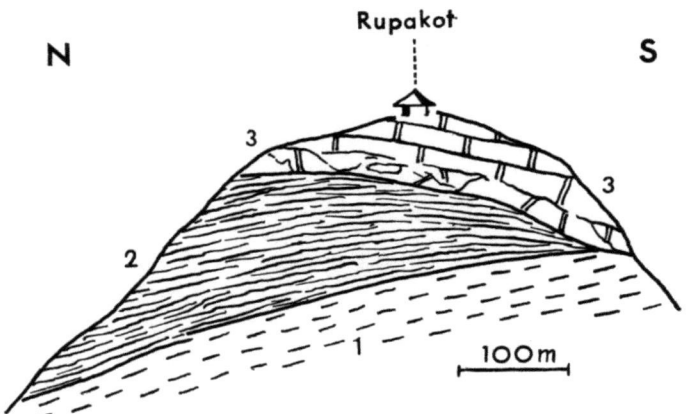

Abb. 3: Profil von Rupakot, Unteres Bari Gad (Beschreibung im Text).
Section observed at the village Rupakot, lower Bari Gad (Nepal).
1 Slates, partly sandy (Jaunsar)
2 black shales and slates (Infra Krol)
3 partly brecciated dolomite (Krol-Shali)

Die bereits erwähnten Dolomite des Bereiches Riri—Bari Gad werden trotz etwas abweichender Ausbildung mit dem Krol-Dolomit der Mahabharatkette als altersgleich erachtet, worauf noch eingegangen wird. Die den Dolomit unterlagernden, schwarzen Schiefer sind unschwer mit den Infra Krol shales zu vergleichen.

Die auf der durchwanderten Strecke so verbreiteten serizitischen Schiefer, Phyllite und Quarzite dürften der Jaunsar-Serie, und zwar den Chandpurs, entsprechen. Dafür spricht die Gesteinsbeschreibung dieser Serie, wie sie sich bei J. B. AUDEN (1934, S. 371—372) findet und die lithologische Ähnlichkeit, von der sich der Verfasser im Profil von Mussoorie überzeugen konnte.

Die rosa Kalk und Dolomit führenden Schiefer und Quarzite (S. 33) betrachtet der Verfasser als jünger, entsprechend Nagthat bis Blaini (s. Kapitel I B).

In dem beschriebenen Profil scheinen zwischen den quarzitischen Schiefern und den Infra Krols einige Schichtglieder tektonisch verdrückt und so ausgeschaltet zu sein.

Das Profil zu der auf einem etwa 1100 m hohen Hügel gelegenen Ortschaft Rupakot zeigt (Abb. 3): Gelbliche, grünliche, sandige Schiefer im Talgrund des Bari Gad mit 35—70° gegen W bis SW abtauchend, höher oben stellt sich sanftes E-Fallen ein (1). Die Gipfelpartie des Hügels baut zu tektonischer Brekzie zerbrochener Dolomit auf (3). Nach dem Verlauf der Liegendgrenze fällt der Dolomit sanft gegen SSW ein. N der Ortschaft tauchen die im S verdrückten schwarzen Schiefer mit 50° NNE-Fallen in großer Mächtigkeit auf (2). Weiße und gelbliche Ausblühungen umkrusten die Aufschlüsse. Austretende Wässer zeigen rostigen Niederschlag, wie man dies aus Kohlengruben gewohnt ist. All dies deutet auf hohen FeS_2-Gehalt der dunklen Schiefer hin.

Am Kontakt gegen die im Liegenden folgenden grünlichen Schiefer zeigen sich etliche tektonische Wiederholungen.

Etwa 2 km vor Erreichen der Mündung des Hukdi Khola gelangt man auf dem Weg entlang des Bari in graue, gelbliche und schwärzliche, z. T. sandige Tonschiefer. Diese größtenteils dunklen, splittrigen Schiefer zeigen sedimentäre Feinbänderung und Transversalschieferung (Schichtfallen WNW—WSW mit 35—60°).

Es stellen sich zunächst einzeln, dann zunehmend Sandsteinlagen ein. Das graue, meist feinkörnige Gestein bildet bis 1,5 m mächtige Bänke. Auf s findet man manchmal Tonscherbenbrekzien. Die dunklen, bis 1,5 cm großen Tonschieferstückchen entstammen den begleitenden Schiefern. Synsedimentäre Faltungen und Kreuzschichtung sind ebenfalls zu beobachten.

Auch im Bereich der Mündung des Hukdi Khola werden die Höhen der Berge aus Dolomit aufgebaut, darunter sieht man in einzelnen Anrissen die schwarzen Infra Krols.

Entlang des Weges findet man mit 40—50° WSW-fallende, dunkelgraue bis schwärzliche, phyllitische Schiefer. Die glänzenden s-Flächen sind ebenflächig. Sandstein tritt zurück. Winzige, rostige Tüpfchen deuten auf Mineralsprossung hin.

Danach sind auf einer Strecke von 50 m dunkle, blaue, im 3—5-cm-Bereich plattige Kalke als 2—6 m mächtige Einschaltungen in weichen, schwarzen Schiefern zu beobachten.

Dann setzen wieder die dunklen, z. T. phyllitischen Schiefer mit einzelnen grauen Sandsteinlagen ein (B 305/15). Etwa 4 km NW der Hukdi Khola-Mündung lösen normale graue Tonschiefer mit Sandsteinlagen die schwärzlichen Schiefer ab.

Etwa 5,5 km NW der genannten Mündung gelangt man in eine stark zerscherte, steilstehende, mit dem Tal streichende Serie von schwärzlichen Schiefern (z. T. Graphitschiefer), grobblockig zerfallendem Graphitquarzit und grünlichem, mittelkörnigem, quarzitischem Sandstein. Gegenüber der Mündung des Nisti Khola findet man neben grünlichem, blockigem Sandstein zerscherte, rotviolette und grüne, sandige Schiefer.

Am orogr. rechten Hang wird diese steilgestellte Folge von grauen, plattigen bis flatschigen Phylliten (z. T. mit Quarzlinsen) überlagert. Sie fallen mit 45—60° gegen WSW ein.

Sämtliche höheren Hangteile der orogr. linken Talseite baut der Dolomit auf, der aber anscheinend flach gegen NE abtaucht. Das Tal folgt daher einer Antiklinale, deren Schenkel nicht gleichartig sind. Der lithologische Charakter des Dolomits ist aus der reichlichen Schuttüberstreuung gut zu ersehen: Das helle Gestein enthält schwarze Hornsteinknollen und Stromatolithen. Spateisensteingänge sind zu beobachten, vereinzelt erreichen sie 1,5 m Mächtigkeit.

Etwa 5,5 km vor dem Ort Wamitaksar taucht mit flachem ESE-Fallen (115/30) nach einer längeren Unterbrechung durch dunkle, phyllitische Schiefer wieder die etwas bunte Sandsteinfolge auf: grüne und rote, sandige Schiefer, grüner, mittel- bis grobkörniger, ungeschichteter Quarzsandstein, der blockig zerfällt, und grauer, z. T. graphitischer Quarzit. Alte Terrassenschotter (Nagelfluh) schaffen auf dieser Strecke schlechte Aufschlußbedingungen. Der Weg folgt ungefähr der Streichrichtung, aber man gelangt gelegentlich in die hangenden dunklen, phyllitischen Schiefer.

Etwa 3 km vor Wamitaksar queren mit 25—30° ENE-Fallen wieder dunkle Schiefer den Weg, danach tauchen aus dem Liegenden wieder rote und grüne Schiefer und Sandsteinbänke auf. Infolge starker Verfaltung wechselt das Fallen zwischen ENE (65/30) und WSW (250/70°).

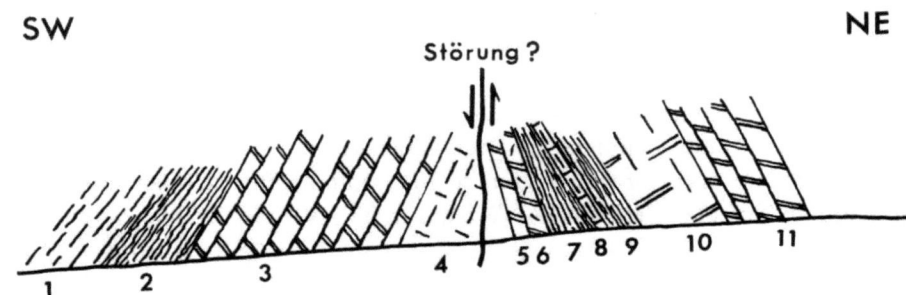

Abb. 4: Profil im untersten Daram Khola, knapp vor der Mündung ins Bari Gad (Beschreibung im Text). Section along lowest part of the Daram Khola, just before junction to Bari Gad (Nepal).
 1 dark slates and phyllites
 2 black slates with arenaceous and dolomitic layers (30—50 m) (Infra Krol)
 3 grey or blue cherty dolomite (~120 m) (Krol-Shali)
 4 no good outcrops of marly rocks (~20 m)
 5 cherty dolomite (2m)
 6 tectonic (?) breccia of dolomite (2—3 m)
 7 black shales and slates (Infra Krol) (20 m)
 8 dolomitic marl (1 m)
 9 black shales (Infra Krol) (15 m)
 10 massive dolomite (Krol-Shali) (50 m)
 11 grey-blue cherty dolomite (Krol-Shali)

2,5 km vor Wamitaksar verschwinden die Sandsteine, und man bleibt bis zur Mündung des Daram Khola in grauen Schiefern, die vorwiegend mittelsteil gegen WSW fallen.

Abb. 4, ein kurzes Querprofil im Bereich des untersten Daram Khola, zeigt von SW gegen NE:

1. Dunkelgraue Phyllite und schwärzlich-grau gebänderte, transversalgeschieferte Tonschiefer (slates).

2. 30—50 m schwärzliche, kleinsplittrige Schiefer mit vereinzelten sandigen und dolomitischen Lagen (entspricht Infra Krol).

3. ~ 120 m gut gebankter, hellgrauer bis blauer, kieseliger Dolomit.

4. ~ 20 m schlecht aufgeschlossene, gelb verwitternde, mergelige Gesteine.

5. 2 m plattiger Hornsteindolomit.

6. 2—3 m tektonische (?) Brekzie von Dolomit.

7. 20 m schwarze, splittrige Tonschiefer enthalten gegen 6. einige gelbliche, plattige Dolomitlagen (entspricht Infra Krol).

8. 1 m plattiger, gelblicher, dolomitischer Mergel.

9. 15 m schwärzliche Schiefer (entspricht Infra Krol).

10. Etwa 50 m massiger Dolomit (z. T. schlechte Aufschlüsse).

11. Graublauer, gebankter Hornsteindolomit.

Im SW-Teil des Profils herrscht steiles WSW-Fallen, im NE-Teil steiles ENE-, z. T. sogar ESE-Fallen, was schwer darzustellen ist.

Beim Weiterweg durch das Bari Gad verengt sich das Tal. Auf die grauen Schiefer folgt bald der Dolomit, der in steil gegen SW einfallenden Plattenschüssen den orogr. linken Hang herabzieht. Es ist graublau gebänderter Hornsteindolomit, der sehr feinkörnig, ja fast dicht ist. Einzelne mikrobrekziöse, oolithische Lagen und solche reich an dunklen Flecken konnten beobachtet werden.

Man gelangt in massigen, stark zerklüfteten, örtlich zu tektonischer Brekzie deformierten Dolomit.

An der engsten Stelle des Tales stellt sich 45—55° E- bis ENE-Fallen ein, und unter dunklem, plattigem Dolomit tauchen schwärzlich-hellgrau gebänderte, quarzitische Gesteine auf, die aber noch Karbonatbänder enthalten.

Das Tal weitet sich, das Londi Khola mündet von NE in das Haupttal. Unter den Terrassenschottern sind Aufschlüsse ziemlich selten, sie zeigen stark mitsammen verfaltet dunklen, bläulichen, plattigen Dolomit und kleinstückig, spießig zerfallende, schwarze, mattglänzende Schiefer. Mittelsteiles SW-Fallen überwiegt.

Die nordöstlichen Höhen des Bari Gad werden von Dolomit aufgebaut. Ein Rollblock zeigt im Hornsteindolomit synsedimentäre Brekzienlagen und musterhafte Algenstrukturen (Stromatolithe) (Taf. 11, Abb. 5).

Bis 7,5 km NW von der Londi Khola-Mündung bewegt man sich in der SW-fallenden Folge entweder im schwarzen Schiefer oder im liegenden plattigen-bankigen Dolomit.

Am orogr. rechten Hang lagern über den, weiße Ausblühungen zeigenden, schwarzen, schlackig wirkenden, stark durchbewegten Schiefern plattig-bankige Karbonatgesteine: Es sind in den tiefsten Partien schwarze Phyllite, blaue, schiefrige Kalke und einzelne bis 0,5 m dicke Kalkbänke. Auch höher oben am Hang dürften nach dem Schutt eher schiefrige Kalke vorkommen als Dolomit (wie er die orogr. linken Hänge aufbaut). Bei dem vorliegenden Beobachtungsmaterial sind die Verhältnisse hier nicht klar zu überblicken.

Beim Weitermarsch stehen eine Strecke lang nur Terrassenschotter (Nagelfluh) an.

Knapp bevor ein aus WSW kommender Seitenbach einen großen Schwemmkegel ausbreitet, findet sich mit steilem SW-Fallen (240/80) grüngrauer, blockig-zerfallender Sandstein und sandige Zwischenschiefer. Mit NE-Fallen (35/45) folgt vorwiegend schwärzlicher Schiefer mit mergeligen Dolomitlagen. Es ist eine plattige (10—20 cm) Wechselfolge, die gelblich-schwärzliche Bänderung zeigt. Etwa 30—40 m Mächtigkeit sind aufgeschlossen.

Nach etwa 300 m Aufschlußlücke, knapp vor dem Eingang in das Bhim Khola, gelangt man wieder in festen, mittelkörnigen, grau-grünlichen Quarzsandstein, der blockig zerfällt. Mit der Lupe kann man Turmalinkörner erkennen.

Der Weg quert die mit 65° SSW-fallende Sandstein-Schiefer-Folge unter geringem Winkel zur Streichrichtung:

1. Nach 1 m Sandstein (s. o.) folgt

2. 1 m Brekzie: 1—3 cm große Karbonatstücke und rote, sandig glimmerige Schiefer sind Komponenten in einer grünen, z. T. violetten, mergelig-sandigen Grundmasse (Blaini?).

U. d. M.: Die Karbonatkomponenten sind meist äußerst feinkörnig und enthalten etwas Hellglimmer und Erz. Es finden sich aber auch etwas körnigere, quarzreichere Stücke. Sie enthalten eckige Quarze (bis 0,1 mm) und mehr Hellglimmer und Hämatit. Auch kristalline Kalkstücke (0,1—0,2 mm) sind als Komponenten vorhanden, wenngleich sich kristalline Kalkgemenge auch als jüngere Rekristallisate finden.

Die Grundmasse bildet kristallines Karbonat, das eckige und runde Quarz-, Quarzit- und feinstkristalline Kieselgesteinskörner (0,08—0,5 mm), Hellglimmer (selten bis 0,2 mm), stark pleochroitischen, lichtgrünen Chlorit (bis 0,2 mm) sowie Erzstaub und -körner enthält.

Bis über cm-große rundliche Limonitflecken, die auch Karbonat beigemengt haben können, sind wohl sekundärer Entstehung, z. T. verdrängen sie die karbonatische Grundmasse oder zeigen schaligen Bau. Das Fe dürfte aber aus dem primären Fe-Gehalt der Kalke und Schiefer der Brekzie stammen und im Gestein gewandert sein.

In den rotvioletten, mergeligen Grundmassepartien ist der feine Erzstaub wolkig verteilt. An den Scherflächen tritt Entfärbung ein, was für Austreibung der Erzsubstanz aus stark durchbewegten Bereichen spricht.

3. 1,5 m Sandstein wie 1.

4. 2,5 m bunte Schiefer mit Brekzienlagen.

5. 3 m roter Sandstein mit tonig-karbonatischem Bindemittel, im 30—50-cm-Bereich gebankt. Auf s rote Tonschieferbrekzien.

6. Bis zum Taleingang ins Bhim Khola (etwa 30 m Weglänge) wechsellagern grünliche, feste Sandsteinbänke mit z. T. grober Quarzeinstreuung (Dm. 2 mm) und rote, z. T. splittrige, sandige Schiefer. Die Schiefer enthalten vereinzelt blutrote Jaspiskörner.

Die Serie ist stark gestört und fällt beim Taleingang mit 80° gegen WSW.

Man kann das beschriebene Profil fortsetzen, wenn man nun quer zum Streichen ein Stück (etwa 170 m) das Bhim Khola aufwärts geht: Am Taleingang (orogr. linke Seite) ist man noch in der unter 6. beschriebenen Folge:

2 m heller grünlicher, Jaspis führender Quarzit.

U. d. M.: Die Quarzkörner sind kantengerundet und von recht einheitlicher Größe (0,2—0,5 mm). Die Körner liegen sehr dicht, nur lagenweise findet sich etwas karbonatisches bzw. chloritisches Bindemittel. Vereinzelte Körner von Turmalin, Jaspis (feinstes Quarzgemenge mit Hämatitstaub), Kieselgesteinen (feinstes Quarzgemenge oder Calcedon) haben Korngrößen um 0,2—0,3 mm. Erz, Zirkon ist sehr selten.

0,50 m rötliche und grüne, sehr feinkörnige, harte, dolomitische, mergelige Gesteine (werden von HCl nicht angegriffen, mit Stahl ritzbar).

7. 0,60 m schwarze Schiefer.

8. 0,40 m helle Kalklage in den Schiefern.

9. Etwa 40 m schwarze, z. T. spießig-griffelig zerfallende Schiefer mit vereinzelten Karbonatlagen (65—80° SW-fallend).

10. (auf orogr. rechter Talseite).
3 m dunkelblau-hell gebänderter, im 10-cm-Bereich plattiger Dolomit.

11. 3 m hellgrau-gelblicher, plattiger Dolomit.

12. 2 m blaugrauer, gebänderter Dolomit.

13. 1 m schwarze Schiefer.

14. 4 m heller, dickbankiger, aber feingeschichteter Dolomit.

15. Blaugrauer, geschichteter Dolomit, der dunklen Hornstein führt und scharfkantig bricht. Die Profilaufnahme wurde im Dolomit, der ziemlich mächtig ist und 50° gegen SSW fällt, nicht weiter fortgesetzt.

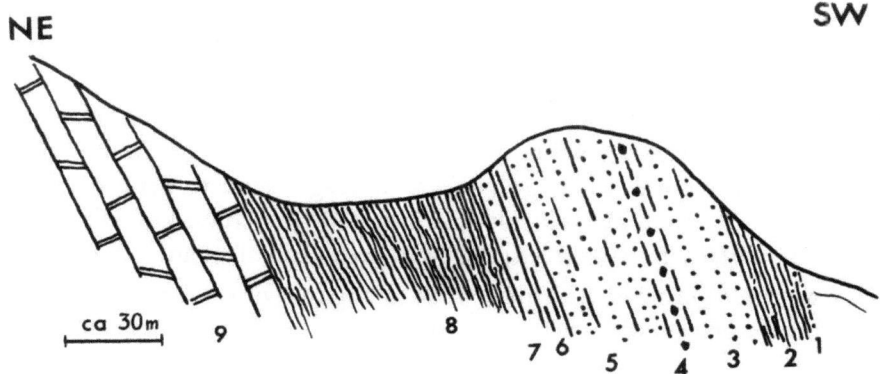

Abb. 6: Profil im Bari Gad, ESE Kutharpeko (Beschreibung im Text).
3—7 entspricht Nagthat-Blaini
1—2, 8 entspricht Infra Krol
9 entspricht Shali-Krol
Section observed in the Bari Gad, ESE of Kutharpeko (Nepal)
1 black phyllitic slates (2,5 m) (Infra Krol)
2 soft black shales (20 m) (Infra Krol)
3 green, hard, blocky sandstone (20 m) ⎫
4 red shales and breccias (10 m)   ⎪
5 green shales and green sandstone (30 m) ⎬ Nagthat-Blaini
6 red shales (5 m)   ⎪
7 sandstone (4 m)   ⎭
8 black shales (80—100 m) (Infra Krol)
9 grey dolomite (Shali)
The sequence is inverse

Kurz nach der Bhim Khola-Mündung erhält das Haupttal einen größeren Zufluß von WNW aus der Gegend von Kutharpeko. Im Bereich der Flußgabelung konnte an dem markanten Hügel folgendes Profil aufgenommen werden (Abb. 6).

Von S gegen N:

1. 2,5 m schwarze, phyllitische Schiefer mit sandigen Lagen (10—20 cm). Die stark gefalteten Gesteine fallen mit 80° gegen SW.

2. 20 m schwärzliche, weiche Schiefer.

3. 20 m grünlicher, schlecht geschichteter, harter Sandstein, der blockig zerfällt.

4. 10 m rote Schiefer mit Brekzien (nicht zugänglich).

5. 30 m grüne, sandige Schiefer und grünlicher Sandstein.

6. 5 m rote Schiefer (am anderen Flußufer, nicht zugänglich).

7. 4 m Sandstein.

8. Schwarze Schiefer verursachen den Sattel N des Hügels. Sie sind etwa 80—100 m mächtig (entspricht Infra Krol).

9. Der steile Hang, den der das Bari Gad aufwärts führende Weg benützt, wird von grauem, mit 45—65° gegen SSW einfallendem Dolomit aufgebaut.

Nach der Durchquerung des etwa 400—500 m mächtigen Dolomits gelangt man, wo der dem Bari Gad folgende Weg aus der WNW- in die N-Richtung biegt, in eine bunte Gesteinsfolge im Liegenden des Dolomit. Es wechsellagern rotviolette bis himbeerrote Schiefer, die splittrig brechen und 2—10 cm dicke, sandige Dolomitplatten enthalten, rote Sandsteinbänke mit Wellenfurchen sowie rosa- bis kremfarbene, auch grünliche, dichte, muschelig brechende Dolomite. Die fein- bis mittelkörnigen, roten Sandsteine enthalten violette, tonreiche Feinlagen und Tonscherbenbrekzien. Die 400—500 m mächtige, stark verfaltete Serie fällt mit 30—40° gegen SSW ein. Im Grenzbereich gegen den grauen Hornsteindolomit im Hangenden und im Liegenden finden sich Übergänge.

Der graue Liegenddolomit enthält kieselige, gelblich anwitternde Lagen und Hornsteinknauern. Sandige Dolomitlagen zeigen Dolomitstücke eingestreut (synsedimentäre Brekzien).

Nach dem 400—600 m mächtigen Dolomit, der mit 40° gegen SSE einfällt (150/40), setzt bei der Häusergruppe, wo das Tal im Sinne des Anstieges wieder in die NW-Richtung biegt, erneut die durch rote, selten grüne Farben ausgezeichnete Serie ein. Die plattig-bankige Wechselfolge, deren Mächtigkeit hier um 1500 m schwankt, fällt im S mit 55° gegen S, gegen die Ortschaft Burtibang, schwenkt das Einfallen auf 120/45.

Zunächst wechsellagern rote Schiefer, rosa, orange anwitternder Dolomit und etwas blaßrosa Sandstein. Nach etwa 800—1000 m nimmt der Sandsteingehalt der Serie zu, Dolomit tritt zurück.

Im Bereich 1 bis 2 km vor Burtibang treten auch die roten Schiefer zurück, und man bewegt sich in hellem Sandstein, der zu grobem Blockwerk zerfällt.

Zwischen der Ortschaft S von Burtibang und Burtibang wechsellagern wieder Sandstein und Schiefer.

In der roten Serie finden sich mit Sandstein ausgefüllte Trockenrisse in den Schiefern, Kreuzschichtung der Sandsteine und Tonscherbenbrekzien.

Am nördlichen Ortsende von Burtibang taucht mit 35° SE-Fallen der graue Dolomit wieder auf. Es findet sich hier Quarz in Form von Gängen und Verdrängungen im Dolomit.

Im Bhuii Khola, wie der oberste Talabschnitt des Bari Gad oberhalb Burtibang heißt, wird das Tal zunächst schmal. Die steilen Flanken sind von grauem Dolomit aufgebaut (Fallen 130/20). Mit 50° ENE-Fallen tauchen im Talgrund schwarze, gelblich verwitternde Schiefer auf und verschwinden nach einer Aufschlußlänge von etwa 200 m wieder unter dem kuppelförmig gelagerten, hier 25—50° NE-fallenden Dolomit.

Starke tektonische Störungen sind dort, wo sich das Tal wieder weitet, zu beobachten. Am Weg sind hier an einer sanft (20°) gegen ESE unter dem Dolomit abtauchenden Störung unter tektonischer Dolomitbrekzie einige Meter mächtige, grünliche, quarzitähnliche Hartschiefer (Mylonite) aufgeschlossen. Sie enthalten in den Hangendpartien bis 25 cm große Schollen von grünem und grauem Quarzit sowie sandigem Schiefer. Auch schwarze Schiefer sind an der Störung mitgeschleppt worden.

Es scheint sich aber bloß um eine lokale Störung und keine Hauptüberschiebung zu handeln, da der Dolomit gegen NW noch ein Stück fortsetzt. Er taucht mit flachem SSW- bzw. mittelsteilem NE-Fallen unter die roten Gesteine, die auch bei Burtibang den Dolomit überlagert haben. Demnach bildet er eine kuppelartige Aufwölbung unter den roten Gesteinen. Im Kern erscheinen als Tiefstes die schwarzen Schiefer (Infra Krol).

Die rote Schiefer-Sandstein-Dolomit-Folge scheint nach den Lagerungsverhältnissen dem Dolomit aufzulagern oder mit ihm isoklinal verfaltet zu sein. Dies spräche für altersmäßige Vergleichbarkeit mit der jünger-mesozoischen Tal-Serie, was auch durch ähnliche lithologische Ausbildung dieser Serie in Garhwal (Ganges, Satpuli usw.) Unterstützung erhält*).

Beim Weitermarsch gelangt man aus der mit 20° gegen WNW einfallenden roten Serie in einen mächtigen, mit 25—40° gegen NNE bis WNW abtauchenden Zug von grauem Dolomit.

Bei der kleinen Ortschaft Dogadi mündet ein von NNW kommendes Seitental in das Haupttal. Der Dolomit taucht hier mit 25° gegen NNW ab und wird von grünen und violetten serizitischen Schiefern mit Quarzitbändern überlagert. Es finden sich in

---

*) Nach den Erfahrungen der Expedition 1967 — wir konnten zahlreiche Vorkommen der Tal-Serie in Nepal studieren — scheint es sich eher um Nagthat-Blaini zu handeln. Die tektonischen Verhältnisse wären demnach in diesem Bereich weit komplizierter als in Taf. 3 (11) dargestellt ist.

dieser Folge auch grünliche, kremfarbene Kalkschiefer bis Flaserkalke, die gelblich-bräunlich anwittern. 30—40 m über der Basis wird die anfangs bunte Serie grau-grün. Schiefer, Quarzite und fein- bis mittelkörniger, gebankter Sandstein bauen sie hier auf (etwa 30 m).

Dann schalten sich rote, sandige Schiefer und Sandstein ein. Auch Brekzien finden sich, deren stark linsig ausgewalzte Kalkkomponenten hell gelblich aus der rotvioletten, tonreichen Grundmasse auswittern. Apfelgrüne, quarzitische Schiefer, rotviolette Tonschiefer und grüne bis bräunliche, z. T. massige Sandsteine überwiegen. Daraus geht eine einförmige mächtige Folge von grünlichen, serizitischen Quarziten und grauen Tonschiefern (slates) hervor. Die s-Flächen der z. T. phyllitischen Schiefer sind gewellt.

Diese Serie entspricht in ihrer Gesamtheit den serizitischen Schiefern und der Sandsteinfolge, wie sie im unteren und mittleren Bari Gad beobachtet wurde (Jaunsar). Die hier 600—700 m mächtige Serie (Fallen 35—60° NNE), wird etwa 2 km das Seitental aufwärts von einer Serie roter Gesteine überlagert.

Das beim Weitermarsch in Richtung Okhaldunga durchwanderte Haupttal zeigt ein analoges Profil: Die Hangendgrenze des Dolomit, die einer Schuppungs- oder Überschiebungsfläche entspricht, zieht steil den orogr. rechten Hang empor.

Stark gestört folgen darüber: grünliche, graue, gelbliche, dünnschichtige Tonschiefer, die splittrig brechen, Sandstein und rote Schiefer in obige eingeschaltet, in den Schiefern einige bläuliche Kalklagen und bei der Brücke Brekzienbänke mit gelblich auswitternden Karbonatkomponenten. Auf der orogr. linken Seite wandert man durch dunklere, grüngraue Tonschiefer, die splittrig brechen und vereinzelte Kalk- bzw. Sandsteinlagen enthalten.

Etwa 2 km vor der Ortschaft Babang findet sich ein kleiner Aufschluß schwarzer Schiefer. Im Gebiet von Babang sind Aufschlüsse selten, doch dürfte die beschriebene Schieferserie in Höhe der Ortschaft endgültig unter eine durch rote Farben ausgezeichnete Gesteinsfolge abtauchen (NE-Fallen mit 45—70°). Diese baute schon NW Dogadi die höheren Hangteile auf.

Zwischen Babang und Okhaldunga wird das Tal enger und die Aufschlüsse werden besser: Rote Tonschiefer und sandige Schiefer mit Trockenrissen, mittelkörnige, himbeerrosa, seltener grünliche Sandsteinbänke (um 1 m) mit Wellenfurchen, Kreuzschichtung und Tonscherbenbrekzien, rosa, feingeschichtete (cm), dolomitisch-sandige Lagen kennzeichnen diese gebänderte Serie.

Im Gebiet um Okhaldunga wird Dolomit in der Serie häufiger: Er ist dicht, rosa, grünlich oder kremfarben, wittert gelblich an und enthält rote Schiefer- und Feinbrekzienlagen. Letztere enthalten in einer Sandkalkgrundmasse meist 1—2 mm große, rundliche und bis 1 cm große, eckige, längliche Stückchen von dichtem, rosa Dolomit, wie er in angrenzenden Lagen vorkommt. Diese synsedimentären Brekzien enthalten auch 1—2 mm große, schwarze Hämatit- und kleinere, blutrote Jaspiskörner.

U. d. M.: Die sehr feinkörnigen Dolomitkomponenten enthalten in verschiedenen Mengen Hämatitstaub, der oft am Kornrand angereichert ist, etwas feinen Hellglimmer und ab und zu Quarz. Kleinere Stückchen zeigen manchmal ringförmig-konzentrisch angereichert Erzstaub (oolithische Gebilde). Die Dolomitstücke zeigen oft selbst brekziöse Innenstruktur oder sind geschichtet. Angrenzende Quarzkörner sind oft stark in die Dolomitstücke eingepreßt, was auf eine gewisse Plastizität der Stückchen zum Zeitpunkt der Brekzienbildung hinweist. Chemisch werden nämlich die Quarzkörner vom Karbonat angegriffen.

Die rundlichen bis eckig-länglichen Hämatitstücke (bis 2,7 mm) zeigen meist nur eckige Quarzeinschlüsse (0,05—0,2 mm), sind aber an diesen oft sehr reich, sehr selten Hellglimmer und Chlorit (?).

Die gut gerundeten Quarzkörner (0,1—1,2 mm) sind oft stark undulös, Körner von Quarzit (0,6 mm), feinstkristallinem Kieselgestein (1,3 mm) und Jaspis (0,7 mm) sind seltener. Ein Mikroklin (0,4 mm) fand sich auch.

Das kristalline Grundmassekarbonat (0,02—0,3 mm) greift chemisch Quarz, Kieselgesteine, Hämatit und Mikroklin an.

Auch begleitend vorkommende, grünliche Quarzite enthalten rote Jaspis- und schwarze Erz- oder Turmalinkörner.

Das SE Okhaldunga steile NNE-Fallen wird NW der Ortschaft flacher (meist 25—40°).

Etwa 2 km NW der Ortschaft finden sich in der plattigen (3—20 cm) Wechselfolge außer ocker anwitterndem, rosa Dolomit auch grauer, grünlicher und gelber sowie Zwischenschiefer, die rötlich oder grün (Serizit) gefärbt sind.

Bald wird der Sandsteingehalt der Serie wieder größer.

Der Weg führt durch einen waldigen Graben in NNW- bis N-Richtung empor zu einem etwa 2900 m hohen Paß über die Surtibang Lekh (Lekh = Gebirgszug, Kamm). Dabei begegnen einem in bunter Folge: rotviolette, graue, dünnblätterige, z. T. phyllitische Schiefer, giftgrüne, serizitische Schiefer, weiße bis apfelgrüne Quarzitbänke, Jaspisführende grünliche Sandsteine (mit großen Pyritkristallen), braun anwitternde, rötliche Sandsteinbänke und ocker verwitternde, dichte, rosa Dolomitlagen.

Diese Gesteine fallen mit 20—40° gegen NNE bis NNW ein.

Die Berge und höheren Hänge im W bestehen aus grauem bankigem Dolomit, der gelblich anwittert und kieselige Lagen enthält. Infolge der flachen, fast horizontalen Lagerung erreicht der Dolomit nicht den Talgrund. Nach dem Schutt zu schließen, dürften schon die obersten Höhen W von Babang und Okhaldunga aus diesem Dolomit aufgebaut sein.

Nach kurzem Abstieg vom Paß hat man das breite von Alluvionen erfüllte Talbecken von Dhorpatan erreicht. Während E vom Paß fast keine Veränderung in der bunten Sandstein-Schiefer-Serie zu beobachten ist, ändert sich der Charakter gegen NW und N stark: Am augenfälligsten ist das Verschwinden der roten Sedimentfarben und das Vorherrschen von Grün.

Die Sandsteine zeigen noch Wellenfurchen, Trockenrisse und Lagen mit Tonscherbenbrekzien, aber

u. d. M. ist zu erkennen, daß das Bindemittel aus lichtgrünem Chlorit (mit schmutzig-braunen Interferenzfarben) und Erzstaub besteht. Die schlecht gerundeten Körner von Quarz und Quarzit (0,06 bis 0,15, in groben Lagen bis 0,6 mm Dm.) liegen oft sehr dicht, so daß das Gestein lagenweise einem Quarzit entspricht. An Scherflächen findet sich außer Chlorit auch Hellglimmer, Zirkon, Erz.

In den weißen, recht reinen Quarziten sind die blutroten Jaspiskörner noch mit freiem Auge erkennbar, an Scherflächen sind die ehemaligen Schieferzwischenlagen zu Serizit-Chlorit-Talkschmitzen verquetscht.

Auf den s-Flächen der grauen bis schwach violetten Tonschiefer ist feines Sprossen von Hellglimmer zu beobachten. Interessant ist, daß die Schieferblättchen der Tonscherbenbrekzien noch öfters die rötlichen Farben zeigen, während zusammenhängende Schieferlagen vermutlich infolge der stärkeren Durchbewegung vergrünt sind.

Diese leichte Metamorphose ist im Bereich von Dhorpatan weit verbreitet.

Der flach gelagerte Dolomit der Surtibang Lekh, W vom Paß, wird gegen das Uttar Ganga SSW-fallend und hebt dadurch aus. Die Schiefer und Sandsteine der tieferen Hangpartien (orogr. linke Seite) zeigen meist 30—50° NE- bis NNW-Fallen.

2,5 km WNW von Dhorpatan, etwas W vom Weg, der das Haupttal verläßt, zu einem kleinen Sattel empor und dann zum Phagune Dhuri-Paß weiter führt, steht in 8—10 m Mächtigkeit grobblockige, graue Dolomitbrekzie an. Der linsige Gesteinskörper ist im Streichen nicht weit zu verfolgen. Es handelt sich hier wohl um den letzten, von der Erosion verschonten Rest einer synklinalen Einfaltung des Dolomits der Surtibang Lekh.

Beim Aufstieg vom Tibeter Flüchtlingslager des Roten Kreuzes gegen N zu dem etwa 4070 m hohen Gipfel zeigt sich folgendes Profil (Abb. 7 [a]):

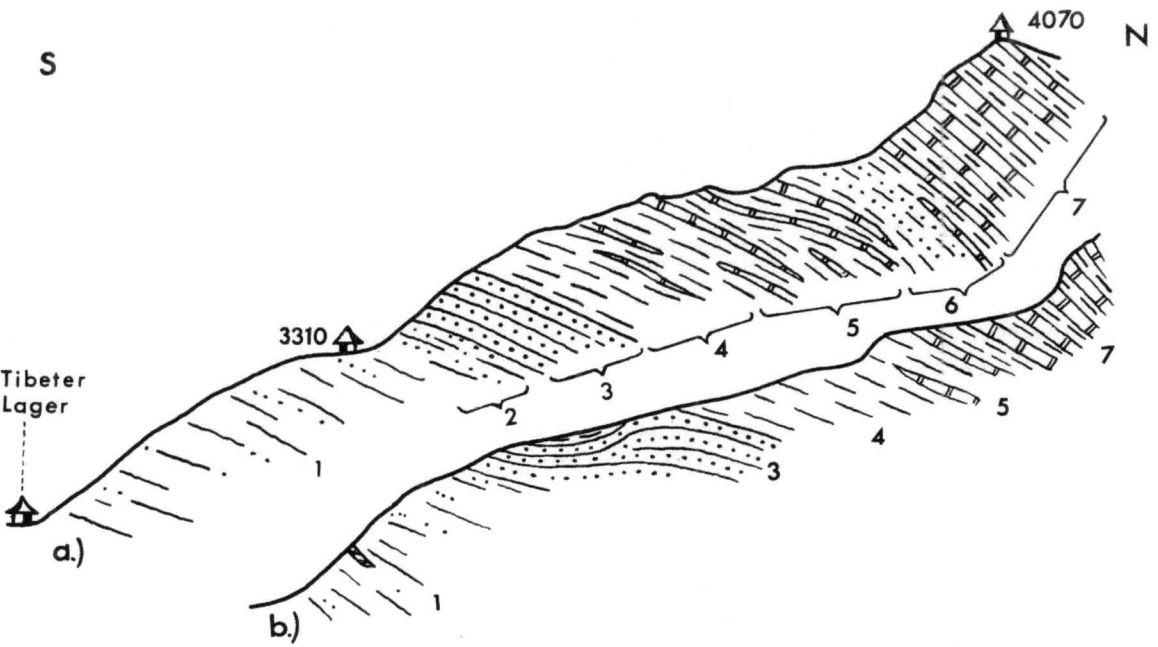

Abb. 7: Profile (a) N und (b) NNE von Dhorpatan (Beschreibung im Text), Profillänge ca. 1,5 km.
Sections (a) N and (b) NNE of Dhorpatan (Nepal) length of sections ca. 1.5 km.
1 green and grey slates with layers of sandstone and quartzite
2 grey and violet slates, quartzitic schists, and sandstone
3 thick-bedded quartzite (170—200 m)
4 grey-violet slates (100 m)
5 grey-violet slates with layers of reddish dense dolomite (130—150 m)
6 slates, red sandstones and dolomites alternating (100 m)
7 Alternation of red dolomite and grey slate (in thin layers)
Given thicknesses observed in section a)

1. Den Sockel des Berges bauen auf: grünliche, graue, z. T. feingeschichtete, splittrig brechende Schiefer. Auf s zeigen sie Serizit und vereinzelt bis 20 × 6 cm große, lichtgrüne Talklinsen. Transversalschieferung der feingeschichteten Schiefer war zu beobachten; braune Sandstein- und grünliche Quarzitbänke zeigen Trockenrißausfüllungen. Die nach B 300/5 verfalteten Gesteine fallen mit 35° gegen NE ein.

2. Ab der kleinen Viehhütte (SH 3310 m) nimmt die Metamorphose ab. Es wechsellagern graue und violette Schiefer (Trockenrisse), plattige Sandsteine mit Tonscherbenbrekzien und quarzitische Schiefer.

3. Aus obiger Serie geht eine 170—200 m mächtige Folge von festem dickbankigem Quarzit hervor. Das oft weiß-lichtgrün gebänderte Gestein führt feine, rote Jaspispartikelchen. Wellenfurchen, Kreuzschichtung und Tonscherbenbrekzien sind zu beobachten.

4. Es folgen etwa 100 m dünnschichtige, grauviolette Schiefer.

5. In den Schiefern mehren sich Bänder von dichtem, rosa Dolomit (130—150 m).

6. Etwa 100 m Wechselfolge von Schiefer, rosa Sandstein und Dolomit (Einfallen 25/40).

7. Der Gipfelaufbau (SH 3860—4070 m) besteht aus einer mm- bis dm-Wechsellagerung von rosa Dolomit und grauem Schiefer (Fallwert 15/45). Die Fältelung erfolgt meist nach 310/5.

Der Abstieg vom Gipfel auf dem gegen SE ziehenden Rücken zeigt analoge Verhältnisse (Abb. 7 [b]). Besonders erwähnenswert erscheint uns eine 0,5 m mächtige Lage von lichtem, geflasertem Granitgneis mit 1—1,5 cm Feldspataugen und Muskovit als einzigem Glimmer. Dieses Gestein, dessen Bedeutung nicht ganz klar ist, fand sich in den basalen Schiefern (1).

In dem Seitentälchen, E des beschriebenen Berges, wurden die klastischen und karbonatischen Gesteine der roten Serie in größerer Mächtigkeit angetroffen. Sie werden von dem lichtgrünen, blockig zerfallenden Quarzit überlagert.

Rückblickend glauben wir, nach einer Störung bei Dogadi eine normale Schichtfolge vor uns zu haben: Schiefer und Quarzite = Chandpur, rote Sandstein-Schiefer-Dolomitfolge = Nagthat bis Blaini, grauer Hornsteindolomit = Krol-Shali. Nach der Synklinale der Surtibang Lekh, deren Kern der graue Dolomit bildet, befindet man sich im Bereich von Dhorpatan in der roten Serie des N-Flügels der Synklinale.

Die Ursachen der lokalen Metamorphose von Dhorpatan dürfte wohl in starker tektonischer Beanspruchung zu suchen sein. T. HAGEN (1954) hat W von Dhorpatan, im Uttar Ganga, in seiner tektonischen Übersichtsskizze Granit eingezeichnet. Wir fanden in dem angegebenen Bereich lediglich den grobblockigen, hellen Quarzit, der von der Ferne oder auf Luftbildern einem granitischen Gestein sehr ähnlich sehen kann. Auch aus der Geröllführung des Flusses ergab sich kein Hinweis auf das Vorhandensein eines Granit.

c) Dhorpatan—Uttar Ganga—Jangla Bhanjyang—Tarakot
(Taf. 2, 3)

Wo das vom Phaguna Dhuri-Paß kommende Seitental das Haupttal erreicht, endet das breite Becken von Dhorpatan, das Uttar Ganga wird hier enger. Die nördliche Flanke des Tales besteht aus ziemlich gestörten, grauen, grünen oder violetten, z. T. phyllitischen Schiefern, die grünliche Quarzit- und Sandsteinbänke enthalten.

Ein etwa 200—250 m mächtiger Zug von hellgrünlichem, bankigem bis massigem, mittelkörnigem Quarzit läßt trotz seiner Massigkeit Schichtung erkennen. Er führt rote Jaspiskörner.

Die Quarzite und Sandsteine zeigen Tonscherbenbrekzien, Trockenrißausfüllungen und Wellenfurchen.

Die etwas metamorphen Gesteine fallen wechselnd steil gegen NNE—NW, aber auch gegen WSW ein.

Entlang des Weges, der auf der orogr. rechten Seite das Uttar Ganga abwärts führt, findet man nur Aufschlüsse und Schutt von: weißem bis grünlichem Quarzit mit Kreuzschichtung und Wellenfurchen sowie lagenweise eingestreuten, mehrere cm² großen, grauvioletten Tonschieferschollen, grünlich-bräunlichem Sandstein und grünlich-grauen oder violetten, etwas phyllitischen Schiefern.

Ein Tonscherben führender Quarzit zeigt u. d. M.:

Die meist undulös auslöschenden Quarzkörner von recht einheitlicher Korngröße (0,5—1,2 mm) sind an den Korngrenzen z. T. verzahnt, z. T. durch sehr feinkörnige Mörtelzonen von Quarz, Hellglimmer, Chlorit und Erz getrennt. Außer dem bei weiten überwiegenden Quarz findet sich Quarzit, Jaspis und scharfgegitterter Mikroklin. Die eingestreuten Tonschieferstückchen (slates, 0,3—50 mm Länge) lassen nur feinstes Hellglimmergemenge, Erzstaub (Hämatit) und etwas gesproßten, idiomorphen Chlorit erkennen.

Ein anderer Schliff eines quarzitischen Sandsteines zeigt: gut gerundete Körner von Quarz, seltener Quarzit (0,3—1,3, max. 2,4 mm) und Jaspis (bis 1,4 mm), liegen in einer stellenweise etwas zurücktretenden Zwischenmasse von Quarz (0,02—0,15 mm), feinem Serizit, blaßgrünlichem Chlorit (bis 0,15 mm) und Erz; Epidot (bis 0,2 mm), Turmalin (0,2 mm), xenomorpher Titanit (0,2 mm). Die Jaspiskörner sind z. T. sehr feinkörnige (0,01—0,02 mm) Quarzaggregate, fast ohne Hämatit, z. T. ist feiner Hämatitstaub so reichlich vorhanden, daß die Gesteinspartikelchen fast opak sind. Internschichtung des Jaspis ist häufig zu beobachten. Der Erzgehalt schwankt schichtweise.

6,5 km WNW von Dhorpatan tauchen im Liegenden des hier ziemlich mächtig werdenden Quarzites violette Tonschiefer auf, die dichte, rosa Dolomit- und himbeerrote Sandsteinlagen enthalten.

Die nach 325/18 verfalteten Gesteine fallen mit 35—50° gegen NNE ein. Wo von N ein Seitental ins Uttar Ganga mündet, sind SSW-vergente Großfalten in dieser Serie zu beobachten.

Blickt man gegen SE gegen die Surtibang Lekh, so erkennt man, daß die Dolomite sehr flach gelagert sind, NNE-Fallen aber überwiegt. Die roten Gesteine des Uttar Ganga gehören ins stratigraphisch Liegende des grauen Dolomit, der N-Schenkel der Synklinale ist aber gegen SSW überschlagen. Dadurch überlagern hier die roten Gesteine den Dolomit, während sie im Bereich Okhaldunga-Dhorpatan in normaler Folge unter ihn abtauchen.

Ab dem erwähnten Seitental ist der Dolomit vorherrschend. Der Weg führt durch die Wiesenhänge am Fuß der gelbleuchtenden, gebankten Wände der orogr. rechten Talseite. Die Landschaft erinnert etwas an die Südtiroler Dolomiten.

Aus dem Schutt gewinnt man einen guten Überblick über den Gesteinsbestand, der mit etwa 20° gegen NNE einfallenden Serie: der gelb bis orange anwitternde, rosa, weiße, grünliche bis kremfarbene, dichte Dolomit ist plattig bis gebankt. Kieselige Lagen und Suturen wittern heraus. Die Zwischenschiefer sind meist grau oder violett gefärbt. Der rosa und grünliche, gebankte Sandstein führt häufig Tonscherbenbrekzien.

Der Fluß fließt in einer etwa 100 m tiefen Schlucht, während der Weg das sanftere Gelände eines älteren Talbodens benützt. Das N-Ufer des Flusses baut die etwa 40° NNE-fallende bunte Serie auf, während am S-Ufer grauer, bankiger Dolomit ansteht.

Der Weg wechselt etwa 11 km W Dhorpatan auf die orogr. linke Talseite. Man gelangt damit in grauen bis bläulichen, gebankten, Hornsteindolomit (braune Verwitterungsfarbe), der mit 40—55° gegen NE abtaucht.

Dadurch, daß sich das Tal immer mehr nach NW und schließlich nach N wendet, gelangt man bald wieder aus dem Dolomit in die bunte Gesteinsfolge, die ihn hier überlagert. Man durchquert zunächst einen mehrere Meter mächtigen Zug von grünlichem, mittel- bis grobkörnigem Quarzsandstein bis Quarzit, der zu eckigem Blockwerk zerfällt. Das eisenschüssig verwitternde, bankige Gestein zeigt auf frischen Bruchflächen fleckig verteilt violette Farbe als Folge hämatitischer Vererzung. Im Sandstein finden sich Schmitzen und Lagen von grauen, grünen und violetten, sandigen Schiefern und Tonschiefern. Die Gesteine fallen mit 35° gegen NNE ein.

Darüber folgen in buntem Wechsel violette, graue und grüne Tonschiefer, rosa, dichter Dolomit, der angewittert glatte, orange Oberflächen bildet und Lagen von grünlichem bis violettem Quarzsandstein.

Der Gesteinswechsel verrät oft extreme Dünnschichtigkeit (0,5—5 cm). Die Gesteine sind nach B 110/15 gefaltet, das Schichtfallen beträgt 35/40.

Beim Weitermarsch kommt man gegen das Hangende erneut in einen sandsteinreichen Zug, dem der Weg für einige hundert Meter im Streichen folgt. Dm große Brocken von metallisch glänzendem Hämatiterz, dunkelrotem Blutstein und Jaspis [Probe 11] sowie Stückchen von Eisenglimmerschiefer [Probe 12] liegen herum. Die Erzführung ist deutlich an die Sandsteinzüge gebunden. Der Sandstein zeigt häufig zonenweise Verdrängung des grünen Bindemittels durch roten Hämatit.

Die erzführende Zone, die etwa 70 m mächtig sein dürfte, streicht schließlich den Hang empor, und im Hangenden folgen mit 70° NE-fallend graue, seltener violette, dünnblätterige Schiefer, deren s-Flächen seidig schimmern. Sie enthalten selten Sandsteinlagen und noch seltener Dolomit.

Bald — bei einem kleinen Rasthaus — folgt auf die steilgestellten Schiefer heller, grünlicher, seltener rosa, sehr harter Quarzit. Er zeigt Kreuzschichtung und Tonscherbenbrekzien. Auch bräunlich verwitternder Quarzsandstein und violette bis graue Schiefer sind dem Quarzit eingeschaltet.

Nach etwa 120 m gelangt man in graugrüne, splitterige Schiefer in flacher, muldenförmiger Lagerung; unter dem Weg aber, in der vom Fluß durchflossenen Schlucht, steht der Quarzit an. Die Schiefer sind in den Quarzit nach B 290/25 eingefaltet, denn dieser quert etwas später, flach S-fallend den Weg. Das erste Auftauchen des Quarzit stellt also lediglich eine lokale antiklinale Aufwölbung dar, die am Hang nur etwas über den Weg emporreicht.

Bei der Querung des Quarzitkomplexes begegnet man: hellem, grünlichem bis fast weißem, zu grobblockigem, scharfkantigem Schutt zerfallenden Quarzit, grauen, quarzitischen Sandsteinen, grünlichen, serizitreichen, quarzitischen Schiefern und violetten Tonschiefern. Kreuzschichtung, Trockenrisse und Tonscherbenbrekzien sind häufig zu beobachten. Die Mächtigkeit dürfte 150—250 m betragen.

Von E mündet ein Seitental ins Haupttal und dieses beginnt aus der N- in die NW-Richtung umzubiegen. Man gelangt hier ins Liegende des Quarzits, in eine mit 35—45° gegen S fallende Schieferserie (an die 100 m mächtig); hellgrau-gelblich-grünlich gebänderte, splitterig-dünnplattig brechende Tonschiefer enthalten seltene Sandstein- oder Mergellagen. Auf s finden sich manchmal serizitische Häutchen mit feiner Runzelung, doch sind die s-Flächen meist ebenflächig.

Nach dem Talknick gegen NW sind die Aufschlußverhältnisse schlecht. Im Schutt finden sich: hellgrüne, serizitische, quarzitische und sandige Schiefer und millimetergebänderte, graue, grünliche Tonschiefer-Siltgesteine. In sandigen Lagen ist Kreuzschichtung angedeutet.

Die gegenüberliegende Talflanke, die aus denselben Gesteinen aufgebaut sein dürfte, zeigt wilde Verfaltungen.

Das Tal biegt aus der NW- in die W- und WSW-Richtung. Violette und durch höheren Chloritgehalt grüne Schiefer, serizitisch-phyllitische und quarzitische Schiefer bauen das Gebiet auf (500—700 m mächtig). Einzelne größere Quarzkörner finden sich im phyllitischen Schiefer eingestreut, was Beziehungen zur Chail-Serie (G. E. Pilgrim und W. D. West 1928) anzeigt. Der gesamte Schieferkomplex erinnert stark an die Chandpur-Serie (J. B. Auden 1934).

Der Weg führt nun durch Terrassenfelder hinab zum Fluß. Grün-weiß gebänderte Quarzite, grünliche, quarzitische und violette Schiefer bilden eine bankig-plattige Wechselfolge, die mit 50° gegen E abtaucht (etwa 50 m).

Beim Fortschreiten gegen WSW kommt man im Liegenden des Quarzits in eine 50° NE-fallende Wechselfolge von orange verwitterndem, rosa Dolomit, violetten und grünen Schiefern (100 m). Es folgen etwa 50 m dunkle, violette bis schwärzliche Schiefer und gräulicher, geschichteter Quarzsandstein, der Hämatit in Form von Blutstein, Jaspislagen bzw. an Stelle des Bindemittels enthält.

Darunter folgt mächtiger, gebankter (0,5—1,5 m), blaugrauer Dolomit, der rostig anwittert und stellenweise ankeritisch vererzt ist. Das örtlich recht massig werdende Gestein führt Bänder und Knollen von Hornstein sowie synsedimentäre Feinbrekzien, deren Komponenten ebenfalls aus Dolomit bestehen.

Das Tal wendet sich nun nach NW. Der Dolomit zeigt hier wilde Großfaltungen mit SSW-Vergenz. Das Schichtfallen schwenkt von mittelsteilem E- in steiles SSE-Fallen um.

Da die Faltenachsen gegen ESE abtauchen, erscheinen am orogr. linken Hang im Liegenden des sicher einige hundert Meter mächtigen Dolomits erneut erzführender Sandstein, rötlicher Dolomit und rot-violette Schiefer. Diese bunte Gesteinsfolge ist steil in aufrechten, fast isoklinalen Falten mit dem Dolomit verknetet, tritt aber nicht auf das NE-Ufer des Flusses über. Im Bereich von Sehragaon (gaon = Dorf) sind 5 solcher steiler WNW- bis NW-streichender Antiklinalen zu erkennen (Abb. 8).

Ab der genannten Ortschaft geht der Weg auf der orogr. rechten Talseite. Dieser Talhang besteht aus Dolomit, der sanft gegen ENE abtaucht. Gegen Takbachhigaon ist der Dolomit in zunehmendem Maße durch Hämatit metasomatisch verdrängt. Der Hang zeigt schon von weitem sichtbar rotbraune Verwitterungsfarben.

Das den Weg S Takbachhigaon begleitende Bergsturzblockwerk läßt erkennen, daß der Dolomit im Bereich von einigen hundert Metern zu einem Großteil in Hämatit-Quarzerz umgewandelt worden ist. Hornsteinknollen, deren Kern erhalten geblieben ist, sind randlich in Quarz umgewandelt und umgeben von Erz. Die im Dolomit häufigen Algenstrukturen (Stromatolith) sind im Erz erhalten geblieben [Probe 13].

Die Ortschaft Takbachhigaon ist das Zentrum der Vererzung. Es liegt fast nur Erz herum, sogar in die Mauern der Häuser sind Erzbrocken eingefügt. Die durch braune Verwitterungsfarben weithin sichtbare Vererzungszone setzt gegen WNW entlang des Uttar Ganga fort.

NE von der Ortschaft setzen an einer Überschiebung mit 30—35° NE-Fallen helle Quarzite und Schiefer ein, in denen sich der Weg zu der auf einem Sattel im NW von Takbachhigaon gelegenen Ortschaft Birbung Cani bewegt. Grünliche, serizitische und violette Schiefer, grau-grünlich feingebänderte Tonschiefer (slates), quarzitische Schiefer und Quarzite sowie Sandsteinlagen (mit Tonschieferschollen) sind intensiv nach B 290/5 verfaltet.

Im Bereich von Birbung Cani ist bei 45° NNE-Fallen der Gesteine folgendes Profil zu beobachten (Abb. 9): Der Hügel über dem Ort besteht aus grünlichen Quarziten und Schiefern (wie oben). In einer diese Schichten schräg mit steilem NNE-Fallen querenden Zone sind Klüfte und Scherflächen vererzt. Primitive, heute verfallene Bergbaue folgten dieser WNW—ESE-streichenden Zone und lassen deren Verlauf durch Stollenmundlöcher und Halden gut erkennen. Nach den häufig zu beobachtenden grünen und blauen Kluftbelägen (sekundäre Kupferminerale) und spärlichen Resten von Kupferkies dürfte letzteres Mineral gewonnen worden sein.

Im Bereich des Sattels unterlagern stark gequälte, Hämatit führende, quarzitische Sandsteine und zerscherte, dunkle, violette, fast schwarze Schiefer. Im Ortsbereich sind einige Pingen, z. B. der kleine Teich mit seinem gelbbraunen Wasser. Dies deutet auf ehemaligen Abbau von Hämatiterz aus der erzführenden Sandstein-Schiefer-Serie hin.

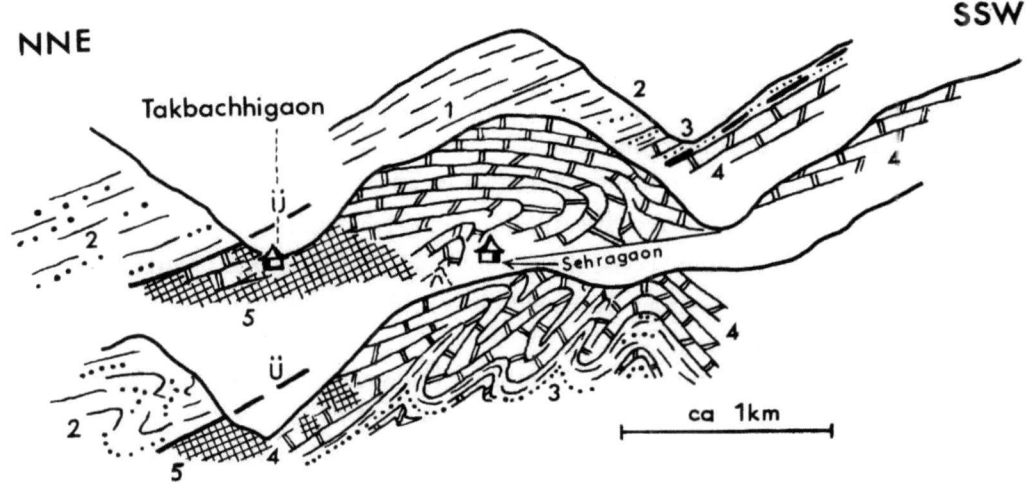

Abb. 8: Profile durch das Gebiet von Takbachhigaon (Uttar Ganga, Nepal).
Sections through the region of Takbachhigaon (Uttar Ganga, Nepal).
1 Schiefer und Sandstein (Simla slates) — slates and sandstone (Simla slates)
2 Serizitische Schiefer und Quarzite (Chandpur) — sericitic schists and quartzites (Chandpur)
3 Bunte Schiefer, Dolomite und Sandsteine mit sedimentären Hämatiterzen (Nagthat-Blaini) — varicoloured shales, dolomites and sandstones with sedimentary hematite ores (Nagthat-Blaini)
4 Stromatolithe führender Hornsteindolomit (Shali) — stromatolitic, cherty dolomite (Shali)
5 Metasomatische Hämatitvererzungen in 4 — metasomatic hematitic ores in 4
Ü = Überschiebung — thrust

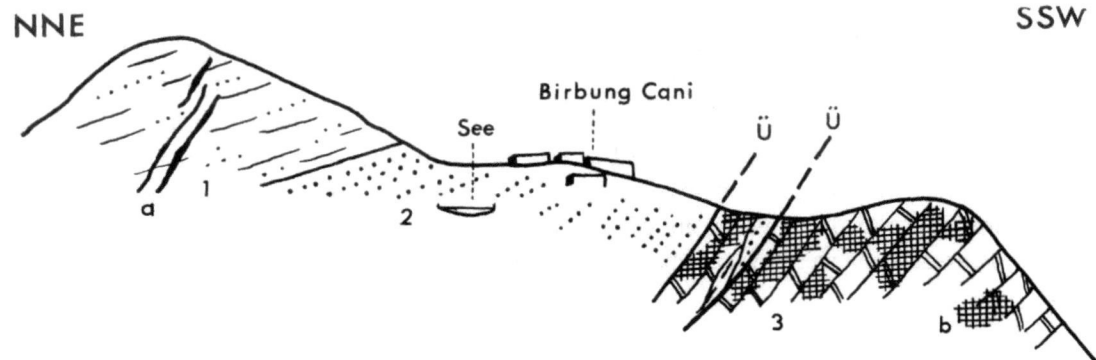

Abb. 9: Profil von Birbung Cani (Uttar Ganga, Nepal) — Section observed at Birbung Cani (Uttar Ganga, Nepal).
 1 Schiefer und Quarzite (Chandpur) — Slates and quartzites (Chandpur)
 2 Hämatitvererzter Sandstein — Sandstone, mineralized by hematite
 3 Hornsteindolomit (Shali) — cherty dolomite (Shali)
   a Kupfervererzungen an Störungen — Cu-mineralization along faults
   b Metasomatische Hämatit-Ankeritvererzung im Dolomit — Metasomatic hematite-ankerite ores in dolomite
 Ü = Überschiebung — thrust

Der Hügel SSW der Ortschaft besteht aus Dolomit. Das braun anwitternde, blaugraue Gestein ist partienweise spätig ankeritisch. Auch Hämatit ist zu beobachten. Hornsteinlagen bleiben bei der Vererzung erhalten und beweisen die metasomatische Verdrängung des Dolomits durch Erz.

In den obersten Metern des Dolomits finden sich wenige Meter mächtige Schubspäne von Quarzit und Schiefer.

Der steile Abfall vom Hügel zu dem in der Tiefe rauschenden Fluß (Uttar Ganga) dürfte zur Gänze aus Dolomit (mit Vererzungszonen) bestehen.

In der gegenüberliegenden Talflanke kann man die rotgefärbten Gesteine der Sandstein-Schiefer-Serie in der streichenden Fortsetzung der Antiklinalen von Sehragaon unter dem Dolomit auftauchen sehen.

Der Dolomit bildet in der Fortsetzung der Surtibang Lekh-Synklinale auch hier eine gegen SSW überschlagene Mulde (Abb. 8;). Der N-Schenkel ist an einer regional bedeutsamen Störung gebietsweise verschieden stark ausgeschert. Die ursprüngliche sedimentäre Abfolge scheint vom Liegenden gegen das Hangende zu sein:

 1. Feingeschichtete Tonschiefer (slates) Siltgesteine-Sandstein.
 2. Violette, graue und grüne Tonschiefer, serizitische Schiefer und Quarzit.
 3. Grünlicher, hämatitführender Sandstein, rote Schiefer und rosa Dolomit.
 4. Grauer Hornsteindolomit.

Vorwegnehmend sei erwähnt, daß der Verfasser folgenden Vergleich mit der klassischen Seriengliederung des NW-Himalaya für sehr wahrscheinlich hält:

 1. Simla slates, 2. Jaunsar (Chandpur), 3. Nagthat bis Blaini, 4. Krol-Shali.

Von großem Interesse ist die Frage nach der Entstehung der Erze des Uttar Ganga-Gebietes.

Die metasomatische Entstehung der Fe-Erze im Dolomit steht außer Zweifel. Die Hämatit-Quarz-Erze der Sandstein-Schiefer-Serie im Liegenden des Dolomits sind aber, wie die mikroskopischen Untersuchungen durch Herrn Prof. Dr. W. SIEGL (Montan. Hochschule Leoben) gezeigt haben, als sedimentär zu betrachten. Der Bericht über die Untersuchungsergebnisse von Herrn Prof. Dr. W. SIEGL sei an dieser Stelle eingefügt:

Die Zusammengehörigkeit der Erz- bzw. schwachvererzten Gesteinsproben unter der Bezeichnung 11a, 11, 12 und 13 ergibt sich nicht ohne weiters aus den Handstücken. Die Proben variieren von grauem Sandstein mit schwachen Hämatitimprägnationen über roten „Jaspis" mit Hämatit-Quarz-Säumen, splittrig brechenden Hämatitquarzit bis zu Hämatitschiefer mit deutlichen b-Achsen. Die Bezeichnung Sandstein-Schiefer-Komplex (siehe Abb. 8) für die Gesteinsserie, aus der die Proben stammen, besteht sicherlich zu recht.

Die zunächst gestellte Frage nach dem Mineralbestand dieser Proben ist schon nach kurzer Durchsicht im Erzmikroskop leicht zu beantworten. Es handelt sich bei jeder Probe um fein- bis feinstkörnigen bzw. in Quarz als Pigment eingewachsenen Hämatit. Nur in einer Probe, auf die im folgenden noch eingegangen wird, findet sich, nicht in entscheidender Position, Magnetit.

Als Gangart oder besser gesagt als charakteristischer Begleiter des Hämatites tritt bei den vorliegenden Proben Quarz z. T. in idiomorphen, schwebend gebildeten Kristallen auf. Hiemit liegt eine Paragenese vor, die für den Lahn-Dill-Eisenerztyp kennzeichnend wäre. Diese Quarz-Hämatit-Paragenese geht eindeutig aus der Abb. 10, Taf. 12, hervor. Bei der schwachen Vergrößerung sind die Einzelheiten in der Hämatitgrundmasse zwar kaum erkennbar dafür sind die idiomorphen Quarzkristalle mit ihren typischen Längs- und Querschnitten eindeutig. Diese Kristalle sind durch das Hämatitpigment stark rot gefärbt. Hämatitkriställchen analog jenen der Grundmasse sind, wie aus der Abbildung zu erkennen ist, in den Quarzkristallen enthalten.

Hämatit und Quarz sind demnach gleichzeitig entstanden.

Diese Paragenese ist nun in allen anderen Varianten der Erzproben wiederzufinden. So z. B. in der Abb. 11, Taf. 12, die vom Reicherz [11a] gemacht wurde. Hier erkennen wir in der Grundmasse dieselben Quarzkristalle. Außerdem fallen eckige kleinere Hämatitbrocken auf, die eine unterschiedliche Helligkeit in Abhängigkeit vom Hämatitgehalt zeigen. Eine wesentliche Erscheinung ist aber das Auftreten von Ooiden aus derselben Hämatit-Quarz-Substanz. Dies geht noch klarer aus der Abb. 12, Taf. 12, hervor, die ein großes Ooid zeigt, dessen Kernbereich nichts anderes darstellt, als ein später mehrmals umkrustetes Bruchstück vom Hämatit-Quarz-Typus Taf. 12 (Abb. 10).

Allein diese Beobachtungen reichen wohl schon aus, den Ablauf der Erzbildung skizzieren zu können. Es handelt sich meiner Meinung nach um eine Sedimentation eines Hämatit-Quarz-Gemenges ähnlich dem sauren Lahn-Dill-Erztyp in einem submarinen Milieu, in dem es während der Bildung der initialen Erzabsätze noch in teilverfestigtem Zustande zu charakteristischen Umlagerungen kam. Wir finden in diesem Erz analoge Umkrustungen von umgelagerten Erzbrocken, wie wir sie aus den Trümmererzlagerstätten (z. B. Lokris, Griechenland) kennen. Die Vererzung erstreckte sich somit über einen längeren Zeitabschnitt. Dieses Ergebnis ist aber nun noch mit den anderen eingangs erwähnten Erztypen in Einklang zu bringen.

Hier wäre zunächst das „Jaspis-Erz", Abb. 13, Taf. 13, zu erwähnen. Ohne optische Hilfsmittel erkennen wir im Anschliff Lagen und kleine Bruchstücke von rotem „Jaspis". Diese Lagen und Körner sind ihrerseits mit Quarz-Hämatit-Substanz verkittet, wobei der radialstrahlige Hämatit zunächst auf der Jaspissubstanz aufliegt und der restliche Teil der Hohlräume von praktisch hämatitfreiem, weißem Quarz ausgefüllt wird. Wie aus der Abb. 13, Taf. 13, zu erkennen, ist der Jaspis aber nichts anderes als ein hämatitarmes Quarz-Sediment.

Es liegt somit wieder ein Fall von Zerstörung eines „Erz"-Sedimentes und von Ausheilung desselben mit einem späteren Produkt desselben Vererzungsvorganges vor.

An verschiedenen Stellen der entsprechenden Anschliffe lassen sich somit Strukturen erkennen, die einen wohl lokal sehr wechselnden, aber in seiner Gesamtheit lebhaften Umlagerungsvorgang während der Vererzung aufzeigen.

In der Probe 12 liegt eine weitere Varietät des Hämatit-Quarz-Erzes vor. Diese ist durch eine postsedimentäre, möglicherweise nicht viel spätere tektonische Beanspruchung gekennzeichnet. Es liegt, keinesfalls durch Tektonik verwischt, die Sedimentstruktur und die typische Paragenese in nur leicht metamorpher Fazies vor.

Einen weiteren Typus stellen die nur schwach vererzten Sandsteine derselben Serie vor.

Dieser Typ ist trotz seiner Bedeutungslosigkeit als Erz in genetischer Hinsicht vielleicht am interessantesten.

Im möglicherweise einfachsten Fall finden wir einen Sandstein, dessen Porenraum wieder durch ein Quarz-Hämatit-Gemenge ausgefüllt wurde (Taf. 13, Abb. 14). Diese sekundäre Verkittung ist am besten zu vergleichen mit der Verkittung des „Jaspis"-Typs. Wir sehen unter × N zwischen hämatitfreien Sandkörnern eine Anlagerung von sehr feinen Kristalltäfelchen von Hämatit in einer grauen Quarzbindemasse. Es wird also hier nicht, wie in den oben geschilderten Erztypen, ein Erz mit einem Quarz-Hämatit-Gemenge verkittet, sondern ein „Sandstein". Die verkittende Substanz ist aber offensichtlich dieselbe wie im Jaspis-Typ, gehört somit i. w. S. auch zu den Erzlösungen. Dies läßt sich am nächsten Bild noch deutlicher zeigen. Wir sehen in der Abb. 15, Taf. 13, in der Hämatit-Quarz-Bindemasse im Kleinen wieder die Ooidbildung, d. h. also eine Umkrustung kleiner Quarz- oder Quarz-Hämatit-Körnchen in der Bindemasse selbst. Wir nähern uns also auch von dieser Seite den Strukturen, die wir im Reicherz angetroffen haben.

Es erscheint mir die eingangs erwähnte Vielheit im Erscheinungsbild des Eisenerzes auf einen einheitlichen Sedimentationsvorgang zurückführbar zu sein. Selbstverständlich ist mit einem dominierenden erzfremden Substrat im submarinen Milieu zu rechnen. Hiezu gehören sicherlich der Hauptanteil der Sande und die dolomitischen Gesteine.

Trotz der zu geringen Anzahl von Proben ist aber m. E. die Lagerstätte keinesfalls durch Metasomatose entstanden, sondern gehört zu Typus: Lahn-Dill im w. S. Das heißt natürlich nicht, daß nicht da und dort im Bereich der Karbonatgesteine Produkte einer Metasomatose erscheinen können, doch wären diese für die Genese des sauren Hämatit-Erzes irrelevant.

Die Annahme der sedimentären Entstehung der Hämatiterze, in der durch rote Gesteinsfarben ausgezeichneten Sandstein-Schiefer-Dolomit-Folge erhält aber noch weitere Unterstützung: Es wurde bereits mehrfach das Vorhandensein von Hämatit- und Jaspiskörnern in synsedimentären Brekzien, Quarziten und Sandsteinen dieser Serie erwähnt. Die bereits makroskopisch erkennbaren roten Körner in grünlichen bzw. roten Sandsteinen und Quarziten analoger stratigraphischer Position finden sich aber nicht nur in diesem Teil Nepals. Sie wurden im Gebiet von Mandi, Kulu, im Sutlej-Fenster bei Simla beobachtet und scheinen in bestimmter stratigraphischer Position im gesamten Bereich des Niederen Himalaya verbreitet zu sein (vgl. O'ROURKE 1962). Auf die Konsequenzen dieser Tatsache für die Paläogeographie wird in IB und III eingegangen. Ein Mitwirken basischer Vulkanite bei der Entstehung der Erzvorkommen, wie es beim Lahn-Dill-Lagerstättentyp der Fall ist, möchte der Verfasser ablehnen, da entsprechende Gesteine in der Serie fehlen und auch aus dem Mineralbestand der Sandsteine nicht auf deren Vorhandensein geschlossen werden kann. Wir denken eher an Sedimentation unter den besonderen Bedingungen eines stark isolierten Beckens (vgl. KRUMBEIN u. GARRELS 1952, H. L. JAMES 1954).

Der Fe-Gehalt der metasomatischen Hämatitvorkommen im Dolomit dürfte aus den unterlagernden Schichten stammen. Die Mobilisation des Fe erfolgte im Verlauf der alpidischen Gebirgsbildung, wie Beziehungen zu alpidischen Bewegungsbahnen zeigen. Im Bereich von Takbachhigaon scheinen die über den Dolomit bewegten Quarzite und Schiefer als Impermeabilitätshorizont gewirkt zu haben. Welche Beziehung die Kupfervererzungen von Birbung Cani zu den Hämatitvorkommen haben, ist unklar.

Der von der Expedition weiter verfolgte Weg führt von der Ortschaft Birbung Cani in nordwestlicher Richtung leicht abwärts in die oberhalb der Ortschaft Radmi eingemuldeten Hänge. Noch durchwandert man grünliche und violette, sandig-quarzitische Schiefer mit eingelagerten Quarzitbänken. In zunehmendem Maße werden diese von den darüber befindlichen, gebankt wirkenden Wänden her mit dem Schutt einer neuen Serie überrollt: gelblich, grün und grau, im mm- bis dm-Bereich gebänderte, sandig-tonige, splittrige Schiefer. Transversalschieferung ist sehr ausgeprägt. Die s-Flächen zeigen streckenweise phyllitisch schimmernde Häutchen. Die schiefrigen Gesteine zerfallen infolge ihres Siltgehaltes nicht blätterig, sondern stückig blockig.

Vereinzelt wurden 2—6 cm lange und 1—3 cm dicke, meist lagenweise angeordnete Toneisensteinknollen beobachtet.

Die einseitig vergente Verzahnung einer dunklen Tonschieferlage mit dem überlagernden hellen, sandreichen Band deutet auf subaquatische Rutschungen hin. Schieferteilchen sind von der Unterlage abgetrennt und schwimmen eingeregelt in der sandreichen Lage.

Die Gesteine dieser wohl den Simla slates äquivalenten Serie fallen mit 15—35° gegen N bis NNW ein. Der Kamm, den der Weg in etwa 2150 m S. H. in nördlicher Richtung quert, besteht zur Gänze aus der beschriebenen Serie. Liegende S-vergente Verfaltungen im 30- bis 50-m-Bereich sind hier zu beobachten.

Vom Weg aus waren verschiedentlich in den Wänden Stollenmundlöcher und die durch sekundäre Kupferminerale verursachten, leuchtend grünen Flecken zu erkennen. Im Schutt fand sich ein Quarzrollstück mit Spuren von Kupferkies und sekundären Kupfermineralen. Es scheint sich um den selben Vererzungstyp zu handeln wie in Birbung Cani.

Beim Abstieg über den N-Hang des Kammes fehlen in den Eichen-Rhododendren-Wäldern meist Aufschlüsse. Der Schutt zeigt aber ähnliche gebänderte Gesteine wie auf der S-Seite: graue und grünliche Tonschiefer (slates), sandige Schiefer und tonige, feinen Glimmer führende Sandsteinbänke. Die Gesteine zerfallen infolge der starken Transversalschieferung zu scharfkantigen, ebenflächigen Platten. Auch hier fanden sich eisenschüssig anwitternde Toneisensteinknollen (10—15 cm lang, 4—5 cm dick), die aber innere Struktur parallel der Gesteinsschichtung zeigen.

Ob Rollstücke von sehr hartem, grünlichem Quarzit, die sich an einer Stelle fanden, zur Serie gehören, ist nicht klar.

Quarzadern sind immer wieder zu beobachten.

Nach der Überquerung des Kammes befindet man sich in einem großen Nebental (Bheri Khola) des Uttar Ganga, das sich weiter stromaufwärts bei Maikot in ein System von Tälern verzweigt. Genau am Ende des beschriebenen Abstieges macht das von N kommende, schluchtartige Tal einen Knick nach W. Auf der orographisch linken Seite bleibend, verläuft der Weg flußaufwärts durch die Schlucht in nördlicher Richtung. Man quert dabei 25—45° N- bis NNE-fallende Gesteine derselben oben bereits beschriebenen klastischen Serie: Neu ist das Auftreten kieseliger Gesteine im ersten Drittel der Schlucht. In den feingebänderten, grünlichen bis grauen Schiefern finden sich schlierige, hell verwitternde Partien, die klingend scharfkantig unter dem Schlag des Hammers zerspringen.

Gegen das N-Ende der Schlucht wird die Serie immer sandiger: Es schalten sich in die Schiefer immer häufiger Lagen und Bänke von Sandstein bzw. hellem Quarzit ein. Es fanden sich hier einige Querachsen (30/30), deren Bedeutung aber nicht geklärt ist.

Das Tal macht einen Knick, die Schlucht endet, und der Weg verläuft nun durch sanfte Waldhänge in NE-Richtung. Man findet hier viel grauen Sandstein und grünlichen Quarzit und untergeordnet graue, feingebänderte, transversalgeschieferte, splittrige Schiefer.

Etwa 2,5 km vor der Ortschaft Mayang (Taf. 2, 7) endet diese vom Autor mit den Simla slates verglichene klastische Serie, die auch unter Berücksichtigung der beobachteten Verfaltungen eine Mächtigkeit von einigen tausend Metern besitzen muß.

Überlagernd (40° NNE-fallend) setzt eine deutlich stärker metamorphe, gröber klastische Serie ein, an deren Basis eine der großen und in sämtlichen von uns untersuchten Profilen angetroffene Hauptüberschiebung des Himalaya verläuft. Vorwegnehmend sei erwähnt, daß wir diese mit der von G. E. PILGRIM und W. D. WEST (1928) erstmals im Simla-Gebiet erkannten Chail Thrust parallelisieren. Die regionale Bedeutung dieser Störung und der über ihr folgenden Schubmasse war aber unseres Wissens bis jetzt unbekannt. T. HAGEN (1954) zog hier anscheinend die Liegendgrenze seiner Hiunchuli-Zone.

Am Weitermarsch nach Mayang bewegt man sich in einer Wechselfolge von vorwiegend hellen, grauen, grünlichen, silbrigglänzenden Serizitphylliten, quarzitischen Schiefern und weißen bis grünlichen, massigen Quarziten. Letztere sind besonders häufig SW von Mayang. Sie zerfallen zu riesigem Blockwerk.

Entlang des Weges von Mayang nach Hukam und beim Abstieg zum Fluß gewinnt man einen guten Einblick in den Gesteinsbestand der Serie: Außer den bereits beschriebenen Serizitschiefern, Phylliten und Quarziten begegnet man häufig gröber klastischen Gesteinen. In grünlichen, quarzitisch-serizitischen Schiefern finden sich bis mehrere Millimeter große, dunkelgraue bis bläuliche Quarzkörner eingestreut. Man kann sämtliche Übergänge von diesen Psammitschiefern zu verschieferten und verwalzten Konglomeraten (Taf. 14, Abb. 16) beobachten. Teils sind es Feinkonglomerate, teils erreichen die Komponenten, die im Verhältnis 1:3 bis 1:4 stengelig in B gelängt sind, längste Durchmesser von 12 cm. Es sind meist dunkelgraue, aber auch weiße Quarze, seltener milchiger Kalifeldspat (dieser bis 3 cm Dm). Die phyllitische Zwischenmasse umzieht die augig-linsigen Gerölle und Körner. Diese liegen z. T. sehr dicht gepackt, z. T. einzeln in Psammitschiefer eingestreut. Die Konglomerate bilden 1,5—2,5-m-Bänke in den Psammitschiefern und Phylliten. Die ausgeprägte Schieferung schneidet manchmal schräg das sedimentäre s.

Seltener finden sich Gerölleinstreuungen in den bankigen bis massigen Quarziten.

U. d. M. zeigt der Schliff eines Psammitschiefers: Einzelkörner von Quarz (0,6—4,6 mm) und Quarzit (0,9—2,6 mm), die sehr stark tektonisch beansprucht sind. Sie haben meist längliche Form und liegen in einer feinkörnigen Grundmasse. Diese besteht größtenteils aus einem Quarzmosaik von 0,02—0,06 mm, das von Serizitsträhnen durchzogen wird. Muskovitblättchen (bis 0,4 mm) sind sehr selten. Stark pleochroitischer Turmalin (fast farblos-gelb-grün-braun), zeigt Korngrößen von 0,06 bis 1,3 mm, selten bis 1,9 mm). Idiomorpher Zirkon (0,04—0,2 mm), Erz (bis 0,3 mm).

Bald nach dem Überschreiten der Brücke hören die Konglomeratlagen auf, und der steil in Serpentinen ansteigende Weg verläuft in lichtgrünen Psammitschiefern und dunkelgrauen bis silbrigglänzenden Phylliten (Abb. 17). Die häufig streifigen Phyllite zeigen Knauern und Adern von Quarz (1).

300 Höhenmeter über dem Fluß quert der Weg ein etwa 100 m mächtiges konglomerat-reiches Band (2). Die hier nicht so stark ausgewalzten Gerölle haben Durchmesser bis 15 cm (Taf. 14, Abb. 18).

Dann setzen wieder dunkelgraue, z. T. feinblätterige schwärzliche Phyllite ein (150 bis 200 m mächtig) (3).

Erst knapp vor Erreichen der kleinen Ortschaft Ranmagaon kommt man wieder in Psammitschiefer und Konglomerate (4).

Die Fortsetzung des beschriebenen Profiles am Rücken W der Ortschaft zeigt über diesem 80 m mächtigen Band eine Wechselfolge von quarzitischen, phyllitischen Schiefern und Psammitschiefern (5).

300 Höhenmeter über der Ortschaft versteilt sich der Rücken, es setzt massiger, weißer bis grünlicher Quarzit ein, der Turmalinkörner führt. Das öfters Wellenfurchen und Kreuzschichtung zeigende Gestein zerfällt grobblockig (50 m) (6).

Es überlagert ein massiges, gleichmäßig und mittelkörniges grüngraues gabbroides Gestein (30 m) (7).

U. d. M.: Die schwach pleochroitische Hornblende (X farblos, Z blaßgrün) ist meist etwa 3 mm, vereinzelt 6 mm groß. Es handelt sich um oft stark zerfranste aktinolithische Hornblende, die im Kern manchmal Relikte von farblosem diopsidischem Pyroxen zeigt. Der einstige basische Plagioklas, dessen schlanke, bis 2,6 mm lange Leisten oft mit der Hornblende verwachsen waren, ist in anscheinend ziemlich sauren, von Klinozoisit-Epidot gänzlich durchsiebten Plagioklas umgewandelt worden. Die Feldspatsubstanz tritt dabei mengenmäßig stark zurück. Die Felder zwischen den großen Hornblenden werden von einem Gemenge von Klinozoisit-Epidot (0,05—0,3 mm), nicht exakt bestimmbarem Plagioklas, Chlorit (0,02—0,2 mm), Titanit, wenig Biotit (bis 0,2 mm), Hellglimmer (0,02—0,06 mm) und Quarz (0,02—0,3 mm) erfüllt. Chlorit tritt meist in geschlossenen Flecken auf. Titanit bildet 1,3 mm, max. 2 mm große idiomorphe Kristalle. Die bis 1 mm großen Erzkörner zeigen häufig Säume von Titanit. Beide stammen wohl aus der ehemals Ti- und Fe-reichen Hornblende.

Die starken chemischen Umlagerungen, die das Gestein bei der Metamorphose erfahren hat, machen Rückschlüsse auf das Ausgangsgestein etwas unsicher. Der Charakter des gut erhaltenen Erstarrungsgefüges spricht für oberflächennahe Intrusion. Anhäufungen von z. T. radialstrahlig angeordnetem Epidot (1,4 mm Dm) könnten als ehemalige Mandelhohlräume gedeutet werden. Ursprünglich dürfte das Gestein einem Diabas oder Dolerit nahegestanden sein.

An der Hangendgrenze der konkordanten Eruptivgesteinseinlagerung finden sich 1,5 m Serizit-Chlorit-Schiefer (8).

Dann setzt erneut massiger weißer Quarzit ein. Das Profil wurde nicht weiter begangen, doch dürfte der Quarzit beträchtliche Mächtigkeit besitzen (9).

Ranmagaon ist die letzte Ortschaft auf der Route über den Jangla Bhanjyang (Paß) nach Tarakot (Taf. 7). Zunächst verläßt man den Ort in nordöstlicher Richtung und steigt zum Fluß ab. Man bewegt sich dabei in den gleichen Gesteinen wie in der Umgebung der Ort-

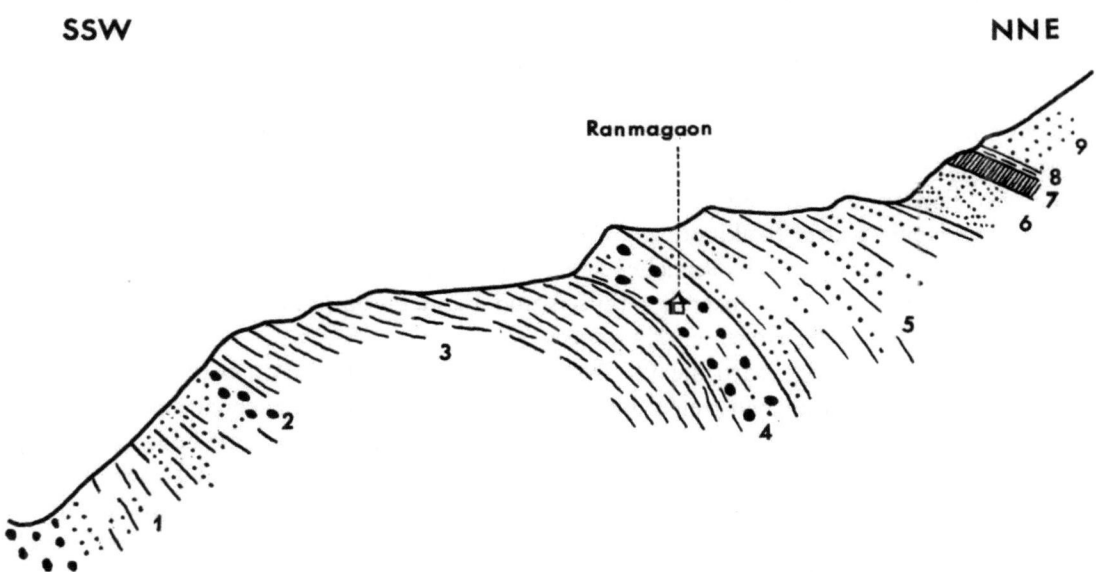

Abb. 17: Profil durch die Chail-Serie bei Ranmagaon (Beschreibung im Text), Profillänge etwa 1,5 km.
Section through the Chail series near Ranmagaon (length of section 1.5 km).
1 phyllitic and psammitic schists
2 zone rich in conglomeratic layers
3 dark phyllites
4 psammitic schists and conglomerates
5 quartzitic, psammitic and phyllitic schists
6 massive, white-greenish quartzite
7 massive, green doleritic rock (strongly altered)
8 sericite-chlorite-schists
9 white massive quartzite

schaft. Während im Bereich zwischen Mayang und Ranmagaon N- bis NNE-Fallen von 20—45° herrschend war, versteilt sich hier etwas der Einfallswinkel auf 55°.

Nach der Brücke steigt der Weg steil an und verläuft danach durch die orographisch linke Flanke des hier sehr eng werdenden Tales. Wieder begegnen einem die hellen, grünlichen, serizitischen Schiefer, Quarzit und graue Phyllite. Nach einem 20-m-Band von Quarzit gelangt man wieder in das hier 50 m mächtige basische Eruptivgestein. In der gegenüberliegenden Talflanke ist das gefaltete dunkle Band dieses Gesteins gut zu verfolgen. Weißer, auch grün oder rosa gefärbter Quarzit überlagert. Das massige oder gebankte (0,3—1,5 m) Gestein zerfällt zu eckigem Blockwerk. Wellenfurchen und Kreuzschichtung sind zu beobachten.

Bevor der Weg um eine Kante in ein aus E in das Hauptttal mündendes Seitental (Ralb Khola) einbiegt, quert man steil NNE-fallende (80°) verfaltete Züge von Lgd. gegen Hgd.:

25 m Quarzitbänke mit eingeschalteten dünnblätterigen, silbrig glänzenden Serizitschiefern, die Quarzknauern führen.

  5 m graue, glänzende, dünnblätterige Phyllite

20 m weißer, plattig-bankiger Quarzit

  6 m grauer, blätteriger Phyllit

18 m Quarzit.

Im Seitental quert man:

30 m steilstehende grünlichgraue Phyllite mit Quarzknauern

15 m Quarzit

15 m flatschige Weißschiefer mit Quarzlagen, es folgen z. T. schuttbedeckte Phyllite.

Auf der gegenüberliegenden Seite des Haupttales ist diese Wechselfolge in steilstehende Großfalten gelegt.

Durch steil N-fallende Plattenschüsse von bankigem, weißem, grünem und auch rosa Quarzit mit eingeschalteten grauen, seltener grünlichen Phylliten erreicht man den Talgrund des Seitengrabens (Ralb Khola).

Der Weg führt nun steil durch die S-Flanke des Grabens (orogr. rechte Seite) 700 Höhenmeter empor zu einem Kamm. Zunächst bleibt man noch in der Wechselfolge von Quarzit und dunklem Phyllit. Dann gelangt man in eine 150 m mächtige Folge von dunklen Phylliten, die dm- bis m-mächtige Lagen von bläulichem Kalkmarmor enthält. Das Schichtfallen wird flacher (NE/25—30°).

Es überlagert plattig-bankiger, weiß, grün und rosa gefärbter Quarzit (25 m).

Es folgen dunkelgrau-schwärzliche, selten silbrige Phyllite, die noch einzelne Karbonatlagen enthalten. 4—10 m mächtige Linsen und Bänder von Quarzit sind ihnen eingeschaltet (in der Höhe der einzelnen Häuser).

Gegen das Hangende wird die Phyllit-Serie allmählich grün-dunkelgrau gebändert. Bei zunehmendem Quarzgehalt treten die dunkelgrauen tonreichen Lagen zurück. Grünliche, phyllitische und quarzitische Schiefer herrschen vor. Diese Gesteine bauen die letzten 300 Höhenmeter bis zu dem nicht ganz 3000 m hohen Übergang über den Kamm auf.

Beim Abstieg gelangt man durch mit dichtem Wald bestandene Hänge wieder in das vom Jangla-Paß kommende Haupttal. Der Schutt zeigt, daß auch hier grünliche, serizitisch-quarzitische Schiefer, Quarzite und graue, Quarzknauern führende Phyllite das Gebirge aufbauen.

Der Weitermarsch erfolgt nun auf schmalem Steig flußaufwärts. Man bewegt sich lange Zeit in einförmigen Quarzphylliten. Die an sich grünlichen Gesteine mit silbrig glänzenden s-Flächen enthalten lagenweise etwas Chlorit. Auf vom Wasser abgeschliffenen Flächen ist der durch lagenweise unterschiedlichen Quarzgehalt bedingte bänderige Gesteinsaufbau gut zu beobachten. In den phyllitischen Gesteinen finden sich als Seltenheit 1 dm dicke Linsen und Lagen von gelbbraun verwitterndem, gelblichem oder grünlichem, kristallinem Karbonat. Es ist fraglich, ob es sich um sedimentäre Kalkgesteine handelt.

In die eintönige phyllitische Serie bringen vereinzelte bis 100 m mächtige Zonen, reich an plattigen (3—30 cm), lichtgrünen Quarziten, die einzige Abwechslung.

Die Gesteine fallen mit 25—45° gegen NNE bis NE ein.

Etwa 10 km vor dem Paß zeigt sich streckenweise etwas stärkere Metamorphose. Die z. T. dünnschiefrigen Gesteine sind dann grau bis leicht bräunlich. Auf s sind linear orientierte, feine Biotitblättchen zu erkennen. Es zeigen sich Anklänge an Glimmerschiefer. Adern und Linsen von Quarz sind nach wie vor häufig.

Es folgen erneut Serizit-Chloritschiefer, Quarzphyllite und helle Quarzite.

Bei der Talgabelung, 9 km SW vom Paß, folgt der Weg dem gegen NE gerichteten Talast. Etwa 1200 m nach der Gabelung taucht die so mächtige Phyllit-Quarzit-Serie, die wir mit der Chail-Serie des Simla-Gebietes parallelisieren, mit 30—35° gegen N bis NE ab.

Durch Häufung bräunlich anwitternder Sandsteinlagen und grauer, bräunlicher und blaßvioletter, seidiger, mattschimmernder Schiefer erfolgt der stratigraphische Übergang in die aus dem oberen Bari Gad bereits bekannte, durch rote Gesteinsfarben ausgezeichnete Serie. Die bunte, sandig-tonige Wechselfolge, die mit 35—40° gegen NE bis ENE einfällt, umfaßt: graue, grünliche Tonschiefer mit matten, seidigen s-Flächen. Sie brechen stückig, splittrig, scharfkantig (slates). Trockenrißausfüllungen durch Sandstein reichen bis 3 cm in die Schiefer.

Die braunen und rosa, grob- bis mittelkörnigen Sandsteinbänke zeigen Kreuzschichtung, Wellenfurchen auf den s-Flächen (Taf. 15, Abb. 19). Tonscherbenbrekzien sind häufig zu beobachten.

Braun anwitternde, hell rosa, dolomitische Sandsteine, die öfters synsedimentäre Brekzienlagen enthalten; Tonschiefer und gelblich verwitternde Mergel und Dolomitstücke bilden die Komponenten.

Rosa Dolomitplatten, die im angewitterten Zustand bräunlich glatte Oberflächen bilden. Häufig zeigen diese dichten Dolomite Einstreuung grober Quarzkörner oder dünne, etwas phyllitische, graue Tonschieferzwischenlagen.

Weißer oder rosa Quarzit, der kleine, blutrote Jaspiskörner makroskopisch erkennen läßt, bildet 10—60 cm dicke Platten.

Durch den im 1- bis 150-cm-Bereich erfolgenden Gesteinswechsel zeigt die Serie braun-rosa-weiß-grau-grüne Bänderung.

Linker Hand öffnet sich ein größerer Talkessel, der Anstieg zum Paß erfolgt aber durch ein schluchtartiges, von senkrechten Felswänden begleitetes Tal in ENE-Richtung. Hier wird die Serie immer dolomitreicher. Man findet schließlich nur mehr blaßrosa oder grauen, sehr lichten, zuckerkörnigen Dolomit bis Marmor. Angewittert zeigt das Gestein gelbliche, rundlich-glatte Flächen. Durch z. T. recht feine Lagen von grauem, phyllitischem Schiefer erscheint die Dolomit-Serie im mm- bis m-Bereich gebändert. Die häufig gefältelten (Scherfaltung) Schiefer zeigen oft auf s silbrigglänzende, serizitische, z. T. grünliche, talkige Häutchen.

Einzelne Lagen im Dolomit haben einen so hohen Quarzgehalt, daß sie sich mit dem Messer kaum mehr ritzen lassen und bereits als Karbonatquarzit zu bezeichnen sind.

Es finden sich in diesem Bereich nicht selten dm mächtige Gänge: Siderit-Quarzit-(Hämatit)-Gänge folgen meist den s-Flächen und durchschlagen diese nur selten. Der Siderit ist meist grobspätig. Die vermutlich jüngeren Quarz-Hämatit-Gänge zeigen kleine, glasklare Bergkristalle und bis 2 cm große, gut ausgebildete Eisenglimmerblättchen. Sie sind meist quergreifende Gänge.

In 3100 m S. H. wendet sich das Tal aus der ENE-Richtung gegen NE. Im unteren Teil der Steilstufe treten Quarzitbänke mehr hervor. Sie werden bis 1,5 m mächtig. Man findet hier eine Wechselfolge von weißem und rosa Quarzit, blaßrosa Dolomit sowie grünlichem und grauem Phyllit.

Im oberen Teil der Steilstufe, ab 3200 m, nimmt der Anteil an weißem, fleischfarbenem Dolomitmarmor bis Dolomit wieder zu.

Auch in dem mehr ebenen Talverlauf nach der Steilstufe stehen rosa, kremfarbene, weiße und auch grünliche, zuckerkörnige Dolomite an. Sie sind plattig-bankig (3—110 cm) entwickelt. Die ihnen eingelagerten grauen Schiefer-Phyllitlagen lassen besonders klar erkennen, daß die Fältelung durch Scherung zustande gekommen ist (Taf. 16, Abb. 20).

U. d. M. zeigt der Dolomit ein feinkristallines Gemenge (0,01—0,06 mm) von Karbonat und untergeordnetem Quarz. Vereinzelte Quarzkörner erreichen 0,2 mm Größe. Hellglimmer (0,02—0,06, max. 0,2 mm) ist parallel dem transversalen s orientiert. Turmalin bildet bis 0,06 mm große Kriställchen. Erz (0,02—0,06, max. 0,1 mm) ist reichlich vorhanden. Etwas Titanit (0,01—0,04 mm).

Quarzitlagen zeigen gröberkörniges Pflaster (0,1—0,4 mm) von überwiegendem Quarz und Karbonat. Einzelne Mikrokline (bis 0,3 mm) sind eingestreut, z. T. müssen sie als neu gewachsen angesehen werden. Nebengemengteile sind Turmalin (0,12 mm), Titanit (0,02 mm), Erzstaub und etwas Hellglimmer (bis 0,1 mm).

Die Mächtigkeit der gesamten, leicht kristallinen Bänderdolomitfolge (inklusive der quarzitreichen Zone) dürfte zwischen 600 und 800 m liegen. Gegen das Hangende geht sie in etwa 200 m mächtigen, grauen, dickbankigeren Dolomit über. In den hangendsten Partien wird der Dolomit wieder dünnlagig und z. T. schiefrig, seine Farbe bleibt jedoch grau.

Die Gesteine fallen mit 25—35° gegen ENE ein. Die Verformungsachsen tauchen mit 20—30° gegen E ab.

Kurz vor Erreichen des bei den Einheimischen unter dem Namen Nauri bekannten Lagerplatzes (3530 m S. H.), wo das Tal einen Knick gegen E macht, überlagern mit 40° E- bis ESE-Fallen schwarze Schiefer. Sie bauen den markanten zahnförmigen Pfeiler an der orogr. linken Talseite auf (Taf. 17, Abb. 21).

Die pigmentreichen, schwarzen Gesteine sind dünnblätterig bis dünnplattig, sie wirken teils schlackig, teils zeigen sie metallisch glänzende s-Flächen. Wie ihre Umgebung, so haben auch sie leichte Epimetamorphose mitgemacht.

U. d. M.: Die Schieferung des lagig-zeilig struierten Gesteins wird unter großem Winkel von einer Scherflächenschar geschnitten. Sie wird dadurch eigenartig gewellt. Quarz (0,04—0,2 mm) bildet die Zeilen und Lagen zwischen den an opaker Substanz reichen Hellglimmersträhnen. Es handelt sich um leicht pleochroitischen (farblos-blaßgrünen) Muskovit (bis 0,13 mm) und feinen Serizit. Einzelne, meist 0,1—0,2, max. 0,5 mm große Biotite (X farblos, Z blaßbraun) scheinen größtenteils postkinematisch gewachsen zu sein, was auch für einen Teil des Muskovits zutrifft.

Angewittert zeigen sie rostige Beläge auf Rissen und Klüften sowie weiße und gelbe Ausblühungen. Die Mächtigkeit beträgt 150—200 m.

Es überlagert eine 30—40 m mächtige Wechselfolge von schwarzen Schiefern, gelblichen, bratschig anwitternden Kalkglimmerschiefern und gelblichem Kalkmarmor. Der lagige Gesteinswechsel erfolgt im cm- bis dm-Bereich.

Darüber kommen 150—180 m hellgraue, dünnschichtige, phyllitische Schiefer mit ebenflächigem, silbrigglänzendem s. Aber feine Runzelung auf s ist öfters zu beobachten.

Es folgen 10 m Kalkglimmerschiefer mit Lagen von schwarzem Schiefer und Phyllit, darüber erneut 40—50 m graue Phyllite.

Das oben beschriebene Profil wurde an der orogr. linken Talseite aufgenommen. Nun verläßt der Weg den Talgrund, der eigentliche Anstieg zum Paß beginnt.

Man kann dabei die Profilaufnahme von Lgd. gegen Hgd. fortsetzen:

5 m plattiger, weißer, gelb anwitternder, zuckerkörniger Dolomitmarmor.

18 m grauer Kalkglimmerschiefer.

Etwa 80 m weißer und grauer, gelblich verwitternder, dünnplattiger (1—20 cm) Dolomit.

Etwa 50 m graue, z. T. dunkle Phyllite mit Lagen von Kalkglimmerschiefer.

15 m Dolomit

20 m Phyllit

30 m schwarze Schiefer mit Lagen von grauem Phyllit. Die Gesteine sind stark durchbewegt:

300—400 m Kalkglimmerschiefer: Durch weiße, graue und gelbliche Marmorlagen erhalten die Kalkglimmerschiefer bänderigen Charakter, der besonders an angewitterten Flächen klar zu erkennen ist. Mit dem freien Auge lassen sich bereits die einzelnen Muskovitblättchen unterscheiden. Mehrere cm große Quarzknauern sind von Serizit-Chlorit-Häutchen überzogen. Die Kalkglimmerschiefer zeigen angewittert mürbe, sandige, gelb-braune Oberfläche.

In den Liegendpartien der Kalkglimmerschieferfolge sind noch zahlreiche Phyllitbänder eingeschaltet.

In 4060 m S. H. findet sich eine einzelne 10 m mächtige Chloritschieferlage im Kalkglimmerschiefer.

Der grabenartige Anriß, dem der Weg folgt, endet in 4170 m S. H. Es öffnet sich eine weite, flache Karlandschaft. Durch dieses weite Becken erfolgt der weitere Anstieg zum Paß. Wo das Gelände flach wird, quert eine Einschaltung von grünlichem Quarzphyllit, der Linsen und Lagen von Quarz enthält.

Die Gesteine tauchen regional mit 25—45° gegen ENE ab. Der westliche Teil des Beckens baut sich aus Kalkglimmerschiefer auf. Lediglich im nordwestlichsten Karwinkel könnte nach Feldglasbeobachtung ein Zug dunkler Schiefer und ein gelbes Dolomitmarmorband durchziehen. Anstehend wurden aber außer dem erwähnten, gering mächtigen, Quarzphyllitband nur Kalkglimmerschiefer beobachtet.

Der Berg, der den Paß im W flankiert, baut sich ebenfalls aus dünnplattigem (2—10 cm) Kalkglimmerschiefer mit grauen Marmorlagen auf.

Knapp vor Erreichen des 4430 m hohen Passes setzt fester, weißer bis grünlicher Quarzit ein. Dieser baut die Hänge E des Passes auf und zieht infolge des flachen ENE- bis E-Fallens in südöstlicher Richtung durch den E-Teil des gletschergeformten Beckens. Der Hauptkamm besteht weiter im E aus dunklen, blockig zerfallenden kristallinen Gesteinen, die einer höheren tektonischen Schubmasse (Kathmandu-Decken, T. HAGEN) angehören und den hellen Quarzit überlagern.

Der Abstieg führt zunächst in den obersten Teil des gegen SSE gerichteten Talastes des Jairi Khola. Der Weg zieht aber bald hinüber zu dem Rücken, der das Tal im E begrenzt. Erst hinter diesem führt der Weg hinab nach Tarakot.

Die gesamte orographisch linke Talflanke des erwähnten Talastes des Jairi Khola, also die Berge NW und NNW vom Jangla-Paß bestehen aus Kalkglimmerschiefer. In Paßnähe tauchen sie gegen ENE unter den Quarzit ab, gegen N zu fallen ihre Plattenschüsse mit 30—40° gegen NE bis NNE ein (Abb. 22).

Es finden sich im Jangla-Gebiet öfters etwas schräg zum Gebirgsstreichen gerichtete B-Achsen (55°/30—35°).

Die orogr. rechten Hänge bestehen aus dem plattig-bankigen Quarzit. Er ist vorwiegend weiß, zeigt aber auch grüne und hellgraue Lagen. Das sehr reine Quarzgestein zeigt nur auf s ganz feine Serizitanflüge, die lineare Orientierung aufweisen. Die Mächtigkeit beträgt 200—300 m.

Die Höhen E und NE vom Paß und die obersten Teile des erwähnten Rückens bestehen größtenteils aus muskovitreichen, grobschuppigen Paragneisen.

Wo der Weg den Rücken überquert, ist der Überschiebungsbereich gut aufgeschlossen.

Über dem Quarzit folgen 1 m diaphthoritische Glimmerschiefer. Es sind grobschuppige, flatschige Muskovit-Chloritgesteine, die Quarzlinsen führen.

Es folgt 0,5—1 m feldspatarmer, dunkelgrüner Amphibolit.

Es überlagern mittelkörnige Zweiglimmerparagneise mit einzelnen bis 0,5 cm großen Feldspaten. Diese bräunlichen Gesteine führen auch Linsen von Quarz.

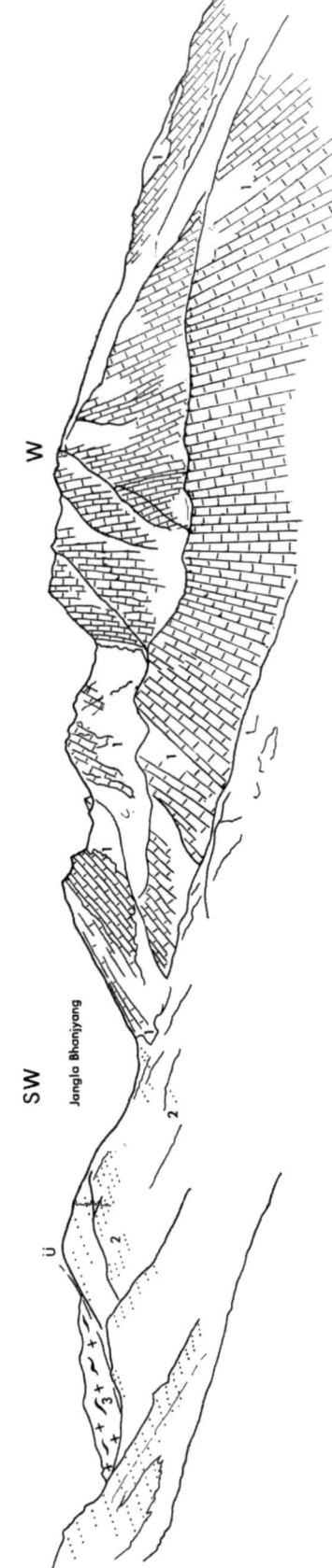

Abb. 22: Ansichtsskizze des Jangla Bhanjyang von NE aus gesehen. Die Kalkglimmerschiefer (1) tauchen unter den Quarzit (2) und dieser unter die Gneise der Kathmandu-Decke (3) ab.
View of the Jangla Bhanjyang seen from NE. Micaceous marbles dipping under the quartzite (both Chail Nappe), overthrust by the gneiss of the Kathmandu Nappe.

Beim Abstieg gegen Tarakot bewegt man sich durch schlechte Aufschlüsse und Schutt der genannten kristallinen Gesteine. Im Bereich 200—300 Höhenmeter unter dem Rücken taucht fensterförmig nochmals der Quarzit unter den überschobenen kristallinen Gesteinen auf.

Am Weiterweg nach Tarakot begegnen einem Muskovitschiefer mit 2 mm großen Granaten und sehr viel Quarzit, welcher auf s Muskovit und einzelne schlanke bis 1 cm lange Turmaline zeigt. Diese Quarzite gehören, wie Wechsellagerung zeigt, zur Glimmerschieferfolge. Verglichen mit dem Quarzit vom Jangla-Paß erscheinen sie stärker metamorph.

Gegen Tarakot finden sich im Schutt auch graue, plattige, fein- bis mittelkörnige Zweiglimmerschiefer mit linsigen, 0,5 bis 2 cm großen Feldspataugen.

Überblickt man die auf der Strecke Takbachhigaon—Ranmagaon—Tarakot angetroffenen geologischen Verhältnisse, so läßt sich zusammenfassend feststellen:

Die mit den Simla slates parallelisierte Sandstein-Schiefer-Folge überschiebt im Gebiet N des Uttar Ganga den durch Stromatolith-Dolomite ausgezeichneten nördlichen Faziesbereich der Krol-Einheit. Der Simla slate-Zug, der wie die Gesteine der südlich anschließenden Zone äußerst schwache Metamorphose zeigt, stellt den abgescherten Hangendschenkel der Dolomitmulde des Uttar Ganga dar oder bildet eine Zwischenschuppe zur Chail-Decke.

Die Chail-Decke ist eine selbständige tektonische Einheit zwischen der Krol-Einheit oder dem Simla slate-Zug im Liegenden und der sie überschiebenden Kristallin-Einheit (Kathmandu-Decken, T. HAGEN). Ihre Selbständigkeit zeigt sich im Gesteinsbestand sowie in der phyllitischen (Epi-) Metamorphose, die der gesamte Sedimentstapel der Chail-Decke mitgemacht hat.

Trotz des Vorhandenseins tektonischer Wiederholungen scheint sich in der Aufeinanderfolge von S nach N eine primäre Schichtfolge abzuzeichnen (von Lgd. geg. Hgd.):

1. Chail-Serie: Konglomerat- und Psammitschiefer, Quarzite, Serizitschiefer, Phyllite und basische Eruptivgesteine. Diese Gesteine, oder einige von ihnen, bauen in den meisten Profilen des Himalaya die gesamte Chail-Decke auf. Das hier beschriebene Profil des Jangla Bhanjyang stellt eine seltene Ausnahme dar. Hier wird die einförmige, grünlichgrau gefärbte, klastische Serie von einer abwechslungsreicheren Sedimentfolge primär überlagert, wodurch ein Vergleich mit der Schichtfolge der Krol-Einheit und damit eine altersmäßige Einstufung möglich ist.

2. Die bunte, vorwiegend rotgefärbte Sandstein-Quarzit-Schiefer-Dolomit-Serie gleicht, abgesehen von der stärkeren Metamorphose, vollkommen den entsprechenden Serien in der Krol-Einheit. Wie vergleichsweise im Gebiet der Surtibang Lekh gehen sie auch hier gegen das Hangende in

3. rosa und graue Dolomitfolgen über.
4. Schwarze, pigmentreiche Schiefer und überlagernde
5. graue Phyllite
6. Dolomitmarmor und mächtige Kalkglimmerschiefer.
7. Sehr reiner Quarzit.

Der Vergleich mit der Schichtfolge der Krol-Einheit bietet sich an:

Die unter 1. genannte Serie zeigt durch den Reichtum an Serizitschiefer und Quarzit sowie durch die Beteiligung basischer Eruptivgesteine starke Anklänge an die Chandpur-Serie (vgl. J. B. AUDEN 1934, S. 371—372).

Die Chail-Serie zeigt in Nepal z. T. recht grobklastischen Charakter, der den Chandpurs fehlt. In den meisten anderen von uns besuchten Gebieten des Himalayas zeigt die Chail-Serie aber nicht diese starke Beteiligung grobklastischer Gesteine.

Die unter 2. genannten bunten Gesteine scheinen der oberen Abteilung der Jaunsars, der Nagthat-Serie, zu entsprechen.

Die rosa und auch graue Dolomitfolge dürfte als fazielle Vertretung der Blaini-Serie aufzufassen sein. Es sei daran erinnert, daß die Blaini-Kalke als dichte bis mikrokristalline, rosa Kalke beschrieben werden. Ähnliche Gesteine wie 2. und 3. werden auch aus der Mandhali-Serie berichtet, die in jüngster Zeit über der Jaunsar-Serie und im Liegenden der Blainis eingestuft werden (K. K. Dutta u. Gopendra Kumar 1964). In der vorliegenden Arbeit wird die Meinung vertreten, daß sich die Nagthat-, Mandhali- und Blaini-Serien zeitlich etwas übergreifen (ausführliche Diskussion siehe I B und III).

Ein Vergleich der Shali- oder Infra Krol-Schiefer mit den unter 4. genannten, allerdings stärker metamorphen, biotitführenden, schwarzen Schiefern liegt nahe.

Die Frage, ob die Phyllite und eingeschalteten Kalkglimmerschiefer 5. dem oberen Teil des Infra Krol angehören, oder als metamorphes Äquivalent von Krol A anzusehen sind, ist schwer zu beantworten.

Die unter 6. genannte Karbonatgesteinsfolge wäre nach Ansicht des Verfassers mit den nicht metamorphen Krol-Kalken und Dolomiten altersmäßig zu vergleichen. Der hangende Quarzit 7., der von den Kathmandu-Decken überschoben wird, könnte als Tal-Quarzit angesehen werden. Unsicherheit besteht in dieser Frage jedoch, da in der Serie 1. bei Ranmagaon ebensolche Quarzite vorkommen und solche im Überschiebungsbereich der Kathmandu-Decken hochgeschleppt sein könnten*).

Der Gegensatz der epimetamorphen Gesteine der Chail-Decke, die im Gebiet des Jangla Bhanjyang unter die Untere Kathmandu-Decke abtauchen, zu den mesometamorphen, jetzt diaphthoritischen Gesteinen dieser Einheit, ist augenfällig. Von einem Übergang der Schiefer-Serien in die überlagernden Gneise, wie er aus verschiedenen Teilen des Himalayas berichtet wird (E. H. Pascoe 1950, A. Gansser 1964), kann hier nicht die Rede sein.

Das Abtauchen der von aufsteigender Metamorphose ergriffenen Gesteine, die denen der Tauernschieferhülle sehr ähnlich sind, unter die im Überschiebungsbereich von rückschreitender Metamorphose betroffenen Gneise, Glimmerschiefer und Amphibolite erinnert lebhaft an die Randbereiche des Tauernfensters. Wenn der altersmäßige Vergleich der hier angetroffenen Gesteine der Chail-Decke mit denen der Krol-Serie zu Recht besteht, so ist die Metamorphose alpidischen Alters. Die Gesteine der Kathmandu-Decken dürften aber ihre metamorphe Prägung wesentlich früher erhalten haben.

d) Die Umgebung von Tarakot und das untere Barbung Khola (Taf. 2, 3, 7)

Etwa 1,5 km westlich von Tarakot stehen in einem gegabelten Bachanriß weiße, plattige Quarzite an. Die Gesteine scheinen mit dem Hangendquarzit der Chail-Decke identisch zu sein, sie fallen entsprechend dem regionalen Schichtfallen (NNE bis ENE 25—70°) mit dem Hang ein.

Demnach bestünde hier ein kleines, nicht über 1 km Durchmesser besitzendes Fenster. Das Detailprofil durch dessen Randbereich zeigt Abb. 23, von Lgd. gegen Hgd.:
 1. weißer Quarzit.
 2. 3 m dünnbankiger, grau-weiß gebänderter Quarzit.
 3. 2 m grobschuppige Muskovit-Chloritschiefer mit Quarz-Knauern.
 4. 5 m flatschige Chloritschiefer.
 5. 4 m fein-mittelkörniger, grauer, chloritführender Zweiglimmergneis. Das Gestein führt Feldspataugen und Quarzlinsen. Die Hauptüberschiebungsbahn liegt zwischen 2. und 3.

---

*) Letzteres wurde durch unsere Expedition 1967 bestätigt.

Die in der orogr. linken Flanke des Barbung Khola, W und NW von Tarakot, angetroffenen Gesteine sind: flatschige, chloritführende Muskovitschiefer, phyllitische, graue Muskovitschiefer mit silbrigen, oft gerunzelten s-Flächen, auf denen 1 mm, selten 5 mm große Granate oder ganz feine Chloritschüppchen zu beobachten sind.

Die Glimmerschiefer wechsellagern häufig mit Quarzit, vereinzelt führen sie bis 0,5 m mächtige Lagen von Graphitglimmerschiefer.

Weiße, graue, grünliche oder blaß rosa Quarzite haben in diesem Gebiet weite Verbreitung. Die Frage, ob diese plattig-bankigen Gesteine der Kathmandu-Decke oder der nächsttieferen Einheit angehören, kann einem ziemliches Kopfzerbrechen bereiten, besonders wenn es sich um sehr reine Quarzgesteine handelt. Wechsellagerung mit Glimmerschiefer, das Vorhandensein von Schüppchen von Muskovit oder Chlorit, von Granaten oder zahlreichen feinen Turmalinkriställchen entscheiden die Frage aber meistens zugunsten der Zugehörigkeit zu den Kathmandu-Decken.

U. d. M. zeigt ein solcher Quarzit ein verzahntes Quarzpflaster (0,19—0,7 mm). Das straffe Parallelgefüge zeigt sich vor allem in der Orientierung der einzeln liegenden Glimmerblättchen (meist um 0,2, max. 0,5 mm). Mengenmäßig überwiegt der Muskovit, der mit ihm häufig verwachsene Biotit zeigt Pleochroismus (X lichtgelb, Z gelbbraun). Einzelne Schüppchen von Chlorit (Pennin, bis 0,4 mm) sind selten, um Granat bildet dieses Mineral feinschuppige Strähne und dringt entlang von Rissen in ihn ein. Der Granat (bis 5 mm) ist farblos und arm an Einschlüssen (Erz, Turmalin). Turmalin bildet oft zonare und meist idiomorphe Kristalle (0,6—0,3 mm). Titanit (bis 0,1 mm), Erz (bis 0,2 mm) und Zirkon (0,06 mm) sind Nebengemengteile. Spuren postkristalliner Verformung fallen nicht ins Auge.

Graue, meist plattige, fein- bis mittelkörnige Zweiglimmer- und Muskovitgneise führen öfters bis 2 mm große Feldspatporphyroblasten.

Augengneise mit bis 2 cm großen Feldspataugen treten in seltenen und gering mächtigen Lagen auf. W der Ortschaft Gamigaon, W von Tarakot, steht ein etwa 20 m mächtiger Zug von feinkörnigem, dunkelgrünem plattigem Amphibolit an.

Der Überschiebungsbereich der Kathmandu- über die Chail-Decke wurde in dem bereits erwähnten SSE-Ast des Jairi Khola nochmals berührt.

Nahe der Vereinigung der beiden Taläste tauchen die Kalkglimmerschiefer mit 40° NE-Fallen unter flatschige, grünliche Quarzphyllite, flatschige Muskovit-Chloritschiefer und plattige, gebänderte, gelblich-grau-grüne, z. T. sehr reine Quarzite ab. Nach dem lithologischen Charakter dieser Gesteine neigt der Verfasser zur Annahme,

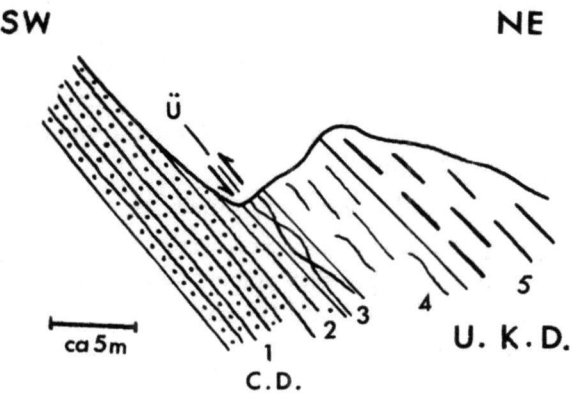

Abb. 23: Der Überschiebungsbereich zwischen Chail- und Unt. Kathmandu-Decke (C.D./U.K.D.), W Tarakot (Beschreibung im Text).
The thrust (Ü) between Chail Nappe and Lower Kathmandu Nappe (C.D./U.K.D.), W Tarakot.
1 white quartzite
2 grey-white banded quartzite (3 m)
3 muscovite-chlorite schist with lenses of quartz (2 m)
4 chlorite schist (5 m)
5 grey gneiss with muscovite, biotite and chlorite
There are augen of feldspar and lenses of quartz

daß sie bereits der Unteren Kathmandu-Decke angehören und der Quarzitzug vom Jangla Bhanjyang gegen N auskeilt. Die schlechten Aufschlußverhältnisse in dem Urwald dieses Tales erlauben es aber nicht, die Möglichkeit auszuschließen, daß ein Teil der genannten Quarzite doch denen vom Jangla-Paß entspricht.

Das unterste Jairi Khola besteht aus grünlichem Quarzit und grauen Phylliten, die kleine Granate führen.

Im Bereich der Einmündung des Jairi Khola in das Tal des Thuli Bheri-Flusses bildet ein 20—30 m mächtiger Zug von dunklem Amphibolit Großfalten in blockig zerfallenden, grünlich-weiß gebänderten Quarziten.

Abgesehen von solch lokalen Verfaltungsbereichen herrscht regionales NE bis NNE-Fallen mit 45°.

Will man von hier nach Tarakot, so muß man den Fluß über eine Brücke, etwa 1 km flußabwärts, übersetzen und den Weg am orogr. rechten Ufer flußaufwärts wandern.

Bei der Brücke sind unter Terrassenschotter Aufschlüsse von flatschigem, grünlichem Muskovit-Chloritschiefer. Gegen E gelangt man in die erwähnte Verfaltungszone von Quarzit und Amphibolit, in der die Schichten steil gegen SE einfallen.

Dann quert der Weg noch zwei geringmächtige Amphibolitbänder, worauf eine Wechsellagerung von Quarzit und Glimmerschiefer einsetzt. Die Quarzite sind plattig-bankig und weiß-grün-gelblich gebändert. Die Glimmerschiefer sind meist phyllitische Typen mit grauen, silbrig glänzenden Häutchen auf s und kleinen Granaten bis 4 mm. Es treten aber auch grobschuppige Muskovitschiefer mit Quarzknauern auf.

Die B-Achsen der Gesteine tauchen gegen NE ab, sie liegen daher in der Einfallsrichtung der s-Flächen, wodurch der Einfallswinkel der Achsen meist steil ist (40—60°).

Durch junge Aufwölbungsvorgänge dürften die tektonischen Achsen im gesamten Gebiet Tarakot-Jangla Bhanjyang verstellt worden sein. Die Karten (Taf. 2, 7) sowie Abb. 22 zeigen den halbkuppelförmigen Bau dieses Gebietes.

Ab Singrigaon war es nicht mehr möglich, geologische Beobachtungen zu machen, da die Nacht hereinsank.

Steigt man von Tarakot gegen E zu der auf einem abgesetzten Hügel über dem Fluß gelegenen Ortschaft ab, so quert man die bereits beschriebenen Glimmerschiefer und Quarzite, die vereinzelte, bis 5 m mächtige Augengneisbänder eingeschaltet haben (z. B. bei der kleinen Ortschaft auf dem Hügel). Das bankige, feinkörnige, graue Gestein, das auf s silbrige Muskovithäutchen und feine Biotitschüppchen zeigt, enthält in größerem Abstand voneinander Kalifeldspataugen von 1—4 cm Größe.

Der NE-Sockel des Hügels besteht aus Karbonatgesteinen, die mit steilem NNE- bis NE-Fallen (60—70°) die genannten kristallinen Gesteine überlagern. Abb. 24 zeigt die Aufschlußverhältnisse und das Detailprofil:

Der Kontakt gegen die Liegendschiefer und Gneise ist nicht aufgeschlossen.

1. 5 m schmutziggraue, feinkristalline Schiefer mit lichtgrauen bis gelblichen karbonathaltigen Bändern. Angewittert zeigen sie rundliche, glatte, mehlige Oberfläche. Sie führen bis 1 mm große Tüpfel und Granatporphyroblasten.

2. 3 m graue, sandig verwitternde Schiefer (wie 1.), die hell auswitternde, 5—25 cm lange Brocken von feinkristallinem Karbonatquarzit führen. Die Gesteine der hellen Bänder von 1. finden sich in diesem Brekzienhorizont mit verstelltem s als Komponenten.

U. d. M. erweist sich der schmutziggraue Schiefer als sehr glimmerreich. Die Muskovitscheiter zeigen meist 0,1—0,2, max. 0,6 mm Länge. Der fast gleich häufige Biotit (0,06—0,2 mm) zeigt Pleochroismus X lichtgelb, Z grünbraun. Karbonat (bis 0,2 mm) und Quarz (0,04—0,1 mm) treten sehr stark zurück. Klinozoisit-Epidot (0,04—0,3 mm) ist in Form von Körnchen und idiomorphen Säulchen sehr reichlich vertreten. Turmalin (bis 0,1 mm), Erz (bis 0,14 mm), Titanit (bis 0,05 mm) sind Nebengemengteile.

Ein Teil der makroskopisch beobachtbaren, aufgesproßten Tüpfel (0,6 mm) erweist sich u. d. M. als feines Gemenge von Hellglimmer, Turmalin und Klinozoisit.

Die lichten Lagen und Schollen zeigen ein Quarz-Karbonatpflaster (0,05—0,2 mm). Der Quarz überwiegt mengenmäßig. Klinozoisit-Epidot ist reichlich vertreten (bis 0,2 mm). Muskovit (bis 0,3 mm) tritt in einzelnen Blättchen auf, ebenso Biotit (bis 0,2 mm). Nebengemengteile sind Turmalin (bis 0,1 mm), Titanit (bis 0,1 mm), Zirkon (0,04 mm) und etwas Erz.

Die Gesteine sind frei von Spuren postkristalliner Deformation.

3. 30 m dünnplattige, meist feinkörnige, graue Kalkglimmerschiefer, die beide Glimmer führen. Sie enthalten auch karbonatarme Schiefer und Quarzitlagen.

4. Etwa 50 m mittel- bis grobkörnige, schuppigen Biotit und Muskovit führende helle Kalkglimmerschiefer (+ Quarz-Knauern). Diese Gesteine liegen z. T. schon auf dem N-Ufer des Thuli Bheri-Flusses und sind so bloß der Beobachtung mit dem Feldglas zugänglich.

5. 15 m eines lichten, karbonatarmen (vermutlich quarzreichen Gesteins).

6. Etwa 50 m Kalkglimmerschiefer (rundliche Verwitterungsflächen).

7. 2—3 m Quarzit.

Die Gesamtmächtigkeit der Karbonatgesteinsfolge dürfte etwa 150 m betragen. Das obige Profil ist an der Mündung des SE von Tarakot gelegenen Seitentales aufgenommen worden.

Der Rücken, der das namenlose Seitental vom nächstöstlicheren Rimgang Khola trennt, wird von Häusergruppen, die sich um ein Kloster (Gömba) scharen, gekrönt (Tara Gömba). Der unterste Teil dieses Rückens besteht ebenfalls aus Kalkglimmerschiefer. Durch verschiedenen Karbonatgehalt und verschiedene Kristallinität besitzen sie lagigbänderigen Charakter.

Die Kalkglimmerschiefer reichen noch ein Stück in das Rimgang Khola hinein, wo sie aber bald unter grobflatschige Glimmerschiefer und höher metamorphe Gneise (granatführende flaserige Augengneise) abtauchen.

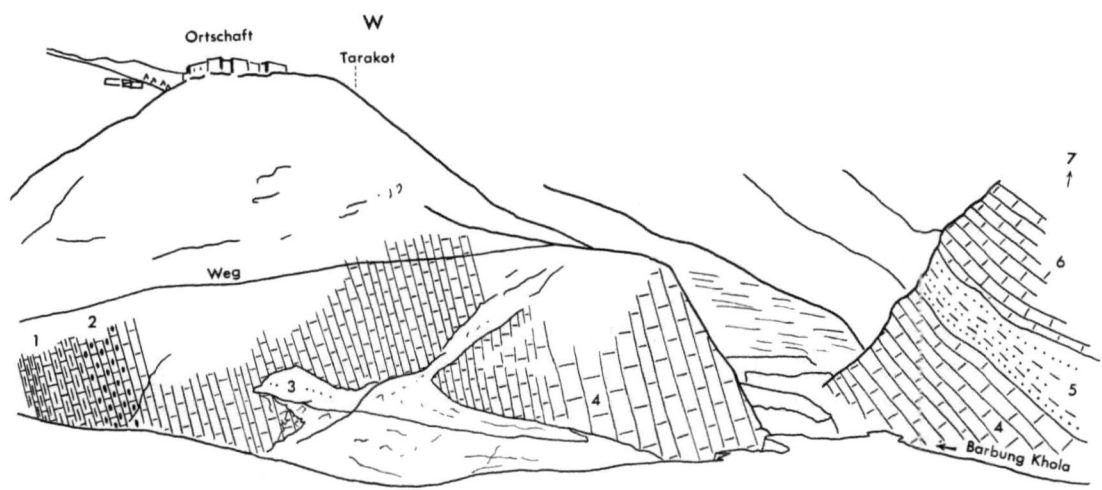

Abb. 24: Ansichtsskizze des Aufschlusses der Karbonatfolge der Unt. Kathmandu-Decke, NE Tarakot (nach Photo); (Beschreibung im Text).
Sketch showing the outcrop of the carbonate sequence of the Lower Kathmandu Nappe, NE of Tarakot (after photo).
1 fine grained schists with light calcareous layers + porphyroblasts of garnet (5 m)
2 like 1 but with breccias containing fragments of carbonate quartzite (3 m)
3 fine grained calc schists (30 m)
4 medium to coarse grained micaceous marble containing biotite and muscovite (50 m)
5 light quartzitic rock (15 m)
6 micaceous marble (50 m)
7 quartzite
The total thickness of the sequence about 150 m

Beim Weitermarsch im Barbung Khola, wie der Oberlauf des Thuli Bheri oberhalb von Tarakot heißt, gelangt man nach diesen etwa 50 m mächtigen Glimmerschiefern und Gneisen in eine 30 m mächtige Zone von Kalkglimmerschiefer mit Glimmerschieferbändern.

Darüber folgen etwa 100—120 m Glimmerschiefer mit Quarzitlagen. Die helldunkel gebänderten Gesteine sind subparallel s zerschert.

Es setzt eine mächtige, massigere Gneisserie ein, die später beschrieben werden soll.

Die Kalkglimmerschiefer dürften die Hangendgrenze der Unteren Kathmandu-Decke markieren. Über ihnen folgt eine stark durchbewegte, tektonische Mischungszone, darauf ein deutlich höher metamorpher, mächtiger Komplex massiger Gneise.

Blickt man im Gebiet von Tarakot gegen S und SE, gegen den Hauptkamm, so fällt einem der landschaftliche Gegensatz auf:

Die Glimmerschiefer, Quarzite, Paragneise und Amphibolite der Unteren Kathmandu-Decke bilden dunkle, brüchige, blockig zerfallende Felspartien. Die lichten bankig-massigen Mischgneise der überlagernden Oberen Kathmandu-Decke bilden massive Gipfelbauten mit schroffen Wänden.

Im Bereich des Karbonatgesteinsbandes tritt ein deutlicher Sprung in der Metamorphose ein. Die Schiefer und Kalkglimmerschiefer zeigen augenfällig niedrigere Metamorphose als die über dem Granat und Disthen führenden Gneiskomplex einsetzenden hochkristallinen Marmore. Von einer gegen das Hangende allmählich zunehmenden Metamorphose kann hier nicht gesprochen werden.

Obwohl der Verfasser die komplizierte Gliederung T. Hagens (1954, 1959a), der 5 Kathmandu-Decken annimmt, nicht realisiert fand, so scheint es doch gerechtfertigt, eine untere schwächer metamorphe von einer oberen, höher metamorphen Einheit zu unterscheiden. Die untere zeigt, verglichen mit dem höheren, meist viele km mächtigen Kristallinkomplex nur geringe Mächtigkeit. Sie stellt eine Art Basalschuppe der Kristallin-Decke dar (vgl. I. B).

Die streichende Fortsetzung des besagten Karbonatgesteinsbandes gegen S ist nicht im Rimgang Khola, sondern in dem erwähnten Seitental, SE Tarakot zu suchen.

Am Weg von Tarakot zu dem SE davon gelegenen Kloster (Tara Gömba) quert man dieses Seitental, die Kalkglimmerschiefer wurden aber dabei nicht entdeckt. Zwischen Tarakot und dem Seitental durchwandert man die mit 25—40° ENE-fallenden, bereits bekannten Gesteine: plattige, bänderige Quarzite mit silbrigen Hellglimmerhäutchen auf s, Granatmuskovitschiefer, Zweiglimmerschiefer, dunkelgraue, phyllitische Schiefer. Granat, der in diesen Gesteinen häufig zu finden ist, hat meist 2—4 mm, selten 1 cm Durchmesser. Rollstücke zeigen, daß die Serie auch Amphibolit enthält.

Beim Aufstieg aus dem schluchtartigen Tal zur Ortschaft (Tara Gömba) quert man die gleichen Gesteine. Im 20- bis 30-m-Rhythmus wechseln quarzit- bzw. glimmerschieferreichere Zonen.

Im Bereich der Ortschaft ist das Gelände flach, ältere Terrassenschotter stehen an. Der Schutt, der von den höheren Hängen des Rückens kommt, zeigt bereits grobschuppige Zweiglimmergneise, die 2—6 mm große Granate, Quarzlinsen und rundliche Feldspatporphyroblasten führen. Diese Gesteine stehen in deutlichem Gegensatz zur Liegendserie. Dazwischen dürfte das deckentrennende Karbonatgesteinsband durchziehen, doch fehlen im entscheidenden Bereich Aufschlüsse.

Von der Ortschaft führt ein Weg durch die orogr. linke Flanke des Rimgang Khola gegen S. An Rollstücken und später im Anstehenden ist der Gesteinsbestand gut zu studieren:

Grobschuppige Zweiglimmerschiefer mit weinrotem Granat wechsellagern mit grobkörnigen-schuppigen Gneisen, die beide Glimmer sowie bis 2 cm große Granate führen. Bis 1 cm dicke Linsen bestehen aus Feldspat oder Feldspat-Quarzgemenge. Diese grobschuppigen flaserigen Gesteine enthalten aber auch Lagen von hellgrauem, feinkörnigem, beide Glimmer führendem, oft sehr quarzreichem Gneis.

Da das anfängliche E-Fallen (mit 30°) allmählich in SE-Fallen (mit 40°) umschwenkt, gelangt man beim Fortschreiten taleinwärts in höhere Partien des Gneiskomplexes. Die Gneise erhalten durch häufige linsige, bis 5 cm dicke, pegmatoide Quarz-Feldspataggregate sowie durch bis cm große Feldspataugen unruhigen Charakter.

U. d. M. zeigen die pegmatoiden Lagen und Linsen mehrere cm große Individuen von Albit-Oligoklasalbit (5—12% An), die nur randlich Zwillingslamellen erkennen lassen. Selbst xenomorph umwachsen sie Quarz, Glimmer, Chlorit. An feinen Einschlüssen wie Serizit sind sie aber sehr arm. Die mit dem Plagioklas verwachsenen und von ihm eingeschlossenen Körner und Blättchen sind bis mehrere cm groß.

Im Schiefer, der an diese Linsen anschließt, bildet der undulöse Quarz (0,4—4 mm) verzahnte Korngruppen. Biotit (X lichtgelb, Z kastanienbraun) und Muskovit bilden grobe Scheiter (bis 7 mm). Fast farbloser, einschlußfreier Granat zeigt Korngrößen von 0,6—2 mm. Chlorit wächst besonders am Rande gegen die Pegmatoide auf Kosten von Biotit. Er bildet feinfilzige Aggregate, aber auch Blättchen von 1,3 mm. Ein Disthenkorn zeigt 0,65 mm Größe. Nebengemengteile sind Zirkon (bis 0,15 mm), Titanit (bis 0,16 mm), Apatit (0,4 mm) und Erz (bis 0,18 mm).

Die grobschuppigen, weinroten granatführenden Zweiglimmergneise enthalten nun auch strahlige, mehrere cm lange, blaue Disthene.

Im Schliff zeigen sie polysynthetisch verzwillingten, einschlußfreien Albit-Oligoklasalbit (8—14% An) in xenomorphen Individuen von 0,6—3 mm. Der ebenfalls undulös auslöschende Quarz erreicht sogar Größen von 5 mm. Biotit (X hellgelb, Z kastanienbraun) bildet bis 3 mm Scheiter. Er überwiegt mengenmäßig gegenüber dem mit ihm häufig verwachsenen Muskovit (bis 3,9 mm). Der blasse Granat (2,5—4,6 mm) enthält manchmal Einschlüsse von Quarz und seltener von Plagioklas. Disthen bildet bis 3,3 mm lange, säulige Kristalle. Nebengemengteile sind Apatit (0,2—0,8 mm), Zirkon (bis 0,06, max. 0,3 mm) der in Biotit pleochroitische Höfe verursacht, Erz (bis 0,15 mm) recht seltener Titanit (bis 0,08 mm) und etwas Serizit (bis 0,04 mm).

Postkristalline Deformationen sind nicht zu beobachten.

Wo das Rimgang Khola im Sinne des Aufstieges aus der S- in die SE-Richtung biegt, gewinnen feinkörnige, hellgraue, z. T. aplitische Bändermigmatite an Bedeutung. Sie durchdringen konkordant die flaserigen, schuppigen Gneise, die aderige, linsige Pegmatoide führen, und sind mit ihnen verfaltet. Durch Auflösung der grobschuppigen Lagen im Bändermigmatit erweist sich dieser als jünger (Taf. 17, Abb. 25). Er führt ebenfalls Granat. Auf den s-Flächen der Flasergneise sind manchmal bis 1 cm lange Turmalinnädelchen zu beobachten.

Vom Talknick 1,5 km talaufwärts wurden noch Beobachtungen gemacht. Man begegnet einem dauernden Wechsel (meist im 5- bis 10-m-Bereich) von massigem Bändermigmatit und flaserigem Granat-Disthen-Gneis, der von linsig-lagigen Pegmatoiden und Feldspataugen erfüllt ist. Der weinrote Granat erreicht 0,5 cm Durchmesser, der grünlich-blaue Disthen 7 cm Länge. In den Pegmatoiden finden sich 1 cm große Muskovite und 3 cm große Biotitblättchen.

Ein solcher grobschuppiger Gneis zeigt u. d. M.:

Albit-Oligoklas (8—15% An) bildet xenomorphe mit Quarz verwachsene Großindividuen (bis 1 cm). Sie zeigen Zwillingslamellen meist nur randlich. Kleinere Körner zeigen schönere Verzwillingung. Der Plagioklas ist fast frei von Mikrolithen. Quarz, xenomorph und undulös, ist auch sehr grobkörnig (bis 3,2 mm). Biotit (X hellgelb, Z lichtes Kastanienbraun) bildet grobe Scheiter (bis 3,1 mm). Granat (bis 5,2 mm) enthält einzelne Einschlüsse von Quarz, Disthen, Biotit und Titanit. Disthen (bis 1,3 mm). Titanit ist relativ häufig (bis 0,78 mm), meist mit Biotit verwachsen. Apatit (bis 0,46 mm), Zirkon (bis 0,2 mm), Erz (bis 0,65 mm).

An einer Scherfläche findet sich blaßgrüner Chlorit (0,05—0,2, max. 0,4 mm) und etwas Hellglimmer (0,2 mm).

Im Zusammenhang mit Bändermigmatit fand sich eine wenige dm mächtige, stark verwitterte Graphitgneislage. Das stückig brechende Gestein zeigt gelbliche Ausblühungen.

Die gleichen Gneisserien wie im Rimgang Khola quert man im Barbung Khola am Weg zum Chandul Gömba:

Zunächst überwiegen die grobschuppigen Gneise mit den pegmatoiden Linsen und Schlieren (Taf. 17, Abb. 26). Sie führen mehrere cm große Disthene und Granate.

Etwa 2 km E von dem oben beschriebenen Karbonatgesteinsband überlagern mit 35° E-Fallen Bändermigmatite: Im cm- bis m-Bereich wechsellagern Bänder von feinkörnigem, oft nebulitischem Biotitgneis, Aplit, grobschuppigem Granat-Disthengneis mit den linsigen Pegmatoiden und weiß-grau gebändertem Quarzit. Die Auflösung der Paragesteine im nebulitisch streifigen Mischgneis ist immer wieder zu beobachten.

Diese Gesteine zeigen ausgeprägte Fluidalfaltung, die Faltenachsen tauchen gegen ESE bis SSE ab.

U. d. M. zeigen die fein- bis mittelkörnigen Mischgneise helle Lagen, die aus Gemenge von Plagioklas und Quarz bestehen (1,3—3,2 mm) und glimmerreichere Gneislagen von geringerer Korngröße. Der Plagioklas ist polysynthetisch verzwillingter Oligoklasalbit (9—16% An), der meist Korngrößen von 0,65—2,1 mm zeigt. Der mit ihm verwachsene undulöse Quarz ist meist von ähnlicher Korngröße. In diesem kristalloblastischen Gemenge liegen einzelne Glimmerblättchen (0,3—1,7 mm). Es ist Biotit (X hellgelb, Z dunkel kastanienbraun) und Muskovit. Verglichen mit den grobschuppigen Gneisen sind die Mischgneise wesentlich ärmer an Glimmer. Granat bildet einschlußfreie, runde, aber auch längliche Körner (0,33—1 mm). Etwas Chlorit (bis 0,6 mm) wächst auf Kosten von Granat oder Biotit, Apatit bildet rundliche Körner von 0,1—0,2 mm. Zirkon (bis 0,1 mm), Erz (bis 0,4 mm).

Das deutliche Parallelgefüge zeigt sich in der Orientierung der Glimmer, postkristalline Deformation ist nicht beobachtbar.

Etwa 700 m vor der Mündung des Tarap Khola in das Barbung Khola gewinnen wieder die linsig-augigen, grobschuppigen Gneise an Bedeutung.

Granat wird bis 2 cm groß, die schönen blauen Disthene werden bis 7 cm lang.

Die dickbankigen Gesteine fallen mit 25—35° gegen NE ein.

Gegenüber der Mündung des Tarap Khola quert ein vermutlich einige Meter mächtiges Band von grobkristallinem, gelblich-weißem Glimmermarmor bis Kalkglimmerschiefer. Sie führen bis 5 cm großen Granat, Hornblende (bis 2 cm) und Zoisit. Das Gestein enthält auch mehrere cm große Quarzaugen.

Die Hangendgrenze der mit 30—35° gegen ENE abtauchenden Kalkglimmerschiefer ist stark zerschert. Es überlagern Bändergneise und die linsigen Granat-Disthen-Gneise wie im Liegenden.

Diese Gneise enthalten aber zahlreiche Bänder von Marmor oder Kalkglimmerschiefer und Kalksilikatlagen. Letztere führen Granat, Hornblende, Epidot und Zoisit. Lagen von Granatamphibolit sind geringmächtig und selten. Beim Fortschreiten gegen E wird die Gneis-Marmor-Wechselfolge bald immer reicher an Marmor.

Zugleich häufen sich bis 5 m mächtige, diskordante Gänge von Pegmatit. Dieser führt mehrere cm große Turmaline, Muskovite und strahlig wachsenden Biotit. Reaktionssäume gegen Marmor sind oft reich an Hornblende, Granat und Biotit. An Kontakten zwischen Pegmatit und Gneis kann man bisweilen beobachten, daß Turmalin strahlig oder bäumchenförmig bis 6 cm in den Gneis eindringt.

Ein Marmor aus der Marmorserie zeigt u. d. M.:

Karbonat bildet ein grobkristallines Pflaster (1,2—3,2 mm). Phlogopit (X farblos, Z lichtes Rotbraun) zeigt Blättchen von 0,6—2,6 mm. Quarz tritt in rundlichen Körnern bzw. zwickelfüllend auf (0,3 bis 1 mm), er spielt mengenmäßig nur geringe Rolle. Dagegen tritt Zoisit mit anomalen Interferenzfarben und Klinozoisit im Schliffbild stark hervor (0,3—1 mm). Die fast farblose Hornblende bildet durchsiebte Individuen (bis 2,6 mm). Es handelt sich um Fe-arme aktinolithische Hornblende. Muskovit (bis 0,7 mm) ist ziemlich selten. Titanit (0,6, max. 1 mm). Turmalin bildet z. T. idiomorphe bis 0,32 mm große Kriställchen, er ist aber ziemlich selten. Vereinzelte Zirkone (bis 0,06 mm). Sehr selten finden sich bis 0,6 mm große, ziemlich basische Plagioklaskörner.

Mit dem Marmor wechsellagern meist feinkörnige Biotitgneise. Die feinlagig-streifigen Gesteine geben einen hellgrauen bis leichtvioletten Farbeindruck. Sie führen lichte, meist grobkristalline Lagen, reich an Kalksilikaten (Granat, Hornblende, Klinozoisit). Prüfung mit HCl zeigt, daß in den Gneisen auch karbonathaltige Lagen vorhanden sind.

U. d. M. zeigt solch ein lichtes Band (2 cm dick): ein Gemenge von xenomorphem undulösem Quarz (0,6—1,2 mm), lichtgrüner durchsiebter Hornblende (bis 2,6 mm), z. T. verzwillingtem, anomale Interferenzfarben zeigendem oft zonarem Klinozoisit, der körnige Aggregate (0,3—1,3, max. 2,6 mm), bildet, Granat (bis 3,2 mm), idiomorphem Titanit (bis 2 mm), etwas Muskovit (bis 0,8 mm), Plagioklas (1,4 mm) und Karbonat (0,2 mm).

Klinozoisit und Hornblende zeigen öfters myrmekitartige Verwachsung mit Quarz. Auch Granat ist von Quarz durchsiebt.

Der das oben beschriebene Band begleitende Gneis führt einschlußarmen Labrador-Bytownit (68—75% An), der xenomorphe, verzwillingte Individuen bildet (0,3—1,3 mm). Trotz des basischen Plagioklases ist Quarz reichlich vertreten (0,2—1 mm). Biotit (X hellgelb, Z rotbraun) bildet 0,3 bis 1,3 mm große Scheiter. Klinozoisit bildet meist um 0,3 mm große Körner. Titanit (bis 0,65 mm) ist hier xenomorph. Apatit (bis 0,1 mm). Zirkon (bis 0,04 mm) ist sehr selten.

Das Parallelgefüge ist sehr ausgeprägt. Postkristalline Deformation fehlt.

Ein anderer dieser in mm- bis cm-Bereich feingebänderten Gneise zeigt u. d. M.:

Das parallelstruierte Gestein enthält lagenweise unterschiedlich viel Glimmer. Die glimmerreicheren Lagen sind feinkörniger. Plagioklas, Quarz und Karbonat treten pflasterbildend auf. Andesin (37—40% An) bildet xenomorphe, die anderen Gemengteile umwachsende Individuen (0,3—2 mm). Quarz, meist nur schwach undulös, tritt in rundlichen Körnern auf (0,2—0,5, selten 0,7 mm), Karbonat (0,3—2 mm) ist stets xenomorph, Biotit (X hellgelb, Z hellbraun) zeigt Scheiter zwischen 0,6 und 3 mm. Klinozoisit—Epidot bildet xenomorphe Körner (0,2—0,85 mm). Titanit (0,1—0,32 mm), Turmalin (0,2—0,7 mm), sehr wenig Hellglimmer (bis 0,2 mm) und etwas Erz (bis 0,14 mm).

Die Gesteine fallen mit 25—45° gegen NE bis ENE ein. Die Verformungsachsen tauchen flach gegen ESE ab.

Am Weg, der das Barbung Khola aufwärts führt, quert man immer wieder Zonen reicher an Marmor bzw. Kalkglimmerschiefer und solche reicher an Gneis.

Etwa 4 km ESE von der Mündung des Tarap Khola, wo ein Seitengraben von S kommt, hat ein Bergsturz eine Engstelle geschaffen. Der Weg verläßt den Talgrund und weicht in die orogr. linke Talflanke aus. Nach Überwindung der Engstelle verläuft der Weg auf den mit Nadelwald bestandenen Terrassen, die von dem durch den Bergsturz verursachten Stausee herrühren.

Auf die Marmore und Kalkglimmerschiefer vor der Engstelle folgen in derselben karbonatführende Gneise (120—150 m) und danach eine mächtige Kalkglimmerschieferserie (E-Fallen mit 25—30°). Es macht sich eine deutliche Abnahme der Metamorphose bemerkbar. Die Kalkglimmerschiefer sind nicht mehr so grobkristallin wie die Marmore, Kalksilikatbänder werden allmählich seltener und auch die eingelagerten, dünnschichtigen grauen bis leicht violetten Gneise sind feinerkristallin. Auf den s-Flächen der plattigen Gneise zeigen sich häufig ovale bis kreisrunde, mehrere cm große, lichte Flecken, die gröberen Glimmer führen.

Ein solcher streifiger Gneis zeigt u. d. M. lagenweise verschiedene Körnigkeit.

Die feinkörnigen Bänder bestehen aus einem xenomorphen Quarz-Plagioklaspflaster (0,13 bis 0,6 mm). Der Plagioklas ist Andesin (34—39% An). Biotit (X gelb, Z kastanienbraun) bildet Blättchen von 0,3—1,3 mm. Der reichlich vorhandene Epidot-Klinozoisit zeigt Körner von 0,1—0,5 mm. Nebengemengteile sind Titanit (bis 0,3 mm), idiomorpher Turmalin (bis 0,7 mm), etwas Karbonat (0,2 mm) und Erz (0,26 mm).

Die grobkörnigen Lagen enthalten viel Karbonat (bis 1,3 mm), Quarz (0,3—1,3 mm) und Andesin (bis 1 mm). Diese xenomorphen, körnigen Minerale sind verwachsen mit Biotit (1,2—2,6 mm), der myrmekitische Verwachsungen mit Quarz zeigt, Epidot-Klinozoisit (bis 0,65 mm), auch dieser zeigt bisweilen solche Myrmekite, etwas Hornblende (X gelbgrün, Z bläulichgrün, 0,6—2,6 mm) und Turmalin (bis 1 mm). Titanit (bis 0,5 mm). Das feinschichtig-lagige, schiefrige Gesteine zeigt keine Spuren von postkristalliner Deformation.

Die Kalkglimmerschiefer, mittel- bis feinkörnig, sind lagig bis feinschichtig grau. Sie führen Knauern und Linsen von Quarz oder Calcit. Angewittert zeigen sie gelbe und bräunliche, sandige Oberfläche.

Die Turmalinpegmatite bilden noch mehrere Meter mächtige Gänge, die vorwiegend N—S streichen und mittelsteil bis steil gegen E einfallen. Die Häufigkeit dieser Gänge wird aber in den Kalkglimmerschiefern geringer. Bei der Brücke über den klammartig eingeschnittenen Fluß, wo der Weg auf das N-Ufer wechselt, hören die Pegmatitgänge schließlich ganz auf.

Knapp vor der Brücke werden die Kalkglimmerschiefer zunehmend sandig. Die dünnplattigen (5—15 cm) Gesteine sind grau-gelblich-rötlich gebändert. Die quarzreichen Lagen brechen scharfkantig, während die Verwitterung die karbonatreichen Bänder durch rundliche Formen kenntlich macht.

Eine epimetamorphe karbonatführende Sandsteinbank zeigt u. d. M.: Ein Pflaster von mengenmäßig vorherrschendem Quarz (0,12—0,4 mm), Karbonat (bis 0,78 mm), seltenerem Oligoklas (18—23% An, bis 0,4 mm) und Mikroklin. Biotit bildet schlecht begrenzte Blättchen 0,2—0,7 mm. Der Pleochroismus ist X gelblich, Z grünlichbraun. Muskovit bildet einzelne ebenfalls schlecht begrenzte Individuen (bis 1 mm). Unter den Nebengemengteilen überwiegen Titanit (bis 0,18 mm) und Zirkon (bis 0,1 mm). Apatit (bis 0,16 mm), Turmalin (bis 0,1 mm), Erz (bis 0,3 mm). Sehr selten ist Chlorit (0,08 mm) und Epidot (0,1 mm). Im Schliff ist das Parallelgefüge höchst undeutlich.

Nach dem Überschreiten der Brücke bewegt man sich durch Bergsturzblockwerk von Kalkglimmerschiefer mit einzelnen mittelkörnigen Marmorlagen. Bald stehen Kalkglimmerschiefer auch an, so daß die oben beschriebene quarzreiche Zone als sandige Einschaltung zu betrachten ist. Die Kalkglimmerschiefer sind hellgrau, feinkristalliner als bisher, sie führen winzige Biotitschüppchen. Nicht selten finden sich dm-große Quarz-Muskovit-Knauern und pegmatoide Linsen, die Muskovit und feine Turmalinnadeln enthalten.

Die Metamorphose der Gesteine nimmt gegen das Hangende allmählich ab. Die s-Flächen der Kalkglimmerschiefer zeigen häufig silbrig-metallisch-grau schimmernde, phyllitische Häutchen. Quarzschlieren mit Bergkristall sind oft zu beobachten. Auch die Kristallinität der Gesteine nimmt ab.

Im Gebiet von Kakkot macht das Barbung Khola einen Bogen gegen N. Am W-Ende dieses Talbogens werden die mit 25—30° NE- bis ENE-fallenden Gesteine dünnplattig. Sie zeigen durch im cm- bis dm-Bereich wechselnden Quarzgehalt und verschiedene Kristallinität grau-gelblich-rötlich-schwach violette Bänderung. Nur z. T. kann man noch von Kalkglimmerschiefer sprechen, meist handelt es sich um feinkristalline, sandige Karbonatschiefer. Der Glimmer dieser Gesteine ist meist Serizit. Biotit tritt lagenweise in Form von winzigen Porphyroblasten auf.

U. d. M.: zeigt solch ein sandiger Kalkschiefer ein Pflaster von Quarz (0,1—0,2 mm) und Karbonat (0,1—0,4, max. 0,5 mm) zu ungefähr gleichen Teilen. Biotit (X fast farblos, Z lichtes Gelbbraun) bildet s-parallele Blättchen (0,08—0,4 mm). Der weniger häufige Muskovit erreicht max. 0,36 mm Länge. Nebengemengteile sind Turmalin, der idiomorphe Kriställchen bildet (bis 0,08 mm), Zirkon (bis 0,06 mm), Titanit (bis 0,1 mm) und sehr selten Epidot (0,12 mm).

Knapp W von dem Sommerdorf Kakkot konnten im kremfarbenen, feinkristallinen Kalkschiefer aufgearbeitete violette, tonreiche Lagen in Form von Tonscherbenbrekzien beobachtet werden.

Beim Sommerdorf, am E-Ende des Talbogens sowie im unteren Kaya Khola (südliches Nebental, das aus dem Dhaula Himal kommt) stehen ausschließlich mehr oder weniger sandige, schwach kristalline Karbonatgesteine mit serizitphyllitischen Kalkschiefern an. Die Schiefer zeigen lagenweise Tüpfel, die von kleinen (bis 1 mm großen) Biotitporphyroblasten herrühren. Die bankige bis dünnplattige Serie zeigt im Gelände gelbe und braune Farbtöne.

Im Barbung Khola fallen diese Gesteine mit 25—40° gegen ENE bis E ein, während im Kaya Khola das Fallen gegen SE und S umschwenkt (mit 20—30°). Die tektonischen Achsen tauchen flach gegen ESE ab.

Wandert man das Barbung Khola weiter flußaufwärts, so quert man eine etwa 600 m mächtige unreine Kalkfolge, die zwar noch schwach metamorph ist, aber bereits als zur Tibet-Zone gehörig zu betrachten ist (Dhaulagiri-Kalk). Diese Karbonatgesteinsserie, die die basalen Teile des paläo-mesozoischen Sedimentstapels dieser Zone aufbaut, ist in anderen Profilen einige tausend Meter mächtig. Der Fossilgehalt der Serie spricht für ordovizisches Alter, doch ist die Liegendgrenze altersmäßig nicht fixiert, so daß die Serie auch Kambrium enthalten kann.

Von großer Bedeutung ist die Tatsache, daß es anscheinend unmöglich ist, eine einigermaßen scharfe Grenze zwischen dem Kristallin im Liegenden und der Basis der Tibet-Zone zu ziehen: Allmählich nimmt die Metamorphose der hochkristallinen Marmore (E Chandul Gömba) gegen das Hangende ab — es geht die mächtige Kalkglimmerschieferfolge daraus hervor. Diese beiden, zusammen wohl 2000—4000 m mächtigen Gesteinsfolgen bauen die schönen schroffen Berge auf, die das enge Barbung Khola zwischen Chandul Gömba und Kakkot begleiten. Bei stetig abnehmender Metamorphose geht daraus im Bereich von Kakkot eine schwach metamorphe Übergangsserie zur basalen Kalkfolge der Tibet-Zone hervor. A. HEIM u. A. GANSSER 1939 und A. GANSSER 1964 beschreiben ähnliches Ausklingen der Metamorphose in den Basisschichten der Tibet-Zone Kumaons.

Es erhebt sich damit die Frage, ob nicht der sonst mehrere tausend Meter mächtige Dhaulagiri-Kalk im Bereiche Barbung Khola—Tarap Khola metamorph geworden ist und in Form der mächtigen Marmor-Kalkglimmerschiefer-Entwicklung vorliegt. In den Profilen, die der Verfasser in Nepal kennenlernen konnte, ließ sich nirgends eine scharfe Grenze zwischen dem Dhaulagiri-Kalk und der kristallinen Unterlagerung ziehen. Wo die metamorphen Karbonatgesteine im Hangendteil des Kristallins in großer Mächtigkeit entwickelt sind, zeigt die basale Kalkfolge der Tibet-Zone ausnehmend geringe Mächtigkeit, während bei deren normaler Entwicklung die metamorphen Kalkgesteine nur geringe Mächtigkeit besitzen.

Diese Beobachtungen sprechen dafür, daß die letzte metamorphe Prägung des Kristallins postordovizisch erfolgt sein muß, da die fossilbelegten ordovizischen Kalke bis in verschieden hohe Niveaus metamorph geworden und so Teile derselben dem Kristallinkomplex einverleibt worden sind. Ob diese Metamorphose in kaledonischer, variszischer oder alpidischer Zeit erfolgt ist, wird in einem späteren Kapitel diskutiert.

Im Abschnitt über die Tibet-Zone soll die Beschreibung des Barbung Khola fortgesetzt werden.

e) Das untere Tarap Khola (siehe Taf. 7, 8)

Ähnliche Verhältnisse wie im Barbung Khola E vom Chandul Gömba finden wir in dem bei diesem Kloster von N einmündenden Tarap Khola.

Marschiert man dieses Tal aufwärts, so quert man zunächst Bändermigmatite und grobkörnige Granat-Disthengneise mit pegmatoiden Linsen. Die Gneise führen einzelne 1—10 cm, selten 25 cm dicke Hornblende-Epidotschnüre.

Bald, etwa 1 km N vom Kloster schalten sich Bänder von grobspätigem, weißem bis gelblichem Marmor ein. Dieser führt Blättchen von rötlichem Phlogopit und Kalksilikatlagen. Es entwickelt sich so eine etwa 800 m mächtige Wechselfolge von meist feinkörnigem, manchmal granatführendem Biotitgneis, der durch kalksilikatreiche Lagen häufig graugrün gestreift wirkt, und ebenfalls bänderigem Marmor. Die grobschuppigen Zweiglimmergneise finden sich in dieser Folge nur sehr selten.

Gänge von Turmalinpegmatit und leukokratem, fein- bis mittelkörnigem, etwas aplitischem Zweiglimmergranit durchschlagen die Gneis-Marmor-Folge. Die Mächtigkeiten der Gänge bleiben aber hinter denen der Gänge der entsprechenden Zone im Barbung Khola zurück.

Die Gesteine fallen im Bereich des Chandul Gömba mit 35—50° gegen ENE ein, in den Marmoren und Gneisen schwenkt das Einfallen auf NE (Fallwinkel 25—60°).

Etwa 2 km N vom Kloster weicht der Weg aus dem Talgrund in die orogr. rechte Flanke des jetzt NE—SW verlaufenden Tales aus. An dieser Stelle quert man einen an die 500 m mächtigen Zug von dickbankigem, grobkristallinem Marmor. Das kalksilikatführende Gestein wird von schmalen, konkordanten Pegmatitgängen durchschlagen.

Ungefähr 200 m über dem Fluß, der jetzt in einer engen Schlucht fließt, verläuft nun der Weg in nordöstlicher Richtung. Der Weg mußte zunächst die 200 Höhenmeter in steilem Anstieg überwinden, wo er flach wird und in gleicher Höhe bleibt, erfolgt der Übergang von den genannten Marmoren zu plattigen Kalksilikate führenden Glimmermarmoren und Kalkglimmerschiefern. Diese enthalten auch einige Karbonatgneislagen. Die etwa 400 m mächtige Serie wird von einer etwa 700 m mächtigen Wechselfolge von Kalkglimmerschiefer und Gneis überlagert.

Die feinkörnigen, dünnschichtigen Biotitgneise erscheinen hell-dunkelgrau gebändert. Sie enthalten lagenweise Karbonat bzw. Kalksilikate. Auf den s-Flächen sind häufig ovale, gröber kristalline, mehrere cm große Flecken zu beobachten, die muskovitreich sind.

Bald nach der Stelle, wo das Tal aus der NE- in die NNE-Richtung biegt (im Sinne des Anstieges), muß der Weg einen von W kommenden Graben queren. Hier setzen die Gneiseinschaltungen fast gänzlich aus und man bewegt sich in einer etwa 800 m mächtigen Kalkglimmerschiefer-Folge. Die grauen Gesteine sind dünnplattig bänderig und zeigen angewittert gelblich-bräunliche, sandige Oberfläche.

In den Kalkglimmerschiefern finden sich zwar noch einige schmale (bis 0,5 m) Pegmatitgänge, doch hat deren Häufigkeit bereits merklich abgenommen.

Etwa 1,2 km N vom Talknick überlagern 100—130 m plattige, gebänderte, graue Quarzite bis Sandsteine. Die feinkörnigen, etwas biotitführenden Gesteine enthalten lagenweise Karbonat. Sie zeigen ebene s-Flächen und brechen scharfkantig.

Es herrscht regionales NE-Fallen mit 40—50°.

Die quarzitische Einschaltung wird von Kalkglimmerschiefern überlagert. Diese sind plattig-bankig und mittelkörnig. Ein gewisser Biotitgehalt verleiht ihnen leicht violette Färbung. Auf den s-Flächen sind phyllitische Hellglimmerhäutchen zu beobachten. Lagen oder Augen von Quarz erreichen 15 cm Dicke.

Gegen das Hangende werden die Gesteine feinkörniger, im cm-Bereich plattig und die phyllitischen Beläge auf s werden augenfälliger. Die feingeschichteten Karbonatgesteine zeigen im Querbruch violett-grau-gelbe Bänderung. Sie enthalten auch sandige Lagen.

Man befindet sich daher etwa ab dem Bereich, wo das Tal aus der NNE- in die N- bis NNW-Richtung biegt, in der gleichen Übergangsserie wie im Gebiet von Kakkot.

Hellgelbliche, rötliche, bräunliche und violette, dünnschichtige Kalkschiefer mit silbrig schimmernden s-Flächen und feinkristalline, alabasterartige Kalkbänke vermitteln zwischen den Kalkglimmerschiefern und der basalen Kalkfolge der Tibet-Zone (Dhaulagiri-Kalk). Transversalschieferung und von kleinen Biotitporphyroblasten herrührende Tüpfelung sind zu beobachten.

In hellgelblichen, bräunlichen und grauen, feinkristallinen Karbonatgesteinen, die eigenartig mehlig-sandig verwittern, finden sich die ersten Crinoiden-Stielglieder und Lumachellenlagen, womit der hier etwa 600 m mächtige Dhaulagiri-Kalk der Tibet-Zone erreicht ist.

Wie schon im Barbung Khola beobachtet, so klingt auch hier die Metamorphose des Kristallinkomplexes in den basalen Teilen der Sedimentfüllung des Tibetischen Randsynklinoriums (T. HAGEN) aus.

Ein Schliff aus einer der oben erwähnten Lumachellen zeigt u. d. M.: In einem feinkörnigen Karbonat-Quarzgemenge (0,06—0,3 mm) liegen Crinoiden-Stielglieder (1—2,6 mm), die den Zentralkanal noch gut erkennen lassen, und bis 1 cm lange Schalenquerschnitte, die zu einem gröberkörnigen (0,3—0,65 mm) Calcitgemenge umkristallisiert sind. Außerdem durchziehen das Gestein Lagen von umkristallisiertem Karbonat (0,6—1,3 mm), das auch Quarz (0,15—2 mm) enthält.
Die feinkörnige Karbonat-Quarzgrundmasse enthält auch Körner von Mikroklin und Albit (bis 0,25 mm). Muskovit bildet feinen Flitter, aber auch Blättchen von 0,2 mm. Kleine Kriställchen von idiomorphem, zonarem Turmalin (bis 0,08 mm) sowie Körner von Titanit (bis 0,1 mm) und Zirkon (0,04 mm) sind über den ganzen Schliff verteilt. Dagegen finden sich in einer bestimmten Lage zahlreiche Biotitblättchen (bis 0,4 mm, mit Pleochroismus X blaßgelblich, Z helles Rotbraun) sowie reichlich Erz, das Flecken bis 0,6 mm bildet. Vereinzelt wurde hier auch Chlorit in Strähnen bis 0,6 mm Länge beobachtet: Das Gestein zeigt ausgeprägtes Parallelgefüge.

Vergleicht man den Schliff dieser Probe [50]*), die zwar schlecht bestimmbare altpaläozoische, vermutlich ordovizische Brachiopoden geliefert hat, mit den Schliffen aus dem oberen Teil der kristallinen Serie des Barbung Khola, so unterstreicht dies die feldgeologisch gefundene Tatsache, daß es unmöglich ist, zwischen der Sedimentfolge der Tibet-Zone und der Kristallinbasis eine klare Grenze zu ziehen.

---

*) [ ] Probenummer

Es herrscht in dem eben beschriebenen Übergangsbereich im Tarap Khola NE-Fallen mit 40—55°. Die Fortsetzung dieses Profiles wird in dem die Tibet-Zone behandelnden Abschnitt beschrieben werden.

Im Dhaula Himal wurde im Zungenbereich des Mayangdi-Gletschers, des längsten Gletschers dieser Gebirgsgruppe, ebenfalls das Ausklingen der Metamorphose in den Basisschichten des Tibetischen Randsynklinoriums beobachtet. Da aber nur die hangendsten Bereiche des Kristallins berührt wurden, wird dieses im Zusammenhang mit den angrenzenden Teilen der Tibet-Zone beschrieben.

f) Tukucha — Dana — Beni — Kusma (siehe Taf. 2, 3)

Es sei nun das vollständige, von der Tibet-Zone bis an den Rand der Gangesebene reichende Querprofil behandelt, das beim Rückmarsch entlang des Kali Gandaki aufgenommen wurde. Man bewegt sich hier auf einer viel begangenen Haupthandelsroute, die auch von Geologen bereits öfters benutzt wurde (T. HAGEN, P. BORDET, Geologen der Niederländischen Himalaya-Expedition 1962).

Im Sinne des Rückmarsches wird das Profil von N gegen S beschrieben.

Bereits 2 km NE von Tukucha bei der Ortschaft Chimgaon zeigen die dickbankigen, flaserigen Kalke, die die tiefen Teile der Tibet-Zone aufbauen (Dhaulagiri-Kalk), deutliche Anzeichen von Metamorphose. Die grün-grau gebänderten Gesteine sind lagenweise feinkristallin und zeigen Sprossung von Biotit (bis 1,5 mm) und Hornblende (bis 5 mm) sowie auf s serizitische Häutchen. Wir gelangen hier in den Übergangsbereich zwischen Tibet-Zone und Kristallin.

U. d. M. zeigt eine feinkörnige, fast nicht metamorphe Lage [167b] ein Pflaster von Karbonat und Quarz (0,06—0,14 mm), das auch einzelne Körner von Mikroklin und Albit enthält. Muskovit bildet vereinzelte Schüppchen (0,05—0,16 mm). Titanit (0,02—0,08 mm), Zirkon (0,02—0,08 mm) und Erz (bis 0,1 mm). Seltene, bis 2 mm große Kalkspatstückchen dürften von Crinoiden-Stielgliedern herrühren.

Ein Schliff aus einer angrenzenden, etwas stärker metamorphen Bank [167c] zeigt ein feinkristallines, stark geschiefertes Karbonatgestein mit lagenweise verschieden hohem Glimmer- und Quarzgehalt. Die Körnigkeit des Karbonat-Quarzgemenges beträgt 0,03—0,1 mm. Hellglimmer ist reichlich vertreten, teils bildet er feinen Flitter (0,02 mm), teils s parallele Blättchen (bis 0,24 mm). Einzelne xenomorphe Mikroklin- und Albitkörner. Nebengemengteile sind Turmalin, der zahlreiche Kriställchen von 0,04—0,12 mm bildet, Titanit (0,02—0,12 mm), Epidot (bis 0,1 mm), Zirkon (bis 0,1 mm) und Erz.

Ankerit tritt in zahlreichen bis 1 mm großen Porphyroblasten auf. Die unscharf begrenzten Rhomboeder sind durch Einschlüsse der anderen Gemengteile durchsiebt.

Ein vom gleichen Fundort stammendes, noch stärker metamorphes Gestein [167a] zeigt u. d. M. stark lagig-schiefrige Struktur: Karbonatbänder mit einer Körnigkeit von 0,2—0,5 mm wechseln mit feinkörnigeren quarz- und glimmerreichen Lagen und Zeilen (0,02—0,1 mm). Neben einem runden, wohl erhaltenen Crinoiden-Stielglied von 7 mm Dm. sprossen 0,6—1,3 mm große Querbiotite, die unscharf begrenzt sind (Pleochroismus X hellgelb, Z helles Kastanienbraun). Umwandlung von Biotit in Pennin (bis 0,3 mm) ist stellenweise beobachtbar. Klinozoisit bildet zahlreiche Körner und Säulchen (bis 0,7 mm). Der sehr reichlich vorhandene Hellglimmer bildet meist feinen Flitter (bis 0,1 mm). Turmalin zeigt idiomorphe Kriställchen (0,2—0,12 mm). Erz (bis 0,1 mm), Titanit (bis 0,06 mm) ist recht selten.

Wir finden somit auch hier in der altpaläozoischen Kalkfolge, die Muschel- und Brachiopodenlumachellen, Crinoiden und Orthoceren geliefert hat, einen Übergangsbereich zum unterlagernden Kristallin, der neben Fossilresten deutliche Metamorphose unter Bedingungen der Grünschieferfazies zeigt.

Im Bereich Marpha-Tukucha sind die Gesteine trotz örtlich recht intensiver Verfaltung meist flach gelagert. Die Einfallsrichtung schwankt zwischen N—NE und S—WSW. SW von Tukucha tauchen die Gesteine allgemein flach mit etwa 20° gegen NE ab. Blickt man aus der Gegend von Larjung gegen W, gegen die E-Flanke des Stockes des Dhaulagiri I, so kann man beobachten, wie die gut gebankten Kalke im N mit etwa 30—40° gegen S einfallen, gegen S zu aber mit 20° flach ausheben. Dies hängt mit N-vergenten Rückfaltungen zusammen, die im Bereich der Annapurna- und Dhaulagirigruppe zu beobachten sind (siehe Taf. 3 [13]). T. HAGEN hat als erster darauf aufmerksam gemacht (1954, 1959).

Das gesamte Gebiet zwischen Tukucha und dem Knie des Kali Gandaki dürfte trotz schlechter Aufschlußverhältnisse SW von Larjung, aus den halbmetamorphen Karbonatgesteinen aufgebaut werden. Es sind meist bankige, kristalline, oft gebänderte Kalke von blauer, grauer oder grünlicher Farbe, die mit serizitreichen, silbrig glänzenden, phyllitischen Kalkschiefern wechsellagern. Diese Schiefer zeigen sehr häufig Biotitsprossung. Die durch ihre feine Kristallinität mehlig verwitternden Gesteine geben einen gelblich-bräunlichen Farbeindruck.

Wo der Kali Gandaki aus der SW- in die S-Richtung biegt, erfolgt der Übergang in plattige, mittel- bis grobkörnige Kalkglimmerschiefer, die Biotit und Muskovit führen: Häufig kann man bis dm-große Quarzlinsen mit großen Muskovitblättchen beobachten. Im Kalkglimmerschiefer finden sich die ersten Turmalinpegmatite.

Man befindet sich hier im Kristallin der Kathmandu-Decken, ohne daß es möglich gewesen wäre, eine scharfe Grenze zwischen Tibet-Zone und Kristallinbasis zu ziehen.

Die Geologen der Niederländ. Expedition 1962 (C. G. EGELER et al 1964) fassen diese Kalkglimmerschiefer mit den überlagernden, schwach metamorphen Karbonatgesteinen in ihrer „Larjung-Formation" zusammen. Sie denken diese mit den unterlagernden präkambrischen Gneisen verbunden und vermuten eine Diskordanz zwischen der „Larjung formation" und ihrer „Nilgiri Carbonate group". Letztere entspricht unserem Dhaulagiri-Kalk.

Im Gegensatz dazu vertritt der Verfasser die Ansicht, daß durch eine postordovizische Metamorphose die altpaläozoische Kalkfolge an einen vermutlich präkambrischen Kristallinsockel angeschweißt wurde. Die Metamorphose erfaßte verschieden große Anteile der mächtigen Kalkfolge und klingt in ihr aus.

Die etwa 800 m mächtigen Kalkglimmerschiefer fallen im N mit 20°, im S mit 40° gegen ENE ein.

Wo das Tal in die SE-Richtung schwenkt, gelangt man in helle Orthogneise, die mit 40—50° NE- bis ENE-Fallen unter die Kalkglimmerschiefer abtauchen. Es sind dickbankige, massige Felsen bildende Zweiglimmergranitgneise. Sie führen nicht selten Turmalin und Granat. Nur lokal zeigen die recht einheitlichen Gesteine durch nebulitische Strukturen streifig-unruhigen Charakter.

Gegenüber Dhumpu (bei der Brücke) führen die Gneise vereinzelte Augen von Kalifeldspat.

Die holländischen Geologen haben für die hellen Granitgneise den Namen Dhumpu-Gneis vorgeschlagen.

Im Bereich von Lete fehlen Aufschlüsse, doch zeigt der Bachschutt, daß auch hier noch die Orthogneise anstehen. Turmalinpegmatite dürften in den Gneisen nicht selten sein.

Erst nach Überquerung des großen Baches S der Ortschaft Lete stehen plattige bänderige Kalksilikate führende Kalkglimmerschiefer und grünliche Kalksilikatgneise an. 2—5 cm dicke, helle, pegmatoide Bänder führen groben Zoisit und Hornblende sowie ab und zu Turmalin. Es finden sich auch graue, plattige Karbonatgneise, die auf s ovale, mehrere cm-große, lichte, gröberkristalline Flecken zeigen. Es handelt sich um dieselbe Gesteinsserie wie im Barbung Khola, E vom Chandul Gömba.

Die Gesteine, die bis in das Gebiet N Ghasa anstehen, fallen mit 35—45° gegen NNE ein.

Im Ortsbereich von Ghasa stehen durchwegs Gneise an. Es sind feinkörnige, graugrüne, im mm- bis cm-Bereich gebänderte Zweiglimmergneise, die helle, pegmatoide Bänder mit Biotit und Hornblende enthalten. Granat ist ziemlich selten. Die Gesteine fallen mit 40° gegen NNE ein.

Am südlichen Ortsende der ziemlich langgezogenen Ortschaft Ghasa setzen grobspätige, gebänderte Kalkglimmerschiefer ein. Sie enthalten Lagen reich an Kalksilikaten (Zoisit, Granat, Hornblende und auch Biotit).

Bei dem ersten, rechten Seitengraben beginnt eine Wechselfolge von Gneis und Marmor. Es sind schuppige Zweiglimmergneise, die Granat (3—4 mm) und Disthen (mehrere cm lang) führen. Sie enthalten gefaltete, pegmatoide, Muskovit und Turmalin führende Schlieren. Die Marmore sind grobspätig und von weißer Farbe. Die Mächtigkeit der einzelnen Marmorbänder schwankt zwischen 1 dm und 20 m, die Wechselfolge ist etwa 200 m mächtig. Die z. T. isoklinal verfalteten Gesteine tauchen mit 30—50° gegen NNE ab.

S von Lete wurde das Tal des Kali Gandaki bereits sehr eng und tief eingeschnitten, S von Ghasa entwickelt es sich zur Schlucht. Der Fluß durchbricht hier von N kommend den Hauptkamm des Himalaya. Der Weg muß hoch in die orographisch rechte Flanke der Schlucht ausweichen. Dieser engste Teil der Schlucht besteht aus schuppigem Zweiglimmergneis, der Granat und etwas Disthen führt. Nur sehr untergeordnet wurden auch aplitgebänderte Mischgneise beobachtet.

Am S-Ende der gewaltigen Durchbruchsschlucht schalten sich in den hier feinkörnigeren Gneis wieder geringmächtige Bänder von Marmor bis Kalkglimmerschiefer bzw. Granatamphibolit ein.

An den Talflanken ist nun wieder Platz für kleinere Ortschaften mit Terrassenfeldern. Zwischen Kabre und Dana sind die Aufschlußverhältnisse schlechter, vor allem wegen des üppigen, subtropischen Bewuchses. Grobschuppige Zweiglimmergneise mit Granat und Disthen sowie fein- bis mittelkörnige Bändermigmatite und Lagengneise bauen das Gebiet auf. Linsige Feldspat-Quarz-Aggregate sowie Feldspatungserscheinungen sind in der erstgenannten Gneisgruppe zu beobachten. Wie im Gebiet E von Tarakot, so ist auch hier die Auflösung der grobschuppigen Gneise in den Bändergneisen zu beobachten.

Die Gneise fallen mit 30—45° gegen NNE ein.

Im Bereich des bedeutenderen Ortes Dana quert man eine markante tektonische Grenze: Der hochmetamorphe Gneiskomplex wird hier von phyllitischen Glimmerschiefern unterlagert. Es handelt sich um den gleichen Sprung in der Metamorphose, wie er im Bereich E von Tarakot zu beobachten war.

Das Gebiet S von Dana und N von Tatopani baut sich auf aus silbrig-grauen, z. T. dunkel pigmentierten, phyllitischen Glimmerschiefern. Die Gesteine sind flatschig-schiefrig, seltener bei höherem Quarzgehalt plattig. Linsen von Quarz sind verbreitet. Auf den häufig gerunzelten s-Flächen ist neben Hellglimmer auch etwas Biotit zu beobachten.

Helle, plattige, gneisige Partien treten nur sehr untergeordnet in den Glimmerschiefern auf.

Die Schiefer enthalten öfters nicht sehr mächtige Lagen von weißem, gelblichem bis graublauem, feinkristallinem, z. T. dolomitischem Kalk und gelblichem Quarzit.

Die s-Flächen dieser plattigen Gesteine zeigen silbrige Hellglimmerhäute.

Gegen Tatopani enthalten die hier sehr quarzarmen Glimmerschiefer öfters bis 0,5 cm große Granate, die aber meist in Chlorit umgewandelt sind. Die Gesteine fallen mit 50—55° gegen NE ein.

N von Tatopani quert man einen 30—40 m mächtigen Zug von plattigem, z. T. schiefrigem, hellem, bläulichem, feinkristallinem Kalk (siehe Abb. 27). Auf s erkennt man neben Hellglimmer auch Biotit.

Darunter folgen wieder graue bis grünliche, phyllitische Glimmerschiefer mit Quarzknauern. Im Ortsbereich enthalten sie einige geringmächtige Bänder von sehr reinem, weiß-grün gebändertem, plattig-bankigem Quarzit.

Ebenfalls noch im Ortsbereich steht ein wohl nicht sehr mächtiger Chlorit und Biotit führender, feinkörniger Amphibolit an.

Der Name Tatopani (tato = heiß, pani = Wasser) deutet bereits auf die heiße Schwefelquelle hin, die im rezenten Flußschotter austritt (Abb. 27).

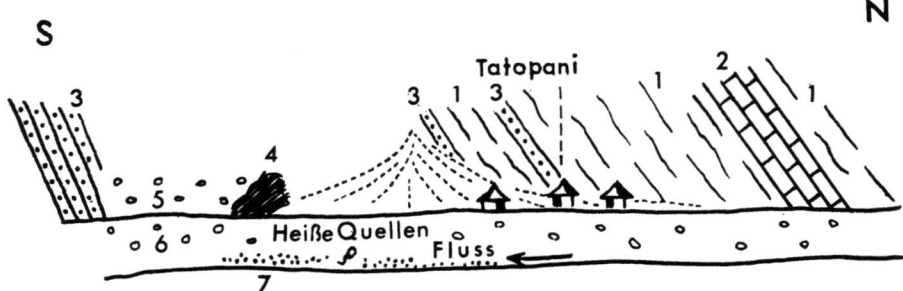

Abb. 27: Profil im Ortsbereich von Tatopani.
Section observed in the village of Tatopani (Nepal).
1 Phyllitische Glimmerschiefer — phyllitic micaschists
2 feinkristalliner Kalk — finegrained marble
3 Quarzit — quartzite
4 Amphibolit — amphibolite
5 Nagelfluh — nagelfluh (fluviatile conglomerate)
6 Flußterrasse — gravel terrace
7 Rezenter Flußschotter, in dem die heißen Schwefelquellen austreten — Recent gravel with hot sulphurous springs

Im Liegenden des Amphibolitbandes folgt 300—400 m mächtiger Quarzit, der bis zur Brücke S Tatopani reicht. Es ist plattiger, sehr reiner, feinkörniger, stets lichter Quarzit, dessen Farben weiß, gelblich, grau, apfelgrün lagenweise wechseln, wodurch das Gestein oft gestreift erscheint. Auf s finden sich feine, serizitische Häutchen. Vereinzelt enthält der Quarzit maximal 10 cm mächtige Zwischenlagen von grünlichem Serizitquarzitschiefer. Eine 0,5 m mächtige Bank von grünem Chloritschiefer wurde beobachtet.

Im Quarzit, der mit 45° gegen NE abtaucht, sind Querachsen B 30/40 zu beobachten.

Der Quarzit erinnert lithologisch sehr an den Quarzit aus der Paßregion des Jangla Bhanjyang. Nur fehlen hier die Karbonatgesteine in seinem Liegenden, an deren Stelle bei der Brücke feinkörniger Chlorit-Biotitamphibolit einsetzt. Nach Überquerung des Kali Gandaki und des an der orographisch linken Seite einmündenden Nebenflusses wirkt das Gestein massiger, gabbroid. Hornblende ist in dem mittelkörnigen Gestein vorherrschender dunkler Gemengteil. Das Gestein zerfällt zu grobem Blockwerk. Wie in den Hangend-, so ist der etwa 300 m mächtige Amphibolit auch in den Liegendpartien stärker verschiefert.

Es unterlagern 25—30 m Quarzit, dann 40—50 m serizitisch-quarzitische Schiefer. Nach wenigen Metern Serizit-Chloritschiefer und Chloritschiefer setzt erneut feinkörniger, blockig zerfallender Amphibolit ein (30—40 m).

Wieder unterlagert sehr reiner, weißer bis apfelgrüner Quarzit. Er ist plattig-bankig und leitet über zu einer Wechselfolge von Quarzit, der z. T. Quarzgerölle bis 1 cm Dm. führt, und serizitischen Schiefern, die im Querbruch mehrere mm große, blaue Quarzkörner erkennen lassen. Diese Quarze werden vom feinen Schiefer linsig umschlossen.

S von Tatopani begegnet man somit einer Gesteinsvergesellschaftung, wie sie für die Chail-Serie typisch ist, und die wir bereits aus dem Raume von Ranmagaon-Mayang kennen.

Die sehr interessante Zone, die man im Bereich Dana-Tatopani quert, wurde bisher recht verschieden gedeutet: Soweit es sich seinen tektonischen Übersichtskarten entnehmen läßt, zog T. Hagen (1954, 1959a) die N-Grenze der „Nawakot-Decken" unmittelbar nördlich von Tatopani. Die phyllitischen Glimmerschiefer werden anscheinend zur Kathmandu-Decke I gerechnet. Eine schmale Zwischenschuppe der Piuthan-Decken (1954) wird 1959 nicht mehr gezeichnet.

Die holländischen Geologen (C. G. Egeler et al. 1964) ziehen die Liegendgrenze ihres „Annapurna Gneiss complex" bei Dana. Das über 10 km mächtige Kristallin wird als normale, präkambrische Basis der Sedimente der Tibet-Zone angesehen, weshalb für sie die Tibet-Zone bei Dana einsetzt. Der gesamte Bereich S Dana wird als Zone des Niederen Himalaya („Nawakot complex") zusammengefaßt. Die Holländer folgen nicht der tektonischen Gliederung T. HAGENS, der sowohl die höhere wie die tiefere Einheit in eine Reihe von Teildecken zerlegt.

Die französische Geologengruppe unter P. BORDET (1961, et al. 1964) faßt ebenfalls das katazonale Kristallin N von Dana als präkambrische Basis der Tibet-Zone auf. Die Zone Tatopani-Dana wird als separate Schuppenzone aufgefaßt. Lamellen von mylonitischem Gneis sind den weißen Quarziten, Amphiboliten (Vulkanitabkömmlingen), schwarzen Schiefern und gelben Dolomiten eingelagert. Diese Schuppenzone überfährt die Formationen des Nepalischen Mittellandes. Das oberste, jüngste (jurassisch-kretazische) Schichtglied dieser tieferen Einheit bildet die Serie von Kunchha (P. BORDET 1961) mit ihren 6000—8000 m arkosigen und sandigen Schiefern und epimetamorphen, grünen Vulkaniten.

Es steht für uns außer Zweifel, daß die Serie von Kunchha der Chail-Serie entspricht, die wir im Simlagebiet (locus typicus: Chail) kennengelernt haben. Wir konnten feststellen, daß diese Serie durch ihre enorme Mächtigkeit und meist flache Lagerung (Decke!) weite Verbreitung in Garhwal, Nepal und vermutlich auch anderen Teilen des Himalaya hat. Die hellen Quarzite und Amphibolite von Tatopani gehören sicher zur Chail-Decke. Fraglich ist hingegen, ob der kristalline, dolomitische Kalk N von Tatopani den Karbonatgesteinen vom Jangla Bhanjyang (Chail-Decke) entspricht oder aber der Serie der phyllitischen Glimmerschiefer angehört.

Diese häufig diaphthoritischen, metamorphen Schiefer sind mit den Gesteinen NE vom Jangla-Paß und von Tarakot zu vergleichen. Die tektonische Grenze zwischen der Chail-Decke und der Unteren Kathmandu-Decke ist aber im letztgenannten Gebiet wesentlich deutlicher. Trotz starker Bewegungen blieb die primäre Schichtfolge im Hangendteil der Chail-Decke in diesem Profil im wesentlichen erhalten, während im Kali Gandaki-Profil die starken Verschuppungen im Raume von Tatopani die öftere Wiederholung von Quarzit und Amphibolit und das fast völlige Fehlen der Karbonatgesteine bewirkt haben. Durch Diaphthorese sind die Glimmerschiefer von Dana-Tatopani den Schiefern der Chail-Serie etwas angeglichen worden, weshalb der Sprung in der Metamorphose, der im Raume Tarakot so augenfällig ist, bei Tatopani fast fehlt.

Die holländischen Geologen rechnen daher die Gesteine der beiden Serien der gleichen tektonischen Einheit zu. Es sei auch erinnert, daß in der Literatur immer wieder berichtet wird, daß die hochmetamorphen Gneise der Zentralzone gegen das Liegende in Glimmerschiefer und Phyllite übergehen (E. H. PASCOE 1950, S. 320, A. GANSSER 1964).

Die Schiefer der Unteren Kathmandu-Decke lassen sich durch einen gewissen Biotitgehalt, häufigeren Granat sowie ihre graue Färbung von den vorwiegend silbrigen, grünlichen Chail-Schiefern unterscheiden. Letztere zeichnen sich außerdem durch häufig sandigen, quarzreichen Charakter aus.

Dafür, daß wir bei Tatopani eine tektonische Hauptstrukturlinie 1. Ordnung ziehen, ist aber vor allem die Kenntnis des Gebietes Jangla Bhanjyang-Tarakot ausschlaggebend.

Sämtliche Bearbeiter stimmen überein bezüglich der Existenz einer einschneidenden tektonischen Grenze bei Dana. Betreffend die Frage, ob der darüber folgende Kristallinkomplex im Sinne von T. HAGEN (1954, 1959a) in vier Teildecken zu gliedern ist, möchte sich der Verfasser den französischen und niederländischen Geologen anschließen, die dies ablehnen. Es wurde bereits auf S. 66 erwähnt, daß der Verfasser eine Untere, deutlich schwächer metamorphe von einer wesentlich mächtigeren und höher metamorphen Oberen Kathmandu-Decke unterscheidet. Lithologisch haben die holländischen Geologen im letztgenannten Kristallinkomplex die tieferen Ghasa-Gneise von den höheren Dhumpu-Gneisen unterschieden. Wenn auch in dem mächtigen Kristallin der Oberen Kathmandu-Decke mit Störungen zu rechnen ist, so macht es doch den Eindruck eines tektonisch einheitlichen Kristallinkomplexes, dessen letzte Metamorphose in den im N überlagernden Sedimentgesteinen ausklingt. Aus dem Vergleich der Profile des Kali Gandaki mit denen des Barbung- und Tarap Khola ergeben sich keine Hinweise auf eine weitere, tektonische Gliederbarkeit der Oberen Kathmandu-Decke.

T. HAGEN betrachtet seine höchste Kathmandu-Decke V als primäre Basis der Ablagerungen des Tibetischen Randsynklinoriums. Die holländischen und französischen Forscher sehen in dem hochmetamorphen Kristallin der Zentralzone die primäre, präkambrische Unterlage der Sedimente der Tibet-Zone.

Wenn der Verfasser T. HAGEN folgt und das Kristallin der Zentralzone nicht zur Tibet-Zone zählt, so deshalb, weil zwar im N die Überlagerung und Verknüpfung von Kristallin und sedimentärer Hülle gegeben ist, aus faziellen Überlegungen aber damit zu rechnen ist, daß die Sedimente der Tibet-Zone das Kristallin nicht weit gegen S hin überlagert haben. Der altbekannte Gegensatz im Charakter der Ablagerungen N und S der kristallinen Kernzone des Himalaya macht die Existenz eines trennenden Rückens sehr wahrscheinlich, am N-Rand desselben wurden die fossilreichen, paläo- und mesozoischen Sedimente der Tibet-Zone angelagert, während in dem weitgehend isolierten Binnenbecken zwischen Rücken und Indischem Subkontinent die fossilleeren, lithologisch andersartigen Sedimente des Niederen Himalaya zur Ablagerung kamen. D. N. WADIA (1961, S. 420, 426—427) und M. LATREILLE (1959, S. 224, 226) sehen in der Zentralzone ebenfalls eine paläogeographisch wichtige Geantiklinale.

Der Einfluß des Rückens auf die Fazieserteilung zeigt, daß er bereits in der Himalaya-Streichrichtung lag. Im Gegensatz zu der älteren Aravalli-Richtung (SSW—NNE) erscheint hier zum ersten Mal die NW—SE-Richtung des späteren Himalaya.

Sofort erhebt sich die heikle, aber sehr wichtige Frage, wann dieser Zwischenrücken entstanden ist. Der Verfasser vermutet, daß kaledonische strukturbildende Bewegungen für dessen Entstehung verantwortlich sind. P. BORDET (1961, S. 238) rechnet ebenfalls mit der Wirksamkeit kaledonischer Bewegungen. Eine Reihe von Tatsachen spricht für die Annahme des Verfassers:

1. Die Kambro-ordovizischen, das Kristallin der Kernzone im N überlagernden Sedimente sind bis in verschieden hohe Niveaus metamorph geworden.

2. Besagte Sedimente sind typische, einförmige Geosynklinalablagerungen von bedeutender Mächtigkeit, über denen in verschiedenen Gebieten faziell sehr verschiedenartige Ablagerungen des Silur und Devon folgen. Die Seltenheit fossilbelegten Devons im Himalaya ist eine bekannte Tatsache. Dagegen vertritt der terrestrische, fossilleere Muth-Quarzit in weiten Teilen des Tethys-Himalaya das oberste Silur und den größten Teil des Devons. Erst marines Oberdevon findet sich etwas häufiger (E. H. PASCOE 1959).

3. S des Himalaya-Hauptkammes sind im Raume von Kathmandu die Kristallin-Decken weit gegen S vorgestoßen (T. HAGEN 1952, 1954, 1959a). Auf diesem Kristallin fanden sich am Phulchauki fast nicht metamorphe Ablagerungen, die ordovizisch-silurische Fossilien geliefert haben (H. B. MEDLICOTT 1875, J. B. AUDEN 1935, P. BORDET et al. 1960, u. a.). Dies zeigt einerseits die Existenz älteren, präkambrischen Kristallins, andererseits, daß die ordovizischen Ablagerungen im Gegensatz zu allen jüngeren noch weit nach S über das Kristallin gereicht haben. Es ist daher durchaus möglich, daß in dem polymetamorphen Kristallin ein Teil der Marmore und Kalkglimmerschiefer metamorphes Ordoviz darstellt, wie dies T. HAGEN 1952 als erster dargelegt hat. Wir vermuten, daß ein präkambrisches Kristallin mit kambro-ordovizischer Sedimenthülle von kaledonischen Bewegungen erfaßt wurde und dabei eine Metamorphose erlitten hat. Das Vorhandensein jüngerer Metamorphosen (z. B. alpinen Alters) macht eine exakte Analyse dieser Prägungen fast unmöglich.

4. In den tektonisch tieferen Zonen des Niederen Himalaya werden die Nagthats (z. T.) und Chandpurs, mit letzteren wir die Chail-Serie parallelisieren, als größtenteils devonisch betrachtet. Diese mächtigen, gegen N gröber klastisch werdenden (Chail-Serie) Ablagerungen sind typische Molassesedimente, die ihr Material der Abtragung eines im NE gelegenen Gebirges verdanken. Diesen detraktiven Sedimenten im SW entspricht NE des Rückens, in der Tibet-Zone der Muth-Quarzit.

Diese etwas weit ausholenden Betrachtungen schienen uns notwendig, um die Bedeutung und Problematik dieser Zonen zu erläutern. Die Beschreibung des Profils entlang des Kali Gandaki wird nun fortgesetzt.

Auf einer Strecke von vielen km (40 km Profillänge = Luftlinie) bewegt man sich nun durch die einförmigen Gesteine der Chail-Serie. Meist grünliche, auf s silbrig glänzende Serizitschiefer, quarzitische Schiefer, Serizitquarzite wechsellagern mit weißen bis grünen, bankigen, kreuzgeschichteten, z. T. arkosigen Quarziten, mit Psammitschiefern, die größere, blaue Quarzkörner erkennen lassen und mit grauen, Quarzknauern führenden Phylliten. Vereinzelte kleine Flecken von Chlorit könnten Pseudomorphosen nach Granat darstellen.

Diese Gesteine fallen im Raum SSW von Tatopani noch mit 40° gegen NE ein. Das Einfallen wird aber allmählich immer flacher und flacher. Etwa 7 km N von Beni stellt sich schließlich horizontale Lagerung ein. Trotz der anscheinend ruhigen, flachen Lagerung sind in der orographisch linken Talflanke, etwa 5 km NNE von Beni, liegende Großfalten zu beobachten.

7 km NNE Beni steht über dem Weg ein Chlorit und Biotit führendes Grüngestein in einer wenige Meter mächtigen Linse an.

Wo die Schiefer ebene, glatte s-Flächen besitzen, werden sie von den Einheimischen zum Decken der Hausdächer verwendet.

Auf der Strecke Beni—Baglung herrscht sanftes (10—25°) SSW- bis SSE-Fallen vor.

Im Gebiet von Baglung finden sich mächtige, ältere Terrassen des Kali Gandaki. Die groben Schotter und Blöcke sind zu Nagelfluh verkittet.

SE von Baglung sind am orogr. linken Ufer des Kali Gandaki Aufschlüsse von stark verwittertem Grüngestein. Es dürfte sich um gering mächtige Einschaltungen in den Schiefern und Quarziten handeln.

Die Lagerung der Gesteine ist zwischen Baglung und Kusma meist horizontal. Gegen die letztgenannte Ortschaft ist die Serie sehr reich an Quarzit. Die plattig-bankigen Quarzite zeigen häufig Wellenfurchen.

g) Kusma — Pokhara (siehe Taf. 2)

Nach den tektonischen Arbeiten T. HAGENS (1954, 1956, 1959a) erscheint im Raume von Pokhara ein ausgedehntes tektonisches Fenster. Unter den Nawakot-Decken sollen hier in einem schmalen, 60 km langen Fenster autochthone Gesteine des Vorlandes aufgeschlossen sein. Um das fragliche Gebiet kennenzulernen, machte der Verfasser von Kusma aus einen Abstecher nach der Provinzhauptstadt Pokhara.

Wie Gerölle zeigen, ist den Quarziten und Schiefern E von Kusma ein vermutlich kleinerer Amphibolitkörper eingelagert. Ebenso fand sich ein kleiner Grüngesteinskörper etwa 11 km NE Kusma. Sonst quert man nur die bereits bekannte Folge von bankigplattigen, weißen bis grünlichen Quarziten mit Kreuzschichtung und Wellenfurchen, Feinkonglomeraten, quarzitischen Schiefern mit z. T. grober Sandeinstreuung serizitischen Schiefern und grauen Phylliten. Auch im unteren Ghabung Khola, in der näheren Umgebung von Pokhara, auf dem Rücken, der von der Stadt gegen WNW zieht, sowie am SE-Ende des Sees stehen nur diese Gesteine an.

Die Lagerungsverhältnisse wechseln ziemlich stark: im Raume E Kusma herrscht vorwiegend horizontale Lagerung, wo der Weg stark nach NE strebt, flacheres NE- bis E-Fallen. Im Bereich von Sallyan sind die Gesteine stark gestört, Einfallsrichtung und -winkel schwanken entsprechend stark. E der genannten Ortschaft wird flaches S-Fallen herrschend und erst gegen Pokhara stellt sich flaches Abtauchen gegen W ein.

T. Hagen findet es schwierig, die „Quarzite, Phyllite und Konglomerate von Pokhara" altersmäßig zu deuten (1959a, S. 23). Man befindet sich im Gebiet von Pokhara aber in derselben ebenfalls meist flach gelagerten Gesteinsserie wie im Kali Gandaki-Tal zwischen Sirkang und Tatopani, wo sie jedoch von T. Hagen den Nawakot-Decken zugerechnet wird. T. Hagen selbst beschreibt aus den Nawakot-Decken ähnliche Klastika! Es ist unserer Meinung nach unmöglich, eine tektonische Grenze mitten durch eine einheitliche Gesteinsserie zu ziehen. Für eine solche Grenzziehung gibt es in der Natur keinerlei Hinweise. Wir schließen uns daher voll C. G. Egeler et al. (1964) an, welche die Existenz einer „Zone von Pokhara" ablehnen. Einer Diskussionsbemerkung von M. Remy beim Int. Geol. Congr. 1964 in New Delhi war zu entnehmen, daß auch die französische Geologengruppe das Fenster T. Hagens nicht realisiert fand, P. Bordet (1961, S. 215) rechnet die Gesteine der Umgebung von Pokhara zu seiner Serie von Kunchha, die ein weites Areal einnimmt. Es wurde bereits erwähnt, daß wir die Serie von Kunchha (P. Bordet 1961) als identisch mit der Chail-Serie (G. E. Pilgrim u. W. D. West 1928) fanden.

Die fragliche Gesteinsserie setzt aber W vom Kali Gandaki in breiter Front gegen NW fort. Sie streicht damit in das Areal der „Muri-Zone" und der „Hiunchuli-Zone" T. Hagens. In dem bereits beschriebenen Profil vom Jangla Bhanjyang ist das Verbreitungsgebiet der „Hiunchuli-Zone" mit dem unserer Chail-Decke identisch. T. Hagen hat somit gleiche Gesteinsserien in ihrer streichenden Erstreckung ganz verschiedenen tektonischen Einheiten zugerechnet.

Umgekehrt wurden aber lithologisch und tektonisch verschiedenartige Zonen, wie die Chail-Decke und Krol-Einheit, beide zu der „Nawakot Decken"-Gruppe gezählt. Auch T. Hagen war der augenfällige Gegensatz zwischen der fast nicht metamorphen, an Karbonatgesteinen reichen Krol-Einheit und der epimetamorphen, fast ausschließlich aus klastischen Gesteinen aufgebauten Chail-Decke aufgefallen, doch erklärte er dies, von alpinen Beispielen inspiriert, als Folge von Gleitbrett-Tektonik. Die jüngeren Schichtglieder derselben tektonischen Einheit wären unter Zurückbleiben der älteren weiter gegen S transportiert worden (1959a, S. 16). Als Folge seines etwas willkürlichen Ausscheidens tektonischer Einheiten muß T. Hagen (1959, S. 16) feststellen: „Zweifellos sind also die Nawakot-Decken in Streichrichtung nicht einheitlich gebaut, sondern faziell und auch tektonisch großen Wechseln unterworfen. Als Beispiel sei das gänzliche Auskeilen der viele hundert Meter mächtigen triassischen Dolomite südwestlich Nawakot in Ost-Richtung erwähnt." Die Position des von T. Hagen angeführten Beispieles gibt zu der Vermutung Anlaß, daß dort die Karbonatgesteine der Krol-Einheit gegen E unter die Chail-Decke abtauchen. Denn es ist zu erwarten, daß diese Decke an der Basis der im Bereich von Kathmandu infolge achsialer Depression weit nach S reichenden, höheren Kristallin-Decke ebenfalls weit nach S vordringt.

Diese Beispiele zeigen, daß es in einem flächenhaft nicht im Detail bekannten Gebiet, wie dem Himalaya, nur eine Möglichkeit gibt, zu einer tektonischen Gliederung zu kommen: Man kann zu tektonischen Einheiten nur zusammenfassen, was sich durch gleichen Gesteinsbestand, Metamorphosegrad und Verformungsstil als einheitliche Zone erweist.

Es ist uns daher nicht möglich, die tektonische Gliederung T. Hagens zu übernehmen.

h) Kusma — Tansing (siehe Taf. 2, 3)

Die im Gebiet von Beni beginnenden mächtigen Flußterrassen, auf denen die größeren Ortschaften liegen, finden sich auch im Bereich von Kusma und stromabwärts. Obwohl die umgebenden Berge aus Quarzit und Schiefer bestehen, nehmen Kalkschotter einen hohen Prozentsatz in diesen alten Flußablagerungen ein. Es sind vorwiegend Gerölle und Blöcke von blauem Kalk, die meist zu Nagelfluhen verkittet sind. Auf der Terrassenfläche finden sich häufig Verkarstungserscheinungen. Das Material dürfte eher aus der Krol-Zone als aus der Tibet-Zone stammen. Zur Zeit der Aufwölbung der Mahabharat-Kette (T. HAGEN 1960), in der es zu der Bildung von Stauseen im Nepalischen Mittelland gekommen ist (Pokhara, Kathmandu), könnte hier Schuttlieferung aus dem S erfolgt sein. Zur Klärung dieser geomorphologisch interessanten Frage wären aber umfangreichere Studien notwendig.

Die schlechten Aufschlüsse reichen jedoch aus, um zu zeigen, daß die Quarzite und serizitischen Schiefer in vorwiegend flacher Lagerung bis in den Bereich von Sirkang die Talflanken aufbauen. Etwa 4 km N von Sirkang waren am orogr. rechten Ufer des Kali Gandaki mit dem Feldglas grüne Flecken zu erkennen. Diese dürften wie diejenigen von Birbung Cani (S. 49) von sekundären Cu-Mineralen herrühren.

Bei Sirkang stellt sich plötzlich flaches bis mittelsteiles E- bis ESE-Fallen ein. Es erscheinen Gesteine, die sich von der monotonen, leicht metamorphen Chail-Serie deutlich abheben: Grau-violett-braun gebänderte Schiefer mit Transversal-s. Die bräunlichen Lagen sind etwas sandig. Die Schiefer enthalten auch im dm-Bereich Karbonatlagen von blaßrosa-himbeerrosa Färbung.

Blockfunde zeigen, daß außerdem lichtgrüne, hellgelblich anwitternde, dolomitische Kalke mit Stromatolithen und Bänken mit Grobsandeinstreuung vorhanden sind. Letztere führen in Form synsedimentärer Brekzien mehrere cm-große Stückchen von Dolomit. Außer den Schiefern und etwas kieseligen Karbonatgesteinen sind auch Sandsteinbänke vorhanden.

Nach dem Talknick, wo der Fluß gegen SW biegt und das Tal enger wird, tauchen mit 40—50° ESE-Fallen im Liegenden der beschriebenen bunten Gesteine 1—3 m grünliche Serizitschiefer, danach 80—100 m plattig-bankiger Quarzit auf. Dieser ist fein- bis grobkörnig und weiß-grün gebändert. Unter dem Quarzit erscheinen graue Schiefer mit Sandkalkbändern und -schmitzen.

Wo der Weg von den Terrassen des Haupttales in das von der Ortschaft Bhoksing kommende kleine Seitental biegt, gelangt man in dickbankigen bis massigen Dolomit. Das Gestein ist feinkörnig, hellgrau bis blaugrau. Mm- bis cm-dicke, kieselige Lagen und Hornsteinlinsen wittern heraus und zeigen so sehr deutlich die Schichtung an. Lagen mit Stromatolithen sind häufig.

Bei den Häusern nach der Querung des Seitentales sind graue Schiefer mit bräunlich verwitternden, karbonatischen Bändern in den Dolomit eingeschaltet (schlechte Aufschlüsse). Die Gesteine fallen mit 15° gegen ENE und sind wohl von geringer Mächtigkeit.

Es folgen im Liegenden der Schiefer wieder lichtgraue bis gelbliche, feinkörnige bis dichte, kieselige Dolomite und Kalke. Die Gesteine zeigen splitterigen, muscheligen Bruch, kieselige Suturen und Kluftfüllungen. Hornsteinbänder sind häufig. In synsedimentären Feinbrekzien findet sich neben eingestreutem Quarz aufgearbeiteter Dolomit derselben Gesteinsformation.

An Rissen konnten Vererzungsspuren von Kupferkies festgestellt werden.

Die Algenstrukturen (Stromatolithe) zeigen teils flache, weitgespannte Form, teils sind sie hohe, fast kugelige Gebilde, die eng nebeneinander liegen. Auch u. d. M. erkennt man die bogenförmige Schichtung, die durch unterschiedliche Korngröße, Pigmentgehalt und kieselige Lagen zum Ausdruck kommt. Wie zu erwarten, zeigt sich jedoch keinerlei organische Struktur.

Etwa 3,5 km vor Behadi, wo der Weg von einem kleinen Bach gekreuzt wird, findet sich schwarzer Schiefer. Das Gestein zeigt rostige Oberflächen und Kluftbeläge, es zerfällt zu festen, 1—3 cm dicken Plättchen. Der Querbruch ist matt. Die Schiefer fallen wie der Dolomit mit 40° gegen E. Gleich nach dem Bach folgt wieder mächtiger Dolomit, der wieder Stromatolithe und synsedimentäre Brekzienlagen führt. Da man mit dem Feldglas unter sich am viel tiefer gelegenen Ufer des Kali Gandaki größere Aufschlüsse von schwarzen Schiefern erkennt, dürften die Schiefer am Weg aus dem Liegenden in den Dolomit aufgeschuppt worden sein.

Vor Behadi weitet sich das Tal — es stehen hier bleiche, fast weiße Schiefer an, die zu eckigen, festen Stückchen zerfallen. Im Querbruch wirkt das Gestein wie Schreibkreide. Es dürfte sich um dieselben schwarzen Schiefer handeln, allerdings in gänzlich ausgebleichter Form. Solche Bleichungserscheinungen sind uns aus den Infra-Krol-Schiefern, mit denen wir die dunklen Schiefer parallelisieren, bekannt und werden auch aus den Blainis (bleaching shales) von J. B. AUDEN (1934, S. 377, E. H. PASCOE 1959) beschrieben.

Die schwarzen Schiefer und überlagernden, viele hundert Meter mächtigen Dolomite mit ihren Hornsteinen, synsedimentären Brekzien und Stromatolithen sind uns von dem bereits beschriebenen Profil aus dem Raume Bari Gad-Uttar Ganga bekannt. Ebenso die rosa Dolomite, Sandsteine und violetten Schiefer.

Ab Sirkang bewegt man sich in einer von den Gebieten nördlich davon lithologisch gänzlich verschiedenen Serie. Es erfolgt bei dieser Ortschaft auch ein Sprung in der Metamorphose. Die überlagernden Gesteine der Chail-Serie zeigen meist phyllitische Metamorphose, während man die Schiefer, die mit den nicht metamorphen Karbonatgesteinen vorkommen, bestenfalls als „slates" bezeichnen kann.

Die Linie von Sirkang scheidet aber auch tektonisch verschiedenartige Gebiete:

Im N die meist flachliegenden, sich über 40 km quer zum Streichen ausdehnenden einförmigen Chails, im S eine Zone mit meist steilgestellten Schichten, häufig wechselnder Fallrichtung und mannigfaltiger Gesteinsfolge.

Obwohl wir bei Sirkang keine ausgeprägte Bewegungsbahn mit außergewöhnlicher Beanspruchung der angrenzenden Gesteine feststellen konnten, sind wir der Meinung, daß hier zwei gänzlich verschiedene tektonische Einheiten aneinandergrenzen, nämlich die Chail-Decke an die Krol-Einheit.

P. BORDET (1961, et al. 1964) sieht hier eine stratigraphische Grenze, und zwar zwischen der Trias und seiner Serie von Kunchha, die er als jurassisch-kretazisch betrachtet. Bei dieser Deutung dürfte allerdings die Zunahme der Metamorphose an der Grenze zur überlagernden, jüngeren Formation schwer zu erklären sein.

Wir verbinden die Linie von Sirkang mit den markanten Überschiebungen von Takbachhigaon (Uttar Ganga) und Mayang.

Es ist schwer zu entscheiden, ob im Überschiebungsbereich mehrere Schubbahnen vorhanden sind und der Quarzit SW von Sirkang aus der Chail-Serie eingeschuppt ist oder aber zur Schichtfolge der Krol-Einheit gehört.

Bei Behadi biegt der Kali Gandaki aus der SW- in die SE-Richtung. Entlang des auf der orogr. linken Talseite verlaufenden Weges sind infolge ausgedehnter Terrassenablagerungen selten und nur schlechte, meist stark verwitterte Aufschlüsse vorhanden. Es sind flache NE-fallende, feingeschichtete Tonschiefer von gelblich-grünlicher Verwitterungsfarbe. Sie sind transversal geschiefert und zeigen matt glänzende s-Flächen.

Die Höhen E Behadi werden von Dolomit aufgebaut, der die Schiefer überlagert. Auf der orogr. rechten Talseite sind N von Behadi bankige Dolomite in saigerer Lagerung zu beobachten. Auch die höheren Hangteile W des Kali Gandaki-Knies scheinen größtenteils aus Dolomit zu bestehen.

Etwa 2,5 km SE Behadi enthalten die mit 30° NNE-fallenden grünlich-gelblich verwitternden Schiefer auch rotviolette Lagen und Bänke von leicht grünlichem Arkosesandstein und hellem, gelblichem bis weißem, feinkörnigem Quarzit. Diese quarzreichen Bänder sind meist nur 2—3 m mächtig.

In dem Steilabfall unter dem Weg sind steil SW-fallende Plattenschüsse von Dolomit zu erkennen.

Beim Weiterfortschreiten gegen SE stellt sich auch am Weg das steile SSW-Fallen ein (215/80°). Die grüngrauen, z. T. quarzitischen Sandsteine, Quarzite und Tonschiefer enthalten eine 4 m mächtige Dolomitlinse und grenzen gegen SW ziemlich scharf an einen mit 60° gegen SSW fallenden Zug von bankigem Hornsteindolomit. Der Dolomit ist etwa 20 m mächtig.

Etwas weiter erkennt man, daß der Weg parallel dem Scheitel einer SW-vergenten Antiklinale verläuft. Der Dolomitzug, der unterhalb des Weges steil gegen SSW einfällt, taucht am Hang über dem Weg sanft gegen ENE ab. Dieselbe antiklinale Lagerung zeigen auch die den Dolomit unterlagernden Schiefer, in denen der Weg verläuft. Es sind rote, violette, grüne, gelbliche, an einer Stelle auch schwarze Tonschiefer, die Lagen von hellem Sandstein mit Tonscherbenbrekzien sowie von weißem, rosa oder grünlichem Quarzit enthalten. Die Quarzite führen feine, blutrote Jaspiskörner. Die Brekzienlagen zeigen mehrere cm-lange Fetzen von grünem Tonschiefer und gelb anwitternde, bis 5 cm lange Dolomitstücke.

In diese bunte Wechselfolge im Kern der ziemlich gestörten Antiklinale schalten sich schließlich noch graue Dolomite mit dunklen Hornstein- und lichten, kieseligen Bändern ein. Im dm- bis m-Bereich wechsellagern somit Dolomit, braun anwitternder Sandstein, heller Quarzit und rote, grüne und graue Schiefer.

Der Weg gelangt etwa 1,5 km vor der Einmündung des Sedhi Khola aus dem Kern der Antiklinale in den mit 70° gegen SSW abtauchenden SW-Schenkel. Man kommt dabei in lichtgraue bis weiße, feinkristalline (alabasterartige) bis dichte Kalke, die braune kieselige und dolomitische Feinlagen zeigen.

Über diesen, den Hang über dem Weg emporziehenden Karbonatgesteinen folgen harte, quarzitische, fein- bis mittelkörnige, etwas glimmerige Sandsteine von heller, grüngrauer Farbe. Sie enthalten Brekzienlagen: In einer Grundmasse von grünlichem, etwas sandigem Schiefer liegen eckige, bis 4 cm große Stücke von kremfarbenem oder rosa, dichtem bis sehr feinkörnigem Dolomit. Dem Sandstein sind auch lichtgrüne und rotviolette, etwas sandige Tonschiefer eingeschaltet.

Im Mündungsbereich des Sedhi Khola entwickelt sich daraus wieder die bunte, plattige Wechselfolge von rötlichen, violetten, grünen Schiefern, weißem bis rosa, sehr feinkörnigem Quarzit, Sandstein und seltenen Bänken von kremfarbenem, rosa und grauem Dolomit (z. B. am südlichen Brückenkopf der Sedhi-Brücke). Die Gesteine fallen steil (70—80°) gegen SSW ein.

Eine brekziöse Lage im Dolomit zeigt u. d. M. [169]: Bis 2 cm große, meist längliche, etwas eckige Brocken von äußerst feinkörnigem (0,006 mm) Karbonat, gut gerundete Körner von undulösem Quarz (0,9—1,5, max. 2,6 mm) und Quarzit (1 mm), sowie einige Mikrokline (0,2—0,5 mm) und seltene Stückchen von sehr feinkörnigem Kieselgestein (bis 0,4 mm) liegen in einer aus Karbonat und Quarz bestehenden Grundmasse. Diese zeigt Körnigkeit von 0,03—0,2 mm. Das Mengenverhältnis Karbonat zu Quarz schwankt beträchtlich. Einige Strähne von Serizit durchziehen das Gestein, das ausgeprägtes Parallelgefüge zeigt. Es findet sich umkristallisiertes, gröberkristallines Karbonat (bis 0,6 mm). Im Druckschatten der großen Quarzkörner haben sich verzahnte Quarzaggregate gebildet (0,01—0,1 mm). Etwas Erzstaub ist vorhanden.

Nach der Sedhi-Mündung biegt der Kali Gandaki aus der SE- scharf in die SW-Richtung. Das Tal wird eng und der Weg weicht in die orographisch linke Talflanke aus. In die oben beschriebene Wechselfolge bunter Gesteine schaltet sich zunächst ein etwa 80 m mächtiger, saiger stehender Zug von grauem Hornsteindolomit ein. Wo der Weg die erste Seitenrinne quert, gelangt man in einen zweiten, mit 50—70° SSW-fallenden Dolomitzug, dessen Mächtigkeit nur wenig über der des ersten liegen dürfte.

Wo der Weg aus dem genannten Seitengraben herausführt, quert man wieder rote und grüne Schiefer, Sandstein und weißen Quarzit.

Danach erst gelangt man, gegen einen zweiten Seitengraben zu, in einige hundert Meter mächtigen Dolomit, der sehr steil gegen NNE einfällt. Der engste Talabschnitt wird von diesem Dolomit aufgebaut. Der z. T. Hornstein führende Dolomit enthält synsedimentäre Brekzienlagen und Stromatolithe bis 50 cm Durchmesser.

In diesem mächtigen Dolomitkomplex quert der Weg nochmals eine etwa 120 m mächtige Wechselfolge von roten und grünen Schiefern, gelblichem bis rosa Dolomit und Quarzit mit Wellenfurchen. Da die höheren Hangteile durchwegs aus Dolomit zu bestehen scheinen (Feldglasbefund), dürften die bunten Gesteine antiklinal aus dem Liegenden emporlappen. Die isoklinale Verfaltung des grauen Dolomit mit bunten Schiefern, Sandstein, Quarzit und rosa Dolomit, wie sie in diesem Gebiet zu beobachten ist, erschwert die Entscheidung, ob die bunten Gesteine ins stratigraphisch Liegende oder Hangende des Stromatolith-Dolomit gehören. In ersterem Falle entsprächen sie altersmäßig Nagthat bis Blaini, in letzterem Falle der Tal-Serie.

Die 60—90° NNE-fallenden Dolomite werden am Schluchtende von schwärzlichen, splittrigen Schiefern, die dunkle Dolomitlagen enthalten, unterlagert. Diese hier geringmächtigen Gesteine entsprechen wohl den Infra Krol shales.

Am Weg zur Brücke über den Andhi-Fluß bewegt man sich in grauen bis grünlichen, mattglänzenden, feingeschichteten Tonschiefern, die Transversalschieferung aufweisen. Das anfänglich steile NNE-Fallen wird flacher, trotz stark wechselnder Lagerung überwiegt weiterhin NNE-Fallen. Am südlichen Brückenkopf fallen die grauen Schiefer mit 50° gegen SSW ein.

Der nach Tansing führende Weg steigt nach der Brücke durch Terrassenschotter empor und quert dann leicht ansteigend die orogr. linken Hänge des Kali Gandaki-Tales in westlicher Richtung. Schließlich übersteigt der Weg den Rücken, dessen N-Hänge er lange Zeit querte, und man gelangt in eine breite, flache Talung.

Der Rücken wird von der bereits N vom Andhi einsetzenden Schieferserie aufgebaut. Die mächtige Folge von grauen und grünlichen, matt, selten phyllitisch glänzenden, ebenflächig brechenden Schiefern, deren Feinschichtung oft von transversalem s gequert wird, erinnert lebhaft an die Simla slates.

In der Talung S des genannten Rückens finden sich in den beschriebenen Schiefern auch dunkel pigmentierte Schiefereinschaltungen. Hier stellt sich mittelsteiles SSW-Fallen ein, während N des Rückens NNE-Fallen vorherrscht. Die Schiefer besitzen demnach antiklinale Lagerung und tauchen gegen N unter Infra Krol shales ab, die hier bis 100 m mächtig werden können. Der überlagernde mächtige Dolomitzug, der in der Talenge des Kali Gandaki gequert wurde, baut hier westlich davon den schroffen Kamm N des Kali Gandaki auf.

Nach den schlechten Aufschlüssen in der erwähnten Talung steigt der Weg zu der auf einem Rücken im S gelegenen Ortschaft Wega an. Hier bewegt man sich in einer bunten Wechselfolge von rot-violetten und grünlichen Tonschiefern, die öfters seidigen, serizitischen Glanz zeigen, Bänken von weißem, grünlichem oder rosa Quarzit, der häufig rote Jaspisstückchen führt und grünem, braun verwitterndem, fein- bis mittelkörnigem Sandstein, der öfters Tonscherbenbrekzien enthält. Die Lagerung ist infolge der starken Verfaltung oft recht unterschiedlich — es überwiegt aber mittelsteiles SSW-Fallen. Im Bereich der Ortschaft Wega, am Kamm, ist die Lagerung ziemlich flach. Beim Abstieg von Wega in das Tal des Kali Gandaki fallen die Gesteine z. T. flach gegen NE. Hier sind den oben beschriebenen Gesteinen auch kremfarbene, dichte Dolomitbänke eingeschaltet.

Gegen den Strom zu stellt sich saigere bis steil S-fallende Lagerung ein. Am Ufer, wo man mit der Fähre übersetzt, stehen grau-grün-rot und braun gebänderte Schiefer an (50° S-Fallen, B 270/20), die von Quarzadern durchzogen werden.

Vom südlichen Ufer aus folgt der nach Tansing führende Weg einem engen Nebental in SSE-Richtung aufwärts. Es stehen hier grüne, graue und violette, etwas serizitische Schiefer an, die Lagen von weißem bis grünlichem Quarzit und kremfarbenem, rosa und grünlichem, dichtem Karbonatgestein enthalten. Letztere, meist dolomitische Kalke bis Dolomite, sind stark geschiefert und flaserig. Auf s zeigen sie serizitische Häute.

Das südliche Einfallen von 50° im Kali Gandaki-Tal wird beim Fortschreiten gegen S immer flacher (25°).

Bei der Häusergruppe Hatetunga (= Elephantenfels) liegen riesige, braune Blöcke herum. Sie bestehen aus grobspätigem Ankerit-Siderit. Es handelt sich um verstürzte Blöcke aus dem grauen Dolomit, der die bunte, schiefrig-plattige Wechselfolge überlagert.

Der Weg bleibt aber noch eine Strecke lang in der Liegendserie. Der Karbonatgehalt derselben nimmt gegen S, also gegen das Hangende, deutlich zu. Neben weißen und gelblichen, dolomitischen Kalken finden sich Bänke von grauem Kalk. Es erfolgt so ein stratigraphischer Übergang in eine dunkelblaugraue—hellgraue Bänderkalkfolge mit schiefrigen Einschaltungen (wo der Weg in SW-Richtung in eine Schlucht führt).

Die Gesteine fallen mit 35° gegen SSW bis S.

Das Wasser des Baches, der aus der genannten Schlucht kommt, ist rostig ockergefärbt. Die Färbung stammt von den öfters zu beobachtenden metasomatischen Fe-Vererzungen in den Kalken. In den z. T. geflaserten Gesteinen kann man sehen, wie die Sideritisierung von den Scherflächen aus den Kalk umgewandelt hat. Im fortgeschrittenen Vererzungsstadium liegen nur mehr feine Kalklinsen im braun verwitternden Ankerit-Siderit.

Mit etwas gestörtem Kontakt überlagert den Plattenkalk massiger Dolomit. Dieser ist blaugrau bis hellgrau, feinkristallin und z. T. sehr klüftig.

Der einige hundert Meter mächtige Karbonatgesteinskomplex taucht, wo sich das Tal zu einem breiten Kessel weitet, unter schiefrige Gesteine ab. Es herrscht durchwegs flaches (10—30°) südliches Schichtfallen.

Die einförmige Schieferserie besteht aus dünnschichtigen, grauen, gelblich verwitternden Tonschiefern bis phyllitischen Schiefern. Diese enthalten vereinzelte Lagen von grauem, quarzitischem Sandstein und mürbem, bräunlich verwitterndem Sandstein. Es finden sich auch Grauwacken- und Arkoseschiefer.

In dem letzten, steilen Hang vor Tansing streichen dickbankige, blockig zerfallende, weiße bis gelbliche Quarzite aus. Die fein- bis mittelkörnigen Gesteine zeigen häufig einen gewissen Feldspatgehalt.

In den Quarzit sind einige 10 bis 30 m mächtige Züge von grünlichen, muschelig brechenden Tonschiefern eingeschaltet.

Die Quarzite von Tansing scheinen mit der Schieferserie in ihrem Liegenden stratigraphisch verbunden zu sein.

Etwa 100 m N von den ersten am Kamm gelegenen Häusern von Tansing fand sich in den dem Quarzit eingelagerten Schiefern ein Fossil [169a]. Es ist ein Stück eines Schalenabdruckes, der Längsrippen und feine Querstruktur erkennen läßt.

In Abschnitt I. A. 1. a) wurde bereits die Altersfrage der Schiefer und Quarzite von Tansing diskutiert. Unserer Auffassung nach handelt es sich wahrscheinlich um die jurassisch-kretazische Tal-Serie.

In Tansing vereinigt sich die Rückmarschroute mit der des Anmarsches. Die Strecke Tansing—Butwal wurde bereits beschrieben (Siehe I. A, 1. a).

Interessant ist der Vergleich der zuletzt beschriebenen Strecke N Tansing mit der Tansing—Riri Bazar (Taf. 2, 3 [12, 13], 5 [14, 15]). In beiden Profilen wurde unter den Quarziten und Schiefern (Tal?) ein mächtiger Dolomitzug (Krol) gequert. Dieser geht gegen das Liegende in eine plattige Bänderkalkfolge über (Krol A). Diese zeigt ihrerseits in dem Profil N Tansing stratigraphischen Übergang in die buntgefärbte Schiefer-Quarzit-Dolomit-Folge (Blaini-Nagthat). Infra Krol shales fehlen hier.

Bei Riri Bazar finden sich im Liegenden der Krol-Plattenkalke schwarze Schiefer (Infra Krol), die bunten Gesteine des östlicheren Profiles fehlen. Anstelle derselben schließen bei Riri an die Infra Krol shales Schiefer an, die den Simla slates ähnlich sind.

Dieses Fehlen der bunten Gesteine bei Riri dürfte durch eine Störung parallel dem Riri-Tal zu erklären sein.

Weit schwieriger ist die Erklärung des Überganges bunte Folge—Krol-Kalk bei gleichzeitigem Fehlen der Infra Krols im östlichen Profil. Bei einer streichenden Entfernung von bloß 10 km stimmen die beiden Profile in einem bestimmten Niveau nicht überein. Dabei ist der Kalk-Dolomit-Zug im Hangenden in beiden Profilen eindeutig derselbe.

Der Dolomit N des Kali Gandaki-Knies wird im Bari Gad und W der Andhi-Mündung meist von Infra Krol unterlagert. N davon unterlagert (?) ihn die bunte Folge (Sedhi-Mündung), während etwas weiter gegen N bei Behadi wieder Infra Krol-Schiefer unterlagern. Bei diesem Beispiel ließen sich die bunten Gesteine allerdings auch als isoklinal eingemuldete Tal-Serie deuten*).

Es ließe sich noch eine Reihe solcher Beispiele (z. B. aus dem oberen Bari Gad) anführen.

Am wahrscheinlichsten erscheint uns die Erklärung, daß die bunte Folge und die Infra Krol shales sich teilweise gegenseitig faziell vertreten. Das flache Binnenbecken, in dem diese Gesteine abgelagert worden sind, war in Schwellen und Tröge gegliedert. Die durch Wellenfurchen, Kreuzschichtung und Tonscherbenbrekzien ausgezeichnete Folge von bunten Schiefern, Quarziten und dichten Dolomiten wären in Schwellengebieten im Flachwasser- und Gezeitenbereich abgelagert worden. Die dunklen Schiefer hingegen dürften in etwas tieferem, schlecht durchlüftetem Wasser abgesetzt worden sein.

Während der Infra Krol-Zeit herrschten demnach in den Schwellenbereichen die Ablagerungsbedingungen der Nagthat-Blaini-Zeiten weiter, während sich Senkungsbereiche mit anaeroben Bedingungen entwickelten. Die Krol-Zeit erst brachte eine generelle Überflutung und damit stellten sich gleichmäßigere Ablagerungsbedingungen in dem Becken ein.

In der südwestlichen Krol-Zone s. s. kamen über den dunklen Infra Krol shales die Plattenkalke und die z. T. Hornstein führenden Dolomite zum Absatz (Krol-Fazies).

NE von dieser Fazieszone fehlen die Plattenkalke — es treten hier nur mächtige Hornsteindolomite auf, die Algenlagen (Stromatolithe), synsedimentäre Brekzien und manchmal im Liegenden rote Schiefer und Sandsteinbänke enthalten. Es scheint sich dabei um Ablagerungen seichteren Wassers zu handeln. Für diese letzteren möchten wir den Begriff Shali-Fazies vorschlagen, da diese im bekannten Shali-Fenster N von Simla gut entwickelt ist.

Im Kali Gandaki-Profil werden diese beiden Faziesbereiche durch eine mehr oder weniger gestörte Antiklinale getrennt. Diese Antiklinale verläuft durch das Kali Gandaki-Knie.

2. GARHWAL

W von Nepal hat der Verfasser das Profil entlang des Ganges und Alaknanda-Flusses sowie das Profil Pauri-Lansdowne persönlich kennengelernt (Taf. 1. C., 3). Wertvolle Unterlagen lieferten uns die Arbeiten von H. B. MEDLICOTT (1864), C. S. MIDDLEMISS (1885, 1887a, b, 1888 u. 1890) und J. B. AUDEN (1935, 1937a und b). Durch den Besuch des ange-

---

*) Dies ist nach unseren neuesten Untersuchungen nicht wahrscheinlich.

führten Gebietes ergaben sich zahlreiche Beziehungen zu dem östlich gelegenen Almora-Gebiet, das durch die Arbeiten von A. HEIM und A. GANSSER (1939) und R. C. MISRA und K. S. VALDIYA (1961) und K. S. VALDIYA (1962, 1963) gut bekannt ist. Anläßlich des Internat. Geol. Kongr. 1964 ist außerdem ein Exkursionsführer durch den Nainital-Almora-Himalaya erschienen. Eine zusammenfassende Darstellung erfährt das Gebiet in der Arbeit von A. GANSSER 1964. Die Gesteinsgrenzen der Karte (Taf. I. A. der genannten Arbeit) sind im Gebiet Ganges—unterer Alaknanda mangels vorhandener Angaben in der Literatur extrapoliert und, wie der Vergleich mit Taf. 1. C., unserer Arbeit zeigt, unrichtig.

Um die Verbindung mit Nepal herzustellen, haben wir in unsere Serienprofiltafel (3) zwischen den von uns in Garhwal aufgenommenen Profilen (6 u. 7) und denen aus Nepal einen Ausschnitt des Übersichtsprofils von A. HEIM und A. GANSSER (1939) unter Nr. 8 eingefügt. Entsprechend unserer Deutung wurden dabei kleine Veränderungen vorgenommen.

a) Rishikesh—Deoprayag—Srinagar—Ruduprayag

Profil 6 (Taf. 3), das entlang der Straße durch das Ganges- und Alaknanda-Tal aufgenommen wurde, sei zuerst beschrieben.

N von Rishikesh überquert die nach N führende Straße den Ganges und verläuft dann am W-Ufer des Flusses. Unmittelbar nach der Brücke (Chandrabhago bridge) stehen an der Straße grünliche, graue und rote, z. T. sandige Schiefer an, die Lagen oder Bänke von blaugrauem Sandstein, zentimetergeschichtetem Quarzit und rosa Karbonatgestein enthalten. Letzteres, meist dichter, dolomitischer Kalk, zeigt durch feine, rote Schieferzwischenlagen sedimentäre Feinschichtung. Die Gesteine fallen mit 40° gegen NNE ein.

Diese bunte Wechselfolge ist uns bereits aus Nepal bekannt. Es dürfte sich um Blaini handeln. J. B. AUDEN (1937b, S. 82) beschreibt Blainis W von Lachman Jhula.

Am westlichen Brückenkopf der Hängebrücke, die zu dem am orogr. linken Gangesufer gelegenen Hindu-Heiligtum Lachman Jhula führt, stehen dunkle, graugrüne, sandige Schiefer an, die vereinzelt blaue Kalkplatten enthalten. Über das Alter dieses isolierten Vorkommens können wir keine Aussage machen.

Bald nach den schlechten Aufschlüssen im Raume W Lachman Jhula erscheinen an der Straße plattige (dm-Bereich), graue bis bräunlichgraue, z. T. mergelige Kalke mit Zwischenlagen von grünlichgrauem Tonschiefer und feinsandigem Tonmergel. In der stark gefalteten Folge, die dem Lower Krol limestone (Krol A) sehr ähnlich ist, wechselt das Schichtfallen zwischen SSW und NNE. In einem Antiklinalkern tauchen an der Straße vorübergehend schwärzliche bis dunkelgraue Tonschiefer und feinglimmerige Schiefer empor (30 m). Sie enthalten auch graue Mergelkalklagen. Es ist hier der Grenzbereich Infra Krol shales—Lower Krol limestone aufgeschlossen.

Trotz oftigen Gegenfallens taucht die gefaltete Plattenkalkfolge allmählich gegen NNE ab. Die hangendsten 20 m sind massiger, grauer, etwas mergeliger Kalk, dann überlagern mittelsteil NNE-fallend 40 m rote Tonschiefer. Sie entsprechen wohl den red shales (Krol B, J. B. AUDEN 1934).

Im obersten Teil der roten Schiefer sind zentimeterweise bräunliche Kalke und grünliche Schiefer eingeschaltet.

Es überlagern etwa 15 m grüngraue Tonschiefer. Darüber folgt 10—15 m Dolomit mit Rauhwackenbildung und 40 m grauer bis dunkelgrauer, massiger Dolomit. Er enthält Gips in Form von Schnüren und cm-dicken Kluftbelägen (vgl. J. B. AUDEN 1948, S. 79).

Den Dolomit überlagern einige Meter graue Schiefer, denen cm-dicke Kalkplatten eingeschaltet sind.

Darüber folgen etwa 10 m graue bis schwärzliche Tonschiefer. Es handelt sich dabei vermutlich um Infra Krol shales, die in die höheren Krol-Dolomite eingeschuppt sind.

Wir sind hier in dem Bereich, wo der aus ESE kommende Ganges sich gegen SW, gegen Lachman Jhula wendet. An diesem Knie des Ganges setzt über den schwarzen Schiefern, NNE-fallend, erneut grauer Dolomit ein. Das massige bis dickbankige Gestein enthält ebenfalls auf Klüften Gips.

Man fährt nun auf der Straße annähernd im Streichen der Gesteine. Es stehen dunkelgraue Kalke mit Zwischenlagen von dunklem Schiefer an. Diese Folge überlagert anscheinend den Dolomit.

Bevor man die Stelle erreicht, wo von SE der Hiul River ins Hauptttal mündet und wo dieses im Sinne des Anstieges sich gegen NNE wendet, setzt eine steilstehende Folge von bankigen, grauen bis bräunlichen Quarziten, feinkörnigen, quarzitischen Sandsteinen und Schiefern ein. Es handelt sich um Tal-Serie, die hier im Kern einer Synklinale von SE her über den Ganges herüberreicht. Dies ergibt sich sehr deutlich aus der Kartierung von C. S. Middlemiss (1887a).

In den Gesteinen der Tal-Serie geht das steile NNE-Fallen in SSW-Fallen über. Es tauchen erneut dunkle Schiefer, Kalke und Dolomit auf. Diese gehören der im N-Flügel der Synklinale wieder erscheinenden Krol-Serie an.

Im Liegenden dieser einige hundert Meter mächtigen Folge tauchen knapp vor der Brücke über einen orogr. rechten Seitenfluß (Huini River) schwärzliche, etwas glimmerige Schiefer (Infra Krol) auf. Die Gesteine fallen mittelsteil gegen S.

Nach der Brücke beginnt eine Folge von roten Sandsteinen, mit Rippelmarken, braungrauen, grobgebankten Quarziten, bunten Zwischenschiefern und vereinzeltem, feingeschichtetem Dolomit. Diese Serie fällt teils gegen N, teils gegen SSW. Die Gesteine bilden aber trotz wechselnder Lagerung anscheinend das Liegende der Infra Krol-Schiefer. Die bunte Folge entspricht daher höchstwahrscheinlich Nagthat, keinesfalls aber Simla slates, wie sie in den „autochthonen Fenstern" J. B. Audens (1937a) zu erwarten wären.

Im Bereich der erwähnten Seitentalmündung macht das Gangestal erneut einen scharfen Knick. Im Sinne des Anstieges biegt das Tal aus der NNE- in die ESE-Richtung. Man bleibt daher bei der Weiterfahrt längere Zeit in den roten Sandsteinen, die Kreuzschichtung und Wellenfurchen zeigen, in grüngrauen und roten, seidigglänzenden Schiefern mit vereinzelten, grauen Kalkbänken. Die Gesteine fallen vorwiegend gegen SSW ein.

Das gegenüberliegende, orogr. linke Gangesufer bauen Krol-Kalke auf. Nach dem Talknick gegen S (im Sinne des Anmarsches) tritt dieser Zug von Krol-Dolomit auf das orogr. rechte Ufer über und man quert ihn. Seine Mächtigkeit ist aber tektonisch stark reduziert (etwa 20 m).

Ebenfalls steil SSW-fallend überlagern im S graue, quarzitische Sandsteine und Schiefer, die Fortsetzung der bereits beschriebenen Tal-Serie.

Darüber folgen lichtgrüne, zu scharfkantigen Stücken zerfallende, quarzitische Schiefer und Quarzite mit einzelnen, glimmerigen Sandsteinlagen. Nach der Karte von C. S. Middlemiss (1887a) gehören diese nicht mehr zur Tal-Serie (Jura), sondern bereits zu der bedeutend älteren „Schistose-Series". Da C. S. Middlemiss auf dem von ihm kartierten Gebiet S des Ganges zwischen Tal-Serie und diesen etwas metamorphen Schiefern einen Zug von Eozän gefunden hat, dürfte die Abtrennung zu Recht bestehen. J. B. Auden (1937a, b) rechnet die Schiefer zur Deckscholle von Lansdowne, und damit zur Garhwal-Decke. Aus Gründen der Lithologie und der Gesamtsituation möchten wir die Schiefer und Quarzite der Chail-Serie zuweisen.

Dadurch, daß sich das Tal wieder gegen NNE wendet, verläßt man diese Schiefer und gelangt wieder in grünliche und rötliche Quarzite, Sandsteine und Schiefer (Tal-Serie). Etwas N der Hängebrücke über den Ganges quert eine etwa 15 m mächtige, morphologisch hervortretende Kalkbank das Tal (SSW-Fallen mit 55°). Es ist ein bläulich-grauer, braun anwitternder, crinoidenspätiger, unreiner Kalk bis Kalksandstein. Er enthält zahlreiche, meist aber schlecht erhaltene Fossilien.

Auch im Liegenden dieses Fossilhorizonts finden sich graue, grüne und weiße Quarzite und quarzitische Sandsteine, die Kreuzschichtung zeigen. Vor allem die weißen Quarzite lassen öfters feine Jaspispartikelchen erkennen.

Im Liegenden folgen bräunlichgraue-dunkelgraue Schiefer. Sie sind z. T. feinglimmerig und zeigen schalige Ablösung. Diese Gesteine sind ebenfalls noch zur Tal-Serie zu zählen.

Im Bereich dieser Schiefer biegt das Tal erneut aus der NNE- in die SSE-Richtung (im Sinne der Marschrichtung).

Entlang der Straße sind Schiefer und Quarzite der Tal-Serie aufgeschlossen. Durch den Talverlauf quert man erneut das fossilreiche Sandkalkband.

Die Bestimmung der Fossilien durch Herrn Prof. Dr. R. Sieber ergab: *Trigonia* sp.?, Steinkerne von *Ostrea*, Actaeonide (*Striactaeonina* sp.?), ein Steinkern einer Gastropodenwindung (*Turritella* sp. oder „*Chemnitzia*"?), *Dentalium* sp.?, Crinoidenreste usw.

Flußaufwärts wendet sich das Tal in Windungen gegen NE und man quert vom Hangenden her die Quarzite und Schiefer (höhere Tal-Serie), die grauen, z. T. dunklen Schiefer (tiefste Tal-Serie), etwa 50 m bläulichgraue, bankige Krol-Kalke, die gegen das Liegende dünnbankig werden und rote und grüne, gefaltete Schiefer mit Lagen von dunklem Dolomit und kieseligem Kalk. Es folgt dunkler Dolomit, der gegen das Liegende in bläuliche, mergelige Kalke übergeht. In deren Liegendbereich finden sich Spuren von schwärzlichen Schiefern, die Infra-Krol entsprechen könnten.

Die Mächtigkeit der Tal-Serie dürfte hier um 500 m liegen, während die der Krol-Serie 200 m kaum wesentlich übersteigt. Sämtliche Gesteine fallen steil bis mittelsteil gegen SSW ein.

Im Liegenden der Krolgesteine erscheint eine sehr mächtige bunte Sandsteinserie. Das anfängliche steile SSW-Fallen wird bald von flacher Lagerung und sanftem NNE-Fallen abgelöst.

Die meist bankigen, grauen, grünen, rötlichen und violetten, z. T. quarzitischen Sandsteine zeigen Kreuzschichtung und Wellenfurchen. Die reichlich vertretenen Schieferzwischenlagen sind ebenfalls meist bunt gefärbt. In dieser mächtigen, klastischen Folge, die wohl den Jaunsars (Nagthat) entspricht, bewegt man sich bis etwa 4 km vor Deoprayag.

Hier taucht die Serie unter grünliche und graue Schiefer mit etwas phyllitisch glänzenden s-Flächen und ebenso gefärbte Quarzite ab. Die Schiefer sind häufig feingefältelt. Diese Gesteine gehören bereits zur leicht metamorphen Chail-Serie, und wir befinden uns tektonisch in der Chail-Decke.

Überblicken wir die bisher beschriebene Strecke des Profils (6a und b), so zeigt sich folgendes: Im Gangestal oberhalb Lachman Jhula quert man das NW-Ende einer Großmulde der Krol-Einheit und bewegt sich später entlang dem NNE-Flügel dieser Synklinale. Die Gesteine der Chail-Decke, die in Form einer ausgedehnten Deckscholle den Kern dieser Synklinale bilden, werden nur an einer Stelle berührt.

In der darunterliegenden Krol-Einheit finden wir eine normale stratigraphische Abfolge von Jaunsar—, Infra-Krol—, Krol—, Tal—Eozän. Das jüngste Schichtglied wurde vom Verfasser nicht beobachtet, es ist aber durch die Arbeit von C. S. Middlemiss (1887) erwiesen. Die ausgezeichnete Karte und Beschreibung legt einem die Deutung nahe, daß hier Deckenbau herrscht. Es ist interessant zu verfolgen, wie nahe Middlemiss bereits im Jahre 1887 der richtigen Deutung der Struktur des Gebietes war. Man kannte damals noch keine Deckenlehre und so blieb es J. B. Auden vorbehalten, 1937 den Deckenbau des Gebietes zu beweisen.

Vortertiäre Fossilien sind im Niederen Himalaya eine große Seltenheit, weshalb die Fossilvorkommen in der Tal-Serie (Jura-Kreide) von besonderer Bedeutung sind. Sie sind seit H. B. Medlicott (1864, S. 69) bekannt und wurden in der Folge von C. S. Middlemiss (1885, 1887a, 1890) näher untersucht. Nach J. B. Auden (1937a, b) sind die Schiefer der Unteren Tal-Serie hier nur schwach entwickelt. Die Quarzite, Sandsteine und Schiefer, die auch das Fossilband enthalten, gehören zur Oberen Tal-Serie.

Für den Verfasser war es von großem Interesse, dieses fossilbelegte Vorkommen von Tal-Gesteinen kennenzulernen. Es zeigt nämlich die große, lithologische Ähnlichkeit der Tal- und Nagthatgesteine. Ohne das Fossilband wäre es kaum möglich, diese beiden so verschieden alten Ablagerungen zu unterscheiden.

Damit zeigt sich aber die Problematik, der man sich in anderen Himalayagebieten bei Fehlen von Fossilien gegenüber sieht! Bei dem komplizierten Bau des Niederen Himalaya ist es nicht immer zu entscheiden, ob die mit den Krolgesteinen vorkommenden bunten Sandstein-Schieferfolgen in deren stratigraphisch Hangendes (Tal = Jura-Kreide) oder Liegendes (Nagthat-Blaini = Devon-Karbon) gehören.

Es wird nun die Profilbeschreibung fortgesetzt. Wir verlassen bei Deoprayag das Ganges-Tal und folgen dem Tal des Alaknanda aufwärts nach Srinagar (in Garhwal!).

Auf die Gesteinsvielfalt in der Krol-Einheit folgt nun die einförmige, über viele Zehner von Kilometern gleichbleibende Chail-Serie: Grünliche und graue, silbrig glänzende Schiefer, quarzitische Schiefer und Sandsteine sowie Quarzite. Die gewellten s-Flächen zeigen meist phyllitischen Schimmer. Scherfaltung ist verbreitet.

Wie bereits in Nepal beobachtet, ist die Lagerung in der Chail-Decke vorwiegend flach. Das NNE-Fallen bei Deoprayag wird rasch von schwebender bis SE-fallender Lagerung abgelöst. Es herrscht starkes, achsiales Abtauchen gegen ESE (bis 35°!), weshalb die s-Flächen wechselnd gegen SE, E oder NE einfallen. Es macht sich hier bereits die Nähe der Almora-Gneisdeckscholle bemerkbar. Die Gesteine der Chail-Decke tauchen gegen E unter die in einer Synklinalzone erhaltengebliebene Kristallin-Decke (Almora Crystalline Zone, A. Heim und A. Gansser 1939) ab (siehe Taf. 1. C.).

Gegen Srinagar wird die Lagerung steiler und unruhig (NE-Fallen), bei dem genannten Ort setzt dann überraschend steiles S-Fallen ein. Es stehen hier helle, glattflächige, phyllitische Schiefer und grobkörnige, grünliche, gebankte Quarzite an.

In grünlichem bis dunkelgrauem Serizitphyllit fand sich ENE Srinagar eine metermächtige Einschaltung von graugrünem, mittelkörnigem Amphibolit. Abgesehen von der etwas stärkeren Zerscherung erinnert das Gestein sehr an die basischen Einschaltungen in der Chail-Serie, wie wir sie aus Nepal (Ranmagaon, Tatopani) kennen. Betrachtet man aber das Gestein durch das Mikroskop, so bezweifelt man nicht mehr die Gleichartigkeit der so weit voneinander entfernten Gesteinsvorkommen.

Das von Scherflächen durchzogene Gestein zeigt alle Anzeichen starker mineralogisch-chemischer Umlagerung. Die meist farblose, selten ganz blaßgrüne Hornblende bildet schlecht begrenzte, ausgefranste Individuen (0,3—2 mm, max. 3 mm), die auch im Kern starke Umwandlung in Glimmer, Titanit und etwas Chlorit beobachten lassen. Der Plagioklas (Andesin, 33—37 % An) zeigt schmale, leistenförmige Gestalt (0,3—1,3 mm) oder tritt xenomorph in der Grundmasse auf. Im letzteren Falle ist der An-Gehalt nicht genau bestimmbar. Die häufig verzwillingten Leistenfeldspäte sind oft mit der Hornblende primär verwachsen. Im Plagioklas zeugen die reichlich vorhandenen feinen Kriställchen von Serizit und Klinozoisit von den chemischen Umlagerungen. Biotit (X blaßgelb, Z schmutziggrüngelb) bildet meist feine Aggregate (max. 0,2 mm) und wächst durchwegs sekundär nach Hornblende. Die zahlreichen großen (0,3—1,6 mm) Titanite sind xenomorph. Häufig sind sie mit Erz (bis 0,3 mm) verwachsen. Epidot-Klinozoisit bildet Körner und Säulchen (0,02—0,4 mm), die in großer Menge im Gestein verteilt sind. Etwas Serizit und Chlorit. Quarz tritt nur in Form von Myrmekit im Grundmasseplagioklas auf.

Die ophitähnliche Struktur spricht für oberflächennahe Bildung des basischen Eruptivgesteins. Die durch die allgemeine leichte Metamorphose der Chail-Serie hervorgerufenen Veränderungen sind nicht zu übersehen.

Im Alaknanda-Tal oberhalb Srinagar zeigt sich eine Veränderung in der Chail-Serie: Helle, dickbankige, grobkörnige Quarzite treten mengenmäßig stärker hervor. Man quert einige Meter bis Zehnermeter mächtige Amphibolitzüge, die randlich zu Chloritschiefer umgewandelt sind (vgl. C. S. MIDDLEMISS 1888).

An der Straße Srinagar—Ruduprayag stehen an einigen Stellen auch hellviolette bis rosa Quarzite mit Wellenfurchen und bunten Schieferzwischenlagen an. Winzige, rote Jaspispartikelchen verstärken den Eindruck, daß diese rötlichen Quarzite den Nagthats bzw. dem Khaira Quarzit des Simla-Gebietes entsprechen. In Nepal überlagern rote Sandsteine und Quarzite die Chail-Serie. Man befindet sich hier vermutlich in den Hangendpartien der einige tausend Meter mächtigen Chail-Serie. Dafür spricht einerseits das generelle S-Fallen im Raume ENE Srinagar, das eine Einmuldung verrät, anderseits die Nähe des Dudatoli-Granitgneis, der das NW-Ende der Almora Kristallin-Deckscholle bildet. Unter diese Deckscholle tauchen die Gesteine der Chail-Decke achsial ab.

Wenige km vor Ruduprayag endet das mehr oder weniger steile S-Fallen, das seit Srinagar herrschend war. Die Quarzite und Schiefer tauchen nun steil bis mittelsteil gegen N ab (siehe Taf. 3 [7]).

Im Ortsbereich von Ruduprayag quert ein mächtiger Grüngesteinszug das Tal.

Hier am nördlichen Endpunkt unserer Profilaufnahme sind wir der westlichsten Route von A. HEIM und A. GANSSER (1939) am nächsten gekommen.

Die genannten Autoren beschreiben aus dem Raume Diwali Khal-Karnaprayag Gesteinsfolgen, die ganz der von uns im Alaknanda-Tal angetroffenen Chail-Serie entsprechen. Es handelt sich dabei um die unmittelbare streichende Fortsetzung derselben. Der Beschreibung ist zu entnehmen, daß im Alaknanda-Tal zwischen Karnaprayag und Joshimath noch zweimal Gesteine der Krol-Einheit in tektonischen Fenstern unter Gesteinen der Chail-Decke und Deckschollen der noch höheren Kristallin-Decke auftauchen. Es handelt sich um das Chamoli-Fenster (J. B. AUDEN 1949, S. 75).

Besonders interessant ist die Erwähnung einer, unserer Meinung nach tektonischen, Diskordanz zwischen den Kalken und Schiefern der Krol-Einheit und den überlagernden Quarziten und Schiefern (Chail) durch A. HEIM und A. GANSSER (1939, S. 49). Analoge Beobachtungen an der Hangendgrenze der Krol-Einheit konnten wir am S-Rand des Shali-Fensters im Nauti Khad machen (vgl. Taf. 3 [5], Abb. 30, S. 115). A. HEIM und A. GANSSER haben die gleiche Erscheinung an der Liegendgrenze der Dudatoli Kristallin-Deckscholle beobachtet und in gleicher Weise gedeutet S. 48: „... the crystalline series is seen overlapping the sedimentary folds" und „... it plainly appears as an overthrust shearing off the folded sedimentaries".

Disharmonische Tektonik der Krol-Einheit gegenüber den höheren tektonischen Elementen ist eine weitverbreitete Erscheinung. Die steilen, manchmal isoklinalen Falten der Krols werden von den meist relativ flachgelagerten Gesteinen der höheren Einheiten ziemlich unvermittelt abgeschnitten. Über dem oft sehr komplizierten und schwer enträtselbaren Bau der Krol-Einheit folgt in den höheren Decken anscheinende tektonische Ruhe. Die Gesteine liegen meist flach und die Faltung erscheint sehr weitgespannt. Ab und zu beobachtbare, liegende Falten zeigen aber, daß die einförmigen Serien doch weit mehr Durchbewegung erfahren haben als es dem äußeren Anschein entspricht. Auf diese Erscheinung verschiedenen tektonischen Stils in der Krol-Einheit und den höheren Decken wird noch zurückzukommen sein. Sie ist ein Grund für unsere Ansicht, daß nur die Chail- und Kristallin-Decke tatsächlichen Fernschub erfahren haben, die Krol-Einheit aber, von ihrer ehemaligen Unterlage abgeschert, nur an ihrem SW-Rand Deckencharakter besitzt, sonst aber parautochthon ist.

b) Srinagar — Pauri — Lansdowne

Es wird nun die S-Fortsetzung des Straßenprofils 7 (Taf. 3) vom Alaknanda-Tal über Pauri, Lansdowne bis zu den Siwaliks beschrieben.

S von Srinagar herrscht in den Gesteinen der Chail-Serie noch steileres S-Fallen. Am halben Weg gegen Pauri werden die Lagerungsverhältnisse stark schwankend, im Bereich dieser Ortschaft stellt sich sanftes bis mittelsteiles NNE- bis ENE-Fallen ein, das bis in das Gebiet des Nayar River, also über fast 25 km hin anhält. Die B-Achsen tauchen sanft gegen SE ab.

Man durchquert die einförmige Folge serizitischer Schiefer und Quarzite (mit Rippelmarken), welche die Chail-Serie charakterisieren.

S der kleinen Ortschaft Kolikal (8 Meilen nach Pauri) war in dieser Serie grünlicher, phyllitischer Psammitschiefer zu beobachten. Das stark geschieferte Gestein enthält linsige Quarzkörner von 2—4 mm Dm. in relativ dichter Lagerung. Schiefer von völlig gleichem Aussehen kennen wir aus der Chail-Serie in Nepal (Mayang-Ranmagaon).

2 Meilen vor Satpuli erscheinen im Liegenden der mittelsteil NE-fallenden Chails grünliche bis violette, glimmerreiche Tonschiefer und Sandsteine. Die Schiefer, die bis metermächtige Sandsteinbänke trennen, zeigen häufig Transversalschieferung. Mit diesen bunten Gesteinen der Nagthat-Serie (Purple slates, C. S. Middlemiss 1887a) befinden wir uns wieder in der Krol-Einheit.

Gleichzeitig mit dem Übertritt in die tiefere tektonische Einheit wird das NE-Fallen von mittelsteilem N-Fallen abgelöst. Die Deckengrenze zeigt sich also nicht bloß durch einen gewissen Metamorphosesprung an, sondern sie dürfte hier auch von einem Wechsel in der Streichrichtung begleitet sein.

Im Bereich der Ortschaft Satpuli (auch Satli), die bereits im Nayar-Tal liegt, sind Großfalten im Zehnermeterbereich zu beobachten.

In unzähligen Kurven windet sich die nach Lansdowne führende Straße am orogr. linken Hang des Nayar-Tales empor. Die gefalteten, bunten Schiefer und Sandsteine (Nagthat), die entlang der Straße S Satpuli anstehen, fallen mit wechselndem Einfallswinkel gegen S bis SSW.

Bald nachdem die Straße hoch oben am orogr. linken Hang in ein von S kommendes Nebental führt, gelangt man in eine metermächtige Dolomitscholle, darauf in 50 m rote Tonschiefer. Die roten Schiefer sind stark durchbewegt und enthalten Rauhwackeneinschaltungen von wenigen Metern Mächtigkeit.

Es überlagert steil S-fallend, eine Wechselfolge von bräunlichgrauem, griffeligem Tonschiefer und grauem, etwas mergeligem Kalk mit knolligen s-Flächen (15—20 m). Graue Mergel und bräunliche, sandige Kalkbänke leiten über zu mit 65° gegen SW fallendem Kalk mit roten, sandigen Zwischenschiefern (15 m). Daraus entwickelt sich schließlich eine dickbankige Folge von bläulichgrauem, kieseligem Kalk und zuckerkörnigem Dolomit. In dem etwa 30 m mächtigen Karbonatgesteinszug wird die Lagerung saiger und schließlich 60° NE-fallend.

Die insgesamt 110—120 m mächtige Krol-Serie ist also in ihrem südlichsten Teil überkippt. Durch Einschaltung schwarzer Schiefer erfolgt in ihren hangendsten Partien der Übergang zu grünlichen und grauen Schiefern. Diese gehören zu den tiefsten Teilen der Tal-Serie. Es finden sich auch graugrüne Schiefer mit eingestreuten Feldspat- und fraglichen Gesteinspartikelchen. Sie erinnern stark an die Grauwackenschiefer vom Masjam-Paß und von Tansing (Nepal, vgl. I, A, 1a).

Bald entwickelt sich aus den Schiefern eine Folge von metergebankten roten und grünen Sandsteinen, z. T. mit Manganbelägen auf den Klüften, rosa, grauen und weißen, oft gebänderten Quarziten, quarzitischen Arkosesandsteinen (wie bei Tansing, Nepal), violetten, feinbrekziösen Quarziten mit Jaspisstückchen und grauen und roten Schiefern.

Daß es sich hier nicht um Nagthat, sondern um die viel jüngere Tal-Serie handelt, wird durch eine 20 m mächtige Einschaltung von fossilführendem, bläulich-grauem Sandkalk bewiesen (9 Straßenkilometer vor dem Paß). Dieser entspricht dem im Gangestal angetroffenen und bereits beschriebenen Kalkzug, dessen streichende Fortsetzung er darstellt.

Die Lagerung der Gesteine ist sehr steil bis saiger. In Nähe des Krolzuges herrscht NE-Fallen, das bald von steilem SW- bis WSW-Fallen abgelöst wird.

Im Hangenden des Fossilhorizontes folgen graue, phyllitische Schiefer mit Bänken von kreuzgeschichtetem, quarzitischem Sandstein, darüber wieder violette, glimmerige und jaspisführende Quarzite (SW- bis WSW-Fallen mit 40—65°).

Etwa 5 km vor der Paßhöhe ist die Lagerung plötzlich gestört — steiles N-Fallen stellt sich ein, worauf 45° SW-fallende weiße und grüne Quarzite, später seidig glänzende Schiefer einsetzen.

An der Basis der Quarzite dürfte die Grenze zwischen der Tal- und der überlagernden Chail-Serie zu ziehen sein. Nach der Querung des N-Flügels der Krol-Großmulde betritt man hier das Gebiet der Chail-Decke, die den Großteil der Deckscholle von Lansdowne aufbaut und den Kern der genannten Synklinale erfüllt. Bis zur Höhe des 5000 Fuß hohen Passes quert man grünliche, seidig glänzende, serizitische Schiefer, weißliche, silbrige, quarzitische Schiefer.

S des Passes sind fast weiße, im cm- bis dm-Bereich gebankte, ebenfalls flach bis mittelsteil SW-fallende Quarzite weit verbreitet.

Nachdem sich schon vorher eine gewisse Unruhe in den Lagerungsverhältnissen der Chail-Gesteine gezeigt hat, folgt 5 Meilen vor Lansdowne der Granitgneis, der den Kalobarhi-Berg bei Lansdowne aufbaut. Dieses interessante Vorkommen ist seit C. S. MIDDLEMISS (1887a, b) bekannt.

Der grobkörnige Zweiglimmergranitgneis zeigt 1 bis 2 cm große, ziemlich dicht gelagerte Augen von Kalifeldspat. Das Gestein enthält etwas Turmalin.

Das s dieses Granitgneises fällt sanft gegen SSW ein.

Auf der Weiterfahrt bleibt man in dem sehr gleichmäßig ausgebildeten Gestein. Nebengesteinsschollen oder andere Hybriderscheinungen konnten nicht beobachtet werden.

Wo die nach Fatehpur führende Straße den am Berg gelegenen Stützpunkt Lansdowne verläßt, gelangt man wieder in das Liegende des flach gelagerten Granitgneises, der nur die höchsten Erhebungen des Kammes aufbaut. Es stehen serizitphyllitische Schiefer an, die mit 30° gegen W bis WSW unter den Granitgneis abtauchen.

In vielen Kehren führt die Straße in SE-Richtung den Hang hinab und wendet sich dann gegen NW, in Richtung Fatehpur. Man quert im Bereich zwischen Straßenkilometer 8 und 12 nach Lansdowne wieder Granitgneis, der hier am Hang tiefer hinabreicht. Bei km 8 überlagert er phyllitische Schiefer bis Glimmerschiefer, bei km 12 ebenflächige, phyllitisch-quarzitische Schiefer, die sanft gegen NE, also ebenfalls unter den Granit abtauchen.

Der Granitgneis scheint also allseitig von den Gesteinen der Chail-Serie unterlagert zu werden. Ein Mantel von Glimmerschiefer oder gar Migmatiten fehlt. Die Grenze des Granitgneises ist, zumindest an den Punkten, wo wir sie beobachten konnten, durchwegs scharf. Wir glauben daher, daß der Kontakt ein tektonischer ist und daß die Gesteine der Chail-Serie nicht das ursprüngliche Nebengestein des Granits waren. Der Granitgneis scheint vielmehr als Rest einer höheren Decke, nämlich der in den verschiedensten Himalayagebieten zu beobachtenden Kristallin-Decke, die Chail-Gesteine zu überlagern.

Dem könnte die Angabe von C. S. MIDDLEMISS (1887a) widersprechen, daß im Umkreis des Kalobarhi-Granitgneis die Schiefer Granat führen (Karte!). Wir haben keinen Granat in den angrenzenden Schiefern beobachten können. Aus Nepal ist uns aber bekannt, daß, zwar selten, aber doch ab und zu in der Chail-Serie kleinere Granate vorkommen. Es wäre daher nicht erstaunlich, wenn in dem stark durchbewegten Bereich im unmittelbaren Liegenden einer überschiebenden Decke in den Schiefern Granate gewachsen wären.

In seiner Arbeit 1887b behandelt C. S. MIDDLEMISS die Probleme der Kristallingebiete von Dudatoli und Kalobarhi. Es wird darinnen die Parallelität des Dudatoli-, Kalobarhi- und Chor-Granits betont: Stets finden sich diese Granite im Kern von Synklinalen. Sie überlagern die „schistose series" (= Chail), unter welche jüngere, z. T. fossilbelegte Serien (Tal und Eozän) abtauchen. Die Granitgneise verhalten sich völlig konkordant zu den umgebenden Gesteinen und die Kontakte sind fast durchwegs scharf. Im Dudatoli-Massiv werden Ausnahmen berichtet, wo durch Feldspatung oder Verfingerung ein Übergang vom Granit zum begleitenden Glimmerschiefer besteht.

C. S. MIDDLEMISS kommt auf Grund sämtlicher Beobachtungen zu dem Ergebnis, daß die kristallinen Gesteine alt seien, also nicht während der himalayischen Gebirgsbildung entstanden sind. Später wurden unter dem Einfluß tangentialen Drucks die fertigen Gesteine geschiefert und an „reversed faults" horstartig allseitig den umgebenden jüngeren Gesteinen aufgeschoben.

Heute wissen wir, daß es sich bei den genannten Beispielen um in Synklinalen erhalten gebliebene Reste der höheren Kristallin-Decke handelt. Es ist also zu bewundern, wie treffend C. S. MIDDLEMISS beobachtet hat und wie nahe ihn seine Schlußfolgerungen im Jahre 1887 bereits der richtigen Lösung des Problems gebracht hatten.

Die Weiterfahrt nach Fatehpur führt einen durch meist steil NE-fallende phyllitische und quarzitische Schiefer der Chail-Serie.

Kurz nach Fatehpur, bei dem Straßendreieck (Lansdowne-Pauri-Kotdwara), gelangt man, wenn man gegen S in Richtung Kotdwara fährt, aus der Chail-Serie heraus in polygonal brechende, grüne Schiefer mit Manganoxydhäuten und 300 m S der Abzweigung in massige, graue, rote, grüne und weiße Quarzite und metergebankte, grüne Sandsteine mit Schieferzwischenlagen. Letztere zeigen schalige Absonderung und unterscheiden sich deutlich von den metamorphen Schiefern der Chail-Serie.

Man verläßt hier die Deckscholle von Lansdowne und befindet sich in einer 700—800 m mächtigen Gesteinsfolge, die wohl der Tal-Serie entspricht. Dem lithologischen Charakter nach wäre ein Vergleich mit der Nagthat-Serie ebenfalls möglich, doch ist es wahrscheinlicher, daß die Tal-Serie, die im N der Deckscholle die Chail-Gesteine in großer Mächtigkeit unmittelbar unterlagert, auch im S nach dem Ausheben der Chails als erstes, oberstes Schichtglied der Krol-Einheit auftaucht. C. S. MIDDLEMISS gibt hier in seiner Karte (1887a) im Liegenden der „schistose series" „Tal" an, welche von etwas „volcanic breccia" und „purple slate" unterlagert wird. Die beiden letzten Bezeichnungen, die für Nagthat- und Blaini-Gesteine angewandt werden, gebraucht C. S. MIDDLEMISS, wie bereits J. B. AUDEN (1937a, S. 417) festgestellt hat, etwas inkonsequent, indem er manchmal auch Quarzite und Schiefer der Tal-Serie in diese einreiht.

Vor dem Ort Dogadda kommt man aus den mit 50° N-fallenden Tals in eine Wechselfolge von bankigem, grünem, glaukonitischem Sandstein und rotem Schiefer. Das Tälchen, in dem Dogadda liegt, folgt dem Streichen dieser eindeutig tertiären Gesteine. Die Zone ist stark gestört — schwarze Schiefer grenzen mit offensichtlich tektonischem Kontakt im S an das Tertiär.

2 km W von Dogadda biegen Tal und Straße nach S ab. Man fährt nun wieder quer zum Streichen der Gesteine und gelangt dadurch in dickbankigen, meist grauen Quarzit mit Zwischenlagen von dunkelgrauem, spätigem Kalk, Quarzitbänke, die mit feinem Oolithkalk und schwarzen Tonschiefern wechsellagern. Die bituminösen Schiefer

zeigen gelbe und weiße Ausblühungen. Im südlichsten Teil dieser stark gestörten, steil N-fallenden bis saigeren, etwa 100 m mächtigen Serie erscheinen außerdem noch griffelige Mergel mit dunklem, metergebanktem Dolomit und grauem Sandkalk, der Bryozoen, Brachiopoden und Crinoiden geliefert hat [L 7]. Ihr Erhaltungszustand ließ keine nähere Bestimmung zu.

Die oben beschriebene Wechselfolge gehört demnach zur Tal-Serie. Es ist uns nicht möglich, nach dem kurzen Besuch das genaue Alter der tertiären Schichten N davon anzugeben. Wir hatten in dieser Zone keine Fossilien gefunden. C. S. MIDDLEMISS (1887a) scheidet auf seiner Karte diesen Zug als „Nummulitic", also Eozän, aus.

Auf den Tal-Fossilhorizont folgen im S sanft N-fallende, seidig glänzende Tonschiefer mit hellen, dünnen Quarzitlagen. Die Aufschlüsse sind in diesen Gesteinen ziemlich schlecht.

Nach einem von E kommenden Seitengraben (etwa 1 km S des oben erwähnten Talknickes) setzen die Siwaliks ein. Die mehrere Meter mächtigen Sandsteinbänke fallen mit 60° gegen NE ein. Es sind helle, grünlichgraue, etwas mürbe Sandsteine verschiedener Korngröße. Sie verwittern bräunlich. Tonschieferlagen trennen die mächtigen Sandsteinbänke und finden sich manchmal in Form von Tonscherbenbrekzien im Sandstein.

Auf der Weiterfahrt nach Kotdwara durchquert man die etwa 12 km breite Siwalik-Zone. Die meist NE-fallenden Gesteine wurden aber nicht näher untersucht.

Rückblickend läßt sich bezüglich des Raumes SW von Lansdowne feststellen: Infolge des weiten Vordringens der höheren Deckenelemente (Chail- und Kristallin-Decke) bis nahe an die Tertiär-Zone ist die Krol-Einheit in ihrer Mächtigkeit und Schichtfolge stark reduziert. Zwischen den gegen SW aushebenden Chail-Gesteinen und der Main Boundary Thrust, welche die Siwaliks im N begrenzt, finden sich lediglich ein mächtiger Zug von Tal, ein Streifen Eozän (nach C. S. MIDDLEMISS 1887a) und gegen die Main Boundary Thrust ein schmälerer, stark gestörter Zug von Tal. Nur die jüngsten Schichtglieder (Jura-Eozän) der Krol-Einheit sind demnach in Form einer verdrückten Synklinale vorhanden. Der Krol-Kalk setzt nach der Karte von C. S. MIDDLEMISS erst weiter im SE an der Main Boundary Thrust, also im Liegenden des südlichen Talzuges, ein.

Überblickt man den Bau von Garhwal und Kumaon, so ergeben die Arbeiten der verschiedenen Autoren übereinstimmend das Vorhandensein einer aus meso- bis katazonalen Gesteinen zusammengesetzten Kristallin-Decke. Diese wurzelt in der kristallinen Zentralzone des Himalaya-Hauptkammes und reicht, wie ausgedehnte Deckschollen zeigen, weit nach S bis fast an den Rand der Tertiär-Zone. Diese Deckschollen sind durchwegs in Depressionszonen und Synklinalen erhalten geblieben (Almora-Dudatoli-Zone, Zone von Baijnath, Askot, Lansdowne).

Unterlagert werden die Gesteine der Kristallin-Decke fast regelmäßig von serizitisch-phyllitischen Schiefern und Quarziten. Erst im Liegenden dieser leicht metamorphen, oft sehr mächtigen Folge tauchen Kalke, Dolomite und Schiefer auf (Pipalkoti- und Tejam-Zone, Z. v. Pithoragarh usw.).

Bezüglich der Deutung dieser beobachteten Aufeinanderfolge gehen jedoch die Meinungen weit auseinander.

J. B. AUDEN (1937a, b) erkannte den Sprung in der Metamorphose zwischen den Gesteinen seiner Krol Nappe und den überlagernden phyllitischen Schiefern und Quarziten, die er als etwas metamorphe Chandpurs bezeichnet und zur Garhwal Nappe rechnet. Diese Schiefer und Quarzite bilden mit den in sie intrudierten Graniten (Dudatoli, Lansdowne) eine tektonische Einheit.

In einer späteren Arbeit verläßt J. B. AUDEN diesen Standpunkt und stellt das Dudatolikristallin an die Basis der Krol Nappe (1949, S. 77). Es ist schwierig, diesem etwas unerklärlichen Gedanken zu folgen.

A. Heim und A. Gansser (1939) hingegen sehen in der Überlagerung der Karbonatgesteine durch die Schiefer und Quarzite eine stratigraphische Abfolge. Es wird die Vermutung ausgesprochen, daß die Karbonatgesteine der Inneren Gebirgszone der Krol-Serie, die Quarzite und Schiefer der Tal-Serie entsprechen (S. 200, 220). Dieses Problem wird aber nicht endgültig entschieden.

Ähnlich spricht sich J. B. Auden 1953 (S. 128) in bezug auf das Garhwal-Fenster aus.

Es sei daran erinnert, daß auch P. Bordet (1961) die entsprechende Schiefer-Quarzit-Serie in Nepal (Serie von Kunchha) mit der Tal-Serie vergleicht.

Die Liegendgrenze der überlagernden Glimmerschiefer, Para- und Orthogneise wird als Hauptüberschiebung betrachtet. Diese älteren kristallinen Gesteine überschieben die jüngeren sedimentären Serien (Karbonatgesteine, Quarzite).

Sowohl A. Heim und A. Gansser (1939) als auch J. B. Auden (1937a, b) stützen sich auf Beobachtungen, die die von ihnen beschriebenen Überschiebungen beweisen. Die erstgenannten Autoren und Auden (1949, 75; 1953, 127, 128) sehen die Hauptüberschiebung an der Hangendgrenze der Quarzite und Phyllite, J. B. Auden (1937a) an der Liegendgrenze derselben. Beide Standpunkte haben zweifellos ihre Berechtigung, da, wie in der vorliegenden Arbeit gezeigt wird, zwei Fernüberschiebungen existieren: Über die fast nicht metamorphen, und in Garhwal örtlich fossilführenden Gesteine der Krol-Einheit sind die leicht metamorphen Schiefer und Quarzite der Chail-Serie mit den so charakteristischen Grüngesteinseinschaltungen überschoben worden. Diese tektonische Linie entspricht der von G. E. Pilgrim und W. D. West, 1928 im Simla-Gebiet entdeckten Chail Thrust (= Garhwal Thrust, J. B. Auden 1937a). Die mächtige und in ihrer Einförmigkeit so charakteristische Chail-Serie baut eine separate Einheit, die Chail-Decke auf.

An der höheren von A. Heim und A. Gansser entdeckten Überschiebungsbahn wird die epimetamorphe Chail-Serie von meso- bis katametamorphem Kristallin überfahren. Im NW entspricht dieser Störung die Jutogh Thrust (G. E. Pilgrim und W. D. West 1928), in Nepal die Überschiebung der Kathmandu-Decken (T. Hagen 1952).

Wie in Nepal, so dürften auch in Garhwal die tieferen Anteile der Kristallin-Decke schwächer metamorph sein als die höheren, was manchmal einen Übergang in die Liegendserien vortäuschen mag. Der Arbeit von A. Gansser (1964) ist zu entnehmen, daß ähnlich wie in Nepal, auch hier eine tektonische Untergliederung der Kristallin-Decke möglich ist (Fig. 55 auf S. 98, 99—103).

Das Gebiet zwischen Almora und der nepalischen Grenze wird in einer Reihe neuerer Arbeiten beschrieben: R. C. Misra und K. S. Valdiya 1961, K. S. Valdiya 1962, 1963. Die hier angetroffenen Gesteinszonen lassen sich gut an die von A. Heim und A. Gansser (1939) beschriebenen anschließen, bezüglich der Deutung des Baues und der Stratigraphie werden aber neue Wege beschritten: Auf Grund der Beobachtung der Orientierung von Stromatolithen und Wellenfurchen wird gefolgert, daß die gesamte sedimentäre Folge (Schiefer und Karbonatgesteine sowie die überlagernden Quarzite und Schiefer) eine inverse stratigraphische Abfolge darstellt. In der sedimentären Serie wie in der überlagernden Kristallin-Decke nimmt die Metamorphose gegen das Hangende zu. Es wird deshalb angenommen, daß die Kalkzone von Pithoragarh und die überlagernde Quarzit-Zone, die zusammen die Krol Nappe bilden, dem Liegendschenkel einer liegenden Großfalte entsprechen. Auch in der Kristallin-Decke (Garhwal Nappe) herrscht inverse Lagerung.

Altersmäßig werden die stromatolithenführenden Karbonatgesteine mit dem Deoban-, Naldera- und Kakarhatti-Kalk sowie dem Shali-Kalk verglichen. Das Alter derselben wird als spätalgonkisch bis spätkambrisch angegeben. Die Quarzite wären noch älter (1962, S. 47).

Diese Altersangaben stützen sich auf die paläontologische Bestimmung der Algenstrukturen als *Collenia* (1961, S. 83) und den lithologischen Vergleich mit den Kalkvorkommen des Simla-Gebietes, die in den Simla slates eingeschaltet sind. Aus diesen und lithologischen Gründen wird der altersmäßige Vergleich der Karbonatgesteine mit der Krol-Serie abgelehnt.

So bestechend die Argumentation in den genannten Arbeiten VALDIYAS auch ist, so erheben sich doch eine Reihe gewichtiger Einwände gegen die vorgetragene Hypothese:

1. Wenn auch die phyllitischen Schiefer und Quarzite (Ladhiya-Formation, Quarzite von Beringag), die der Chail-Serie entsprechen, regelmäßig die fast nicht metamorphen Karbonatgesteine und Schiefer (Z. v. Pithoragarh, Z. v. Tejam) überlagern, so kann man sie doch nicht als eine stratigraphische Abfolge ansehen. Die Quarzite überlagern nämlich ganz verschiedene Serien, im Arbeitsgebiet von K. S. VALDIYA meist den kieseligen Dolomit oder schwarze Schiefer (1962a, S. 31), im Gangesgebiet das Eozän und die Tal-Serie der Krol-Synklinale von Lachman Jhula-Lansdowne, bei Deoprayag und Satpuli aber Jaunsars, bei Satengal die Tal-Serie der Mussoorie-Synklinale (J. B. AUDEN 1937a, S. 421), in Simla Simla slates, Jaunsars oder Blainis (G. E. PILGRIM und W. D. WEST 1928), in Nepal Simla slates und Nagthats und im Gebiet des Ladhiya River sogar Siwaliks (K. S. VALDIYA 1963).

Es handelt sich also offensichtlich um eine selbständige tektonische Einheit (Chail-Decke), die z. T. diskordant den Bau der darunterliegenden Serie überfährt. K. S. VALDIYA (1962, S. 34) lehnt trotz örtlich zu beobachtender, kleinerer Diskordanzen an der Basis der Quarzit-Zone die Möglichkeit einer Überschiebung ab. Der Gegensatz im tektonischen Stil, der zwischen der ausgedehnten, meist flach liegenden, monotonen Quarzit-Schiefer-Serie und den steilgestellten, komplizierten Falten der darunterliegenden Karbonatgesteine führenden Serie besteht, ist überaus deutlich (vgl. Taf. 3).

2. Der Vergleich der stromatolithführenden Kalke und Dolomite mit dem Deoban-, Naldera-, Kakarhatti- und Shali-Kalk besteht zweifellos zu Recht. Bezüglich der altersmäßigen Zuordnung dieser Kalke sind die Meinungen jedoch geteilt. Während sie von G. E. PILGRIM und W. D. WEST (1928), V. H. BOILEAU u. B. N. RAINA (1954, S. 21), K. S. VALDIYA und von A. GANSSER (1964) für älter als Krol erachtet werden, halten W. D. WEST (1939, S. 160), E. H. PASCOE (1959, S. 824) und H. N. SINGH (1964, S. 7) Shali- und Krol-Kalk für wahrscheinlich gleich alt. J. B. AUDEN (1948, S. 79, 1951, S. 133; 1953, S. 127—128) sieht in den Karbonatgesteinen der Inneren Gebirgszonen faziell andersartige, aber mit Krol gleichaltrige Ablagerungen.

Dieser letzten Ansicht können wir uns nur voll und ganz anschließen: Wir schlagen die Namen Krol- und Shali-Fazies vor. Folgende Tabelle zeigt die Entwicklung in den beiden Faziesbereichen:

KROL-Fazies		SHALI-Fazies
		Dagshai
Nummulitic (Eozän)		Subathu
		Madhan slates?
Tal-Serie		Tal-Serie
C—E	massigere, kieselige Dolomite und Kalke	Ob. Shali-Kalk + Dolomit (kieseliger Dolomit-Kalk), Deoban-Kalk, Stromatolith-Dolomit, Naldera-Kalk und Kakarhatti-Kalk
Krol B	rote Schiefer	
A	plattige, dunkle Kalke und Schiefer	
	Krol-Sandstein (lokal)	
	Infra Krol-Schiefer	Shali slates?

	KROL-Fazies	SHALI-Fazies
Blaini	(rosa Kalke, Schiefer und Sandstein, Boulder bed [Tillit])	U. Shali-Kalk (rosa Dolomit, Kalk, Schiefer und Sandstein)
Nagthat	(bunte Konglomerate, Sandstein, Schiefer, Quarzite)	Khaira-Quarzit (rote Schiefer, Sandstein, Quarzite)
Chandpur	(Schiefer, Quarzite, basische Tuffe)	Phyllitische Schiefer und Quarzite
Simla slates		Simla slates

Abgesehen von einigen Abweichungen zeichnet sich doch deutlich eine parallele und sehr ähnliche Entwicklung in beiden Reihen ab.

Die Ablagerungen der nordöstlichen Shali-Fazies zeigen alle Anzeichen seichteren Wassers und größerer Landnähe, was mit Beobachtungen von J. B. AUDEN (1948, S. 79) und R. C. MISRA und K. S. VALDIYA (1961, S. 85—86) in Einklang steht.

Aus der Profiltafel (Taf. 3) ist zu sehen, daß es sich um zwei Faziesbereiche in ein und derselben tektonischen Einheit (Krol-Einheit) handelt.

3. Bezüglich des Altersnachweises mit „*Collenia*" sei erwähnt, daß die Algenstrukturen besonders bei dem üblichen Erhaltungszustand nur als Faziesanzeiger zu betrachten sind. Sie kommen in ganz verschiedenen geologischen Zeitaltern vor. Vollkommen gleich aussehende Algenstrukturen beschreibt K. MÄGDEFRAU (1953) aus dem Zechstein (Ob. Perm) Deutschlands und analoge Bildungen sind aus den mesozoischen Gesteinen der Nördlichen Kalkalpen Österreichs bekannt. In Nepal sieht P. BORDET (1964, S. 415) in den Stromatolithen und Collenien der dolomitischen Kalke, die genau denen Garhwals entsprechen, einen Altershinweis für Devon.

Wir sehen daher in der weiten Verbreitung von Algenstrukturen in den kieseligen Dolomiten der nördlichen Fazies kein Hindernis, diese mit den ähnlichen Krolgesteinen zu vergleichen. Auch scheint uns dieser Vergleich näher zu liegen als der mit den präkambrischen Gesteinen des Indischen Subkontinents.

4. Muß davor gewarnt werden, die gesamte Schichtfolge Garhwals als invers anzusehen. In den Profilen (1962a, S. 31 u. 36) zeichnet K. S. VALDIYA z. T. isoklinalen Faltenbau, und es ist uns bekannt, daß solche Strukturen weite Verbreitung haben. Die Gesteine sind oft steil aufgerichtet, und ein komplizierter Faltenbau ist für die Krol-Einheit geradezu typisch. Daß dabei häufig überschlagene Falten und damit inverse Schichtfolgen auftreten, ist nur natürlich. Man kann aber daraus nicht die gesamte Schichtfolge als invers betrachten. In den uns persönlich bekannten Gebieten des Niederen Himalaya fanden sich nirgends Beobachtungen für eine solche Annahme. Die Profile von K. S. VALDIYA (1962a) sprechen unseres Erachtens ebenfalls nicht für eine solche Deutung. Es sei auch erwähnt, daß J. B. AUDEN, ein Kenner der Krol-Zone, überall in dieser normale Schichtfolgen beschreibt (1934) und auch in nördlicheren Gebieten der Nagthat-Blaini-Krol-Tal-Folge vergleichbare Serien (Garhwal-Serie, 1949, S. 75) gefunden hat, wobei von inversen Serien nicht die Rede ist.

Es ist auch schwer einzusehen, warum die „Krol Nappe" im Sinne von K. S. VALDIYA durchwegs aus einer inversen präkambrisch-ordovizischen Schichtfolge bestehen soll, während sie an ihrem S-Rand die wesentlich jüngere Krol-Serie in normaler Abfolge enthält (siehe Karte 1962a, S. 46). A. GANSSER (1964, S. 99) wendet sich ebenfalls mit letztgenanntem Argument gegen die Hypothese einer Überfaltungsdecke.

Was die inverse Lage der Quarzit-Serie betrifft, die mit ihren Grüngesteinseinlagerungen eindeutig mit der Chail-Serie identisch ist, so widerlegt die Beobachtung einer aufrechten Schichtfolge im Hangenden der „Quarzit-Serie" eine solche Annahme. Im Jangla

Bhanjyang-Profil (Taf. 3 [9]) fanden wir im Hangenden der Chails eine Nagthat-Krol vergleichbare Schichtfolge, was für die Altersgliederung im Niederen Himalaya von besonderem Wert ist (S. 61).

Zusammenfassend ist festzustellen: Die Kristallin-Decke, welche die Basis für die Tethys-Zone im N bildet, ist weit nach SW überschoben. Die Kristallin-Decke wird von der Chail-Decke unterlagert, die von einer mächtigen Folge von Quarziten, Phylliten und Amphiboliten aufgebaut wird. Unter diesen Schubmassen tauchen die mannigfaltigen Gesteine der Krol-Einheit in Fenstern oder am Rand gegen die Tertiär-Zone empor. In ihrem südlichen Teil überschiebt die Krol-Einheit das Tertiär und zeigt Deckencharakter, während wir vermuten, daß die nordöstlicheren Bereiche dieser Einheit parautochthon sind. Auf die Frage der von J. B. AUDEN angegebenen autochthonen Fenster in der „Krol Nappe" wird bei der allgemeinen Behandlung (I. B. 2. b.) eingegangen.

3. MUSSOORIE (BEI DEHRA DUN)

Dieser Höhenkurort wurde von uns exkursorisch zu Vergleichsstudien besucht, da hier die Schichtfolge der Krol-Zone ideal aufgeschlossen ist. Der Exkursionsführer von K. K. DUTTA und GOPENDRA KUMAR 1964, dem zu einem guten Teil die Aufnahmen von J. B. AUDEN zugrunde liegen, bietet eine wertvolle Hilfe.

Im Bereich, wo die von Dehra Dun nach Mussoorie führende Straße den steilen Berghang erreicht und in Kurven ansteigt, sind in zwei weithin sichtbaren Hangrutschungen die Jaunsars aufgeschlossen:

Die tieferen Partien der Aufschlüsse werden von mittelsteil bis steil NNE-fallenden, dunkelgrauen, grünlichen, vereinzelt rotvioletten, seidig glänzenden Schiefern aufgebaut. Zonenweise sind ihnen grüne, sandige Schiefer wechsellagernd eingeschaltet. Diese, den Chandpurs entsprechende Folge ist 60—80 m aufgeschlossen. Über eine 20 m mächtige Wechselfolge von grünem und rotem Sandstein mit bunten Schiefern erfolgt der Übergang in eine bankige Folge von weißem und rosa Quarzit und grünem Sandstein mit Schieferzwischenlagen. Diese entspricht Nagthat (auf 40—50 m aufgeschlossen).

Bei der Weiterfahrt sind an der Straße grüne Sandsteine und schwärzliche Schiefer, feinglimmerige Sandsteine und Tonschiefer und bei Kehre 5 1 bis 5 dm gebankte, grünliche und graue Quarzite mit Tonscherbenbrekzien aufgeschlossen.

Die auf der Karte des Exkursionsführers eingetragenen Blainis und Infra Krol slates konnten leider an der Straße nicht beobachtet werden — wahrscheinlich fehlen Aufschlüsse davon.

Längere Zeit quert man grauen, plattigen, dünnschichtigen, feinkörnigen, z. T. mergeligen Kalk mit hellgrauen bis bräunlichen, z. T. feinglimmerigen Tonschieferzwischenlagen. Es handelt sich wohl um den Unteren Krol-Kalk.

Nach dem Mautposten setzt vorwiegend dunkelgrauer, etwas bituminöser, massiger Dolomit ein. Bevor man Mussoorie erreicht, ist in diesem Krol-Dolomit (Ob. Krol-Serie) ein wenige Meter mächtiger Doleritgang zu beobachten.

Die sich in der Kammregion ausbreitende Stadt Mussoorie steht auf grauem, bankigem, zuckerkörnigem, dolomitischem Kalk. Lagen von etwas mergeligem Kalk sind gelegentlich zu beobachten.

Im östlichen Vorort Landour überlagern den Krol-Dolomit schwärzliche Schiefer mit dünnplattigen Mergellagen, schwarze feinglimmerige, etwas sandige Tonschiefer und bröckelige, harte, spröde brechende, schwarze, kieselige Schiefer.

Über diesen folgen beim Castle Hill im cm-Bereich plattige, graugelbe, sandige, mergelige Schiefer, die gelblich, etwas eisenschüssig verwittern.

Diese Schiefer im Hangenden des Ob. Krol-Kalk gehören zur Unteren Tal-Serie.

Wir konnten somit in diesem leicht zu erreichenden Gebiet einige typische Schichtglieder der Jaunsar-Krol-Tal-Folge kennenlernen.

Bei der Fahrt nach Mussoorie quert man den S-Flügel einer großen Mulde. Die Gesteine der Tal-Serie finden sich als jüngstes Schichtglied im Kern derselben.

Weiter im SE, bei Satengal und Banali, konnte J. B. Auden (1937a, S. 421) über der Tal-Serie zwei Deckschollen einer höheren tektonischen Einheit beobachten. Er zählt sie zu seiner Garhwal-Nappe. Gesteinsmäßig handelt es sich um phyllitische Schiefer mit untergeordnetem weißem Quarzit.

Nach der Gesteinsbeschreibung und der Position nach gehören sie wohl zur Chail-Serie und würden somit Reste der Chail-Decke darstellen. J. B. Auden (S. 422) konnte an der Überschiebung örtlich Winkeldiskordanzen erkennen, was mit unserer Beobachtung in Einklang steht, daß die Krol- und Chail-Einheiten disharmonische Tektonik zeigen.

An der Basis der Satengal-Deckscholle finden sich örtlich über den Tals Mandhali-ähnliche Gesteine, die wohl als mitgeschleppte Schubspäne zu betrachten sind.

Leider existieren nur wenige Angaben über das Gebiet N und NE von der Krol-Synklinale von Mussoorie. Den Routenbeschreibungen von C. S. Middlemiss (1887a) und R. D. Oldham (1883a) sowie der Arbeit über Jaunsar Bawar von R. D. Oldham (1883b) ist zu entnehmen, daß auch hier ein Bau, ähnlich dem der bereits beschriebenen Gebiete, zu erwarten ist: Deckschollen von Gneis werden regelmäßig von den Bawars, einer Serie von Quarziten und Schiefern, unterlagert (1887a). Die Beschreibung dieser Serie (1883b, S. 197) ist so typisch, daß sie die Chail-Serie bei Ranmagaon (Nepal, I. A. 1. c.) betreffen könnte. Es besteht kein Zweifel darüber, daß Bawars und Chails identisch sind.

Unter diesen Gesteinen, die wie die Gneise meist flach gelagert die Höhen aufbauen (1887a, S. 29; 1883b, S. 197), tauchen in den Tälern Kalke vom Typ Deoban empor.

Es handelt sich um die bereits bekannte Aufeinanderfolge der tektonischen Großeinheiten Krol-Einheit—Chail-Decke—Kristallin-Decke.

Von großem Interesse wäre es, zu wissen, wie die Krol-Synklinale von Mussoorie, die gegen N scheinbar aushebt, an die höheren Einheiten grenzt. Es fehlen Beobachtungen darüber.

Ebenso schwierig ist es, eine Deutung des Baues des Chakrata-Gebietes zu geben (siehe Taf. 1). Die vorhandenen Unterlagen R. D. Oldham (1883b, 1888a), G. E. Pilgrim u. W. D. West (1928), J. B. Auden (1934) und K. K. Dutta und Gopendra Kumar (1964) ergeben kein übereinstimmendes Bild. Festzustehen scheint uns nach der Arbeit von Oldham (1883b, S. 197), daß die Chail-Serie (= Bawars) den Deoban-Kalk, die Chakrata-Serie und Mandhalis überschiebt. Der Deoban-Kalk, ein kieseliger, dolomitischer Kalk mit Stromatolithen, gehört wohl zur Gruppe von Karbonatgesteinen, die von Nepal bis Mandi für die nordöstlichen Teile der Krol-Einheit typisch sind (Shali-Fazies).

Die Mandhalis dürften der Beschreibung nach dem stratigraphischen Bereich obere Nagthat bis Blaini angehören. Ähnlich sind die Ansichten von R. D. Oldham 1888a, G. E. Pilgrim u. W. D. West 1928, K. K. Dutta u. Gopendra Kumar 1964, A. P. Tewari u. S. H. Mehdi 1964. J. B. Auden (1934) hatte die Mandhalis an die Basis der Jaunsars gestellt.

Die älteren Serien der Krol-Einheit, vorwiegend die Jaunsars, scheint Oldham (1883b) in seiner Chakrata-Serie zusammengefaßt zu haben, 1888a scheidet er ein eigenes Jaunsar-System aus.

Wir vermuten, daß der schwer durchschaubare Komplex zwischen Chakrata und Kalsi tektonisch zur Krol-Einheit gehört. Dieses Gebiet nahm in unserem Exkursionsplan 1964 einen wichtigen Platz ein, doch blieb es uns als militärisches Sperrgebiet verschlossen. Manche stratigraphische und tektonische Frage muß in diesem Gebiet, das eine gewisse Schlüsselstellung einnimmt, offen bleiben.

4. DAS SIMLA-SUTLEJ-GEBIET

Wir betreten hier eines der interessantesten und dank der guten Zugänglichkeit bestens bekannten Gebiete des Niederen Himalaya. Schon 1864 steht es im Mittelpunkt der den Niederen Himalaya zwischen den Flüssen Ravee und Ganges beschreibenden Arbeit von H. B. MEDLICOTT. Grundlegende, moderne Bearbeitungen sind die von G. E. PILGRIM und W. D. WEST 1928, J. B. AUDEN 1934 und W. D. WEST 1939. Aber fast sämtliche Geologen, die sich mit der Geologie des Niederen Himalaya befaßt haben, sind einmal im Simla-Gebiet gewesen oder beziehen sich in ihren Arbeiten darauf. Zusammenfassende Darstellungen finden sich in sämtlichen Lehrbüchern der Geologie Indiens. Anläßlich des Internat. Geol. Kongr. 1964 ist ein Exkursionsführer durch das Simla-Gebiet veröffentlicht worden (H. N. SINGH 1964).

a) Solon—Simla

An die Spitze unserer Betrachtungen sei die Beschreibung des Gebietes entlang der Kalka-Simla-Straße gestellt (Taf. 1B, 3).

Im Bereich S von Barog sieht man an der Straße vorwiegend grünlichgraue Sandsteine mit ziegelroten Zwischenschiefern. Es handelt sich um Dagshai-Kasaulis (Miozän). Auf der Höhe von Barog ist an der Straße ein kleiner Steinbruch in blaugrauem, bräunlich verwitterndem, glimmerreichem Mürbsandstein angelegt.

NW von Barog verläßt man die Tertiär-Zone bei der großen Straßenkurve (nahe Meilenstein 55). Steil NNE-fallend bis saiger gestellt werden rote und gelbliche Schiefer und bankige, rote und grüne, glimmerige Sandsteine (Tertiär) an der Krol Thrust von Infra Krol-Schiefern überschoben.

Wir besteigen von hier aus den Pachmunda Hill: Man bewegt sich auf dem Steig in nordwestlicher Richtung entlang der Störung und quert dann von einem kleinen Sattel aus beim weiteren Anstieg die Schichtfolge Infra Krol—Krol. Vom Sattel an ist man in steil N-fallenden Infra Krol-Schiefern, mattgrauen bis schwärzlichen, dünnschichtigen, z. T. plattelig, bleich verwitternden Schiefern. Gegen das Hangende entwickelt sich daraus eine 1—5 dm gebankte Folge von dunkelgrauem, mergelig-kieseligem Kalk.

Nach einer etwa 1,2 m mächtigen Bank von hellem Quarzit bis quarzitischem Sandstein (Krol-Sandstein) folgen zunächst noch dunkle Schiefer, die in eine an die 80 m mächtige Folge dunkelgrauer, mergeliger, plattiger Kalke mit vereinzelten Hornsteinlagen überleiten. Graue bis grünliche Mergelschiefer, die dem Kalk eingeschaltet sind, bilden bis metermächtige Lagen. Wo der Steig den Kamm erreicht, findet sich eine Einschaltung von bankigem, schmutziggrauem, zuckerkörnigem Dolomit. Das Gestein ist etwas rauhwackig und könnte auch tektonisch in die Kalkfolge (Krol A) geraten sein.

Die plattige Kalk-Mergel-Schieferfolge wird von 30—40 m feinen, dünnschichtigen, roten bis rotbraunen, manchmal glimmerigen Tonschiefern überlagert (Krol B).

Die roten Schiefer werden von 1 bis 5 dm gebanktem Kalk überlagert, der bald in dunklen, schmutziggrauen, zuckerkörnigen Dolomit übergeht. Dieser ist massiger, zerfällt kleinstückig und stinkt infolge seines Bitumengehaltes beim Anschlagen. Der Dolomit (Krol C u. D) baut den Gipfel des Pachmunda Hill auf (etwa 100 m aufgeschlossene Mächtigkeit).

Die Gesteine fallen an der S-Seite des Pachmunda Hill mittelsteil gegen NNE ein. Der Berg entspricht einer tektonischen Mulde. Die Karbonatgesteine, die den Muldenkern bilden, heben allseitig aus. Die Straße weicht dem Massiv des Berges aus und führt, in gleicher Höhe bleibend, ungefähr entlang der Grenze Infra Krol-Krol A östlich um den Berg herum nach Solon.

Auf die NW—SE streichende Synklinale des Pachmunda Hill folgt im Bereich von Solon eine ebenso streichende Antiklinale, in deren Kern unter stark durchbewegten Infra Krol-Schiefern fensterförmig tertiäre Gesteine auftauchen (Solon-Fenster).

Wir haben das Vorkommen WNW von Solon besucht. Die in der Literatur als Subathu (Eozän) angegebenen Gesteine umfassen: rote und grüne, bröckelig zerfallende Mergelschiefer, Bänke von bräunlich-grauem bis grünlichem (glaukonitischem) Sandstein, der mürbe verwittert, sandige, grünliche Mergel mit Ostreen-Lagen und ebenfalls Austern führende, graue, feinspätige Kalke. Diese Gesteine fallen steil gegen NE ein.

Den SW-Rand des Fensters bilden phyllitische, sandige Schiefer und braun verwitternde Sandsteine (Blainis?).

Durch das Fenster von Solon ist bewiesen, daß hier die Krol-Einheit 3—4 km auf die Tertiär-Zone überschoben ist.

N Solon windet sich die Straße östlich um den Krol Mt., den locus typicus der Krol-Serie, herum nach Kandaghat.

Zunächst fährt man 3 km durch dunkle, sulfidische Schiefer (Infra Krol), dann folgen wechselnd S- oder N-fallend plattige Kalke und Schiefer (Krol A).

NE vom Krol Mt., auf den letzten 3 km vor Kandaghat sind die Gesteine stark gestört und z. T. gegen SSW überkippt. Die Straße quert hier einige Male die Folge Infra Krol—Krol A. Die Infra Krols sind dunkelgraue bis schwärzliche Schiefer. Gegen den Krol-Sandstein werden sie hellsilbrig-grau, aschfarben und quarzitisch.

Der Krol-Sandstein ist hier ein fester, bankiger bis massiger, eisenschüssig anwitternder, hellgrauer Quarzit bis quarzitischer Sandstein von einigen Metern Mächtigkeit. Es finden sich in ihm auch grünlichgraue, griffelige Tonschiefer eingeschaltet.

Der Untere Krol-Kalk (A) besteht aus einer plattigen Wechselfolge von blaugrauem Mergel und z. T. kieseligem Mergelkalk und grüngrauem Tonschiefer.

Bei Kandaghat quert man die Giri Thrust, die hier den „Krol Belt" im NE begrenzt. Diese Störung schneidet den überkippten NE-Flügel der Synklinale des Krol Mt. ab. Solche Strukturen, die zeigen, daß der Faltenbau der Krol-Einheit gewissermaßen diskordant von höheren, tektonischen Elementen überschoben wird, sind aus verschiedenen Gebieten des Himalaya bekannt (Taf. 3).

Jenseits der Störung befindet man sich in den mittelsteil gegen NNE einfallenden Simla slates. Auf der Straße von Kandaghat nach Chail, die wir zunächst befahren haben, quert man diese mächtige, etwas monotone, aus grüngrauen Schiefern mit einzelnen grünen und auch rötlichen Sandsteinbänken aufgebaute Serie.

S vom Resthouse Nagaon gelangt man in die überlagernde Jaunsar-Serie, bestehend aus rotvioletten Tonschiefern und Sandsteinen mit glänzenden s-Flächen, milchig-weißen, geschieferten Arkosequarziten, die bis über metermächtige Bänke bilden, und bunten Konglomeraten. Letztere zeigen in rötlicher, quarzitischer Grundmasse gut gerundete, bis eigroße Gerölle von Quarz und rötlichem Quarzit sowie rote Tonschieferstückchen.

Über dieser bunten, klastischen Serie folgen nach einer Zerrüttungszone mit Steilstellung der Schichten graue, phyllitische Schiefer der Chail-Serie.

Die Straße bleibt auch nach der Brücke über den Ashmi-Fluß bis Chail in den Gesteinen der Chail-Serie. Es sind serizit-phyllitische bis quarzitische Schiefer von grünlichgrauer Farbe. Gegen Chail, also gegen das Hangende, wird die Serie reicher an hellen, plattigen, meist dünnschichtigen Quarziten. Die Lagerung ist durchwegs flach.

Wir konnten uns hier am locus typicus der Chail-Serie (G. E. Pilgrim u. W. D. West 1928) davon überzeugen, daß die Gesteine im Aussehen, im Grad der Metamorphose und im Ausgangsmaterial vollkommen denen entsprechen, für die wir diesen Begriff in anderen

Himalayagebieten angewandt haben. Die Psammitschiefer, Grobkonglomerate und metamorphen basischen Vulkanite, die in anderen Gebieten die Schiefer und Quarzite so häufig begleiten, konnten wir hier nicht beobachten. Obwohl die Serie hier sicher über 1000 m mächtig ist, erscheint sie, verglichen mit anderen Gebieten, in ihrer Mächtigkeit reduziert zu sein.

In der Ortschaft Chail selbst überlagern dunkle, graphitische Schiefer mit feinen Tüpfeln auf s. Nach G. E. PILGRIM und W. D. WEST (1928) gehören diese Gesteine der Jutogh-Serie und damit der aus kristallinem Gestein aufgebauten Jutogh-Decke an.

Nach dem Abstecher nach Chail wird nun das Profil entlang der Straße nach Simla weiter beschrieben:

Von Kandaghat bis Kiarighat bleibt die Straße in den Simla slates. Es sind kleinstückig-griffelig zerfallende, meist grünliche Schiefer mit cm- bis dm-gebankten, grünlichen bis violetten, glimmerreichen Sandsteinlagen.

Die Jaunsar-Serie überlagert mit gebankten, grünlichen, glimmerigen Sandsteinen und Quarziten. Gegen Wakna sind helle, z. T. violette, metergebankte Quarzite mit Feinschichtung, Sandsteine und feine, glimmerige, sandige Schiefer zu beobachten (20° ENE-Fallen).

Die Karte des Exkursionsführers 1964 zeigt, ebenso wie die Arbeit von G. E. PILGRIM und W. D. WEST (1928), zwischen Simla slates und Jaunsars eine Überschiebung, die Jaunsar Thrust. Aus dem beschriebenen Profil heraus, erschien uns die Annahme einer Überschiebung nicht nötig zu sein. Die beiden Serien zeigen vielmehr im Grenzbereich ähnlichen sedimentologischen Charakter. Weiter im E schalten sich jedoch zwischen Simla slates und Jaunsars Blainis ein, die im Gebiet des Giri River überall die Jaunsars unterlagern. Dies spricht nun tatsächlich für eine Störung des primären, stratigraphischen Verbandes. Es scheint sich um eine Schuppung, eine nur das Simla-Gebiet betreffende Komplikation zu handeln, nicht aber um eine regionale tektonische Einheit.

Die Simla slates selbst bilden ja eine zwischen Krol-Einheit und Chail-Decke liegende Zwischenschuppe, wie sie z. B. auch aus Nepal bekannt ist (I. A. 1. c, Taf. 3 [9]). Im Simla-Gebiet besitzt diese jedoch Deckencharakter.

Über den Jaunsars folgen nach G. E. PILGRIM u. W. D. WEST (1928) nochmals Simla slates: graue, auch grünliche, ziemlich harte Tonschiefer mit glänzenden s-Flächen und Manganoxydhäuten auf den Klüften. Sie enthalten auch feinschichtige, sandige Lagen.

In der Kurve 3/81 quert man die Chail Thrust. Die stark gestörte Liegendserie taucht hier steil unter serizitische und schwärzliche, kohlig aussehende Schiefer sowie dünnplattige, bräunlichgraue Kalke der Chail-Decke ab.

Über diesen, nur einige Meter mächtigen Basisschichten (carbonaceous slates, Chail limestone) folgen graue, vorwiegend schiefrige Quarzite, deren s-Flächen durch Quarzkörner häufig etwas aufgewölbt sind und daher rauh wirken. Vereinzelt sind noch kalkhaltige Phyllitlagen eingeschaltet.

Bis Kathlighat fährt man durch sanft bis mittelsteil NE-fallende, grünliche bis silbrige Quarzitschiefer, kreuzgeschichtete Quarzite und phyllitische Schiefer.

N von der Eisenbahnstation Kathlighat tauchen die Gesteine der Chail-Serie mit 55° gegen NE ab unter die überlagernden Graphitschiefer und Quarzite der Jutogh-Serie. Die Quarzite unterscheiden sich von denen der Chail-Serie dadurch, daß sie meist weiß oder gelblich, nur selten grünlich gefärbt sind. Diese, nach einem Ortsteil von Simla benannten Boileaugunge Quarzite sind meist dickbankiger. Sie wechsellagern mit grünlichen bis silbrigen, feinschuppigen Glimmerschiefern, die ab und zu Granat führen.

Bis Simla stehen entlang der Straße nur Gesteine der Jutogh-Serie an. Sie zeigen trotz kräftiger Verfaltung flache, sanft gegen NNE abtauchende Lagerung.

G. E. Pilgrim u. W. D. West (1928, S. 100—111) konnten, wie vor ihnen bereits H. H. Hayden innerhalb der Kristallin-Deckscholle von Simla etliche Wiederholungen der einzelnen Schichtglieder der Jutogh-Serie beobachten und so einen liegenden, S-vergenten Faltenbau feststellen.

Wir konnten uns mit dem Innenbau der Deckscholle von Simla aus Zeitgründen weniger beschäftigen.

b) Bilaspur—Simla

Bevor wir auf den Bereich von Simla und N davon zu sprechen kommen, sei das Straßenprofil Bilaspur—Simla beschrieben (z. T. Profil 4 auf Taf. 3 u. 1 B). Auf dieser Straße nähert man sich Simla von WNW her. Man quert also die Streichrichtung der Gesteine unter einem kleinen Winkel. Durch das achsiale Abtauchen gegen SE, unter die Deckscholle von Simla, durchquert man schrittweise vom Liegenden ins Hangende dieselben Zonen, wie in dem bereits beschriebenen Profil 5 auf Taf. 3.

Im Bereich von Bilaspur ist die Überschiebung der Tertiär-Zone durch die Krol-Einheit anscheinend unter pleistozänen Ablagerungen verborgen. Diese Grobkonglomerate, weichen Sandsteine und sandigen Tonschiefer fallen bis 50° gegen ENE ein. Wir sind der Meinung, daß es sich dabei nicht um Siwaliks, sondern um eine jüngere, den Karewas von Kashmir vergleichbare Formation handelt.

Der Kamm E von Bilaspur wird von mächtigen Karbonatgesteinen aufgebaut. Einige km SSE von Bilaspur berührt die Straße zunächst einige Male diesen Kalk-Dolomitzug und quert ihn schließlich. Die grauen, häufig dünnschichtigen, plattig-bankigen Dolomite fallen mit 60—90° gegen NE ein. Etwa 17 Straßen-km nach Bilaspur stellt sich steiles WSW-Fallen ein. Die dünnschichtigen, dolomitischen Kalke zeigen tonige Schichtflächen, Sandkalklagen und Einschaltungen von grünlichen und rotvioletten Tonschiefern mit Rippelmarken.

Bei Brahmbukar (18 km nach Bilaspur) tauchen im Liegenden des Dolomits bankige Tertiärsandsteine mit bunten Zwischenschiefern auf. Die grünlichgrauen, mittelkörnigen Sandsteine mit Lebensspuren auf den glimmerreichen s-Flächen sind flach gelagert (30/30).

Der Dolomitzug von Bilaspur besitzt synklinale Lagerung. Die Gesteine dieser Mulde sind durch starke Einengung ziemlich steilgestellt. Die bunten, sandig-schiefrigen Einschaltungen in den basalen Schichten des NE-Flügels der Dolomitmulde entsprechen den bunten Schiefer-Sandstein-Dolomit-Wechselfolgen, die zwischen Nagthat und dem Krol- oder Stromatolith-Dolomit so häufig auftreten (z. B. Unterer Shali-K., Blaini-K., Mandhali, Alsindhi [V. H. Boileau 1954] usw.). Diese Schichten widerspiegeln den Wechsel in den Ablagerungsbedingungen, der zwischen den in einem kontinentalen Binnenbecken abgelagerten, terrigenen Jaunsars und den in einem mehr oder weniger seichten, ziemlich isolierten (marinen) Becken sedimentierten Krol-Shalis erfolgt ist. Abgesehen vom Blaini-Kalk sind diese Serien mehr für die Shali-Fazies typisch.

NNE Bilaspur fanden wir im Sutlej-Tal in der Fortsetzung des hier beschriebenen Dolomitzuges Stromatolithe. Dies weist ebenfalls darauf hin, daß im Bereich von Bilaspur die sonst nur in den inneren Zonen des Niederen Himalaya ausgebildete Fazies den Rand gegen die Tertiär-Zone erreicht. Dies steht auch in Einklang mit der Literatur, in der die Gesteine von Bilaspur mit der Shali-Serie parallelisiert werden (V. H. Boileau 1954, S. 21—22). W. D. West (1939, S. 159—161) beschreibt Shalis, die im Raum des Sutlej-Tales unterhalb von Tatapani an Raum gewinnen.

Die Dolomitmulde von Bilaspur entspricht, obwohl sie Ausbildung in Shali-Fazies zeigt, tektonisch der Krol-Synklinale des Pachmunda Hill bei Solon. Diese Mulde hebt über den tertiären Schichten gegen NW zu aus und setzt in den Bergen etwa 20 km SSE Bilaspur (Luftlinie) wieder ein.

Nach der Überquerung des Dolomitrückens bleibt die Straße auf etwa 24 km im Tertiär. Auf der kurvenreichen Strecke stehen vorwiegend grünlichgraue Sandsteine mit rötlichen, gelblichen Zwischenlagen von Tonschiefer oder sandigem Mergel an. Die Lagerung dieser Gesteine unterliegt starken Schwankungen, doch sind steile Fallwinkel selten zu beobachten.

Nach der Karoh Bridge zieht die Straße in Kehren zu einem Kamm empor, dessen oberster Teil aus Dolomit besteht. Die tertiären Gesteine der tieferen Hangteile fallen mit 30—40° gegen NE, also unter den Dolomit ein. Eine Strecke führt die Straße durch eine Schieferserie im Liegenden des Dolomits: Es sind seidig glänzende, grünliche bis rosa, griffelige oder dünnblätterige Tonschiefer. In den hangendsten Partien derselben finden sich lichtgraue, dichte, plattige Mergel mit knolligen s-Flächen.

Ob diese Schiefer und Mergel stratigraphisch zum Tertiär oder zum Dolomit gehören, ist eine schwierige Frage, auf die noch einzugehen sein wird. Bei der Häusergruppe Dohri gelangt man in den massigen dolomitischen Kalk bis Dolomit. Das hell- bis dunkelgraue Gestein enthält häufig knollige Algenstrukturen.

Die Straße macht im Dolomit eine Kehre und nimmt Richtung auf die Ortschaft Syar. Das seichte Eintauchen des Dolomits zeigt sich deutlich, da nach dieser Kehre Mergel, Tonschiefer und Kohleschiefer im Liegenden des hier SW-fallenden Dolomits emportauchen (Abb. 28). Vor Syar sind noch klüftige, sandige Mergel mit Konkretionen (Tertiär) zu beobachten.

Dann verläuft die Straße wieder durch Dolomit mit z. T. steilen Schichtflächen.

Nach der Häusergruppe Daraghat befindet man sich in den flach liegenden, basalen Schichten des Dolomits. Dieser ist hier ziemlich brekziös und dunkel bitumenreich. In das stark durchbewegte Gestein sind vom Liegenden her Kohleschiefer entlang von Scherflächen eingepreßt. In den schwärzlichen Schiefern schwimmen häufig linsige Schollen (bis 0,5 m) von z. T. lichtem Dolomit.

Im brekziösen Dolomit kann man beobachten, daß heller Dolomit von Haarrissen aus dunkel gefärbt wird. Dies kann so weit gehen, daß in dem dunklen, bituminösen Gestein nur noch kleine, helle, eckige Flecken von dem ursprünglichen Gestein übrig bleiben. Diese Beobachtung zeigt, daß das Bitumen bei oder nach der Tektonisierung des Dolomits gewandert ist. Ob die Basisschichten des Dolomits primär bitumenreich waren oder erst durch Einwanderung des Bitumens von den kohligen Schiefern her dunkel geworden sind, ist schwer zu entscheiden.

Nach Überquerung des Dolomitrückens durch den Sattel von Daraghat führt die Straße leicht ansteigend an dessen NE-Hängen entlang. In großem Bogen umgeht sie dabei den oberen Talkessel eines nach NW gerichteten Tales.

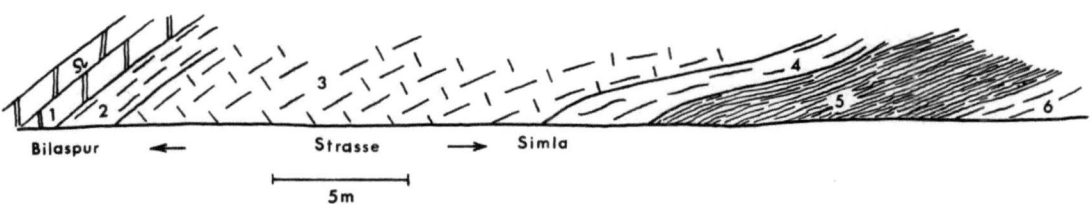

Abb. 28: Straßenaufschluß S Syar.
  Outcrop along the Bilaspur—Simla road, S of Syar.
  1 Dolomit — dolomite (Shali)
  2 rote, feinblättrige Tonschiefer (1,5 m) — thin-bedded red shales
  3 graue Mergelschiefer (7—10 m) — grey marly shales
  4 rostig, verwitternde Glanzschiefer (1 m) — rusty weathering shining shales
  5 Schwarze Kohle- und Glanzschiefer (4 m) — black coal shales and shining shales
  6 Seidig glänzende, dunkelgraue Tonschiefer — dark grey, silky shales

Dieses Tal ist in morphologisch weichen, tertiären Gesteinen eingetieft, während die umgebenden Höhen aus Dolomit aufgebaut werden. Die Straße verläuft eine längere Strecke entlang der Überschiebung des Dolomits über das Tertiär. Durch ein leichtes Auf- und Absteigen der Überschiebungslinie quert man diese einige Male.

An der Basis des stark durchbewegten Dolomits finden sich stets die schwärzlichen, kohligen Schiefer, allerdings in geringer, selten einige Meter erreichender Mächtigkeit. Auch hier (etwa 1—1,5 km nach Daraghat) sind die dunklen Schiefer häufig in den Dolomit eingepreßt. Durch den Sulfidgehalt dieser Schiefer sind die benachbarten Mergelschiefer meist bleich verwittert.

Es unterlagern rote, sandige Mergelschiefer, rote Tonschiefer mit z. T. knollig ausgewalzten, hellgrünen, plattigen Mergellagen und grünlichgraue bis braungraue Tonschiefer und Mergelschiefer. Diese tertiären Gesteine fallen flach (35°) gegen SW, also unter den Dolomit ein.

Nach der Häusergruppe Damogh führt die Straße nur mehr durch Tertiär. 1 km nach Damogh ist ein etwa 20 m mächtiger, basischer Eruptivkörper in den tertiären, sandigen Tonschiefern und Mergeln zu beobachten.

Der Trap ist stark zerschert. An seinen Rändern und vereinzelt in ihm finden sich stark gequetschte, gering mächtige, schwarze, rote und graue Tonschiefer.

Aus dem bereits erwähnten, aus tertiären Gesteinen aufgebauten Talkessel zieht die Straße zu einem Rücken empor, dessen Kammpartie ebenfalls wieder aus Dolomit besteht. Wieder tauchen die tertiären Gesteine unter den Dolomit ab. Das folgende Profil (Abb. 29) war hier zu beobachten (vom Lgd. geg. Hgd.):

1. Graue, gelblichgrüne Mergel und Tonschiefer, mit 50° gegen NE fallend (stark verwalzt).

2. Dünnblätterige Mergelschiefer mit glänzenden, grünlich-grauen s-Flächen. Sie enthalten dm-mächtige Bänke von dichtem Mergelkalk (6 m).

3. Schwärzliche Kohleschiefer und sulfidische Mergel (4 m).

4. Plattige, dunkelgraue, feingeschichtete Kalke von 20 m Mächtigkeit. An der Basis sind die Kalke häufig zerbrochen und mit eingepreßten, schwarzen Schiefern verwalzt. Die Verformung erfolgte nach B 130/5.

5. Aus den dunklen Kalken gehen etwa 15 m massigere und hellere, dolomitische Kalke hervor.

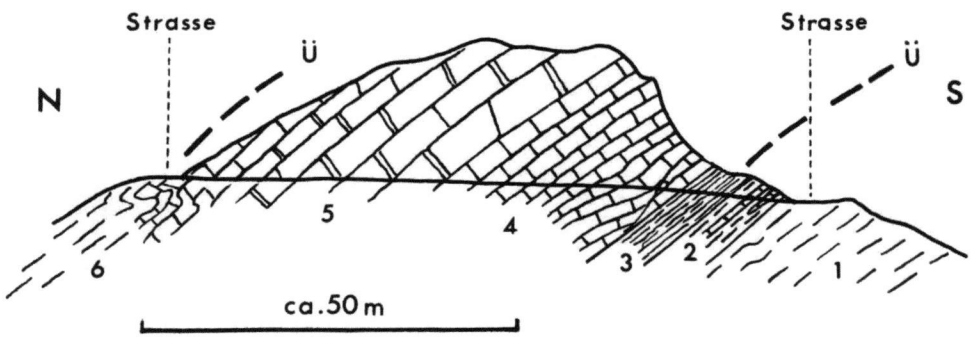

Abb. 29: Profil Straßeneinschnitt W Karara Chandi.
        Section W Karara Chandi.
        1 Mergel und Tonschiefer (Tertiär) — marls and shales (Tertiary)
        2 Mergelschiefer mit Mergelkalkplatten — marly shales with layers of marly limestone
        3 Dunkle, kohlige Schiefer und sulfidische Mergel — dark coal shales and sulfidic marls
        4 Dunkle, plattige Kalke — dark limestones
        5 Lichtere, dolomitische Kalke — lightcoloured magnesian limestone-dolomite
        6 Simla slates — Simla slates
          Ü = Überschiebung — thrust

Das Profil endet am N-Ende des Straßendurchstiches, in dem die Straße den Kamm überquert.

Kurz danach tauchen die Kalke und dolomitischen Kalke mittelsteil bis steil unter gequetschte, grünlichgraue Schiefer ab (6). Diese Schiefer gehören bereits zu den Simla slates, die den Krol-Shali-Kalkzug hier bei der Häusergruppe Karara Chandi (38 km vor Simla) überlagern.

Überblickt man die zwischen Bilaspur und Karara Chandi zurückgelegte Strecke, so lassen sich die Beobachtungen zusammenfassen:

Die Krol-Einheit ist hier in Shali-Fazies (Stromatolithe) entwickelt. Sie baut in Form von Deckschollen die Höhen auf, während die Tallandschaften aus Tertiär bestehen. Da die Tertiär-Zone S von Karara Chandi endgültig abtaucht, ergibt sich für die Überschiebung der Krol-Einheit über das Tertiär eine Weite von mindestens 14 km (Krol Thrust).

W. D. WEST (1939, S. 160) erwähnt, daß der geringmächtige Shali-Kalk im Gebiet WNW von Arki an seiner W-Seite vom Tertiär überlagert wird. Tatsächlich hebt der Shali-Kalk jedoch, wie wir zeigen konnten, gegen die Tertiär-Zone hin aus. Dies steht auch wesentlich besser in Einklang mit der von W. D. WEST (1939, S. 160) vorgebrachten Ansicht, daß Shali- und Giri Thrust identisch sind und die Shali-Serie damit der Krol-Serie entspricht. Auf Grund unserer Beobachtungen sind wir in dieser Frage mit W. D. WEST (1939) vollkommen einer Meinung.

Die Krol-Einheit ist im Bereich von Karara Chandi in Schichtumfang und Mächtigkeit stark reduziert. Während ihre Gesamtmächtigkeit sonst nicht selten einige tausend Meter beträgt, erreicht sie hier keine 50 m.

Aus Literaturangaben (H. B. MEDLICOTT 1864, S. 54, G. E. PILGRIM u. W. D. WEST 1928, W. D. WEST 1939, S. 160) geht hervor, daß der Shali-Kalk bei Arki gegen SE zu auskeilt und so zwischen ihm und dem Krol-Kalk vom Krol Mt. eine Lücke von 15 Meilen besteht. Die Infra Krols, Blainis und Jaunsars der genannten Krol-Mulde setzen aber zwischen Krol- und Giri Thrust weiter gegen NW fort. Es steht nicht fest, ob die Krol-Einheit in dem Raum SE Arki gänzlich aussetzt oder nur stark reduziert ist. Aber auch im Falle eines gänzlichen Aussetzens der Krol-Einheit (W. D. WEST 1939, S. 160), wenn also die älteren Schiefer der tektonisch höheren Elemente direkt an die Tertiär-Zone grenzen, so besteht doch kein Zweifel darüber, daß die bis Arki zu verfolgenden Shalis tektonisch den Krols entsprechen. Diese bereits 1864 von H. B. MEDLICOTT erkannte Tatsache (S. 54—55) wird in jüngster Zeit durch die Hypothese von K. S. VALDIYA in Zweifel gezogen (1962b, S. 3).

Eine Verbindung zwischen Krol belt und Shalis stellen außerdem schmale Kalkzüge und Linsen (Kakarhatti-Kalk) dar, die sich in den basalen Teilen, der über der Krol-Einheit folgenden Simla slates-Schuppe, finden. Auf die Bedeutung dieser Kalklamellen ist noch zurückzukommen.

Zwischen Bilaspur und Karara Chandi finden sich an der Basis der Shali-Dolomite sehr häufig bituminöse Schiefer. Für eine Einstufung derselben als Infra Krol oder Shali slates spricht ihre Position an der Basis der Kalke oder Dolomite sowie die dunkle Farbe der Liegendpartien der letztgenannten, was einem stratigraphischen Übergang nicht unähnlich ist (z. B. S Karara Chandi). Anderseits könnten die Gesteine, die den Kohleschiefern recht ähnlich sehen, auch aus dem Tertiär stammen.

Die gleiche Ungewißheit besteht bezüglich der seidig schimmernden, dünnblättrigen Schiefer und plattigen Mergel im Liegenden des Dolomits W von Dohri. Die starke Durchbewegung an der Basis von Überschiebungen kann die tertiären Gesteine so verändern, daß sie von ebenfalls gequetschten Simla slates nur schwer zu unterscheiden sind. So sehen die tertiären Schiefer im Liegenden des Kalkzuges von Karara Chandi den Simla slates im Hangenden recht ähnlich. Letztere bezeichnete W. D. WEST (1939, S. 160) sogar als Chails.

Nach diesem Überblick sei nun die Fortsetzung des Straßenprofils in Richtung Simla beschrieben: Der Kalk von Karara Chandi zeigte in seinen hangendsten Partien Übergang vom dunklen, blaugrauen, massigen Kalk in verwalzten, dunklen Kalk, ebenfalls dunkle Kalkschiefer und schließlich in hellen, grauen bis gelblichen Mergel, worauf die Simla slates folgen.

Etwa 2 bzw. 4 km nach Karara Chandi quert die Straße noch zwei aus ähnlichen Gesteinen aufgebaute Kalkzüge von 30 bzw. 50 m Mächtigkeit. Die häufig dünnschichtigen, blaugrauen bis grauen, plattig-bankigen Kalke zeigen starke Durchbewegung und fallen steil gegen NE ein.

Die Kalkzüge sind eingeschaltet in grünlichgraue, scharfkantig-splittrig brechende, glattflächige Schiefer mit metermächtigen Quarzitbänken (Simla slates).

Es handelt sich dabei offensichtlich um den Kakarhatti-Kalk, der seiner Position nach dem Naldera-Kalk entspricht. Diese Kalke, aus denen auch Stromatolithe beschrieben werden (H. B. MEDLICOTT 1864, S. 54—55, G. E. PILGRIM u. W. D. WEST 1928, S. 55), hat H. B. MEDLICOTT 1864, S. 56, mit einigem Rückhalt mit Krol parallelisiert, während sie G. E. PILGRIM und W. D. WEST (1928, S. 44 u. 113) und W. D. WEST (1939, S. 161) für gleich alt mit den umgebenden Simla slates bzw. Chails halten. Der nördliche Kalkzug wird als Arki-Kalk bezeichnet (V. H. BOILEAU u. B. N. RAINA 1952, S. 17).

Auf Grund der lithologischen Ähnlichkeit mit dem Shali-Kalk, dem Vorhandensein der Algenstrukturen, vor allem aber wegen der Kontaktverhältnisse an der Grenze gegen die umgebenden Schiefer sehen wir in diesen Kalkzügen und -linsen Scherlinge von Shali-Kalk. Diese sind tektonisch in die tieferen Teile der überschiebenden Simla slates eingeschuppt worden.

Ab Danoghat stehen nur mehr Simla slates an: Grünlichgraue, seltener dunkle Tonschiefer und sandige Schiefer mit glatten s-Flächen, die matt bis seidig schimmern. Diese Gesteine sind feingeschichtet und brechen splittrig-scharfkantig. Sie enthalten Lagen und Bänke von grünlichem Sandstein und hellgrauem bis bleichem Quarzit (selten Rippelmarken). Rötliche Sedimentfarben finden sich nur in einzelnen Bänken. Karbonatische Lagen sind sehr selten.

Diese sandig-schiefrige Folge ist nach B 80/30 verformt und fällt mit 40—60° gegen ESE ein.

1 km W von Galog finden sich in den obersten Partien des sicher über 1000 m mächtigen Simla slates-Komplexes auf s silbrig glänzende Mergel mit Lebensspuren und Trockenrissen sowie rötliche Zwischenschiefer. Darüber etwa 25 m gelblich-rötliche, stark gequetschte Glanzschiefer und Mylonite.

Über der steil nach E hin abtauchenden Chail Thrust folgt eine 0,6 m mächtige Bank von plattigem, grünlich-tonig anwitterndem, dunkelgrauem Kalk.

Es überlagern grünlichgraue, phyllitische Schiefer mit Quarzknauern (Chail).

G. E. PILGRIM und W. D. WEST (1928) geben auf ihrer Karte im Überschiebungsbereich Blainis an. Es ist für uns nicht möglich, zu entscheiden, ob die Mergel im Liegenden der Mylonitschiefer oder die Kalkbank zu den Blainis zu stellen sind. Die 60 cm Kalklage könnte auch Chail-Kalk sein.

Ein gewisser Sprung in der Metamorphose ist auch hier beim Übertritt von den Simla slates zu den Chail-Phylliten zu beobachten.

Hingegen ist zwischen den hier nicht sehr mächtigen Chails und der überlagernden Jutogh-Serie kaum ein Unterschied in der Metamorphose festzustellen.

Die Jutogh-Serie setzt, wie in fast allen Profilen, mit dunklen Graphitschiefern, Graphitphylliten und dunkelgrauen, phyllitischen Schiefern ein. Eisensulfatkrusten sowie weiße und gelbliche Ausblühungen sind häufig. Die dunklen Schiefer enthalten stark gefältete, dm-mächtige Lagen von schwärzlichem, kristallinem Kalk.

Gegen das Hangende schalten sich in diese dunklen Basisschichten in zunehmendem Maße lichte, weiße bis grünliche, dickbankige Quarzite ein.

Von der Hauptstraße nach Simla machten wir einen Abstecher nach Halog. Auf dieser Strecke passiert man nochmals die Grenze zwischen Chails und Jutoghs.

Bei Halog stehen glattflächige, helle, phyllitische Schiefer an, die Glimmerschüppchen erkennen lassen (Chails). Sie tauchen E Halog unter stark durchbewegte Graphitschiefer der Jutogh-Serie gegen SE ab. Der tektonische Kontakt ist hier recht gut zu erkennen. Gegen das Hangende folgen wieder dunkle Schiefer mit mehrere Meter mächtigen, gebankten Quarziteinschaltungen. Diese sind grünlich-weiß mit serizitischen s-Flächen.

Von der Halog-Straßenabzweigung bis Ghana Ki Hatti tritt in der Folge heller Quarzit — graue, phyllitische Schiefer mit wechselndem Sandgehalt — Graphitschiefer kaum eine Änderung ein. Bis 1 mm große Granate und 2 mm Chloritoide sind gelegentlich zu beobachten.

Zwischen Ghana Ki Hatti und Banoti nimmt die Metamorphose zu: silbrige bis grünliche Glimmerschiefer (± Granat) mit welligen s-Flächen, zuckerkörnige, weiße Quarzite mit feinem Muskovit auf s und graue Quarzite mit Pyritkristallen sind zu beobachten.

Nach Banoti kommen in den feinkörnigen Granatglimmerschiefern mit Quarzitbänken auch dm-mächtige Lagen von Streifenamphibolit vor.

Im Bereich des Jutogh Hill, dem locus typicus der Jutogh-Serie, folgen im Hangenden der bisher beschriebenen Gesteine dunkel- bis hellgraue, gebänderte Marmore, Granatglimmerschiefer, flatschige Muskovitschiefer, Graphitglimmerschiefer, mittelkörniger Amphibolit und Lagen von glimmerarmem Gneis.

Im Ortsbereich der Stadt Simla finden sich auf der Fahrt von Jutogh zum Jakko Hill und weiter in Richtung Sanjauli vorwiegend feinkörnige, helle, beide Glimmer führende, quarzitische Gneise mit Glimmerschieferzwischenlagen und hellgraue Quarzite (Boileaugunge-Quarzit). Diese plattig-bankigen Gesteine sind häufig verfaltet.

Die von G. E. Pilgrim u. W. D. West (1928) beschriebene Zunahme der Metamorphose innerhalb der Jutogh-Deckscholle vom Liegenden gegen das Hangende konnte auf der befahrenen Strecke in überzeugender Weise beobachtet werden. Im Gesteinsbestand und im Grad der Metamorphose erinnert die Jutogh-Serie sehr an die Untere Kathmandu-Decke von Tarakot in Nepal (I A, 1 d), der sie auch ihrer Position nach entspricht.

c) Simla — Naldera — Sutlej-Tal

Wir wenden uns nun dem Gebiet N und NW von Simla zu.

Nähert man sich Sanjauli auf der Straße von S her, so quert man die schwärzlichen Gesteine der Jutogh-Basisschichten. Bei der Straßengabelung am westlichen Ortsrand von Sanjauli befindet man sich in den Blainis, die tektonisch der Simla slates-Schuppe zugehören. Dunkelgraue, bleich graugrün verwitternde Tonschiefer und glimmerig-sandige Schiefer (bleaching slates) enthalten einzelne Lagen von hellem Quarzit und dunklem Sandstein.

Über diesen flach SW-fallenden Gesteinen folgen dunkelgraue bis grünliche, phyllitische Glimmerschiefer mit etwas flatschigen s-Flächen. Sie enthalten grünliche Quarzitbänder. Diese Hangendserie dürfte den stark ausgedünnten Chails entsprechen.

In Sanjauli, E der erwähnten Straßengabelung, stehen grünliche Sandsteine und Schiefer mit rotvioletten, tonigen Lagen sowie als einzige Komponente Quarz führende Brekzien an.

R. D. Oldham (1887) zählte diese Gesteine noch zu den Blainis, während sie auf der Karte von G. E. Pilgrim u. W. D. West (1928) zu den Simla slates gestellt sind.

Entlang der Straße nach Seoni finden sich bis über Mashobra hinaus nur Simla slates (Typusgebiet!). Die Schiefer sind im mm-Bereich feingeschichtet. Die sandigeren Lagen sind gelblich und hell, während die tonigeren dunkelgrau gefärbt sind. Phyllitisch schimmernde s-Flächen sind ziemlich selten. Die Sandsteine, die in Lagen oder dicken Bänken mit den Schiefern wechsellagern, sind meist mittelkörnig und grüngrau gefärbt.

Mit wechselnden Fallwinkeln tauchen die Gesteine bald nach SW, bald nach NE hin ab, wobei erstere Einfallsrichtung vorherrscht.

NW von Mashobra quert die Straße nach der Karte von G. E. PILGRIM u. W. D. WEST (1928) einen Zug von „Jaunsars". An der angegebenen Stelle sind in horizontaler Lagerung bankige, schmutzig weiße, pyritführende Quarzite in etwa 10 m Mächtigkeit aufgeschlossen. Da die Simla slates im Liegenden ebenfalls dünne Quarzitlagen führen, und die Schiefer zwischen den Quarzitbänken lithologisch den Simla slates vollkommen entsprechen, halten wir diese „Jaunsars" bloß für eine quarzitreichere Partie in den Simla slates.

Bald danach erreicht die Straße den ersten Zug von Naldera-Kalk. Dieser ist ein massiger, dunkler, blaugrauer, klüftiger Kalk, der licht anwittert. Der Kalkzug, dessen Mächtigkeit 100 m kaum übersteigt, fällt parallel mit dem Hang mit 50—60° gegen SW ein.

Der Kontakt Schiefer—Kalk ist stark gestört. In den untersten 100 m der den Kalk überlagernden Simla slates merkt man bereits eine gesteigerte Durchbewegung. Scherzonen mit serizitischen Weißschiefern sind wiederholt zu beobachten. In den Kalkkörper selbst sind an Zertrümmerungszonen und Scherflächen stark gequälte Simla slates eingepreßt. Dabei kam es vielfach zur Bildung tektonischer Brekzien. Eckige Schieferstücke und Kalkbrocken von verschiedensten Größen bilden ein ungeregeltes und unsortiertes Gemenge.

Gegen den Ort Naldera zu verläuft die Straße wieder durch Simla slates. Die Kalklamelle ist in die NE-Flanke des Naldera-Rückens weitergezogen. In Naldera kann man an der Straße, auf etwa 8 m aufgeschlossen, eine 4 m mächtige, sanft gegen SW abtauchende Scholle von plattigem, gelblichgrauem Kalk beobachten. Stark durchbewegte Schiefer mit Talk- und Weißschieferlagen umhüllen die arg zertrümmerte Kalkscholle, die randlich tektonische Brekzienbildung zeigt. Die Brekzie ist eine Rauhwacke mit Kalk- und Schieferstückchen.

Bei der großen Straßenkehre W Naldera quert man wieder einige bis über metermächtige Bänke von grünlich weißem Quarzit (wie W Mashobra). Durch Wechsellagerung zeigt sich die Zugehörigkeit dieser Quarzite zur Simla-Serie.

9 km vor Basantpur quert die Straße wieder eine wenige Zehnermeter mächtige Kalklamelle, die niveaumäßig der SE von Naldera entspricht. Das Gestein ist z. T. massig, z. T. dünnbankig und feingeschichtet. Auch hier sind in das stark durchbewegte Gestein an Scherflächen Simla slates bis 1 m Mächtigkeit eingeschuppt.

Im Liegenden des mit 50° gegen WSW fallenden Kalkzuges folgen erneut grünlichgraue Schiefer.

Die beiden genannten Kalkzüge von Naldera sind bereits in der Karte von G. E. PILGRIM u. W. D. WEST (1928) ausgeschieden. Auf der Weiterfahrt nach Basantpur quert man noch eine ganze Reihe von block- bis linsenförmigen Kalkvorkommen von 1—30 m Mächtigkeit, die in der genannten Arbeit bereits erwähnt werden (S. 114):

Bei Batmain z. B. findet sich in den Simla slates im Liegenden des Naldera-Kalkzuges eine Lamelle von dünnbankigem Kalk mit kieseligen Kalkschieferzwischenlagen.

Das Vorkommen 13 km vor Tatapani, bereits im Steilabfall gegen das Sutlej-Tal, zeigt besonders schön die Zerscherung, die in der Umgebung all der schollenförmigen Kalkvorkommen zu beobachten ist. Der dunkle, etwas mergelig-sandige, dünnbankige Kalk wird durch Scherflächen, die das s schräg schneiden, in Teilkörper zerlegt.

Knapp vor Basantpur quert man einen flach liegenden bis sanft N-fallenden, mächtigeren Zug von dunklem Naldera-Kalk, der hier auch Hornstein führt. An einem Aufschluß im Liegenden dieses Vorkommens kann man einen dünnschichtigen Mergelkalk beobachten, der in eine cm-Wechselfolge von kremfarbenem Mergel und grünem und violettem, seidig glänzendem Tonschiefer übergeht. Das Gestein erinnert an die bunte, schiefrig-kalkige Wechselfolge im tieferen Lower Shali limestone.

NW Bansantpur sind den stark tektonisierten Simla slates wieder Kalklamellen eingeschaltet (SW-fallend). In den genannten Schiefern sind im Bereich zwischen Basantpur und Seoni-Schollen von Kalk, kieseligem, dolomitischem Kalk und Dolomit sowie schwärzliche Mergel und Schiefer eingeschaltet. Letztere wirken in stark gequetschtem Zustand wie Kohleschiefer.

In dieser Mischserie findet sich an der Jeepstraße nach Chaba grüner Trap und Traptuffit mit violetten Partien (einige Meter mächtig).

Den schwarzen Schiefern, Mergelschiefern und splittrigen, kieseligen Schiefern begegnet man an der Straße Seoni—Tatapani immer wieder.

In den Flanken des Sutlej-Tales sind in den Schiefern, morphologisch hervortretend einige Kalk-Dolomit-Züge zu erkennen.

Im Bereich von Tatapani taucht unter den mittelsteil NE-fallenden, dunklen Schiefern, und den dünnplattigen, z. T. kieseligen Mergeln und Mergelkalken grauer, massigerer Dolomit auf. Dieser entwickelt sich aus dem dunklen Mergelkalk in seinem Hangenden ohne scharfe Grenze. Diese Beobachtung spricht für einen stratigraphischen Verband von Dolomit, Mergelkalk und schwarzem Schiefer.

W. D. WEST (1939) hat erkannt, daß hier bei Tatapani die Gesteine des Shali-Fensters im W wieder auftauchen. WEST hat die Karbonatgesteine des Sutlej-Tales W Tatapani als Unteren Shali-Kalk ausgeschieden. Die dunklen Schiefer zwischen Tatapani und Chaba wurden aber zur „Chail-Serie" gerechnet, ebenso wie die zahlreichen, den Schiefern eingeschalteten Kalkzüge.

Wir sind hingegen der Ansicht, daß die dunklen Schiefer den Shali slates entsprechen. Sie überlagern wie diese den Unteren Shali-Kalk (Tatapani) und sind lithologisch nicht von ihnen zu unterscheiden. Nach der Karte von W. D. WEST (1939) treten die Shali slates auf weite Strecken direkt an die Shali Thrust heran. Im Nauti Khad S Kathnol konnten auch wir sie am Fensterrand beobachten. Die schwarzen Schiefer des Sutlej-Tales, in deren Bereich auch die heißen Schwefelquellen von Tatapani liegen, sind an der Basis der Simla slate-Schuppe mitgeschleppte Shali slates.

Ebenso betrachten wir sämtliche in den Schiefern des Naldera-Rückens gelegenen Kalkvorkommen als tektonisch abgetrennte Gesteine der Shali-Serie. Von G. E. PILGRIM u. W. D. WEST (1928) wurde der Naldera-Kalk als stratigraphische Einschaltung in den tieferen Simla slates angesehen, die Kalkvorkommen S Basantpur wurden zur Chail-Serie gerechnet. Ähnlich betrachtet auch W. D. WEST (1939) diese Kalke als zu den sie umgebenden Schiefern gehörig. Die Beobachtungen zwangen WEST allerdings in zwei Fällen, davon eine Ausnahme zu machen (S. 158—159): In den Schiefern der Deckscholle von Kathnol sind Schollen von Shali-Kalk eingeschaltet und halbwegs zwischen Seoni und Chaba (Sutlej-Tal) findet sich inmitten der „Chail-Serie" ein Gesteinskörper, in dem Shali-Kalk und Shali-Quarzit in unmittelbarem stratigraphischem Verband erhalten geblieben sind.

Es läßt sich jedoch an allen Kalkvorkommen die Beobachtung machen, daß der Kontakt zu den umgebenden Schiefern ein tektonischer ist, worauf bei der Beschreibung der Strecke Naldera—Basantpur bereits hingewiesen wurde.

Es könnte der Einwand gemacht werden, daß infolge des verschiedenen mechanischen Verhaltens von massig-bankigem Kalk und Schiefer die stratigraphischen Gesteinsgrenzen stärker durchbewegt sein könnten, daß die Kalkzüge boudinageartig zerrissen worden seien.

Dagegen spricht die Tatsache, daß in den Simla slates, dieser so mächtigen Sandstein-Schieferfolge, karbonatische Gesteine keine Rolle spielen. Wir finden in den, die Kalkvorkommen umgebenden Schiefern nirgends dünne Kalklagen, im Kalk hingegen fehlen sichere stratigraphische Wechsellagerungen von Schiefer und Kalk. Ohne das Vorhandensein von vermittelnden sandig-tonig-karbonatischen Gesteinen erscheinen die plattigen bis massigen Kalke als Fremdkörper in der sie umgebenden Schieferserie. Es ist somit sehr unwahrscheinlich, daß Kalk und Schiefer einen stratigraphischen Verband bilden.

Es wurden bereits die verschiedensten stratigraphischen Vergleiche zwischen diesen lithologisch oft recht unterschiedlichen Kalkvorkommen und denen anderer Gebiete vorgebracht und diskutiert (G. E. PILGRIM u. W. D. WEST 1928, S. 44—45 und 113—115; K. S. VALDIYA 1962b, S. 3; u. a.). So verschiedenartig die einzelnen Kalkzüge auch sein mögen, es lassen sich doch für jeden Typ entsprechende ähnliche Gesteine in der ebenfalls recht mannigfaltigen Shali-Kalk-Folge aufzeigen.

Gerade die lithologische Vielfalt zeigt, daß es sich hier nicht um einen stratigraphischen Horizont handelt, sondern um ein tektonisches Niveau, in dem sich Gesteine aus verschiedenen stratigraphischen Bereichen der Shali-Serie in Form von Scherlingen finden.

Die Teilbewegungen, die sich im Zuge der Fernüberschiebung an der Shali Thrust vollzogen haben, waren nicht an eine tektonische Linie gebunden, sondern haben die untersten 700—1000 m der Simla slates mit erfaßt. Infolge der gesteigerten Durchbewegung in dieser tektonischen Mischungszone zeigen die Schiefer etwas höhere Metamorphose, weshalb G. E. PILGRIM u. W. D. WEST (1928) und W. D. WEST (1939) von „Chail Serie" sprachen.

Dieser von den beiden ersten Autoren aufgestellte Begriff umreißt eine Serie mit ganz bestimmtem Gesteinsbestand, bestimmter Metamorphose und tektonischer Stellung. Wie in der vorliegenden Arbeit gezeigt wird, ist diese Serie in immer gleicher Position in verschiedensten Gebieten des Niederen Himalaya anzutreffen und somit von regionaler Bedeutung.

Im Randgebiet des Shali-Fensters wurde dieser Begriff leider für etwas metamorphe Simla slates angewandt (siehe oben), was viel Verwirrung gebracht hat (W. D. WEST 1939, S. 161*), E. H. PASCOE 1950, S. 434, 440 u. 454). Wenn W. D. WEST (1939, S. 161—163) die Simla slates und die unterlagernden „Chails" als eine stratigraphische Folge betrachtet, so kann dem nur zugestimmt werden, nur soll hier der Name Chail nicht verwendet werden. Dieser soll für die lithologisch und im Grad der Metamorphose wohl zu unterscheidenden Gesteine der Chail-Decke vorbehalten bleiben. Der Unterschied zwischen den Chails der Chail-Nappe und denen des S-Rahmens des Shali-Fensters war auch WEST bewußt, doch dachte er, daß die durch Fernschub von N herangebrachten Chails entsprechend stärker metamorphe Repräsendanten der „Chails" und Simla slates der südlicheren Gebiete wären (S. 161).

In der vorliegenden Arbeit wird aber gezeigt, daß die Chail-Serie mit großer Wahrscheinlichkeit den Chandpurs altersmäßig entspricht. Demnach wären die Chails jünger als die weniger metamorphen Simla slates und könnten nicht als deren epimetamorphe Äquivalente gelten.

Die oben erwähnte tektonische Mischungszone, für die der Name Naldera-Zone vorgeschlagen sei, taucht am S-Rand des Shali-Fensters unter. Sie ist im tief eingeschnittenen Sutlej-Tal zwischen Chaba und Tatapani aufgeschlossen und taucht im SW in entsprechender Position an der Basis der Simla-Deckscholle bei Karara Chandi und im Bereich des

---

*) In dem Profil (1939, S. 162) gibt WEST in dem fraglichen Bereich so wie wir nur Simla slates an (vergl. Taf. 3 [4, 5]).

Kakarhatti-Kalk wieder empor. Die allgemein anerkannte Meinung, daß Naldera- und Kakarhatti-Kalk einander entsprechen, wird dadurch bestätigt, nur daß diese Kalkvorkommen Scherlinge in einer tektonischen Mischzone zwischen Krol-Einheit und der aus Simla slates aufgebauten Basisschuppe der Simla-Deckscholle darstellen.

Nach Behandlung des südlichen Rahmens sei nun das Profil durch das südliche Shali-Fenster entlang des Sutlej beschrieben (Taf. 3 [4]).

Wenn man sich auf dem Weg von W her Chaba nähert, quert man die bereits bekannte Serie schwarzer Schiefer. In diesen finden sich Lagen von dunkelgrauem, fast schwarzem Quarzit (bis m-gebankt) und dunklem Kalk, der cm-dicke, grau verwitternde Quarzitbänder enthält. Sämtliche Gesteine sind stark durchbewegt.

Am W-Ende von Chaba ist man im unmittelbaren Überschiebungsbereich, der von W D. WEST (1939, S. 145) sehr eingehend beschrieben wird.

Madhan slates, grünlich-bräunliche, stark gequetschte, feine Tonschiefer setzen ein. Altersmäßig stehen diese, hier leicht metamorphen Gesteine zwischen dem Shali-Quarzit und den Subathus und haben daher vermutlich jüngermesozoisch-alttertiäres Alter.

Bei der Schule folgt im Liegenden der Madhan slates Shali-Kalk (wenige Zehnermeter). Das gegen SW abtauchende Gestein ist reich an Hornstein.

Etwa 100 m E vom Kraftwerk gelangt man erneut in Madhan slates. Es sind tonigsandige, z. T. etwas mergelige, grünliche Schiefer, die meist recht verwittert sind, wobei sie rostige Farbe zeigen. Die 30—40 m mächtige Serie zeigt stark schwankendes Schichtfallen.

Mit 20° S-Fallen unterlagert Shali-Quarzit (8 m). Das im liegenden Teil mehr dunkelgraue Gestein wird gegen das Hangende heller, fast weiß und feingeschichtet. Interessant sind die zahlreichen eckigen, kleinen Hornsteinstückchen, die der z. T. körnige Quarzit enthält. Der Hornsteingehalt dürfte aus dem unterlagernden, kieselreichen Oberen Shali-Kalk stammen. Dies spricht für eine teilweise Aufarbeitung bzw. für Heraushebung und Verwitterung des Hornsteinkalkes vor der Ablagerung des Shali-Quarzites.

Etwa 300 m E vom Kraftwerk setzt der Obere Shali-Kalk ein.

Die stratigraphische Folge Shali-Kalk—Quarzit—Madhan slates wiederholt sich durch Schuppung im Überschiebungsbereich der Shali Thrust.

Der Obere Shali-Kalk ist ein lichter bis dunkelgrauer, blau- bis bräunlichgrauer, kieseliger, dolomitischer Kalk. Das massige bis bankige Gestein ist häufig feingeschichtet. Lagenweise sind flache, weitgespannte Algenstrukturen bis 40 cm Durchmesser zu beobachten. Die Konvexseiten der Anwachsstreifen (mergelige und kieselige Feinlagen) zeigen gegen das Hangende.

Eine geringmächtige Einschaltung von weißem bis grauem Quarzit ähnelt dem bereits beschriebenen Shali-Quarzit. Auch hier enthält er Brekzien, die als einzige Komponente dunkle, geschichtete, eckige Hornsteinstückchen enthalten.

Der hier einige 100 m mächtige Obere Shali-Kalk fällt mittelsteil gegen SW.

Die im Liegenden folgenden steil SW-fallenden, dunklen Shali slates mit Quarzitzwischenlagen (?) sind am Weg nicht aufgeschlossen. Sie konnten bloß mit dem Feldglas am rechten Sutlej-Ufer beobachtet werden.

Im darunterliegenden Unteren Shali-Kalk begegnet man dunklen, wesentlich weniger Hornstein- und Kiesellagen führenden feinkristallinen Kalken. Diese scheinen auch dolomitärmer zu sein. An Schichtflächen sind vereinzelt stark gepreßte, schwarze Schiefer zu beobachten.

Danach sind cm- bis dm-Lagen von grünlichem Tonschiefer und Sandkalkbänder in den Kalk eingeschaltet (mittelsteiles SW-Fallen). Es folgen etwas hellere Kalke mit bis 0,5 m langen Hornsteinknauern, mit Stromatolithen und synsedimentären Brekzienlagen. Die dunkleren Typen des Unteren Shali-Kalk sind dem Naldera-Kalk am ähnlichsten.

In den liegendsten Partien des grauen Kalks finden sich rotes Sedimentmaterial in Form feinbrekziöser Einstreuung und bis mm-große Sandkörner.

Unmittelbar danach taucht im Liegenden eine meist steil SW-fallende, buntgefärbte Wechselfolge auf. Im cm-, dm- und m-Bereich wechsellagern lichtgraue, gelblich-kremfarbene, himbeerrote, grünliche und weiße, dichte, plattige Kalke und Dolomite, massigere Kalke, grauviolette, rote und grüne, z. T. seidig glänzende Tonschiefer. Die bunte Serie ist häufig gefaltet, wobei in den Faltenscheiteln transversale Scherflächenscharen zu beobachten sind.

Gegen das Sutlej-Knie (wo sich das Tal, flußaufwärts gesehen, aus der NE- in die S-Richtung wendet), gelangt man in sanft W-fallende, grau-drap gebänderte, schlierig-lagige, kieselig-mergelige Kalke.

Nach dem Knie marschiert man gegen S, also ins Hangende, und begegnet daher bald wieder den mit 25—40° gegen WSW bis SW fallenden bunten Kalken und Schiefern.

Im Bereich der Ortschaft Khaira folgen offensichtlich im Liegenden (?) der bunten Wechselfolge dunkelgraue, kieselige Dolomite. Sie zeigen Stromatolithe, sind rissig-klüftig und zerfallen grobblockig.

NNE Khaira quert der Weg eine Aufwölbung von Khaira-Quarzit, dem tiefsten aufgeschlossenen Schichtglied im Shali-Fenster. Das blaßrosa bis himbeerrote, dickbankige Gestein zerfällt zu grobem Blockwerk. Der häufig kreuzgeschichtete, fein- bis mittelkörnige Quarzit läßt makroskopisch schwarze und blutrote Körner erkennen.

U. d. M. zeigt die Probe S 7 nur mehr stellenweise primäre Sedimentstruktur. Sehr dicht, fast ohne Bindemittel, grenzen die meist ziemlich gut gerundeten Quarzkörner aneinander. In dem gut sortierten Gestein schwankt die Korngröße lagenweise zwischen 0,2 und 1,2 mm. Meist sind die stark undulösen Quarzkörner jedoch miteinander verzahnt und bilden ein echtes Quarzitgefüge. Nach Quarz sind fein- bis feinstkristalline Kieselgesteine, die schwankende Mengen von Hämatitstaub enthalten, die häufigste klastische Komponente. Entsprechend dem Hämatitgehalt sind die Körner farblos, blaßrosa bis opak. Internschichtung ist in diesen Jaspiskörnern öfters zu beobachten. Die Größe entspricht der der begleitenden Quarzkörner. Rundliche Körner von Turmalin (bis 0,4 mm) sind ebenfalls ziemlich häufig. Besonders oft finden sie sich entlang von Stylolithen, die das Gestein durchziehen. Rundliche Erzkörner erreichen 0,7 mm Größe. Zwischen den klastischen Komponenten ist etwas Hellglimmer in feinem Flitter und in bis 0,09 mm Schüppchen zu beobachten. Ebenfalls an den Korngrenzen findet sich ab und zu etwas mörtelartiger, feiner Quarz (unter 0,02 mm), Zirkon (0,04 mm) ist sehr selten.

Von einer Scherfläche ausgehend ist dieser Orthoquarzit etwa 1 cm breit hämatitvererzt. Die Quarz- und Jaspiskörner werden umkrustet, Hämatit dringt aber auch in feinen Blättchen in Quarz ein und verdrängt ihn. In dieser Vererzungszone ist etwas mehr Hellglimmer (bis 0,2 mm) zu beobachten.

Der Khaira-Quarzit verrät durch seine rötliche Farbe und die roten Jaspiskörner seinen relativ hohen Hämatitgehalt, so daß Vererzungen der beschriebenen Art wohl als hydrothermale Umlagerungen innerhalb des Khaira-Quarzites aufgefaßt werden können.

Die petrographischen Eigenschaften des Gesteins sprechen ebenso wie seine Stellung im Profil für eine Parallelisierung mit Nagthat.

Beim Weiterweg taucht der Quarzit bald wieder gegen NE unter Kalke ab. In den hangendsten Partien wird er grau, es schalten sich lichte, porzellanartige Kalklagen und Brekzien ein. Es entsteht so eine Wechselfolge von weißem und grauem Quarzit, Kalk und Sandkalk, der synsedimentäre Kalkbrekzienlagen enthält. Darauf folgen blaugraue Kalke mit Hornsteinknauern und synsedimentären Brekzien. Dieser stratigraphische Übergang vom Khaira-Quarzit in die mit 50° NE-fallenden Kalke in seinem Hangenden erfolgt auf etwa 40 m.

Der bunte Kalk-Schiefer-Horizont bezeichnet hier anscheinend nicht den Übergangsbereich Khaira-Quarzit—Unterer Shali-Kalk, da dazwischen grauer Shali-Kalk von allerdings nicht allzu großer Mächtigkeit liegt.

d) Profil Mashobra—Shali Peak (N-Teil von Profil 5 [Taf. 3], Abb. 30)

Die ausgezeichnete Karte 2" = 1 mile von W. D. WEST 1939 war uns bei der Aufnahme dieses stratigraphisch und tektonisch interessanten Profiles eine wertvolle Hilfe.

Wenn man von Mashobra aus die waldigen Hänge ins Nauti Khad absteigt, quert man zunächst dunkel- bis hellgraue, feinschichtige Tonschiefer und sandige Schiefer. Einschaltungen von grüngrauem Sandstein zeigen öfters Kreuzschichtung.

In dieser typischen Simla slate-Folge erscheinen tiefer unten am Hang bankige, helle Quarzite. Es handelt sich um dasselbe Quarzitband, das an der Straße zwischen Mashobra und Naldera zu beobachten war (I. A. 4. c.).

Auf der Karte von G. E. Pilgrim u. W. D. West (1928) ist dieses Quarzitband als „Jaunsar" eingetragen, während es W. D. West (1939) nicht getrennt ausscheidet. In der letztgenannten Arbeit werden sämtliche Gesteine des Rückens von Mashobra als Chails angegeben. Auch hier haben wir aus dem innigen Verband von Quarzit und wechsellagernden Simla slates den Eindruck gewonnen, daß der Quarzit zur genannten Serie gehört.

Im Liegenden dieser wenige Zehnermeter mächtigen, quarzitreichen Zone findet man wieder graue, etwas seidig schimmernde Tonschiefer. Sandstein- oder Quarzitbänke sind hier selten.

Bevor sich der Hang gegen den Talgrund des Nauti Khad versteilt, quert der Weg einen 15 m mächtigen Zug von blaugrauem, hell anwitterndem, bankigem Kalk. Kieselige Bänder und Schnüre sind zu beobachten. Im Liegenden der Kalklamelle folgen wieder die gleichen Schiefer wie im Hangenden. In diesen sind noch einige linsen- oder blockförmige Kalkvorkommen von geringer Mächtigkeit eingeschaltet.

Man befindet sich wieder in der Naldera-Zone. Literaturangaben ist zu entnehmen, daß diese tektonische Mischzone auch noch weiter gegen E fortsetzt (Theog, Fagu) und sich bis in das Tal des Giri River (bei Darog) verfolgen läßt (G. E. Pilgrim u. W. D. West 1928, S. 114—115).

Der letzte, steile Abstieg in den Talgrund des Nauti Khad führt durch steilstehende, schwarze Schiefer, während die Gesteine bisher durchwegs flach bis mittelsteil gegen S bis SSW einfielen (Abb. 30). Diese bituminösen Schiefer brechen spießig, griffelig, sind auf s matt und verwittern bleich, graugrün. Die Gesteine sind z. T. recht kieselig und brechen dann plattig-stückig.

Der aus dem Nauti Khad in nordwestlicher Richtung steil ansteigende Weg nach Kathnol führt noch eine Strecke durch diese Schiefer. Es herrscht hier steiles bis mittelsteiles N-Fallen. Gegen den im Hangenden folgenden Dolomit zu werden die Schiefer graugrün, mit Lagen von dunklem, dolomitischem Kalk.

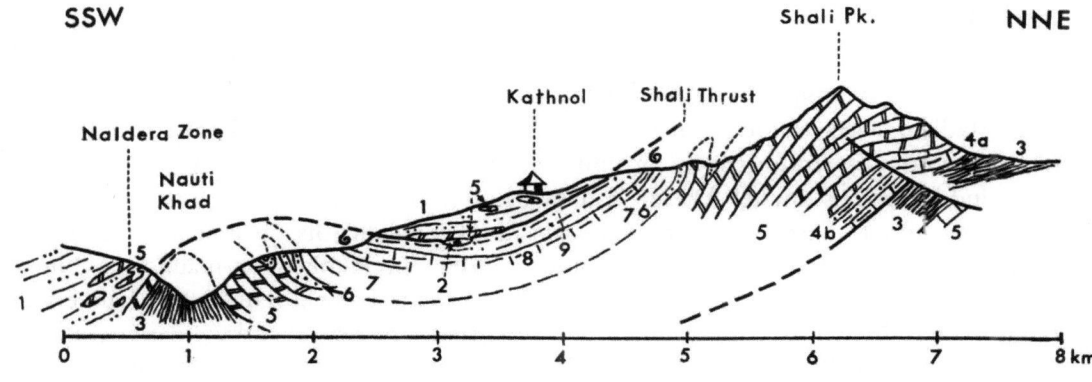

Abb. 30: Profil Shali Peak — Kathnol — Section.
    1 Simla slates — Simla slates
    2 Khaira-Quarzit — Khaira quartzites
    3 Shali slates — Shali slates
    4a Übergang Shali slates—Shali Kalk — transition from Shali slates to Shali limestone
    4b Rote Schichten — red beds
    5 Shali-Kalk und -Dolomit — Shali limestone and -dolomite
    6 Shali-Quarzit — Shali quartzites
    7 Madhan slates — Madhan slates
    8 Subathu (fossilführendes Eozän) — Subathu (Eocene, fossiliferous)
    9 Dagshai (Miozän) — Dagshai (Miocene)

Mit flachem NNE-Fallen überlagert hornsteinführender, rissig verwitternder, dolomitischer Kalk von grauer Farbe.

Ähnlich wie im Sutlej-Tal rechnet W. D. WEST (1939) die dunklen Schiefer zur Chail-Serie, die Shali Thrust legt WEST trotz der oben beschriebenen Lagerungsverhältnisse zwischen die dunklen Schiefer und den Oberen Shali-Kalk.

Unserer Auffassung nach liegt hier eine normale stratigraphische Aufeinanderfolge von Shali slates—Oberer Shali-Kalk vor. Die Shali slates bilden im Nauti Khad eine steile Antiklinale, die diskordant von den überschobenen SW-fallenden Simla slates abgeschnitten wird.

Abgesehen von einer nur einige dm mächtigen, rotvioletten, mergeligen Einschaltung reicht der hornsteinführende, dolomitische Kalk-Dolomit bis an die Oberkante der Steilstufe.

Hier überlagert weißer, zuckerkörniger Quarzit, der nach Blockfunden auch Hornsteinbrekzien führt.

Nach etwa 7 m Shali-Quarzit sind in einer kleinen Synklinale Madhan slates (3 m) eingefaltet. Grünliche, weniger reine Quarzitlagen im hangendsten Shali-Quarzit leiten über zu gelblich-grünlichem, fein- bis mittelkörnigem Sandstein und feinsandig-glimmerigem Tonschiefer (Madhan slates).

Im Gegenflügel der Mulde quert man 8 m Quarzit und 15—20 m Dolomit, worauf erneut etwa 15 m Shali-Quarzit folgt. Gegen das Hangende ist durch Wechsellagerung ein stratigraphischer Übergang zu den Madhan slates vorhanden.

Diese sind zunächst sehr sandige, tiefbraun verwitternde Schiefer, dann grünlichgraue, scherbige, etwas glimmerig-sandige Tonschiefer. Es finden sich auch bleiche, weiß bis rötlich verwitternde Schiefer, wie sie in der Tal-Serie von Tansing (Nepal) auch zu beobachten waren (I. A. 1. a.).

Auf diese 7 m mächtigen Madhan slates folgt durch Schuppung wieder 15 m Shali-Quarzit, der gegen das Hangende in dünnplattige, mattgraue, feinkörnige Sandsteine mit griffelig brechenden Schieferzwischenlagen übergeht (7 m).

Die übrige 60—80 m mächtige Folge von Madhan slates baut sich auf aus gelblichen, grünlichen, schokoladebraunen oder schmutziggrauen, feinglimmerigen, auch sandigen Schiefern und Tonschiefern mit einzelnen Sandsteinlagen. Die Schiefer zeigen auf s häufig seidigen Glanz.

Dieses mächtigere Paket von Madhan slates fällt flach nach NE bis N ein, während die gefaltete und geschuppte Folge im Liegenden steiler gegen NNE einfiel.

Die Madhan slates werden von harten, bankigen, grünlichgrauen Quarziten, grauen Schiefern und ostreenführenden, grünlichen Sandsteinen überlagert. Manche der Schiefer sind bituminös dunkel. Diese Gesteine gehören bereits zu den eozänen Subathus. Der höhere Anteil dieser Serie besteht aus dunkelgrauen bis grünlichen, sandigen, unebenflächigen Schiefern mit dm-Lagen und -Linsen von dunkelgrau-bläulichem Nummulitenkalk. In den Schiefern fanden sich schlecht erhaltene Lamellibranchiaten. Bänke von glaukonitischem, hartem Sandstein treten nur vereinzelt auf. Die Subathus, deren Gesamtmächtigkeit zwischen 40 und 60 m liegt, wurden von Dr. B. PLÖCHINGER näher untersucht:

Das Profil 1 (Abb. 31), dessen südlicher Ausgangspunkt sich NE der Kote 5576 (engl. Fuß), an einer Bachgabelung befindet (vgl. Geol. Karte von W. D. WEST 1939), zeigt vom Liegenden zum Hangenden:

30 m mächtig aufgeschlossene Quarzite, die ostreenführende Sandsteineinschaltungen und dünne Schieferzwischenlagen aufweisen,

8 m dunkelgraue, rostig verwitternde Tonschiefer und zwei 1,5 m mächtige Bänke eines lamellibranchiaten- und nummulitenführenden, dunkelgrauen, flaserigen Kalkes; hangend eine 1,5 m mächtige Mergellage mit einer Manganoxydkruste,

12 m graue und grünlichgraue Tonschiefer mit dezimeter- bis ½ m-mächtigen bräunlich- bis grünlichgrauen Sandsteinbänken und dünnen, grauen, lumachellen- und nummulitenführenden Kalklagen und -linsen.

An einer aufschlußlosen Hangnische ist die Grenze zu den stratigraphisch hangenden Dagshai-Schichten anzunehmen. Die folgende Hangstufe bringt:

10 m gegen 320/10° fallende, intensiv olivgrüne, sandig-blättrige Tonschiefer, die mit braunen bis bordeauxroten, sandigen Tonschiefern und mit dezimetermächtigen, glaukonitischen Sandsteinbänken wechsellagern,

10 m zunehmend glaukonitreiche, grüne, bis metermächtige Sandsteine mit bunten Tonschieferzwischenlagen,

22 m graue bis bräunlichgraue oder auch leicht grünlich gefärbte, quarzreiche Sandsteine mit rostig anwitternden, dünnen, griffelig brechenden, sandigen Schiefer- und weinroten Tonschieferzwischenlagen.

Das Tertiär wird tektonisch von einem Scherling eines grobgebankten, klüftigen, hellen Shali-Kalkes überlagert, an dessen Schichtköpfen kieselige Partien brotkrustenförmig auswittern.

Das Profil 2 (Abb. 31), das einige 100 m NNE von Profil 1, an einer Mühle, seinen Ausgangspunkt hat, zeigt vom Liegenden zum Hangenden:

15 m 310/20° fallende, feinblättrige, seidig glänzende, dunkel- bis grünlichgraue Tonschiefer mit hellen, z. T. mergeligen Kalklinsen, welche Lamellibranchiaten, Crinoidenreste und Nummuliten beinhalten und mit Sandsteinbänken wechsellagern,

5 m grünlichgraue, leicht glaukonitische Sandsteine an der Basis der Dagshai-Schichten,

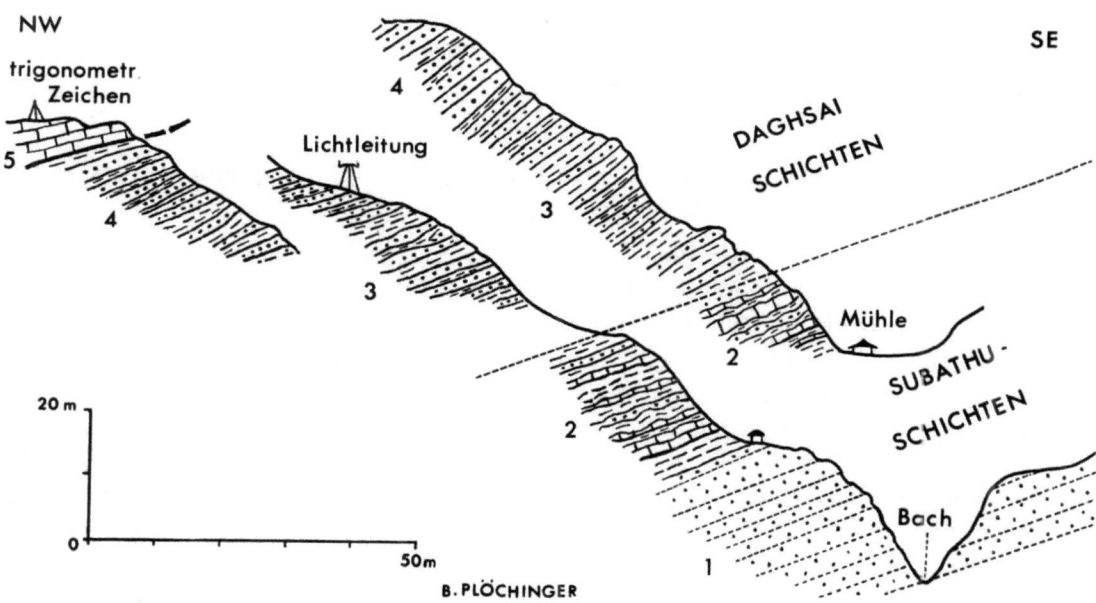

Abb. 31: Profile durch das Tertiär des Shali-Fensters, S Kathnol.
Sections of the Tertiary beds of the Shali-window, S of Kathnol.
1 Quarzite der Subathu-Schichten — quartzites of the Subathus
2 Tonschiefer, Sandsteine und Nummulitenkalke der Subathu-Schichten — shales, sandstone and nummulitic limestone of the Subathus
3 Tonschiefer und z. T. glaukonitreiche Sandsteine der Dagshai-Schichten — shales and sandstones partly rich in glauconite (Dagshai)
4 Tonschiefer und quarzreiche Sandsteine der Dagshai-Schichten — shales and sandstones of the Dagshais
5 Shali-Kalkscholle (Permo-Trias) — tectonic block of Shali limestone (Permo-Triassic)

30 m intensiv olivgrüne, sandige Tonschiefer mit dezimetermächtigen Sandsteinlagen, übergehend in violette bis weinrote Tonschiefer mit bis ½ m-mächtigen glaukonitführenden Sandsteinbänken,

30 m graue quarzitische Sandsteine mit bräunlichen bis grünlichgrauen Tonschieferzwischenlagen. Der Quarzgehalt nimmt gegen das Hangende offensichtlich zu und der Glaukonitgehalt ab. Im Vergleich zu Profil 1 dürften hier die Dagshai-Schichten etwas vollständiger erhalten geblieben sein.

Die Dagshais (Miozän) beginnen mit einer ziegelrot-gelb verwitternden, tonigen Sandsteinlage (20 cm), die wohl eine stratigraphische Lücke (Oligozän fehlt, vgl. H. N. Singh 1964) anzeigt. Über dieser Lage folgt m-gebankter, fein- bis mittelkörniger, grünlichgrauer Sandstein, der mit rotvioletten, grünen, gelben und grauen Schiefern wechsellagert.

Der weitere Anstieg nach Kathnol führt durch stark gequetschte, grünliche, graue, auf s matt bis seidig glänzende Schiefer mit sandig-quarzitischen Lagen und Quarzknauern. Diese untypischen, mit dem Hang flach S-fallenden Schiefer gehören der Deckscholle von Kathnol an. Es sind stark gequälte Simla slates (bei W. D. West 1939 „Chails"), die aber auch jüngere aus dem Fenster mitgeschleppte Schiefer enthalten können. Scherlinge von kieseligem Shali-Kalk finden sich in diesen Schiefern in der Umgebung von Kathnol. Bei Depara, am E-Rand der Deckscholle, fand sich außer Shali-Kalk auch weißer bis rosa, blockiger Quarzit (Khaira-Quarzit?).

Am Weiterweg von Kathnol zum Shali-Berg verläßt man bei Talosh (ENE Kathnol) die Deckscholle und gelangt in stark durchbewegte Dagshai- und später in Subathu-Schichten (20 m). Letztere führen hier auch eisenschüssige Lumachellen. Die Gesteine fallen ziemlich steil nach SSW unter die Deckscholle ein.

Im Liegenden folgen 40—60 m stark gefaltete Madhan slates, deren s-Flächen seidigen Glanz zeigen.

Es unterlagert weißer, zuckerkörniger Shali-Quarzit (20 m), worauf steil stehender, hell- bis mittelgrauer, dolomitischer Hornsteinkalk einsetzt.

Nach etwa 70 m quert der Weg eine nochmalige Einschaltung von Shali-Quarzit (20 m), dann steigt er steil durch felsiges Gelände von Ob. Shali-Kalk an. Dieser graue, dickbankige Dolomit enthält die typischen Hornsteinlagen, synsedimentären Brekzien und knolligen Algenstrukturen (Stromatolithe). Abb. 32 zeigt längliche Hornsteinstückchen, dachziegelförmig übereinander geschichtet, in solch einer Brekzienlage. Die unterlagernde Schicht erscheint durch die Plättchen eingedrückt. Ob Gleitung oder Zusammenschwemmung zu dieser interessanten Struktur geführt hat, ist nicht leicht zu entscheiden, jedenfalls spielte sich dieser Vorgang im plastischen, eben erst abgesetzten Sediment ab.

Am Weg erscheinen noch einmal wenige m Shali-Quarzit und Madhan slates. Diese sind an einem N—S streichenden Bruch in den umgebenden Shali-Kalk eingeschleppt worden.

In dem meist steil gegen S einfallenden Shali-Kalk erreicht man einen Sattel E vom Shali-Gipfel. Von hier stiegen wir in NNE-Richtung durch steile Waldhänge in einen nach N führenden Graben ab. Etwa 200 Höhenmeter unter dem Sattel tauchen im Liegenden des grauen Shali-Kalks, mit 30° SSW-Fallen dünnplattige, rosa und kremfarbene, mergelige bis dolomitische Kalke, rote Tonschiefer und einzelne Quarzitlagen auf.

Unter diesen bunten Schichten folgen dunkelgraue bis schwärzliche, im Hangenden mergelige Tonschiefer, die spießig, schiefrig bis scharfkantig-stückig zerfallen. Bei der Verwitterung bleichen diese Shali slates stark aus. In ihnen querte der Verfasser aus dem Graben zum Rücken im W und erreichte so den von N zum Shali-Berg führenden Weg. Folgt man diesem Weg in Richtung S, so quert man wieder die Grenze Shali slates — Oberer Shali-Kalk: Die schwärzlichen Tonschiefer werden gegen den Hangendbereich zu sandiger, mergeliger und entsprechend heller grau. Diese Schichten leiten über zu sehr dunklen, dünnplattigen, mergeligen Kalken. Über diesen folgen wenige Zehnermeter hell anwitternde, kieselige Mergel und mergelige Schiefer. Nur allmählich treten diese zurück und es entwickelt sich der normale, bankige, massive, dunkelgraue, dolomitische Kalk (Oberer Shali-Kalk).

Die rötlichen Schichten, die in dem Grabenprofil (nur einige hundert m im E) beobachtet wurden, fehlen in dem westlichen Parallelprofil (siehe Taf. 5 [5, 6]).

Überblick:

Das Simla-Gebiet wird in sämtlichen Lehrbüchern der Geologie Indiens als Musterbeispiel für den Deckenbau im Himalaya angeführt. Auf allgemeine Fragen und Neuergebnisse wurde bereits teilweise bei der Beschreibung der Route eingegangen. Wir können uns hier somit kurz fassen.

Die autochthone Tertiär-Zone wird an der Krol Thrust von der Krol-Einheit überfahren. Das Solon-Fenster zeigt eine Mindestüberschiebungsweite von 5 km an, die Deckschollen von Bilaspur eine solche von etwa 15 km.

Die Krol-Einheit zeigt den ihr eigenen offenen Faltenbau mit gelegentlich verschuppten Antiklinalen. Der „Krol belt" wird NW vom Krol Mt. stark reduziert und dünnt schließlich ganz aus. Bald erscheinen aber wieder in analoger Position Karbonatgesteine, allerdings in Shali-Fazies und gewinnen im Raume Bilaspur—Tatapani weite Verbreitung. Sie nehmen hier tektonisch die gleiche Stellung ein, wie die zwar gleichalten, aber faziell etwas andersartigen Krolgesteine. Der unmittelbare Zusammenhang derselben mit den Shalis von Bilaspur und damit auch mit denen des Sutlej-Fensters dürfte durch das besonders starke Vordringen der überfahrenden Simla slates im Raume W von Simla verloren gegangen sein. Es kommt hier somit beinahe zur unmittelbaren Vereinigung der Inneren Kalkzone (Deoban-Tejam-Zone) mit der Äußeren, dem Krol belt.

Im Shali-Halbfenster beweisen Dagshai beds als jüngste Schichtglieder den postuntermiozänen Zuschub desselben. A. GANSSER (1964, S. 247) schließt auf Grund des Tertiärs des Shali-Fensters auf die Überschiebungsweiten an der Main Boundary Fault und auf die Lage dieser Störungsfläche. Dieser Schluß ist unzulässig, da dieses Tertiärvorkommen zur Krol-Einheit gehört. Es ist dabei egal, ob man den Shali-Kalk als mit Krol altersgleich oder als jungpräkambrisch-kambrisch betrachtet (A. GANSSER 1964, K. S. VALDIYA 1962b), tektonisch steht die Zugehörigkeit des Shali-Fensters

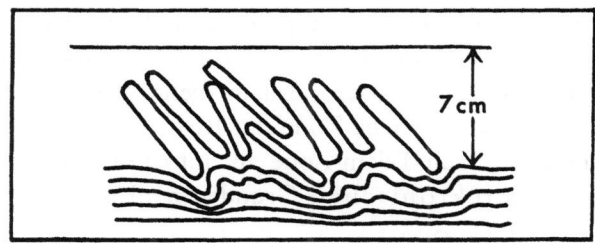

Abb. 32: Synsedimentäre Brekzie im Ob. Shali Kalk, S-Flanke des Shali Pk., Simla.
Intraformational breccia in the Up. Shali lms., S-face of Shali Pk., Simla.

zur Krol-Einheit außer Zweifel (siehe Taf. 1B, 3 [4, 5]). GANSSER (1964) rechnet auf S. 90, linke Spalte, das erwähnte Eozän zu einer südlicheren, autochthonen Fazieszone im Liegenden der Krol Thrust. Auf S. 99, linke Spalte unten, wird die, dem Shali-Fenster analoge Tejam-Zone aber aus Gründen des Faziesvergleichs mit den gleich alt erachteten Simla slates der autochthonen Fenster AUDENS (1937a) als allochthon betrachtet. Die Karte (Pl. I, A) und Profil A (Pl. II) lassen hingegen vermuten, daß GANSSER die Shali-Deoban-Tejam-Zone mit dem Krol belt zu ein und derselben tektonischen Einheit rechnet. GANSSER gibt demnach in derselben Arbeit (1964) recht unterschiedliche und z. T. einander widersprechende Beurteilungen in dieser Frage.

Eine ausgedehnte Schubmasse von Simla slates überlagert an der Giri Thrust den Krol belt. Im Sutlej-Tal tauchen unter derselben Simla slate-Masse die Gesteine des Shali-Halbfensters domartig empor. Giri und Shali Thrust sind, wie schon W. D. WEST 1939 festgestellt hat, identisch. Eine Überschiebungsweite von 45 km ist durch das Shali-Fenster nachgewiesen. Es wurde bereits erwähnt, daß der Faltenbau des Shali-Fensters diskordant durch die Shali Thrust abgeschnitten wird, was aus der Arbeit WESTS (1939) und aus unseren Profilen hervorgeht.

Die Scherlingsnatur der Kalkvorkommen in den Simla slates wurde bereits ausführlich beschrieben und auf die Bedeutung der Naldera-Zone als tektonischer Mischhorizont hingewiesen.

Im Hinblick auf die oben zitierten Folgerungen GANSSERS sei besonders darauf verwiesen, daß nach J. B. AUDEN (1934) in der Tertiär-Zone, aber auch in der Krol-Nappe Simla slates vorkommen. Die Simla slate-Schubmasse, in der der locus typicus liegt, stammt jedoch aus dem Gebiet N des Shali-Fensters. Bei Annahme gleichen Alters für die Simla slates und den Shali-Kalk — GANSSER (1964) — müßte man eine südliche und eine nördliche Schieferentwicklung und eine dazwischen vorhandene Kalkfazies annehmen. Hinweise auf solch rasche Fazieswechsel, die über 1000 m mächtige Gesteinspakete betreffen, lassen sich kaum finden.

G. E. PILGRIM u. W. D. WEST (1928) geben im Bereich der Simla slate-Schubmasse normal auflagernde Blainis und ein Vorkommen von Eozän an, die von Jaunsars überschoben werden. Wir glauben, daß die genannten Gesteine nicht in normalem Verband stehen, sondern an der Basis der Chail- bzw. Jutogh-Decke stark verschuppt sind.

Die beiden von uns besuchten Blainivorkommen (W Galog und W Sanjauli) zeigten weder Boulder beds noch die rosa Kalke. Von C. A. MCMAHON 1877, R. D. OLDHAM 1887 und G. E. PILGRIM u. W. D. WEST 1928 werden aber die Blainis in anscheinend normaler Entwicklung beschrieben. Wenn tatsächlich Blaini boulder beds auf den Simla slates dieser Schubmasse vorhanden sind, so bedeutet dies bei unserer Auffassung, daß die Blainis in der Shali-Tejam-Zone durch die rötlichen Kalke vertreten sind, daß im Sutlej-Gebiet nördlich derselben nochmals die vom Südkontinent beeinflußte Fazies auftritt. Dieses unseres Erachtens einzigartige Vorkommen ließe sich durch Fazieseinflüsse von W, vom Punjab Himalaya her, erklären. Betrachtet man mit K. S. VALDIYA und A. GANSSER die Sedimente der Shali-Tejam-Zone als jungpräkambrisch-altpaläozoisch, so muß man in der fraglichen Zone eine große stratigraphische Lücke annehmen, da in diesem Falle die gesamte Folge Jaunsar—Blaini—Krol-Tal in dieser Zone fehlt. Man muß weiters ebenfalls eine nördliche und eine südliche Zone mit Boulder bed-Fazies annehmen — es sei denn, man betrachtet die Shali-Tejam-Zone als autochthon und von der Krol-Nappe überfahren. Dies ist aber aus tektonischen Gründen nicht möglich.

Die fast unmetamorphen Gesteine der Simla slate-Schubmasse werden von der epimetamorphen Chail-Decke überfahren. In der vorliegenden Arbeit wird gezeigt, daß die von PILGRIM und WEST 1928 erstmalig beschriebene Einheit regionale Bedeutung hat und sich mit gleichem Gesteinsbestand und Metamorphosegrad sowie in immer gleicher tektonischer Stellung fast über die gesamte Erstreckung des Himalaya verfolgen läßt.

Auch in Hinblick auf die über der Chail-Decke folgende Jutogh-Decke ist den ausgezeichneten Untersuchungen der beiden eben genannten Forscher kaum etwas hinzuzufügen. Die Jutogh-Deckscholle gehört zu den in Synklinalen erhalten gebliebenen Resten der Kristallin-Decke und entspricht somit dem Chor-, Lansdowne- und Dudatoli-Almora-Kristallin.

Wenige Angaben findet man bezüglich des Aufbaues des Gebietes N und NE des Shali-Fensters, wo die höheren Deckenelemente gegen NE abtauchen. Der Arbeit Pilgrims u. Wests (1928) ist zu entnehmen, daß man auf der Hindustan-Tibetan Road von Meile 23 bis knapp vor Narkanda die sanft gegen NE abtauchende Chail-Decke quert. Bei dem genannten Ort überlagert die Kristallin-Decke. Sie ist nach W. D. West (1929, S. 164) von hier bis in das Chormassiv zu verfolgen. Auch im Sutlej-Tal NW von Narkanda taucht die Chail-Serie unter das Kristallin ab (W. D. West 1937, S. 80). Im Bereich des Kammes NW vom Sutlej dringt die Kristallin-Decke weit nach W vor.

Da W. D. West (1939) den gesamten Rahmen des Shali-Fensters als „Chails" bezeichnete, ist es schwer zu entscheiden, wo die aus Simla slates aufgebaute Schuppe wurzelt. Das nahe Aneinandertreten der Basisschichten der Simla slates (Naldera-Zone) und der echten Chails im Raume von Theog, das der Arbeit von Pilgrim u. West (1928, S. 116) zu entnehmen ist, berechtigt zu der Annahme, daß die Schuppe gegen N bald auskeilt. Diese deckenartig auftretende Einheit ist eine auf das Simla-Gebiet beschränkte Komplikation an der Basis der Chail-Decke und hat keine regionale Bedeutung. Eine ähnliche Simla slate-Schuppe zwischen Krol-Einheit und Chail-Decke ist uns aus Nepal bekannt (siehe Taf. 2).

5. BILASPUR — MANDI (Taf. 1 A, B)

Auf der Straße, welche die genannten Orte verbindet, bewegt man sich vorwiegend in der N—S verlaufenden Streichrichtung der Gesteine. Man fährt längere Strecken entlang der Krol Thrust, bald im Tertiär, bald in Gesteinen der Shali Serie. Letztere werden von V. H. Boileau und B. N. Raina 1952 untergliedert, was aber nur von lokalem Wert sein dürfte.

N von Bilaspur führt die Straße durch Tertiär: Grünlichgraue und graue, stark gequetschte Schiefer mit Sandsteinlinsen. Etwa 3 km nach Bilaspur finden sich darinnen graublaue, unreine Kalklagen mit unbestimmbaren Fossilresten. Rein lithologisch können diese stark durchbewegten Gesteine (Subathu?) den Simla slates recht ähnlich werden! 4—5 km nach Bilaspur fährt man durch bunte, rote und grüne Schiefer, die mit viel bankigem Sandstein wechsellagern (Dagshai?).

Abb. 33 zeigt die Stellung einer auffallenden Quarziteinschaltung, die an der Grenze zwischen dem bunten und grüngrauen Tertiär zu beobachten war. Das linsenartige Quarzitvorkommen dürfte eine Störung innerhalb des Tertiärs markieren. Die Berge im Hintergrund bestehen bereits aus dem an der Krol Thrust aufgeschobenen Shali-Kalk.

Etwa 5 km danach gelangt man in dünnschichtigen, dolomitischen Shali-Kalk mit grünlichen Tonbelägen auf s. Das Gestein führt reichlich Hornsteinknollen. An der Überschiebung über violetten, sehr sandigen Schiefer (Tertiär) finden sich Rauhwacken.

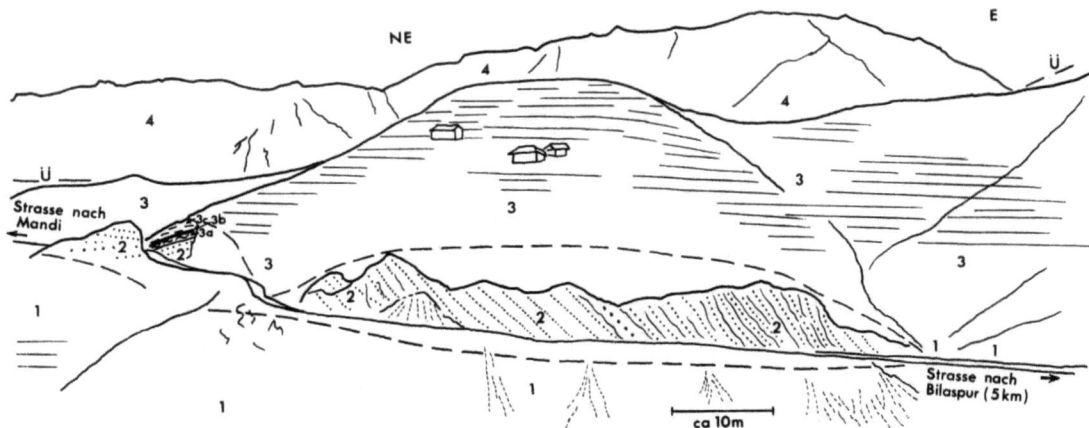

Abb. 33: Ansichtsskizze an der Straße etwa 5 km N Bilaspur.
View towards NE ca. 5 km N of Bilaspur (road to Sundanagar).
1 Dunkelrote, glimmerige Schiefer und Sandsteine (Dagshai?) ENE-fallend — purple, micaceous shales and sandstone (Dagshai) dipping towards ENE
2 Helle, bankige Quarzite mit rostigen Klüften und schwarzen Schieferzwischenlagen — light coloured thick-bedded quartzites with ferruginous fractures and black shale partings
3a Grüne, glimmerige Schiefer (1 m) — green micaceous shales (1 m)
3b Kohleschiefer (3,5 m) — coal shales (3.5 m)
3c Bröckelige, rostbraune Tonschiefer — brown shales
3 Graue, grüne und schwärzliche Tonschiefer mit m-mächtigen Kalkschollen — grey, green, black shales and slates with lenses of limestone (up to 1 m)
4 Shali-Kalk (Krol-Einheit) — Shali limestone (Krol Unit)

Nach der Querung eines Seitenflusses des Sutlej bleibt die Straße in sehr flach gelagertem Shali-Kalk bis knapp vor Barmana. Hier finden sich an der Grenze zwischen dem Tertiär und dem Shali-Kalk dm-gebankte, dunkelgraue bis schwarze, sandig-tonige Schiefer, deren Serienzugehörigkeit nicht ganz klar ist.

Nach Barmana ist im Straßenprofil (Abb. 34) der stratigraphische Bereich Khaira-Quarzit—Shali-Kalk gut zu studieren:

Die Überschiebung über das Tertiär ist unter Terrassenschottern des Sutlej verborgen. E Barmana stehen (1) graue, E-fallende Dolomite an. Nach aufschlußlosem Gelände gelangt man in mittelsteil WSW-fallende, graue, dolomitische Kalke und Dolomite. Höher oben am Hang sind rötliche Plattenkalke und Schiefer in den Dolomit eingefaltet (7).

Gegen das Liegende schalten sich in die graue Dolomitfolge häufiger rote Tonlagen ein und es entwickelt sich eine gut gebankte, rosa-hellgrau gebänderte Folge von dolomitischem Kalk (2).

Im Liegenden taucht roter Sandstein und rosa Quarzit auf (3). Diese gelegentlich kreuzgeschichteten Gesteine führen blutrote Jaspiskörner. Im Quarzit stellt sich rasch sehr steiles ENE-Fallen ein. Im E-Flügel dieser Khaira-Quarzit-Antiklinale schalten sich wiederholt plattige, rosa, dolomitische Kalke mit violettroten Tonschieferzwischenlagen ein (4). Rippelmarken, Tonscherbenbrekzien und synsedimentäre Kalkbrekzien in Sandkalk sind häufig — ihre Orientierung spricht für normale Lagerung. Die s-Flächen zeigen serizitische Häute. Die obersten m des Quarzitkomplexes sind vorwiegend grau gefärbt. Sie gehen über im wenige m dunkelgrauen Sandstein (5).

Es folgt hell- bis dunkelgrauer, gebankter bis massiger dolomitischer Kalk und Dolomit (1). Die meist recht dichten, kieseligen Gesteine zeigen häufig Bänke reich an Stromatolithen. Auch diese sprechen für normale Lagerung.

Gegen das Hangende entwickelt sich daraus eine plattige Folge von grauen bis dunkelgrauen, mergeligen Kalken (6). In den hangendsten, dünnschichtigen, gelblichen und grauen, kieseligen Kalken und Mergeln sind bis 2,5 m mächtige, schwarze, matte Tonschieferzwischenlagen zu beobachten (7).

Gegen die Slapper-Brücke zu setzen himbeerrote, plattige Kalke und Dolomite mit dunkelroten Tonschieferzwischenlagen ein (8).

Dieses Profil zeigt, daß der Khaira-Quarzit mit dem Shali-Kalk durch Übergänge eng verbunden ist. Weiters, daß rote Sedimentfarben sich in verschiedenen Niveaus der Shali-Serie finden. Ebenso dürften schwärzliche, bitumenreiche Einschaltungen nicht an einen einzigen Horizont gebunden sein. Sie sind wohl mit Shali slates und Infra Krols zu vergleichen.

Auf der Strecke Sutlej-Fluß—Sundanagar führt die Straße im Tertiär, das steil gegen E unter die Krol-Einheit abtaucht. 2 km vor Sundanagar quert man die Krol Thrust: Stark zerrütteter, rötlicher Shali-Kalk grenzt 60° NE-fallend an ebenfalls steilgestellte, graue Sandsteine und rotviolette, sandige Mergel des Tertiär.

Man quert nun das von jungen Ablagerungen erfüllte Becken von Sundanagar. An dessen N-Ende fällt ein etwa 200 m langer aus Quarzit aufgebauter Härtlingsrücken auf. Von hier an stehen entlang der Straße häufig serizitphyllitische und quarzitische Schiefer an. Vor Mandi quert man fast im Gesteinsstreichen Quarzit mit violetten, serizitischen Schiefern und einen Zug von dunklem Trap.

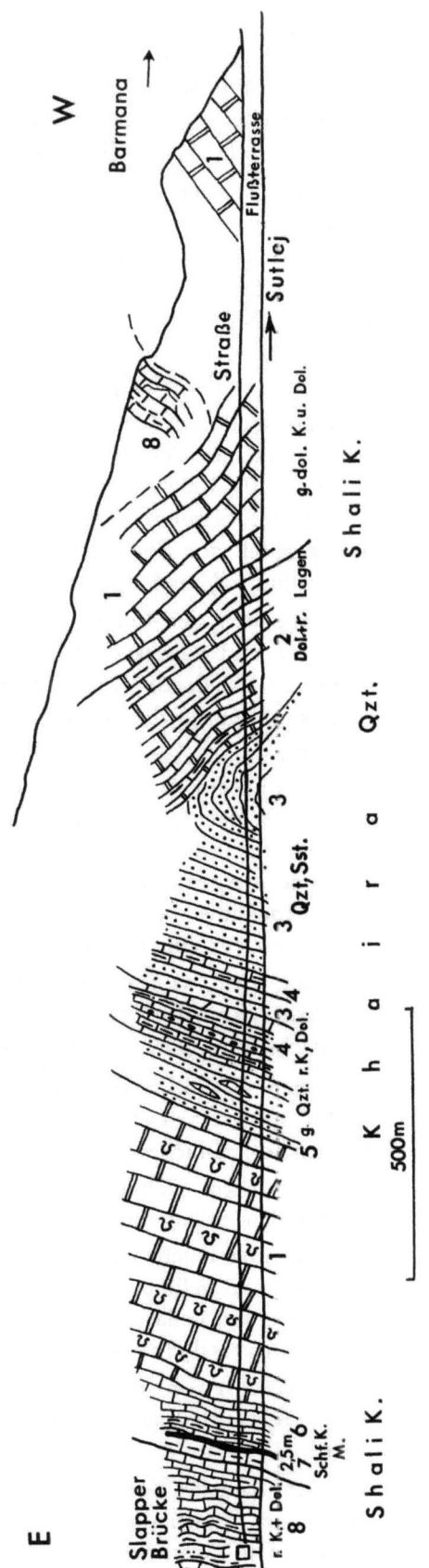

Abb. 34: Straßenprofil Barmana-Slapper-Brücke (Beschreibung im Text). Section along the road, Barmana—Slapper Bridge (Bilaspur—Mandi road).
1 grey dolomite (Shali)
2 dolomite grading into well-bedded, red to light grey banded dolomitic limestone
3 red sandstone and quartzite (Khaira quzt.)
4 intercalations of red dolomitic limestone and red shales in 3. (corresponding to Blaini lms.)
5 dark grey sandstone
6 dark grey marls with transition to 5
7 black shales in limestone and marls
8 well-bedded sequence of red limestone and dolomite with intercalated red shales (corresponding to Blaini limestone)

6. MANDI — KULU — ROHTANG-PASS (Taf. 1A, 3)

Die bereits mehrfach zitierte Arbeit von H. B. MEDLICOTT (1864) gibt einem auch hier wertvolle Hinweise auf den tektonischen Aufbau. In modernen Arbeiten findet das Gebiet — abgesehen von kurzen Notizen in den Gen. Rep. Rec. G. S. I. (1954) — unseres Wissens nur bei J. B. AUDEN (1948, 1951) Erwähnung.

In Mandi ist saiger gestellter, tertiärer Sandstein zu beobachten. Bald nach der Brücke quert man teils massig blockigen, teils verschieferten, dunkelgrünen Trap. Die 100—200 m mächtige Lamelle scheint hier direkt über der Krol Thrust zu folgen. In dieser Position finden sich basische Vulkanite, die mit dem Panjal Trap parallelisiert werden, gegen NW gegen Kashmir zu recht häufig. Aus dem Sutlej-Gebiet berichtet W. D. WEST (1939, S. 160) von Trapvorkommen W Tatapani, also ebenfalls in der Krol-Einheit, da die Shali Thrust über dem Trap folgt.

Die Traplamelle wird von grünlichen, chloritisch-serizitischen Schiefern und Quarziten überlagert (etwa 200 m), worauf plattige, weiße Quarzite und rotviolette Schiefer von 70—100 m Mächtigkeit folgen. Diese entsprechen wohl den Chandpurs bzw. Nagthats, könnten aber tektonisch Schichtglieder der Chail-Decke darstellen. Die gesamte E-fallende Folge E Mandi ist stark verschuppt und durchbewegt, so daß eine Entscheidung dieser Frage schwerfällt.

Im Hangenden der Quarzite folgen erneut phyllitische Schiefer, bald darauf Augengneise und mittelkörnige, massige Granitgneise. Etwa 3 km fährt man durch diese mittelsteil E-fallende Kristallin-Serie, in der graue Paragneise keine große Rolle spielen. Sie sind nur auf die liegendsten und hangendsten Partien beschränkt.

Gegen Bandot gelangt man wieder in graue und grünliche, phyllitische Schiefer und Chloritschiefer. Wir konnten, allerdings ohne flächenhafte Kartierung, keine scharfe Grenze zwischen den Augengneisen und den phyllitischen Schiefern feststellen. Trotzdem vermuten wir, daß die Orthogneise gegenüber der Hauptmasse der phyllitischen Schiefer eine eingefaltete Deckscholle darstellen und nicht in sie intrudiert sind. Zu dieser Annahme berechtigt die Erfahrung von anderen ähnlichen Granitgneisvorkommen, wo sich eine tektonische Grenze nachweisen ließ.

E Bandot wird das Einfallen flacher (20—30° gegen ENE), man bewegt sich durch eine monotone, grünlichgraue Serie von „slates", phyllitischen, serizitischen Schiefern und Chloritschiefern. Die Gesteine werden z. T. zu Dachziegeln verarbeitet.

Im Bereiche 6—13 km E Bandot, in der Beas-Schlucht, finden sich in der Schiefer-Serie Zonen mit etwas stärkerer Metamorphose; es treten in diesen Muskovitschiefer mit Quarzlinsen und grünlichen Schiefergneisen ähnliche Gesteine auf.

Etwa 15—16 km nach Bandot wechselt das sanfte ENE-Fallen zu horizontaler und sanft WSW-fallender Lagerung.

Stark verfaltet tauchen etwa 17 Straßenkilometer nach Bandot unter Schiefern und Quarziten rosa und gelbliche, dichte Bänderkalke und -dolomite auf (Shali-Kalk). Die s-Flächen der etwas geflaserten, dünnschichtigen Gesteine zeigen serizitische Beläge. Steil E-fallende Transversalschieferung ist zu beobachten.

Gegen das Liegende zu quert man blaugraue, graue, rosa und fast weiße, häufig gebänderte, feinkristalline Kalke und Dolomite, deren s-Flächen grünlich seidig schimmern.

Nach dem Knie des Beas, wo er von N kommend sich gegen W in die eben beschriebene Schlucht wendet, finden sich auch dunkle, phyllitische Schiefer mit weißen Kalzitadern eingeschaltet. Die Gesteine sind meist flach gelagert und fallen teils gegen WSW, teils gegen ENE.

Nach Aut weitet sich das Tal. Man sieht gelegentlich an der Straße Aufschlüsse von meist buntem Shali-Kalk mit rotvioletten Schieferlagen und Tonscherbenbrekzien, aber auch von grauem Dolomit mit Brekzienlagen. Die tieferen Flanken des Kulu-Tales bestehen hier jedenfalls aus Shali-Kalk.

Etwa 1 km S der Bajaura-Brücke oder 500 m S Ihiri taucht der Shali-Kalk unter die Schiefer ab. Der Überschiebungskontakt ist W der Straße gut aufgeschlossen: Über den stark zertrümmerten, rötlichen Kalken und Schiefern folgen einige m grüngrauer, harter Mylonitschiefer mit quarzerfüllten Klüften, darüber dann die phyllitischen Schiefer.

Der beschriebene Shali-Kalk stellt ein kleines, fensterförmiges Vorkommen der Krol-Einheit im Bereich des unteren Kulu-Tales (Beas R.) dar. Es liegt in der streichenden Fortsetzung des Shali-Fensters und ist diesem analog. H. B. MEDLICOTT (1864, S. 57) war dieses Vorkommen, das er als Krol betrachtet, schon bekannt, und er zog bereits den Vergleich zum Sutlej-Gebiet (Shali-Fenster!). Nach diesem Forscher bildet der Gneis, der den Kamm W des Kulu-Tales aufbaut, eine gegen WSW zu überkippte Synklinale (!) mit nördlichem Achsenabtauchen (S. 58). Bezüglich dieser Krols schreibt MEDLICOTT 40 Jahre vor dem Durchbruch der Deckenlehre in den Alpen (S. 58): „In respect of structure, the rule is as strictly observed here as elsewhere of dipping towards the nearest ridge of the older rocks. A first impression of the section, both on the ridge of Jalori and on that over Bajaora, would be, that the gneissic rocks were underlaid throughout by the limestones and slaty rocks, which seem to crop out from beneath them on either side."

J. B. AUDEN erwähnt das von ihm als „Larji window" bezeichnete Vorkommen in der Arbeit 1948, zeichnet dessen Ausdehnung aber viel zu groß, indem er die Quarzite und Schiefer NE der Kalke ebenfalls zum Fenster rechnet (siehe Karte 1948). Die Geological Map of India 1957 (G. S. I.) zeigt das Fenster viel zu weit im NE. Auf der neuesten Übersichtskarte des Himalaya von A. GANSSER (1964) ist es nicht eingetragen.

Vom N-Rand des Fensters bis Kulu (etwa 10 km) fährt man durch NE-fallende, grüne, graue, z. T. dunkle slates, phyllitische und quarzitische, chlorithaltige Schiefer sowie weißen, dickbankigen Quarzit. Letzterer ist im Mündungsbereich des Parvati-Tales bei Seoni zu beobachten. Der untere Verlauf des erwähnten Nebentales baut sich aus denselben Gesteinen auf wie das Haupttal, bloß daß untergeordnet auch violette Sedimentfarben auftreten.

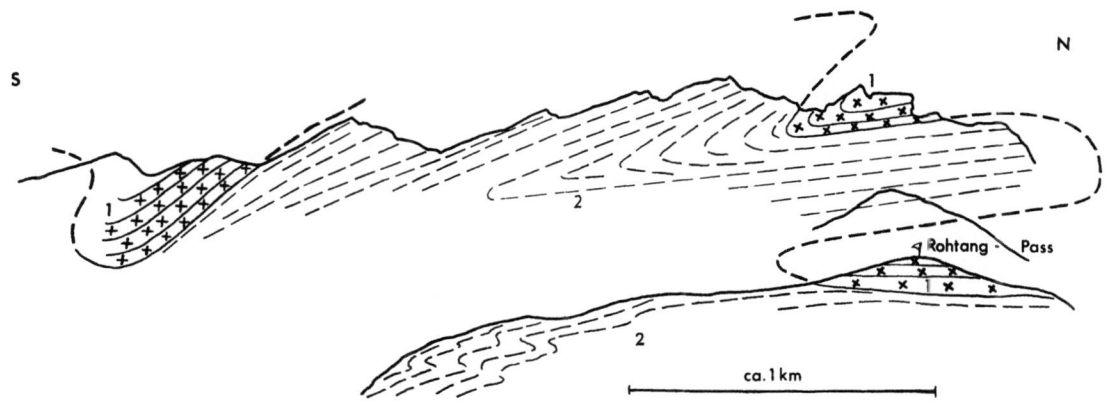

Abb. 35: Faltungen in den Bergen W vom Rohtang-Paß.
Folds observed in the mountains W of the Rohtang Pass.
1 Orthogneis — orthogneiss
2 Paragneis — paragneiss

Nach Kulu bleibt man noch eine Strecke in den Schiefern, die gegen das Hangende in flatschige Quarzphyllite übergehen, die ab und zu kleine Granate erkennen lassen.

Höher metamorphes Kristallin setzt mit 30° N-fallenden, feinkörnigen Biotitgneisen und biotitbetonten Zweiglimmerschiefern ein. Quarzadern sind häufig.

NE-fallende, also quer zum Streichen orientierte B-Achsen sind im Kulu-Tal öfters im Kristallin wie im Shali-Kalk zu beobachten.

Etwa 11 km N von Katrain folgen 40° NNE-fallende, massige Augengneise. Im Kristallin nimmt die Metamorphose gegen das Hangende zu, man gelangt daher gegen Manali zu in stärker migmatisierte Gneise (hauptsächlich Feldspatung).

N Manali, am Fuß des Rohtang-Passes, tauchen sanft S-fallend stark verfaltete, etwas vergrünte Biotitgneise im Liegenden der Orthogneise empor.

Entlang der zum Rohtang-Paß steil emporführenden Jeepstraße stehen Biotit- und Zweiglimmergneise an, die von Gängen von Aplit, Turmalinpegmatit und Quarz durchschlagen werden. Die Gesteine fallen meist flach gegen WSW. Gegen die Paßhöhe zu gelangt man in bankige, lichte Augengneise. Konkordante Aplitbänder sind in diesen Orthogneisen verbreitet.

In den Bergen W vom Rohtang-Paß sind in die dunkleren Paragneise gegen SSW eintauchende Orthogneis-Antiklinalen zu beobachten (Abb. 35).

Am Paß sind die Schichtflächen horizontal und neigen sich N desselben immer mehr gegen NNE. Der Gneiskomplex beginnt hier unter die Tethys-Sedimente von Spiti abzutauchen.

Überblickt man das entlang des Beas zwischen Mandi und dem Rohtang-Paß aufgenommene Profil, so zeigt sich folgendes:

Das Kristallin des oberen Kulu-Tales, das im unteren Verlauf dieses Tales die umgebenden Höhen aufbaut, hängt unmittelbar mit dem Kristallin N des Sutlej zusammen. Wie im Simla-Gebiet und in vielen anderen Gegenden des Himalaya ist auch hier festzustellen, daß die tieferen Teile des Kristallins schwächer metamorph sind als die höheren: Über den Jutoghs der Simla Hills oder den Paragneisen des Kulu-Tales folgen der Chorgranit bzw. die Orthogneise und Migmatite von Manali. Der im Kamm W des Kulu-Tales isoklinal eingefaltete Kristallinzug, den man im Beas-Tal zwischen Mandi und Badot quert, scheint im N mit dem Kristallin N von Kulu zusammenzuhängen.

Das im unteren Kulu-Tal fensterförmig aufgeschlossene Vorkommen von Shali-Kalk entspricht in jeder Hinsicht dem des Shali-Sutlej-Gebietes, das allerdings weit ausgedehnter ist.

Die mächtige Folge phyllitischer Schiefer, die regelmäßig zwischen Shali-Kalk und dem Kristallin anzutreffen ist, gehört tektonisch eindeutig zur Chail-Decke. Auch in diesem Gebiet ist der Sprung im Grad der Metamorphose zwischen Shali-Kalk und den Schiefern und zwischen diesen und den überlagernden Gneisen deutlich.

Obwohl wir der Meinung sind, daß die Schiefer auch altersmäßig der Chail-Serie des Simla-Gebietes und des östlicheren Himalaya entsprechen, haben wir sie hier nicht als Chails bezeichnet. Sie haben etwa gleiche Metamorphose erfahren, doch zeigen sich gewisse Unterschiede im Ausgangsmaterial. Der Gehalt an gröberem, sandigem Material ist hier geringer. Konglomerate und Psammitschiefer fehlen und Quarzite spielen nur ausnahmsweise eine Rolle (Parvati-Tal). Basische Vulkanite, die sonst so häufig in der Chail-Serie anzutreffen sind, konnten hier nicht beobachtet werden.

Wie im folgenden Kapitel noch zu beschreiben sein wird, sind die tieferen tektonischen Einheiten im Gebiet von Mandi und weiter gegen NW, gegen Kashmir zu, am

Außenrand des Niederen Himalaya stark unterdrückt. Die Krol-Einheit ist in einen Horizont von tektonischen Schollen und Scherlingen aufgelöst, und auch die Chail-Decke dürfte stark reduziert sein. Die Gesteinsfolgen zwischen dem Tertiär und der überschobenen Kristallinsynklinale scheinen außerdem kräftig verschuppt zu sein.

7. MANDI — JOGINDERNAGAR (Taf. 1A)

Die Straße, welche die beiden Orte verbindet, führt entlang der Überschiebung über das Tertiär, bald in diesem, bald in den älteren Gesteinen. Auf dieser Strecke befinden sich drei Bergbaue, in denen aus einer haselgebirgsähnlichen tektonischen Mischserie Salz gewonnen wird. Das südlichste dieser Vorkommen, Mailpang, wurde nicht untersucht, wir konnten hingegen die geologischen Verhältnisse um die Drang-Mine der Hindustan Salt Ltd. näher kennenlernen. Für die Führung durch den Geologen der Minen-Gesellschaft, Mr. Ashoka, und die Gastfreundschaft der leitenden Herren der Mine Drang möchten wir herzlichst danken.

Das etwas generalisierte Profil (Abb. 36) zeigt die Verhältnisse im Bereiche der Drang-Mine. Die steilgestellten dickbankigen Sandsteine und roten Zwischenschiefer der Dagshais und Kasaulis (Mioz.) werden von der Krol Thrust diskordant abgeschnitten.

Über der Störung folgt die Lokhan-Formation, in der sich die verschiedensten Gesteine der Krol-Einheit in Form tektonischer Blöcke (1- bis einige 100-m-Bereich) finden: Geschichtete, rosa Quarzite mit Jaspiskörnern (Khaira-Quarzit), grauer und rosa Dolomit und Kalk mit sandigen Lagen, Hornstein, Stromatolithen und synsedimentären Brekzien (Shali-Kalk) sowie schwarze kieselige Schiefer (Infra Krol, Shali slates; zwischen Guma und Drang). Diese Scherlinge sind häufig zerdrückt und tektonisch brekziös.

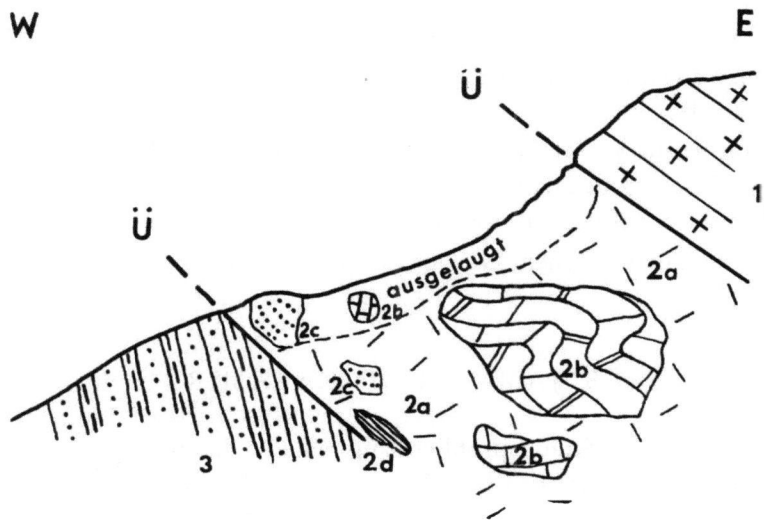

Abb. 36: Profil durch den Bereich der Drang Mine, N von Mandi.
Section in the region of the Drang Mine, N of Mandi.
1   Trap und Chloritschiefer — trap and chlorite schists
2a   Salzgebirge — rock salt
2b   Scherlinge von Dolomit und Kalk — tectonic blocks of dolomite and limestone (Shali)
2c   Khaira-Quarzit — Khaira quartzite
2d   Schwarze Schiefer — black slates
} Lokhan Formation
3   Tertiäre Sandsteine und Schiefer — Tertiary sandstone and shales
Ü = Überschiebung — thrust

Die Lokhan-Formation selbst baut sich auf aus roten Tonschiefern, rotem Salzton, bunten haselgebirgsartigen Brekzien und grauem und rotem, feinkörnigem Steinsalz (Guma). An der Erdoberfläche ist das Salzgebirge ausgelaugt.

Über der roten Lokhan-Formation mit den klippenartigen Scherlingen darinnen folgt nach einer neuerlichen Störung randlich stark verschieferter, grüner Trap und grünlichgraue, phyllitische Schiefer mit Quarzitlagen. Die Guma-Mine dürfte ähnliche geologische Verhältnisse wie die Drang-Mine aufweisen.

H. B. Medlicott hat bereits 1864, S. 60—62, diese tektonisch äußerst komplizierte, salzführende Zone N Mandi beschrieben und die Genese des Salzes diskutiert. Es scheint auch heute noch ungeklärt zu sein, ob hier an einer tiefreichenden Störung kambrisches Salz, vergleichbar dem der Salt Range, emporgeschleppt wurde, oder ob das Salz aus der Shali-Serie stammt. Gegen letztere Annahme spricht, daß in der Shali-Serie bisher noch nirgends Salz beobachtet wurde und daß die von uns mit Shali-Krol als altergleich erachteten Unteren Gondwanasedimente nicht sehr für ein Klima sprechen, das für die Bildung von Salzlagerstätten günstig gewesen wäre. Nach Pascoe (1959, S. 563) wäre das Salz von Mandi gleich dem von Kohat tertiären Alters.

Feststeht hingegen, daß die Krol-Einheit stark reduziert und in einen Reibungsteppich verwandelt wurde. Erste Anzeichen dafür konnten bereits im Gebiet W von Simla festgestellt werden. Für die gesamte Zone von Mandi bis Kashmir scheint die Unterdrückung der tiefsten tektonischen Elemente kennzeichnend zu sein.

Aus den Arbeiten von H. B. Medlicott (1864), C. A. McMahon (1881, 1882a, 1883), H. M. Lahiri (1939, S. 70) und P. C. Das Hazra (1953, S. 125) ist zu entnehmen, daß die Dhauladhar-Kette ganz ähnlich wie das Gebiet N Mandi aufgebaut ist: Den Kamm bildet Granitgneis, das helle Gestein ist weithin sichtbar. Der Gneis stellt offensichtlich eine isoklinal eingefaltete Deckscholle der Kristallin-Decke dar. Er wird von phyllitischen Schiefern und slates mit quarzitischen Gesteinen unterlagert, die vermutlich den Chails entsprechen und ihrer tektonischen Stellung nach wahrscheinlich zur Chail-Decke gehören.

Die Krol-Einheit scheint in Shali-Fazies entwickelt zu sein. Sie bildet einen schmalen Streifen zwischen dem überlagernden Schieferkomplex und dem Überschiebungsrand gegen das Tertiär.

Von Bilaspur bis zur Syntaxis des NW-Himalaya ist die Krol-Einheit stark reduziert. Diese Änderung im Gebirgsbau fällt räumlich mit der auffälligen Sigmoide des Außenrandes des Niederen Himalaya N Bilaspur zusammen.

Leider sind die inneren Zonen, NE der Dhauladhar-Kette, fast unerforscht.

8. JAMMU UND KASHMIR

Im folgenden wird das Straßenprofil entlang der von Jammu nach Srinagar führenden Straße beschrieben. Das Gebiet des Banihal-Passes und das Becken von Kashmir wird im Zusammenhang mit der Tibet-Zone Nepals erwähnt werden.

Die ersten geologischen Aufnahmen Kashmirs stammen von R. Lydekker (1876, 1879, 1883). Durch C. S. Middlemiss (1910, 1913) wurde die Stratigraphie der Sedimente der Tethys-Zone Kashmirs auf eine heute noch gültige Form gebracht. Dem Werk D. N. Wadias ist es zu danken, daß Kashmir zu den bestbekannten Gebieten des Himalaya zählt (1928, 1929, 1930, 1931, 1934, 1961).

Anläßlich des Intern. Geol. Kongr. 1964 ist ein Geologischer Führer von B. N. Raina und H. M. Kapoor erschienen.

Ab Jammu führt die Straße durch die Schichtrippenlandschaft der Siwaliks. Die hellen, sehr dickbankigen, glimmerreichen Sandsteine zeigen einheitliches SW-Fallen. Nach Überwindung eines Höhenrückens wendet sich die Straße gegen E gegen Udhampur. Hier entwickelt sich sanftes NNE-Fallen und gleichzeitig eine bunte Sandstein-Mergel-Folge.

Wo die Straße nach Udhampur an einen Fluß herankommt, quert man nach D. N. WADIA die Main Boundary Fault, welche die Siwalik-Zone im NE begrenzt. Die Schichten sind hier steil aufgerichtet und verfaltet. In den NE der Störung folgenden miozänen Murrees wechselt die Lagerung stark, sie ist aber besonders gegen den Batote-Paß zu meist flach. Man fährt hier durch gebankten, grauen, roten und grünen Sandstein mit roten, grünen und gelblichen Zwischenschiefern. N des Batote-Passes herrscht einheitlich SW- bis WSW-Fallen.

Im Tal des Chenab River werden die etwa 30° SW-fallenden Murrees diskordant von der saiger stehenden Murree Thrust (D. N. WADIA 1931) abgeschnitten. Man betritt hier den „Autochthonous Fold Belt", der nach WADIA von karbonen bis eozänen Gesteinen aufgebaut wird.

N der Störung folgen etwa 40 m gequälte, grüne Schiefer, danach einige m schwarze, bituminöse, kohlige Schiefer, die Pyrit und Gips führen, dann graue, dünnblätterige, seidig schimmernde Schiefer. In diesen etwas phyllitischen Schiefern, die auch cm- bis dm-gebankte, feinkörnige, grünlichgraue Sandsteine enthalten, setzt sich 50—60° NNW- bis NE-Fallen durch. Es waren auch dunkelgraue, feinkristalline Kalklagen zu beobachten. Ein hornblendeführendes, hellgrünes Ganggestein (wenige m mächtig) und Quarzadern durchschlagen die Schiefer.

An der östlichen Fortsetzung der Störung sieht man mit dem Feldglas dunkle Schiefer und einen hellen, linsigen Gesteinskörper (Kalk oder Quarzit?).

Bis zur Brücke über den Chenab River bleibt man in den grünlichen, z. T. phyllitischen Schiefern mit sandigen Lagen. Untergeordnet finden sich auch rote bis rotbraune, sehr feine, seidige Slates und helle, grüne Sandsteinbänke. Die Lagerung wechselt stark. Gegen W gegen die Brücke zu ist häufig WSW-Fallen zu beobachten.

Nach der Karte von D. N. WADIA (1931) ist der „Autochthonous Fold Belt", welcher der Krol-Einheit entspricht, sehr eingeengt. Man soll nach der Übersichtskarte (1931) im Chenab-Tal einen schmalen Streifen von Karbon-Trias und Eozän queren.

Die zuletzt beobachtete Schieferfolge erinnert stark an Chandpurs, die schwarzen Schiefer könnten Infra-Krols sein oder zum Eozän gehören.

Die flach gegen NNE abtauchende Panjal Thrust (WADIA) konnten wir nicht lokalisieren, ohne jedoch daraus deren Existenz bezweifeln zu wollen. In dem Straßenprofil gewinnt man aber den Eindruck, daß die mit den Chandpurs verglichene Schiefer-Serie N der Chenab-Brücke fortsetzt. Man fährt hier durch sanft NW- bis NE-fallende, graue bis grüne, sandige, phyllitische Schiefer und Sandsteine, aus welchen anscheinend ohne scharfe Grenze im Hangenden Phyllite und Gneise (Salkhalas) hervorgehen. Dieses Kristallin besteht aus plattigen, straff eingeregelten Augen- und Bändergneisen, Biotit- und Chloritschiefern, serizitischen Schiefern und einzelnen, maximal 10 m mächtigen, blaugrauen, feinkristallinen Marmorlagen.

Gegen das Hangende geht das Kristallin in eine schwach metamorphe, etwas sandige Schiefer-Serie über (Dogra slates). Diese mittelsteil NE-fallenden Schiefer enden an einer ebenso orientierten Störung S Banihal. Flach gelagerter Syringothyris-Kalk (U. Karbon), Fenestella-Schiefer (M. Karbon) und Agglomeratischer Schiefer (Ob. Karbon) grenzen hier mit diskordantem, tektonischem Kontakt gegen die Dogra slates. Die Höhen, auch die des Banihal-Passes, bestehen aus dem oberkarbonen Panjal Trap. Man ist somit im Bereich von Banihal bereits mitten in der in einen offenen Faltenwurf gelegten, fossilreichen Sedimentfolge Kashmirs.

Überblickt man die durchfahrene Strecke und vergleicht man mit anderen Himalayaprofilen, so ist folgendes hervorzuheben:

Die Tertiär-Zone ist hier ausnehmend breit entwickelt. Sie bedeckt nach WADIA (1931) die nördlichsten vorspringenden Teile Gondwanalands, also des Indischen Subkontinents. Die schlagartige Verbreiterung der Tertiär-Zone N Bilaspur und die damit zusammenhängende Sigmoide im Außenrand des Niederen Himalaya gehen wahrscheinlich, ebenso wie die Syntaxis von Kashmir-Hazara (WADIA 1931), auf nördliche Vorsprünge des Indischen Schildes zurück.

In der Murree-Zone, dem nordöstlichen Teil der Tertiär-Zone, tauchen in Antiklinalen im Liegenden der tertiären Gesteine fossilleere, kieselige Kalke und Dolomite auf, die unter den Namen Great Limestone (H. B. MEDLICOTT 1876), Sirban Limestone (D. N. WADIA 1937) und Jammu Limestone (A. GANSSER 1964) in der Literatur bekannt sind. Auf Grund der Beobachtung, daß die basalen Teile des Kalkes mit Tuffen der Agglomeratic slate series wechsellagern, das Alter dieser Serie aber durch Fossilien als Ob. Karbon-Artinsk festgelegt ist, beweist D. N. WADIA (1937, S. 168—171) das permokarbone Alter des Kalkes. WADIA betont die große lithologische Ähnlichkeit mit den gleich alten Infra Trias-Kalken Hazaras und schlägt für beide den Namen Sirban Limestone vor.

Das dem Talchir boulder bed der Salt Range entsprechende Tanakki-Konglomerat an der Basis des Sirban-Kalkes Hazaras vergleicht WADIA (1937, S. 172) wie D. N. WADIA u. W. D. WEST (1931, S. 127—128) mit dem Blaini boulder bed des Simla-Himalaya, den Sirban-Kalk mit dem Krol-Kalk.

Es ist von größter Bedeutung, daß in Kashmir die fossilführenden Serien der Tethys-Zone den Himalaya-Hauptkamm überschreiten und es dadurch möglich ist, sie mit den sonst fossilleeren Serien des Niederen Himalaya in Beziehung zu bringen. Der oben erwähnte Vergleich macht ein permokarbones Alter für die Folge Blaini-Krol höchst wahrscheinlich und gestattet so die Alterseinstufung der Formationen des Niederen Himalaya.

Die von uns im Bereich von Mandi (Beas R.) bereits beobachtete, starke Reduktion der Krol-Einheit ist auch in Kashmir festzustellen. Der Autochthonous Fold Belt WADIAS entspricht der tektonischen Stellung nach der Krol-Einheit, die unserer Auffassung nach ebenfalls keinen Fernschub mitgemacht hat (parautochthon) (vgl. D. N. WADIA 1961, S. 422). Hinsichtlich der Schichtfolge zeigte sich ebenfalls bereits im Sutlej-Gebiet eine Angleichung an den Autochthonous Fold Belt, indem mit dem Panjal Trap zu parallelisierende, basische Vulkanite gegen NW zu an Bedeutung gewinnen. N Mandi finden sich die Gesteine der Shali-Folge in Form unzusammenhängender, linsiger Vorkommen, während der Trap als anscheinend durchlaufendes Schichtglied von Mandi bis zur Kashmir-Syntaxis reicht.

Im Gegensatz zu den bisher beschriebenen Gebieten des Niederen Himalaya spielen hier in der Krol-Einheit nicht Karbonatgesteine, sondern der Panjal Trap die Hauptrolle. Es dürfte sich dabei um ein gegenseitiges Vertreten der beiläufig gleichaltrigen Gesteine handeln.

Interessant ist die Beobachtung WADIAS (1928, S. 248—253), daß fossilführende Zewan beds (Ob. Perm) und Ob. Trias-Kalk den Panjal Trap in der genannten Zone überlagern. In den beschriebenen Aufschlüssen E Punch fehlt der tiefste Teil der Zewan beds, z. T. fehlen sie ganz und es lagert die Ob. Trias dem Trap auf. Die Ergüsse des Trap umfassen eben verschieden große Zeiträume und ersetzen so verschiedene Sedimentgesteine des Permokarbons und der Trias (WADIA 1934, S. 158).

Es sei hervorgehoben, daß die Fazies fossilführenden, marinen Perms in Kashmir bis in die Krol-Einheit reicht, wo sonst nur fossilleere Krol- oder Shali-Kalke auftreten.

Das jüngste Schichtglied im Autochthonous Fold Belt dieser isoklinal verfalteten und geschuppten Zone ist das Eozän.

Die Tatsache, daß wir in dem bereits beschriebenen Straßenprofil die nach WADIA für die Autochthone Faltenzone typische Vergesellschaftung von Panjal Trap-Permotrias und Eozän nicht angetroffen haben, spricht für tektonische Unterdrückung derselben. Auf die Murree Thrust folgt fast unmittelbar die Panjal Thrust, an welcher die Kashmir Nappe (WADIA) überschiebt.

In dieser Decke beobachteten wir eine mächtige, sandige Schiefer-Serie (Dogra sl.) im Liegenden, darüber aus Para- und Orthogesteinen bestehendes Kristallin, das gegen das Hangende in ebenfalls mächtige, schwach metamorphe Schiefer übergeht. Aus diesen entwickelt sich die berühmte Sedimentfolge des Beckens von Kashmir.

Die sonst so verbreitete Chail-Decke scheint in Kashmir zu fehlen. Ob die Schiefer-Serie im Liegenden des Kristallins, die außerdem mit diesem eng verknüpft sein dürfte, die Chails vertritt, ist fraglich.

Wahrscheinlicher ist folgende Erklärung: Der zentrale Kristallin-Rücken, der die Tethys-Zone von dem Sedimentbecken im S trennte, verlor gegen NW zu, im Bereich von Kashmir, seine Bedeutung. Hier stand die Tethys offensichtlich in Verbindung mit dem Meer der Salt Range. Die Abtragungsprodukte des Himalaya-Rückens, die SW desselben in einem Molasse-Becken abgelagert wurden (Chails und Jaunsars), verlieren ebenfalls gegen NW zu an Bedeutung, da ja das entsprechende Abtragungsgebiet fehlt. Der mächtige Molassekörper der Chail-Serie war wohl die Vorbedingung für die spätere selbständige tektonische Entwicklung (Chail-Decke). Mit dessen Ausklingen gegen NW endet auch die selbständige tektonische Einheit. Dieser Wechsel im Bau des Niederen Himalaya erfolgt wohl zwischen dem Kulu-Tal und dem südöstlichen Kashmir.

Die lithologisch den Chails sehr ähnlichen Tanawals, welche WADIA (1934, S. 150) mit dem devonischen Muth-Quarzit parallelisiert, sind wohl mit der Chail-Serie altersgleich. C. S. MIDDLEMISS (1896) schreibt auf S. 239: „In Jaunsar the 'Bawar' quartzites seem unmistakeably to be the equivalents of the Tanols." Auf S. 100 haben wir bereits festgestellt, daß nach den lithologischen Beschreibungen der Bawars und ihrer Stellung nach kaum Zweifel bestehen, daß sie mit den Chails identisch sind.

Die Tanawals transgredieren mit einem Basiskonglomerat über Salkhalas und Dogra slates (PASCOE 1959, S. 677, WADIA 1934, Karte). Der gleich alt erachtete Muth-Quarzit überlagert direkt Ob. Kambrium sowie Ordovizium und/oder Silur (WADIA 1934, 142). WADIA (1934, 144—147) betont die Existenz einer Silur, Devon und Mittelkarbon umfassenden Lücke in der marinen Sedimentfolge NW-Kashmirs. Auf S. 145 heißt es wörtlich: „This is the most widespread regional unconformity in the geological records of North-West India, equally well seen in Hazara, the Pir Panjal, the Punjab Salt Range and in a less measure in Chitral."

Wie in anderen Gebieten des Himalaya so ergeben sich auch in Kashmir Anzeichen für das Vorhandensein kaledonischer Bewegungen. Sie waren unserer Auffassung nach verantwortlich für die Entstehung des Himalaya-Rückens und damit für die Gliederung des Ablagerungsraumes der paläo- und mesozoischen Sedimente. Dadurch verdanken selbst die tektonischen Großeinheiten der viel jüngeren, himalayischen Orogenese dieser altpaläozoischen Gebirgsbildung ihre primäre Anlage.

B. Regionale Übersicht

Es wurden bereits bei der Beschreibung der einzelnen Gebiete Vergleiche gezogen und allgemeine Fragen behandelt. In diesem Abschnitt wird der Versuch unternommen, auf Grund der vorhandenen Literatur und der eigenen Beobachtungen in stratigraphischer und tektonischer Hinsicht zu einem einheitlichen Bild des Himalaya zu gelangen. Da die zu behandelnden Fragen sich durchwegs aus der Bearbeitung des sogenannten Niederen und Hohen Himalaya ergeben haben, wird dieser allgemeine Abschnitt an die Beschreibung dieser Gebiete angeschlossen. Gelegentlich muß jedoch auf die noch zu beschreibende Tibet-Zone des Inneren Himalaya Bezug genommen werden. Dies ist vor allem hinsichtlich der paläogeographischen Fragen nötig, die bei der Behandlung der Stratigraphie und Tektonik eine große Rolle spielen.

1. STRATIGRAPHIE

In den fossilleeren Serien des Niederen Himalaya ist der lithologische Vergleich die einzige Möglichkeit, um zu einer stratigraphischen Gliederung zu gelangen. Es besteht derzeit noch wenig Übereinstimmung hinsichtlich der Parallelisierung der in den verschiedenen Gebieten des Niederen Himalaya angetroffenen Gesteinsfolgen: aber auch bezüglich des Vergleichs derselben mit altersmäßig fixierten Serien anderer Gebiete werden die verschiedensten Wege eingeschlagen. So gelangt T. HAGEN (T. HAGEN u. J. P. HUNGER 1952) auf Grund des Vergleiches mit den Alpen zu seiner stratigraphischen Interpretation der Schichtfolge Nepals. P. BORDET (1961, 1964) kommt zu ganz anderen Resultaten, und beide Auffassungen haben ihrerseits sehr wenig Berührungspunkte mit der stratigraphischen Gliederung, die vor allem von den Geologen des Geol. Surv. of India im Verlauf von 100 Jahren im nordwestlichen und zentralen Himalaya aufgestellt worden ist.

Ich bin der Ansicht, daß der von MEDLICOTT, OLDHAM, MIDDLEMISS, PILGRIM, WEST, AUDEN und WADIA beschrittene Weg der einzig richtige ist. Ist auch der Vergleich zwischen dem Niederen Himalaya und der Tibet-Zone sehr schwer zu ziehen, so konnten die genannten Forscher doch Beziehungen zu den altersmäßig bekannten Folgen der Salt Range und Kashmirs feststellen, wodurch eine einigermaßen gesicherte zeitliche Einordnung möglich wurde. Der Verfasser konnte sich davon überzeugen, daß die in Nepal angetroffenen Gesteinsfolgen denen des zentralen und nordwestlichen Himalaya vollkommen entsprechen, weshalb er sich weitgehend an die dort seit langem verwendete stratigraphische Gliederung anschließt. In den verbreitetsten Lehrbüchern der Geologie Indiens (KRISHNAN 1960, PASCOE 1950, 1959 und WADIA 1961), ebenso wie in der breit angelegten Beschreibung des Himalaya von GANSSER (1964) wurde diese Gliederung übernommen.

Grundlegend ist der erstmalig von R. D. OLDHAM (1888a, S. 142) gezogene Vergleich des Blaini Boulder Bed mit den Talchir Tilliten des Indischen Kontinents und der Salt Range, woraus ein oberkarbones Alter der Blainis folgt. Ebenso wichtig ist die Erkenntnis D. N. WADIAS, daß die Infra Trias von Hazara und die Kalke von Jammu, welche beide große Ähnlichkeit mit den Krols von Simla aufweisen, mit der permokarbonen, vulkanischen Panjal-Serie Kashmirs verfingert sind (1937, S. 162—172).

Aus diesen Beobachtungen ergab sich ein permokarbones Alter für die Folge Blaini-Krol, wobei es unsicher ist, wieweit der Krol-Kalk in die Trias hinaufreicht. Die mächtigen klastischen Formationen im Liegenden der Blaini-Krol-Folge sind demnach voroberkarbon.

Während die Schichtfolge des „Krol Belt" weitgehend gesichert ist, sind die Meinungen hinsichtlich der NE davon gelegenen Shali-Deoban-Tejam-Zone sehr geteilt. Die mächtigen Karbonatgesteine dieser Zone werden teils mit der lithologisch in mancher Hinsicht vergleichbaren Krol-Serie parallelisiert, teils für älter (jungpräkambrisch bis altpaläozoisch) gehalten.

Der Verfasser entschied sich für erstere Möglichkeit und hat bereits einige Gründe dafür angeführt. Hauptargument für die Altersgleichheit von Krol und Shali-Deoban-Kalk sind:

Die permokarbone Folge Blaini-Krol wird von mächtigen klastischen Serien, den Jaunsars und Simla slates, unterlagert, von einer mächtigen Karbonatgesteinsentwicklung altpaläozoischen oder präkambrischen Alters fehlt jede Spur (Naldera- und Kakarhatti-Kalk sind tektonische Einschaltungen in den Simla slates, siehe I. A. 4.b. und c.). Nur wenig NE des Krol Belt soll nun in der Shali-Tejam-Zone eine mehrere 1000 m mächtige, „alte" Kalk-Dolomit-Serie vorhanden sein. Ein solch rascher Fazieswechsel ist schwer vorstellbar, zumal nördlich der Shali-Tejam-Zone Simla slates in mächtiger Entwicklung vorhanden sind. Auch wäre eine enorme Schichtlücke vom Altpaläozoikum bis zum Eozän in der genannten Zone anzunehmen. Es ist unwahrscheinlich, daß gerade hier während des großen Zeitraumes Ob. Paläozoikum—Mesozoikum keinerlei, nicht einmal terrestrische Sedimente zum Absatz gekommen sein sollen.

Im Sutlej-Gebiet verbindet sich die Shali-Zone beinahe mit der Krol-Zone — nur 15 Meilen trennen den Shali-Kalk bei Arki von dem Krol-Kalk, der die streichende Fortsetzung darstellt und dieselbe tektonische Stellung einnimmt (siehe I. A. 4. b.).

Lithologische Ähnlichkeiten zwischen den Gesteinsserien der Krol- und Shali-Tejam-Zone werden in der nun folgenden Charakterisierung der einzelnen Formationen zur Sprache kommen. Die Stratigraphische Tabelle, Faziesprofile und die Zusammenstellung von Säulenprofilen (Taf. 4—6) mögen die folgenden Ausführungen veranschaulichen.

a) Simla slates

In antiklinalen Aufbrüchen oder in Form tektonisch verfrachteter Schubmassen findet sich häufig ein mächtiger Komplex schmutzig grüngrauer, auch dunkel pigmentierter Schiefer. Typisch sind ebenflächig spaltende, auf s matt bis seidig schimmernde Tonschiefer, die durch Siltsteinlagen mm-Bänderung zeigen. Die sedimentäre Feinschichtung wird häufig von der Schieferung unter großem Winkel geschnitten. Phyllitische Typen sind relativ selten. Bänke und Lagen von Sandstein, Grauwacke, selten Quarzit, sind in den Schiefern vielenorts zu beobachten. In dem schwer gliederbaren Gesteinskomplex sind rötlich-violette Sedimentfarben nur sehr selten anzutreffen.

Schrägschichtung in den sandigen Lagen, Verformung von Sandstein-Schiefer-Grenzflächen in der Art der Flammenstruktur sowie dunkle Konkretionen sind öfters zu beobachten. AUDEN (1934, S. 367) erwähnt Ripple marks als sehr verbreitet in den Domehr slates, einer Untergruppe der Simla slates. Der Verfasser möchte diese Struktur jedoch nicht als häufig oder für die Simla slates typisch bezeichnen.

Die lithologisch sehr ähnlichen Schieferformationen der Hazara-, Attock- und Dogra slates werden allgemein mit den Simla slates als altersgleich erachtet. Für diese nur schwach oder nicht metamorphen Gesteine wird jungpräkambrisches (Purana) bis kambrisches Alter angenommen.

In Kashmir gehen die Dogra slates ohne scharfe Grenze in fossilführendes Kambrium über (WADIA 1934, S. 134—143). Über diesem findet sich vereinzelt Ordovizium und Silur. Abgesehen von einem gewissen Karbonatgehalt der paläozoischen Schichten zeigen diese ähnliche Lithologie wie die Liegendschiefer. Es sind ungegliederte Schiefer, Sandsteine, Grauwacken und Kalke, die bei Abwesenheit von Fossilien wohl kaum von ihrer Unterlage scharf abtrennbar sind. Die Frage erscheint daher durchaus berechtigt, wieweit die Simla slates nicht auch Kambrium-Silur enthalten. Diese Möglichkeit wurde in Tafel 4 angedeutet.

In der Tibet-Zone fallen in das zeitliche Intervall Algonkium-Ordovizium mächtige, schwer gliederbare Sedimentfolgen von Geosynklinalcharakter: Haimantas, Martoli- und Garbyang-Formation, Dhaulagiri- und Nilgiri-Kalk (vgl. GANSSER 1964, S. 117 unten).

Das Alter des Ralam-Konglomerates wird von HEIM und GANSSER (1939) als kambrisch angenommen. Doch besteht hierüber gewisse Unsicherheit. 1964 (S. 241) spricht sich A. GANSSER gegen eine von P. BORDET (1961) angegebene große Diskordanz zwischen Präkambrium und Kambrium aus. Dem kann nur zugestimmt werden, da im Himalaya-Raum mächtige, monotone Folgen von Geosynklinalablagerungen vom Jungpräkambrium in das Altpaläozoikum emporreichen und jede Spur einer Diskordanz fehlt. Dies erinnert an die gleichaltrigen Geosynklinalfolgen der Kaledoniden des Norwegischen Hochgebirges (z. B. Sparagmit-Formation).

Es findet sich eine ganze Reihe von Argumenten für kaledonische orogene Bewegungen im Himalaya, die der algonkisch-altpaläozoischen Geosynklinalentwicklung ein Ende setzten.

In Kashmir überlagert der terrestrische Muth-Quarzit, der obersilurisch-devonisches Alter hat, Silur und verschiedene Stufen des Kambriums (WADIA 1934). Die typischen Molassesedimente der Tanawals greifen auf Dogra slates und Salkhalas über. Auch saure Intrusionen haben das von ihnen durchschlagene Altpaläozoikum lokal verändert (WADIA 1934, S. 169—170).

In der Salt Range besteht eine Schichtlücke zwischen dem fossilführenden Kambrium und dem oberkarbonen Talchir Boulder Bed, in Hazara überlagert das glaziale, für gleich alt erachtete Basiskonglomerat der Infra Trias mit einer Winkeldiskordanz die Hazara slates. WADIA (1934, S. 144—146) hat auf diese große Lücke zwischen Silur und Mittelkarbon besonders hingewiesen.

In Spiti und Kumaon vertritt der Muth-Quarzit Obersilur und tieferes Devon. Marines Mittel- und Oberdevon findet sich, den Quarzit überlagernd, nur an wenigen Punkten (vgl. PASCOE 1959, S. 661).

Auf dem deckenförmig gegen S überschobenen Kristallin findet sich fast nicht metamorphes, fossilführendes Ordoviz-Silur (Caradoc-Wenlock) am Phulchauki (P. BORDET 1961, S. 220) und die von A. GANSSER in Bhutan entdeckte unmetamorphe Tang-Chu-Serie, die auf Grund von Fossilien als devonisch (silurisch) betrachtet wird (1964, S. 205). Anderseits ist es eine verbreitete Erscheinung, daß die Regionalmetamorphose des Kristallins in den bereits erwähnten mächtigen Basissedimenten der Tibet-Zone (Garbyang F. u. a.) ausklingt (GANSSER 1964). Dies konnte auch in Nepal beobachtet werden, wo der in seinen höheren Anteilen sicher ordovizische Dhaulagiri-Kalk ohne scharfe Grenze in die Kalkglimmerschiefer und Marmore des unterlagernden Kristallins übergeht (siehe I. A. 1.).

All die angeführten Tatsachen sprechen für eine bedeutende Umwälzung im Verlauf des Ordoviz-Silur. Die Schwelle, welche die Tethys von dem gänzlich andersartigen Sedimentbecken des Niederen Himalaya während des Paläo- und Mesozoikums getrennt hat, dürfte dieser kaledonischen Orogenese ihre Entstehung verdanken.

b) Chandpur

Die Jaunsars, eine mächtige, klastische Folge, ist altersmäßig zwischen Simla slates und Blainis einzuordnen; sie wurde von J. B. AUDEN (1934) in a) Mandhali, b) Chandpur und c) Nagthat untergeteilt. Diese Untergliederung erfolgte in einem tektonisch komplizierten Gebiet, so daß AUDEN (1936, S. 74—75) erkannt hat, daß der Kontakt Mandhali—Chandpur ein tektonischer ist. Wie die Exkursionsführer des Int. Geol. Congr. 1964 zeigen, werden die Mandhalis heute für jünger (karbon) gehalten. R. D. OLDHAM, der den Namen Mandhali geprägt hat (1883b), vertrat bereits 1888 (S. 137) den Standpunkt, daß diese Serie mit den Blainis identisch ist, welcher Meinung sich 1928 auch PILGRIM und WEST angeschlossen haben. Somit erscheinen die Chandpurs als die älteste Stufe der Jaunsars.

Es handelt sich um eine bei Nagthat bis über 1500 m mächtige, feinschichtige Wechselfolge von Quarzit und Phyllit. Serizitisch-quarzitische Schiefer von lichtgrünlicher, seltener rotvioletter Farbe, dunkelgraue, phyllitische Schiefer, weiße bis grünliche Quarzite, z. T. bankig, kreuzgeschichtet und mit Rippelmarken, chloritreiche, tuffitische Lagen, Tuffe und vereinzelt basische Laven werden aus dieser Serie beschrieben (AUDEN 1934 und eigene Beobachtungen).

Außer im Krol-Belt konnte diese schwach metamorphe, sandig-tonige Folge auch in Nepal (Bari Gad) beobachtet werden. Weit im E, in Bhutan, in der Zone der Baxas dürfte der Sinchu La-Quarzit, der mit Hornblende-Epidiorit in Zusammenhang steht, den Chandpurs entsprechen (siehe GANSSER 1964, S. 187 und 193, Fig. 123).

c) Chail-Serie

G. E. PILGRIM u. W. D. WEST haben 1928 im Simla-Gebiet diesen Begriff für eine lithologisch und in ihrer tektonischen Stellung wohl umrissene Gesteinsfolge aufgestellt. In der vorliegenden Arbeit wird gezeigt, daß diese mächtige Formation und die durch sie charakterisierte Decke bis in den östlichen Himalaya durchzuverfolgen sind.

Im NW setzt sich die Chail-Serie aus grauen, phyllitischen Schiefern, grauen quarzitischen Schiefern, lichten, plattigen Quarziten und einem Talkschieferband zusammen. PILGRIM und WEST beschreiben auch ein Kalkband an der Basis, das sie zur Chail-Serie zählen. In der sonst ausschließlich klastischen Folge spielen jedoch Karbonatgesteine fast keine Rolle.

In Nepal finden sich ebenfalls wechsellagernd Phyllite, quarzitische Schiefer und Quarzite wie in Simla, außerdem aber z. T. grobe Konglomerate, Arkosequarzite und Psammitschiefer.

Basische Eruptiva sind in dem klastischen, epimetamorphen Komplex sehr verbreitet und wurden als Amphibolite, Diorite, Vulkanite usw. von vielen Punkten beschrieben.

Im Simla-Gebiet wurden die Chails durch PILGRIM und WEST (1928) bekannt. Sie verfolgten diese Formation bis östlich des Chor Mt. In Chakrata (Jaunsar) beschreibt R. D. OLDHAM (1883b, S. 197, 1888a, S. 136) eine charakteristische Vergesellschaftung von Feldspat führenden Konglomeraten, Arkosequarziten, Quarzit und Schiefern unter dem Namen „Bawar Series". Über diesen Gesteinen folgen Vulkanite, bituminöse Schiefer und Kalke. Die Beschreibung legt die Vermutung nahe, daß die Chail-Serie, die zweifellos mit den Bawars identisch ist, von jüngeren Formationen überlagert wird, wie wir dies vom Jangla Bhanjyang und von Tatopani (Nepal) kennen. OLDHAM erwähnt auch als erstaunlich, daß die Bawars, die fast ungestört und horizontal liegend die Bergkämme aufbauen, doch stärkere Metamorphose zeigen als die stark verformten Liegendgesteine. Heute wissen wir, daß es sich um die flach übergeschobene Chail-Decke handelt, und wir können nur staunen über die treffende und sichere Beobachtungskraft der ersten Erforscher des Himalaya.

C. S. MIDDLEMISS (1887a) beschreibt in Garhwal die behandelte Formation als „Inner Schistose Series", wobei er aber auch Granitgneis-Deckschollen einer höheren Einheit hinzurechnet. AUDEN spricht im Zusammenhang mit dem Vorkommen derselben Serie bei Lansdowne, Dudatoli u. a. O. von einer stärker metamorphen Fazies der Chandpurs, die möglicherweise der Chail-Serie von W. D. WEST entspricht (AUDEN 1937a, S. 428). Im Gebiet des Chamoli-Fensters werden die Quarzite und die sie begleitenden basischen Vulkanite mit den tektonisch tieferen Karbonatgesteinen der Tejam-Zone zur „Garhwal Serie" zusammengefaßt (1949, S. 75). HEIM u. GANSSER (1939) und GANSSER (1964) sehen gleichfalls in dem von ihnen bearbeiteten Gebiet in den Dolomiten der Tejam-Zone und den überlagernden Quarziten, serizitischen Schiefern, basischen Eruptivgesteinen und vereinzelten

Konglomeraten eine stratigraphische Folge. Die epimetamorphe, klastische Serie mit den grünen Gesteinen entspricht jedoch der Chail-Serie und ist von den unterlagernden Karbonatgesteinen durch eine Überschiebungsfläche getrennt.

K. S. VALDIYA beschreibt grünliche, phyllitische Schiefer, Quarzite und grüne, basische Vulkanite in seinen „Quarzit-Zonen" (1962a) oder als Ladhiya-Formation (1963), diese entsprechen den Chails.

In West-Nepal wurde die Serie vom Verfasser bereits beschrieben (I. A. 1.). P. BORDET führt 1961 den Namen Serie de Kunchha ein. 1964 (S. 2) findet sich folgende Charakterisierung: „Formation très épaisse (6 à 8000 m) arkosique ou gréso-schisteuse, gris bleu, lustrée, contenant localement des roches volcaniques vertes épimétamorphiques." BORDET hält die Serie für jurassisch-kretazisch und bezeichnet sie als flyschähnlich (1961, S. 215).

Ebenso scheinen die von T. HAGEN (1952) für permokarbon gehaltenen Glimmerquarzite, Phyllite, Quarzite und Konglomerate (Verrucano) des nördlichen Bereiches der „Nawakot-Decken" mit den Chails identisch zu sein.

Im östlichen Himalaya entspricht die von F. R. MALLET (1874) benannte Daling-Serie den Chails des Westens. Bereits AUDEN (1935, S. 164, 1937a, S. 432) vergleicht die Dalings mit den entsprechenden Gesteinen Garhwals. Nach den Beschreibungen von MALLET 1874 und späteren Bearbeitern — eine wertvolle Zusammenfassung bietet die Arbeit von A. GANSSER (1964) — bestehen die Dalings aus einer mächtigen, monotonen Quarzit-Phyllit-Wechselfolge. Serizit-Chloritschiefer und quarzitische Schiefer sind weit verbreitet. Auch Konglomerate sind aus den basalen Teilen der Serie bekannt. Basische Eruptiva, „Hornblende schists" oder Diabas Lagergänge, sind auch hier der epimetamorphen klastischen Folge eingeschaltet.

Abgesehen von der etwas stärkeren Metamorphose der Chails und Dalings besteht große lithologische Übereinstimmung zwischen diesen und den Chandpurs der Krol-Einheit. Es liegt daher nahe, die phyllitisch-quarzitischen Chandpurs mit ihren grünen Tufflagen mit den noch mächtigeren, gröberklastischen, ebenfalls basische Eruptivgesteine enthaltenden Chails zu vergleichen. AUDEN erkannte auch innerhalb der Chandpurs (Krol Nappe) Unterschiede im Grad der Metamorphose und er vergleicht die Chandpurs und die Schiefer der Garhwal Nappe (Chails!) (1937a, S. 421 u. 428, 1937b, 84). Auch PASCOE (1950, S. 452) parallelisiert Chail und Chandpur.

Auch wir ziehen diesen Vergleich, ohne jedoch wegen der Metamorphose präkambrisches Alter anzunehmen. Die Metamorphose ergreift am Jangla-Paß auch die der Krol-Serie vergleichbaren Karbonatgesteine, sie ist also alpidischen Alters. Die Überlagerung der Chails durch sichere Nagthats im Jangla-Gebiet bestärkt den Vergleich mit den Chandpurs.

Wir sehen in den Chails und Chandpurs Molasseablagerungen im Anschluß an die kaledonische Orogenese. Unmittelbar SW des in Abtragung befindlichen Rückens (Kristallin-Zone) wurden die 3000—6000 m mächtigen, z. T. grobklastischen Chails abgelagert, SW davon die zwischen 1000—2000 m mächtigen Chandpurs. Die basischen Eruptiva wären als Zeugen für finalen, basischen Vulkanismus im Sinne von H. STILLE aufzufassen.

Altersmäßig entsprechen diese in einem kontinentalen Molassebecken abgelagerten Sedimente höchst wahrscheinlich dem Muth-Quarzit (Ob. Silur, Devon) oder der Tanawal-Serie. Letztere ist nach WADIA (1934, S. 147) eine mächtige fossilleere Folge von metamorphen, tonigen Sandsteinen, sandigen Phylliten, quarzitischen Schiefern, massigem Quarzit und Konglomeraten, die als Sedimente der kontinentalen Phase zwischen Dogra Slates und Infra Trias aufgefaßt werden. Nach C. S. MIDDLEMISS 1896 (S. 293), sind die Tanols (= Tanawals) analog den Bawars von Chakrata.

d) Nagthat

Der Name wurde von AUDEN (1934) für eine durch rote und grüne Farben auffällige Vergesellschaftung von Sandsteinen, Arkosen, Quarziten, Konglomeraten, Tonschiefern und Phylliten eingeführt.

Im Simla-Gebiet hat der Verfasser die bunten Jaunsar-Konglomerate beobachten können. Weiter östlich aber, in Garhwal und Nepal, spielen echte Konglomerate mit Quarzgeröllen fast keine Rolle. Es bestanden überhaupt in den Nagthats wie auch in den überlagernden Blainis starke Unterschiede in Mächtigkeit und Entwicklung.

Im Shali-Sutlej-Gebiet vertritt der Khaira-Quarzit, dessen Basis nicht aufgeschlossen ist, wahrscheinlich die Nagthatstufe. Der massige, vorwiegend rötliche Orthoquarzit ist arm an Schiefereinschaltungen und zeigt Kreuzschichtung. Im Hangenden vermittelt eine rötliche Quarzit-Sandkalk-Dolomit-Schiefer-Wechselfolge zum ebenfalls häufig bunten Unteren Shali-Kalk (Taf. 5 [3, 4]). C. S. MIDDLEMISS (1896, S. 22—23) beschreibt analogen Übergang vom roten Sandstein zum Kalk der Infra Trias Hazaras. Der Sandstein entspricht jedoch, da er das Tanakki-Konglomerat überlagert, Blaini.

Bunte Sandstein-Quarzit-Schieferfolgen mit allen Anzeichen von Seichtwassersedimentation wurden von uns im Ganges-Gebiet beobachtet und scheinen nach den Literaturangaben in Garhwal und Almora weit verbreitet zu sein.

In Nepal fanden sich einerseits bunte, etwas metamorphe Folgen von serizitischen Schiefern und plattigen Quarziten, in die sich gegen das Hangende gelbliche bis rosa, dichte Dolomite einschalten, anderseits nicht metamorphe, vorwiegend rote Sandstein-Quarzit-Schiefer-Dolomit-Serien. Die Mächtigkeiten schwanken zwischen 50 und 1500 m. Wir konnten keine regelmäßigen Veränderungen zwischen den Nagthats der Krol-, Shali- oder Chail-Fazies feststellen, außer daß die letztgenannten nur aus dem Gebiet des Jangla-Paß bekannt sind.

Die 1500 m mächtigen Nagthats der Chail-Decke S des Jangla Bhanjyang sind von denen von Okhaldunga (Krol-Einheit) nicht zu unterscheiden. Wie diese gehen sie in die bunten Dolomit-Kalk-Komplexe in ihrem Hangenden über.

E von Nepal scheint der Jainti-Quarzit (siehe A. GANSSER 1964, S. 187) in seinem tieferen Teil den Nagthats, im oberen Teil den Blainis zu entsprechen.

Diese wenigen angeführten Beispiele zeigen bereits, daß, soweit nicht der Blaini Tillit überlagert, eine scharfe Abtrennung zwischen Blaini und Nagthat unmöglich ist. Dieses Problem wird bei der Beschreibung der Blainis behandelt.

In allen Ausbildungen der Nagthats sind symmetrische Rippelmarken, Kreuzschichtung, Trockenrisse sowie synsedimentäre Brekzien, Flachgeröll-Konglomerate und Schichtstörungen weit verbreitet, was für Seichtwassersedimentation mit zeitweiser Trockenlegung spricht.

Ein gemeinsames Merkmal ist auch die rote Sedimentfarbe, die von fein verteiltem Hämatit bzw. von Hämatitquarzit- und Jaspiskörnern herrührt. Dies zeugt von aeroben Ablagerungsbedingungen, also hohem Oxidations-Reduktions-Potential (Eh) (vgl. KRUMBEIN u. GARRELS 1952, H. L. JAMES 1954).

Ob die Jaspiskörner von sedimentären Eisenlagerstätten des eigenen Ablagerungsbeckens oder vom Indischen Schild herstammen, ist nicht entschieden. Doch ist es wahrscheinlich, daß der Fe-Gehalt der Nagthat-Blainis von einer weiten, in Abtragung begriffenen, alten Landoberfläche herstammt.

Die Quarzite und Sandsteine sind meist sehr reife Quarzsedimente (Orthoquarzit); die in den Hangendbereichen häufigeren, dichten Dolomite, Sandkalke, Oolithe usw. sind allem Anschein nach primär ausgefällte Karbonatgesteine. Der Typus der Nagthats des östlicheren Himalaya kommt damit der Orthoquarzit-Karbonat-Vergesellschaftung

(PETTIJOHN 1957) sehr nahe. Im Simla-Gebiet und im Krol Belt scheint dies weniger der Fall zu sein. Möglicherweise ist darin ein Hinweis für das NW-Ende des wohl kontinentalen Beckens zu erblicken, Nepal läge mehr in der Beckenmitte (siehe III. Abb. 68, 69).

Das Alter der Nagthats ist nicht präzise anzugeben, da die Obergrenze der unterlagernden Chandpurs nicht altersmäßig fixiert ist. Es ist daher ungewiß, wie weit die Nagthats Devon enthalten. Ihr Übergang in Blaini-Kalk, dessen oberkarbones Alter durch die häufige Vergesellschaftung mit Tillit ziemlich gesichert ist, deutet auf ein devonisch-karbones Alter der Nagthat-Formation*).

e) Blaini

H. B. MEDLICOTT (1864) gab dieser Gesteinsgruppe den Namen, und R. D. OLDHAM verglich 1888 erstmalig das Boulder Bed mit dem Talchir Tillit der Salt Range und des Indischen Subkontinents. Trotz des Einwands von T. H. HOLLAND (1908), der den Tillit mit einer älteren Vereisung parallelisiert hat, wird der Standpunkt OLDHAMS heute allgemein anerkannt.

Nach AUDEN (1934, S. 375) ist das Erscheinungsbild der Blainis recht verschieden. Es kann der Tillit oder der Kalk für sich allein auftreten, es können aber auch mehrere Boulder Beds mit oder ohne Kalk vorhanden sein. Ebenso schwankt die Mächtigkeit im Krol Belt zwischen wenigen Metern und einigen 100 Metern.

Der Tillit ist ein dunkelgraubrauner bis grünlicher Sandstein mit gerundeten und kantigen Geröllen (z. T. eisgeschrammt und facettiert, HOLLAND 1908). Diese sind in unterschiedlicher Dichte vorhanden oder können auch fehlen. Es sind Geschiebe von Schiefer, Sandstein, Quarzit, Quarz und Kalk festgestellt worden.

Der Blaini-Kalk ist rosa, mikrokristalliner, harter, dolomitischer Kalk bis Dolomit, oder er ist sandig, weich und verwittert, dann eisenschüssig. Mit dem Dolomit kommen häufig rote Schiefer und Mergel zusammen vor. Die dunklen Infra-Krol-Schiefer sind häufig mit den Blainis eng verknüpft und werden daher von AUDEN (1934) diesen zugerechnet.

Es ist höchst unwahrscheinlich, daß diese außergewöhnliche Vergesellschaftung von rosa Dolomit und Boulder Beds sich in einem Sedimentationsraum öfters wiederholt, wir schließen uns daher dem Standpunkt OLDHAMS an, der Mandhalis und Blainis als identisch betrachtete (1888a, S. 137). Die Mandhalis treten mit dem Deoban-Kalk zusammen auf, das heißt, sie finden sich auch im Bereich der Shali-Fazies. Wir hätten hier den seltenen Fall, daß das oberkarbone Boulder Bed auch in der Shali-Tejam-Zone vertreten ist.

In Almora und Nepal ist das Blaini Boulder Bed nicht mit Sicherheit bekannt. A. GANSSER (1964, S. 92) erwähnt ein fragliches Vorkommen von konglomeratischem, grauwackenartigem Sandstein und dunklen, pflanzenführenden Schiefern aus dem Gebiet um Naini-Tal. Ob das in I. A. 1. a. beschriebene, verwalzte Konglomerat S Tansing oder brekziöskonglomeratische Lagen in den Blainis des Bari Gad, Nepal (I. A 1. b.), als Boulder Beds aufzufassen sind, ist ungewiß. Boulder Beds an der Basis der Damudas von Sikkim entsprechen Talchir. Die Konglomerate der Lachi-Serie (L. R. WAGER 1939) vergleichen wir mit der oberpermischen Thini Chu-Formation Nepals, nicht aber mit den Talchirs wie AUDEN (1935, S. 155—156) und GANSSER (1964, S. 182). PASCOE (1959, S. 835) hält die fraglichen Konglomerate auch eher für permisch.

Die charakteristischen rosa Dolomite haben hingegen weit größere Verbreitung, sie vertreten mit sie begleitenden roten und grünen Schiefern, Quarziten und grünlichen und roten Sandsteinen die Blaini-Stufe in der Krol-, Shali- und Chail-Fazies.

---

*) In neuester Zeit wird der Talchir Tillit von Prof. Dr. J. B. WATERHOUSE für permisch gehalten (persönliche Mitteilung).

N Tansing (Krol-Einheit) geht durch Zunahme des Karbonatgehalts aus den Nagthats eine bunte Dolomit-Quarzit-Schiefer-Folge hervor, die wir mit Blaini vergleichen. Durch Häufung grauer bis bläulicher Kalkbänke entwickelt sich daraus ebenfalls ohne scharfe Grenze der Untere Krol-Kalk. Dieser wird weiter westlich von Infra Krols unterlagert (Taf. 5 [14, 15]).

Ebensolche nicht scharf abtrennbare, bunte, vorwiegend rötliche Dolomit-Sandstein-Schiefer-Folgen treten zwischen den Nagthats und dem überlagernden Stromatolith-Dolomit der Surtibang Lekh auf. Im Uttar Ganga sind auch sedimentäre Hämatiterze den Blainis (+ Nagthats?) eingeschaltet.

J. E. O'Rourke (1962, S. 300) kommt in einer vergleichenden Studie zu dem Schluß, daß ein Großteil der einstufbaren sedimentären Eisenerze des Himalaya permokarbones Alter hat, was mit der von uns unabhängig vorgenommenen Einstufung gut übereinstimmt.

Auch in dem schon mehrfach erwähnten Jangla Bhanjyang-Profil geht aus der Nagthat Formation eine bunte Dolomit-Schiefer-Quarzit-Serie hervor, über der grauer Dolomit (Shali!) folgt.

Aus der Basis der Baxa-Dolomite Bhutans beschreibt A. Gansser (1964, S. 187) vorwiegend rosa, braune und grüne, kalkige Schiefer, Kalke und Quarzite mit Linsen und Geröllen von rotem Jaspis. Auch Hämatitquarzit und kieselige Eisenerze sind vorhanden. Diese gehören dem höheren Teil des Jainti-Quarzites an. Sowohl in der Lithologie als auch in der Stellung im Profil besteht überraschende Übereinstimmung mit den von uns beschriebenen Folgen Nepals. Somit haben beide wahrscheinlich gleiches Alter, nämlich Blaini.

Im Sutlej-Gebiet wurde der Übergang vom Khaira-Quarzit in die tieferen Teile des Shali-Kalks bereits erwähnt. Die Grenze zwischen Nagthat und Blaini ist hier, wie an so vielen Punkten, nur etwas willkürlich mit Zunahme des Karbonatgehalts zu ziehen. Die Hangendgrenze dürfte irgendwo im Unteren Shali-Kalk liegen. Die Annahme, daß die Shali slates den „Infra Krols" entsprächen, würde eine Mächtigkeitszunahme der Blaini-Stufe auf etwa 1000 m bedeuten.

Es besteht hier einige Unsicherheit, doch ist die Hangendgrenze der Blainis in den übrigen Gebieten meist deutlicher. Sie wird durch das schwarze Band der Infra Krols oder das Einsetzen der grauen Karbonatgesteine (Krol, Shali oder Baxa) markiert.

Nach E. R. Gee (zitiert in Pascoe 1959, S. 753—754) zeigt in der Salt Range der über den dunkleren, grünlichen Talchirs und Conularia Beds folgende Speckled Sandstone bunte, häufig rote Sedimentfarben. Im Lavender Clay, also im Liegenden des Productus Limestone, findet sich ein Band von „purplish red chert" (S. 754).

Es treten somit auch in der durch Fossilien wohlbekannten Schichtfolge der Salt Range in den Übergangsschichten zwischen Karbon und Perm rote Sedimentfarben auf, was einen weiteren Vergleich mit den Blainis zuläßt.

Die Infra Trias Hazaras zeigt nach C. S. Middlemiss (1896) folgende Entwicklung: Das mit dem Talchir Tillit parallelisierte Tanakki Boulder Bed bildet die Basis. Ohne scharfe Grenze folgen darüber rote Schiefer (6—10 m), darüber roter Sandstein. Durch Wechsellagerung von Sandstein, kalkigem Sandstein und rotem Kalk erfolgt allmählicher Übergang in den Infra Trias-Kalk, die rote Farbe wird gegen das Hangende blasser, die höheren Partien sind weiß bis kremfarben und z. T. hornsteinführend.

Abgesehen vom Fehlen des Basiskonglomerats in der Shali-Fazies des Sutlej-Gebietes besteht weitgehende Übereinstimmung zwischen dieser und der Infra Trias Hazaras (vgl. Taf. 5 [3, 4], Abb. 34, mit Middlemiss 1896, Pl. 3, Profil Nr. 1).

Die oberkarbone Transgression, die nach langer kontinentaler Phase die Salt Range unter marinen Einfluß gebracht hat, eröffnete sich anscheinend zögernd den Weg in das von mächtigem, terrestrischem Schutt erfüllte kontinentale Becken des Niederen Himalaya.

Nach der mächtigen, detraktiven Sedimentation der Chails und Chandpurs, stellten sich stabilere Verhältnisse mit geringerer Absenkung ein — die Orthoquarzite der Nagthats werden sedimentiert. Die Zunahme des Karbonatgehalts in den obersten Nagthats und den Blainis dürfte ein erstes Anzeichen der beginnenden, von der Salt Range her einsetzenden Transgression sein. Rückzüge des Meeres sind wohl für das Entstehen der schwarzen Schiefer (Infra Krols) verantwortlich, zur Ablagerungszeit des Produktus-Kalks aber wird das isolierte Becken überflutet. Dieser Transgression verdanken die mächtigen Karbonatfolgen des Niederen Himalaya ihre Entstehung. Das Fehlen von Fossilien deutet darauf hin, daß die Verbindung mit dem Weltmeer unterbrochen worden ist.

Die Tillite scheinen auf die südlichen, unmittelbar an den Indischen Kontinent angrenzenden Bereiche des Beckens beschränkt zu sein.

f) Infra Krol shales

H. B. MEDLICOTT (1864) führte diesen Begriff für die den Krol-Kalk unterlagernden Schiefer ein, doch wurden von ihm auch Teile der Jutogh-Serie mit einbezogen. Seit G. E. PILGRIM und W. D. WEST (1928) werden damit nur die zwischen Blaini und Krol-Kalk so häufig anzutreffenden Schiefer bezeichnet.

Es sind dunkle, meist schwärzliche, bituminöse Tonschiefer und Siltgesteine, die bei der Verwitterung ausbleichen. Helle Ausblühungen sind verbreitet. Lagen von Sandstein oder unreinem Quarzit sind häufig eingeschaltet. Der Krol-Sandstein des Simla-Gebietes ist eine aus anderen Himalayateilen nicht bekannte Lokalentwicklung in den Hangendpartien der Infra Krols.

Unmittelbar im Liegenden des Krol-Kalks verraten dunkle, mergelige Gesteine zunehmenden Karbonatgehalt.

Die dünnschichtigen Infra Krols sind stets tektonisch stark verformt, wodurch die Mächtigkeit stark schwankt, sie liegt aber meist zwischen 20 und 200 m.

In den meisten Profilen im Bereich der Krol-, aber auch in der Shali-Fazies (Bari Gad) sind die Infra Krol-Schiefer vorhanden. Es wurden jedoch bereits Beispiele aus beiden Faziesbereichen angeführt, in welchen ein stratigraphischer Übergang von den Blainis zu den Krols überleitet, die Infra Krol-Schiefer also primär fehlen (N Tansing, Uttar Ganga u. a., vgl. Taf. 5).

Eine Gliederung des Sedimentationsraumes dürfte dieses streckenweise Aussetzen der Infra Krols verursacht haben. Merkmale für Absatz in seichtem Wasser, wie sie aus den Blainis bekannt sind, finden sich in den Infra Krols nicht. Sie dürften daher auf tiefere Beckenteile beschränkt sein.

Obwohl sie im allgemeinen jünger als die Blainis sind, überlappen sie sich altersmäßig etwas mit diesen. Wenn man den Krol-Kalk mit dem Produktus-Kalk der Salt Range parallelisiert, so ist für die Infra Krols wohl unterstpermisches Alter anzunehmen.

Ob die Shali slates, die lithologisch den Infra Krols sehr ähnlich sind, auch altersmäßig diesen entsprechen, ist ungewiß. Da es nicht sehr wahrscheinlich ist, daß der gesamte, 1000 m mächtige Untere Shali-Kalk den Blainis entspricht, ist auf Tafel 4 für die Shali slates ein etwas höheres stratigraphisches Niveau angenommen worden.

g) Krol-Serie

Auch dieser Begriff wurde von H. B. MEDLICOTT 1864 im Simla-Gebiet eingeführt. Durch J. B. AUDEN (1934) wurde diese Formation eingehend studiert. AUDEN konnte in dem von ihm bearbeiteten „Krol Belt", das ist der zwischen Solon und dem Tons River gelegene Randstreifen des Niederen Himalaya, eine Untergliederung des 600—1300 m mächtigen Krol-Kalks vornehmen:

Krol A (L. Krol Lms.) ist eine 100—200 m mächtige kalkig-mergelig-schiefrige, plattige Wechselfolge von grüngrauer Farbe. Rippelmarken und Schrägschichtung sind zu beobachten. Von einem Punkt ist Gips und Anhydrit bekannt.

Krol B (Red Shales): Maximal 100 m mächtige Folge dünnschichtiger, roter Schiefer mit Einschaltungen von grünen Schiefern und dolomitisch-kieseligem Kalk. Vereinzelt finden sich Rippelmarken.

Krol C: 50—100 m massiger, dunkler, bituminöser Kalk, der häufig Dolomitisierung zeigt.

Krol D: Etwa 200 m bankiger Hornsteinkalk mit eingeschalteten schwarzen, roten, grünen und orangen Schiefern. Konglomeratische Lagen und synsedimentäre Brekzien sind bekannt. Auch in dieser Substufe fand sich Gips.

Krol E: Etwa 170 m lichter, mikrokristalliner Kalk, der über Sandkalk in kalkigen Sandstein übergehen kann. Rote, orange und schwarze Schiefer können untergeordnet auftreten.

Gegen SE zu ist diese Gliederung nicht mehr zu beobachten. In Garhwal sind der mergelige Untere Krol-Kalk und die Red Shales (B) noch typisch entwickelt und vom Oberen Krol-Kalk, der gipsführend ist, zu unterscheiden.

In Nepal entsprechen die 300—500 m mächtigen, plattigen, dunklen Kalke wohl dem Unteren Krol-Kalk (A), der daraus hervorgehende Hornsteindolomit dem Oberen Krol-Kalk (~ 500 m). Die so charakteristischen roten Schiefer (B) fehlen.

Im Anschluß an die Krol-Serie werden nun die unter verschiedenen Namen beschriebenen Karbonatgesteinsformationen der nordöstlicheren Shali-Fazies behandelt.

h) Shali-Fazies (Shali-, Deoban-, Tejam-Kalk usw.)

Strukturell entspricht diese Innere Kalk-Zone der oben beschriebenen Äußeren, und es ist naheliegend, die einzige bekannte karbonatische Formation der Äußeren, die Krol-Serie, mit der einzigen Kalkformation der Inneren Zone zu parallelisieren.

Der Shali-Kalk des Sutlej-Gebietes wird durch ein schwarzes Schieferband in Unteren und Oberen Shali-Kalk geteilt. Die Gesamtmächtigkeit liegt um 2000 m. Der Untere Shali-Kalk ist durch Übergänge mit dem unterlagernden Khaira-Quarzit verbunden. In seinen tieferen Teilen sind bunte, vorwiegend rote Kalk-Dolomit-Schiefer-Wechselfolgen sehr verbreitet. Sandkalke, Sandsteine und Quarzite sind häufig. Dieser tiefere Anteil wurde bereits unter e), Blaini, beschrieben. Der höhere Bereich des Unteren Shali-Kalks baut sich aus grauem, bankigem bis massigem Dolomit auf. Hornsteinführung und Stromatolithe sind zu beobachten.

Der Obere Shali-Kalk besteht ebenfalls aus grauem, dolomitischem Kalk bis Dolomit mit Hornstein und häufigen Algenstrukturen. Synsedimentäre Schichtstörungen und synsedimentäre Brekzien sind zu beobachten. Auch hier finden sich rote, sandig-schiefrige Einschaltungen, die aber recht absätzig und vermutlich nicht horizontbeständig sind.

Naldera- und Kakarhatti-Kalk sind tektonisch abgetrennte Teile des Shali-Kalks (I. A. 4.).

Deoban-Kalk nannte R. D. OLDHAM (1883b, S. 195) die im Chakrata-Gebiet verbreitete, mächtige Kalkfolge. Es handelt sich um blaugrauen, bankigen Hornsteinkalk, dolomitischen Kalk bis hellen Dolomit. Schiefrige Einschaltungen sind grau, manchmal auch bunt. Die von OLDHAM erwähnten organischen Strukturen sind wohl die so verbreiteten Stromatolithe. Es werden auch Oolithe genannt.

OLDHAM (1883b und 1888a) betont die große lithologische Ähnlichkeit mit dem Krol-Kalk, entscheidet sich aber auf Grund der Lagerungsverhältnisse für ein höheres Alter des Deoban-Kalks. Die mit Blaini verglichenen Mandhalis überlagern nämlich im N den Deoban-Kalk (1888a, S. 136). Vom Kontakt werden Konglomerate in folgender Weise beschrieben: „... several beds of a conglomerate composed exclusively of rounded boulders of the Deoban limestone imbedded in a matrix of the same rock in a finely comminuted form." Diese Beschreibung paßt genau auf die synsedimentären Brekzien und Konglomerate, die in Blainis und in den Gesteinen vom Shali-Typ so häufig zu beobachten sind. Solche Aufarbeitungszonen sind nicht an einen Transgressionskontakt gebunden. Die Überlagerung des Deoban-Kalks durch die Mandhalis ist in einem Bereich zu beobachten, der der Überschiebung durch die Chail-Decke (Bawars) nicht fern ist. Wir finden in solcher Position sehr häufig überkippte Muldenschenkel, so daß hier durchaus die Möglichkeit inverser Lagerung besteht (siehe Taf. 3 oder J. B. AUDEN 1934, Pl. 25). OLDHAM beschreibt aus den Mandhalis grobe Quarzite, dort wo sie den Jaunsar-Quarziten auflagern, Kalkkonglomerate, wo Deoban-Kalk unterlagert (1888a, S. 136—137). Dies läßt sich auch so deuten, daß im ersten Fall die Liegendgrenze der Mandhalis, im zweiten Fall der Übergang in den stratigraphisch hangenden Deoban-Kalk vorliegt.

Die aus den Beobachtungen OLDHAMS gezogenen Schlußfolgerungen, nach denen der Deoban-Kalk bisher allgemein als vor-Blaini eingestuft wurde, sind somit nicht zwingend. Dem altersmäßigen Vergleich mit den lithologisch ähnlichen Krols und Shalis steht daher kein ernster Einwand im Wege.

Hier ist die „Garhwal-Serie" (AUDEN 1949, S. 75) des Chamoli-Fensters zu nennen. Die Vulkanite und Quarzite, welche die Karbonatgesteine überlagern und von AUDEN mit zur „Garhwal-Serie" gezählt wurden, sind aber Bestandteil der Chail-Decke. AUDEN (1948, S. 79, 1949, S. 75) vergleicht die Kalke der Shali-Tejam-Zone, in der die „Garhwal-Serie" auftritt, altersmäßig mit Krol.

Während A. HEIM und A. GANSSER (1939, S. 200) es für möglich halten, daß die Karbonatgesteine der Tejam-Zone, „... which strikingly recall the Krol...", dem Krol-Kalk entsprechen, schließt dies A. GANSSER (1964, S. 98 und 236) für die Stromatolithe führenden Gesteine mit Sicherheit aus. GANSSER schließt sich darin dem Standpunkt von R. C. MISRA und K. S. VALDIYA (1961) an, welche die Stromatolithe als *Collenia* bestimmt haben und daraus jungpräkambrisch-frühordovizisches Alter ableiten. Letztgenannte Arbeit sowie K. S. VALDIYA (1962a) beschreiben aus der Kalkzone von Pithoragarh massige Hornsteindolomite, dolomitischen Kalk mit Stromatolithen und einem Magnesitband, Kalkphyllite und dunkle Schiefer (Sor slates). Diese Gesteine werden mit denen der analogen Shali-Serie (WEST 1939) verglichen. Die Parallelisierung des Shali- und Deoban-Kalks mit den Gesteinsfolgen der Tejam- und Pithoragarh-Zone ist zweifellos richtig, doch halten wir den Altersnachweis durch Algenstrukturen nicht für stichhältig. Diese sind zwar Faziesanzeiger, sie finden sich aber in den verschiedensten Ablagerungen vom Präkambrium bis ins Mesozoikum und sind daher als Leitfossilien ungeeignet (siehe I. A. 2. b.).

In Nepal begegnet man ebenfalls den kieseligen, Stromatolithe führenden Dolomiten der Shali-Fazies. Sandkalklagen, synsedimentäre Brekzien sind in ihnen sehr verbreitet.

An der Basis dieser 500—2000 m mächtigen Dolomitformation finden sich entweder Infra Krol-Schiefer (z. B. Bari Gad) oder es vermitteln die bunten, vorwiegend roten Blainis zwischen dem Dolomit und den Nagthats (z. B. Uttar Ganga).

P. BORDET (1961, et al 1964) hält diese „Dolomite mit *Collenia*" für devonisch.

Noch weiter im E, in Bhutan, gehören wohl die Dolomite der Baxa-Serie (MALLET 1874) zu den hier behandelten Formationen. Wie im Uttar Ganga werden die grauen Dolomite von bunten Kalken, Schiefern, Quarziten und eingeschalteten sedimentären Hämatiterzen unterlagert.

Während im nordwestlichen und zentralen Himalaya die erstbeschriebenen Kalk-Dolomit-Folgen der Krol- und Shali-Fazies am Aufbau der Krol-Einheit wesentlich beteiligt sind, wird die Kalkentwicklung im E unterbrochen. Die Baxas bilden ein isoliertes Vorkommen, da in Sikkim und im südöstlichsten Nepal anstelle der Karbonatgesteine die Damudas — kohleführende Sandstein-Schiefer-Folgen — auftreten. Sie lieferten Floren von Unter Gondwana-Alter. Von der Basis dieser Schichten werden Tillite beschrieben (C. Fox 1934, A. M. N. Gosh 1952). Diese entsprechen dem Talchir und Blaini Boulder Bed. Im Rangit Valley, N Darjeeling, fanden sich in einem fensterförmigen Vorkommen Gondwana-Schichten. Diese zeigen aber auch marine Einflüsse — es fanden sich nämlich Fossilien, vergleichbar der permischen Fauna der Lachi-Serie der Tibet-Zone (A. M. N. Gosh 1952, zt. in A. Gansser 1964, S. 176). Die Damudas sind also mit der Folge Blaini-Krol altersgleich, und in der räumlichen Verteilung der terrestrischen und marinen Formationen scheint sich ein gegenseitiges Vertreten abzuspiegeln.

Sämtliche in diesem Abschnitt behandelten Formationen gehören tektonisch der Krol-Einheit an, es fand sich aber auch in der Chail-Decke im Gebiet des Jangla Bhanjyang eine mächtige Karbonatgesteins-Formation, die in ihrer Entwicklung der Shali-Fazies entspricht. Über den bunten Dolomiten, Schiefern und Quarziten (Blaini) folgen graue Dolomite (entspr. U. Shali-Kalk), darüber schwarze Schiefer und graue Phyllite (entspr. Shali slates), darüber Dolomitmarmore und Kalkglimmerschiefer (entspr. Ob. Shali-Kalk) (siehe I. A. 1. c.). Diese Abfolge ist wie die meisten Gesteine der Chail-Decke leicht metamorph.

Vergleichbare Kalkformationen sind in diesem nördlicheren Ablagerungsraum anscheinend ziemlich selten: Außer vom Jangla-Paß kennt der Verfasser nur den gering mächtigen Dolomit von Tatopani (Nepal), er vermutet aber analoge Serien im Fenster von Galwa (Nepal, T. Hagen 1959), in der Sirdang-Zone (Kumaon, A. Heim u. A. Gansser 1939, S. 36—37, S. 79—82), in Dolomiteinschaltungen der Chails bei Berinag (S. 33) sowie in Chakrata. R. D. Oldham (1888a, S. 136) erwähnt nämlich bituminöse Schiefer und Kalke im Hangenden der Bawar-Quarzite.

Fazies

Vergleicht man die Krol-Serie mit den Formationen der nördlicheren Kalkzonen, so lassen sich eine Reihe gemeinsamer Merkmale, aber auch fazielle Unterschiede aufzeigen: Mächtige, kieselige, hornsteinführende Dolomite spielen in beiden Faziesbereichen eine große Rolle, ebenso bläuliche, dolomitische Kalke. Rote Schiefereinschaltungen finden sich in beiden. Seichtwassermerkmale, wie Rippelmarken, Kreuzschichtung, Sandkalke, synsedimentäre Brekzien usw., werden zwar von J. B. Auden 1934 auch aus dem Krol-Kalk beschrieben, doch sind diese dem Verfasser nur aus der Shali-Fazies bekannt, in welcher sie weit verbreitet sind. In ähnlicher Weise sind die Stromatolithe, die ja auch für seichteres Wasser sprechen, auf die Shali-Fazies beschränkt.

Die Sedimente der Shali-Fazies sind also in größerer Landnähe und in seichterem Wasser abgelagert worden als die der südlichen Krol-Fazies. Dies hat bereits J. B. Auden (1948, S. 79, 1951, S. 133) erkannt, er nahm jedoch an, daß es sich um Sedimente am N-Rand des Gondwana-Landes handelt und erklärte die heute erkennbare Anordnung der Faziesräume als Folge der Deckentektonik. Diese hätte die landfernen Krols gegen S über die landnäheren Shalis hinweggeschoben und hätte so die Umkehr der ursprünglichen Faziesverhältnisse bewirkt.

Diese Interpretation ist aber aus tektonischen Gründen nicht haltbar. Wir sehen in der heutigen Faziesanordnung auch die ursprüngliche. Die nördliche, landnahe Shali-Fazies ist am N-Rand des Beckens, also unmittelbar S des Himalaya-Rückens, abgelagert worden. Die Beckenfazies der Krols schließt südlich daran an (siehe Abb. 70 und Taf. 6), die eigentlichen Randbildungen gegen den Indischen Schild sind unter den jungen Sedimenten der Gangesebene zu suchen. In der Tatsache, daß im NW nur die Shali-Fazies vertreten ist, sehen wir einen Hinweis, daß das Krol-Becken nur durch eine enge seichte und häufig trockengelegte Pforte (SW von Kashmir) Zugang zum Produktus-Meer der Salt Range hatte. Wir sind der Ansicht, daß die Fossilleere primär durch die weitgehende Isolierung des Binnenbeckens bedingt ist.

Im SE zeigen die terrestrischen Damuda-Schichten das Ende des Beckens an.

Das Geologische Alter der Kalkformationen: Die Unterlagerung durch die Blainis, der Vergleich mit der Entwicklung in der Salt Range oder mit der Infra Trias Hazaras erlauben die Einstufung ins Perm (siehe I. B. 1. e.). Teile des Shali-Kalks oder des Sirban Lms. von Jammu können noch Oberstes Karbon umfassen.

Wesentlich schwieriger ist es, die Hangendgrenze anzugeben, da an der Basis der überlagernden, jurassisch-kretazischen Tal-Serie eine Schichtlücke möglich ist. In der Salt Range dürfte die marine Entwicklung an der Wende zur Mitteltrias enden (siehe PASCOE 1959, S. 857). Den Kingriali-Dolomit überlagern die Variegated Beds, typische Transgressionssedimente des Jura.

In Hazara wird der Kioto-Kalk (Rhät-Lias) von 15—30 m vulkanischen Material (Felsit), Hämatit-Brekzie, Quarzit und bunten Schiefern unterlagert, was ebenfalls für eine Schichtlücke in der Trias spricht (C. S. MIDDLEMISS 1896, S. 27, 106—110).

Da sich die Sedimententwicklung des Niederen Himalaya anscheinend eng an die der Salt Range und Hazaras anschließt und so ähnlichen sedimentären Rhythmus zeigt, ist es wahrscheinlich, daß die Kalk-Formationen noch die Untere Trias umfassen, daß Mittel- und Obertrias aber fehlen.

i) Tal-Serie

Im Verbreitungsgebiet des Krol-Kalks finden sich in dem von J. B. AUDEN 1934 bearbeiteten Gebiet und in Garhwal synklinal gelagert, klastische Folgen, die jünger als Krol sind. H. B. MEDLICOTT (1864, S. 69) fand in ihnen im Ganges-Gebiet die ersten Fossilien. C. S. MIDDLEMISS (1885, 1887) und J. B. AUDEN (1936, S. 73—74, 1937a) haben die Tal-Serie Garhwals näher untersucht.

Man unterscheidet nach AUDEN (1934) zwei Stufen: Die Untere Tal-Serie (600 bis 1200 m) baut sich auf aus schwarzen, kieseligen Schiefern, dunklen Grauwacken, bituminösen Schiefern und etwas Quarzit.

Die Obere Tal-Serie (600—1500 m) besteht aus z. T. konglomeratischen Quarziten, Arkosesandsteinen, Schiefern und einem Horizont von dunklem, fossilführendem Sandkalk.

In Garhwal fehlt häufig die Untere Stufe.

Die dunkle Schiefer-Grauwacken-Formation der Unteren Tals erinnert an die Infra Krols, während die häufig bunten Quarzite, Sandsteine und Schiefer der Oberen Tals leicht mit den Jaunsars zu verwechseln sind (vgl. AUDEN 1934, S. 386). Wie in diesen sind Kreuzschichtung, Rippelmarken, Trockenrisse, Tonscherbenbrekzien usw. sehr verbreitet. AUDEN hat bereits darauf verwiesen, daß die Obere Tal-Serie unter Bedingungen abgelagert wurde, die denen der Nagthats sehr ähnlich waren.

Die Tal-Serie gilt allgemein als jurassisch-kretazisch, was durch den Fossilgehalt der Oberen Tal-Serie einigermaßen belegt ist, doch ist es nicht möglich, die Serie stratigraphisch enger zu fassen.

In Nepal betrachten wir die Tonschiefer, Grauwacken, Sandsteine, Konglomerate und Quarzite (Masjam-Paß und Tansing) als Repräsentanten der Tal-Serie. Für diese Korrelation spricht auch der Fund eines schlecht erhaltenen, aber Schalenskulptur zeigenden Fossilabdrucks. In der Krol-Einheit hat bekanntlich nur die Tal-Serie vortertiäre Fossilien geliefert. Es wird weiters vermutet, daß die bunte Serie von Burtibang (Bari Gad) den Tals entspricht.

Das Vorkommen vom Bari Gad liegt im Bereich der Shali-Fazies. Es liegt der Verdacht nahe, daß auch der Shali-Quarzit des Sutlej-Gebietes den Tals entspricht. Sein Gehalt an aus dem Shali-Kalk stammenden, aufgearbeiteten Hornstein spräche wohl für eine stratigraphische Lücke zwischen dem Kalk und dem transgredierenden Quarzit. Da aber durch C. S. MIDDLEMISS (1896, S. 24) aus dem Hangendbereich der Infra-Trias auch quarzitische Gesteine von geringer Mächtigkeit bekannt sind, diese aber von triadischen Gesteinen überlagert werden, besteht die Möglichkeit, daß der Shali-Quarzit zum Verband des Shali-Kalks gehört*).

Ebenso unsicher ist das Alter der Madhan Slates, die zwischen dem Shali-Quarzit und den Subathus (Eozän) einzustufen sind.

j) Tertiär

Die Tertiär-Zone wird im Rahmen dieser Arbeit nicht näher behandelt. Es fanden sich jedoch an einer Stelle des Niederen Himalaya, im Shali-Fenster, fossilführende Subathus (Eozän) und überlagernde Dagshai-Schichten (Unter-Miozän) als Bestandteil der Krol-Einheit. Dieses von W. D. WEST (1939) erforschte Tertiärvorkommen ist von großer Wichtigkeit, da es zeigt, daß die Krol-Einheit im Sutlej-Gebiet erst post untermiozän von den höheren Deckenelementen überfahren worden ist.

k) Stratigraphie der Kristallin-Decke

Die bisher behandelten Formationen finden sich ausschließlich in der Krol-Einheit und der Chail-Decke. Höher metamorphes Kristallin (Gneise, Glimmerschiefer usw.) fehlt den genannten tektonischen Einheiten. Die nördlich davon beheimatete Kristallin-Decke baut sich, wie schon der Name sagt, fast ausschließlich aus metamorphen Gesteinen auf. Im N transgredieren die Sedimente der Tibet-Zone über die nördlichsten Bereiche des Kristallins. Nur in Kashmir überflutete die Tethys das gesamte Kristallin, so daß über diesem eine mächtige Sedimentfolge des Paläo- und Mesozoikums abgelagert wurde. Diese Sedimente zeigen Beziehungen zur Tethys-Zone, aber auch zur Salt Range, so daß sie ein wichtiges Bindeglied zwischen dem Niederen Himalaya und der Tethys- oder Tibet-Zone darstellen. Die Tafeln 1, 4, 5, 6 veranschaulichen diese vermittelnde Stellung der Schichtfolge Kashmirs, auf die wir aus Raumgründen hier nicht näher eingehen können. Es wird aber bei der Besprechung der Tibet-Zone häufig auf Kashmir Bezug genommen werden.

Außerhalb Kashmirs kennen wir im Bereich der Kristallin-Decke nur zwei Vorkommen nichtmetamorpher Sedimente:

Das fossilführende Ordoviz-Silur von Phulchauki, S Kathmandu. Das Vorkommen ist seit H. B. MEDLICOTT (1875) bekannt und wurde in der Folge von J. B. AUDEN (1935), T. HAGEN (1959a) und P. BORDET (1960, 1961) besucht. Die Serie besteht aus Tonschiefern, Grauwacken und Quarziten und wird von Dolomit überlagert. Die Fossilaufsammlung BORDETs ergab als Alter Caradoc-Wenlock, womit die früheren Altersangaben bestätigt wurden. Der überlagernde Dolomit wird von BORDET als devonisch angesehen (S. 221).

Durch A. GANSSER wurde 1964 aus der Kristallin-Zone Bhutans ein weiteres Beispiel nichtmetamorphen Paläozoikums bekannt: Die schwarzen Schiefer, Mergel und Kalke der Tang Chu-Serie lieferten Korallen, die devonisches (oder silurisches) Alter ergaben.

Außer den genannten Vorkommen kennen wir keine durch Fossilien datierbaren Sedimente in der Kristallin-Decke.

---

*) 1967 fanden wir auch in Nepal primäre Quarziteinschaltungen im Shali-Kalk, wodurch das Problem zugunsten letzterer Deutung entschieden wird.

Die unter verschiedenen Namen beschriebenen Kristallin-Serien gelten allgemein als präkambrisch. Es können hier nur einige erwähnt werden: Salkhala (Kashmir), Jutogh (Simla), Chor- und Dudatoli-Kristallin, Almora-Kristallin und die Gesteine der Kristallinen Zentralzone, Gesteine der Kathmandu- und Khumbu-Decken (Nepal), Darjeeling-Gneis, Sikkim-Gneis und das Kristallin Bhutans.

Der Großteil der Kristallin-Formationen wird wohl präkambrisches Alter haben, doch dürften nach Ansicht des Verfassers in nicht unbeträchtlichem Maße auch metamorphe, altpaläozoische Serien am Aufbau des Kristallins beteiligt sein, wodurch dieses polymetamorphen Charakter erhält. Ähnlich sind die Vorstellungen T. HAGENs (1959a, S. 12—13) in bezug auf die Kathmandu-Decken. Derzeit ist eine Abtrennung der paläozoischen Anteile noch nicht möglich.

2. TEKTONIK

Fünf strukturelle Hauptelemente sind am Aufbau des Himalaya beteiligt:
a) Die Tertiär-Zone
b) Die parautochthone Krol-Einheit
c) Die Chail-Decke
d) Die Kristallin-Decke
e) Die Tethys- oder Tibet-Zone

Diese Einheiten lassen sich über enorme Entfernungen hin verfolgen. Ihr Typus sowie ihre Verbreitung werden im folgenden charakterisiert:

a) Die Tertiär-Zone (Sub-Himalaya)

Über diese Zone, die von Hazara bis Assam dem Fuß des Himalaya folgt, gibt die Arbeit von A. GANSSER (1964) einen guten Überblick. Es sei hier nur festgestellt, daß sich diese Zone aus den eozänen Subathus, untermiozänen Murrees bzw. Dagshais und Kasaulis sowie aus den obermiozänen bis plio-pleistozänen Molassesedimenten der Siwaliks aufbaut. Die tiefermiozänen und älteren Gesteine sind auf den NW beschränkt, SE vom Simla-Gebiet besteht die Tertiär-Zone fast ausschließlich aus Siwaliks. Strukturell ist die nordwestliche Tertiär-Zone untergegliedert.

Schon im Gebiet W Simla ziehen vom Überschiebungsrand des Himalaya gegen NW ausstrahlende Störungen in die Siwaliks, in den Vorbergen Kashmirs entwickelt sich ein eigenes tektonisches Element, die Murree-Zone. Diese ist an einer steil gegen NE einfallenden Störung, der Main Boundary Thrust, den Siwaliks aufgeschoben. In Antiklinalen erscheinen in der Murree-Zone die fossilleeren Dolomite von Jammu, die lithologisch und altersmäßig dem Krol-Kalk entsprechen, tektonisch aber zum autochthonen Untergrund der Tertiär-Zone gehören.

Wenn auch vereinzelt Schuppungen bekannt sind, so ist der tektonische Stil der Tertiär-Zone doch durch offenen, gegen SW an Intensität abnehmenden Faltenbau gekennzeichnet. Im NE wird die Tertiär-Zone durch die Überschiebungen des Niederen Himalaya begrenzt. Hier ist die Durchbewegung naturgemäß am stärksten.

b) Die Krol-Einheit

Altersmäßig umfaßt diese Einheit die Schichten der Krol- und Shali-Fazies, welche vom Algonkium (Simla slates) bis ins Miozän (Dagshai) reichen. Besonders charakteristisch sind neben den mächtigen, häufig bunten, klastischen Serien die jungpaläozoisch-triadischen Kalk-Dolomit-Formationen.

Im NW, in Kashmir, ist diese Einheit zwischen dem breiten tertiären „Foreland" (WADIA 1931) und der weit nach SW vordringenden Kristallin-Decke stark eingeengt. WADIA (1931) bezeichnet diesen schmalen Streifen gepreßter, steil stehender Schichten als „Autochthonous Fold Belt". Panjal Trap, Infra-Trias, fossilführende Trias und Eozän bauen diese Zone auf. SW-Grenze ist die Murree Thrust, an welcher die Autochthone Falten-Zone dem Tertiär steil aufgeschoben ist, im NE begrenzt die Panjal Thrust, eine flache Überschiebung, an der die beschriebene Zone unter die „Kashmir-Nappe"abtaucht.

Auch weiter gegen SE bleibt die Krol-Einheit stark reduziert. Sie bildet ein schmales Band in den SW-Hängen der Dhauladhar Range oder ist, wie im Bereich von Mandi, in einen Reibungsteppich aufgelöst. Die am Außenrand des Gebirges so unterdrückte Einheit ist aber im Kulu-Tal, dem Oberlauf des Beas, gut entwickelt in dem Fenster von Larji (AUDEN 1948) aufgeschlossen.

In der achsialen Fortsetzung dieses Fensters ist die Krol-Einheit in mächtiger Entwicklung im Sutlej-Tal zu beobachten. Sie bildet hier eine domartige Aufwölbung, das Shali-Halbfenster. Dieses ist mit der Krol-Einheit am Außenrand des Gebirges in Verbindung.

Der Einfluß des Panjal-Trap, der in Kashmir maßgeblich am Aufbau der Krol-Einheit beteiligt ist, reicht bis ins Sutlej-Gebiet.

SE von Bilaspur ist die Krol-Einheit an die 15 km über die Tertiär-Zone überschoben und lagert dieser in Form von Deckschollen auf. Bei Karara Chandi taucht sie dann steil und in ihrer Mächtigkeit stark reduziert unter die ihr aufgeschobenen Simla slates ab. SE davon treten diese direkt mit dem Tertiär in Kontakt, die Krol-Einheit ist zur Gänze verdrückt. In den basalen Teilen der Simla slates finden sich jedoch auch weiterhin eingeschuppte Späne und Scherlinge von Shali-Kalk (Kakarhatti- und Naldera-Kalk).

Gegen SE, gegen den Krol Mt. zu, setzt die Krol-Einheit allmählich wieder ein und ist im Bereich ihres locus typicus mächtig entwickelt. Die Krol-Einheit zeigt in dem von AUDEN (1934) bearbeiteten Gebiet SW-vergenten, steilen Faltenbau. Die Antiklinalzonen sind häufig etwas verschuppt. Im SW überschiebt die Krol-Einheit an der Krol-Thrust das Tertiär, das auch einige kleine Fenster in ihr bildet (z. B. Solon). Im NE begrenzt die Giri Thrust die Krol-Einheit.

E des Chor Mt. heben die höheren Deckenelemente aus und die Krol-Einheit hat weite, flächenhafte Verbreitung. Das Gebiet N Chakrata (Deoban) liegt in derselben Aufwölbungszone wie die Fenster des Sutlej- und Kulu-Tales. Leider ist das Gebiet von Chakrata bis zum Ganges wenig bekannt. Den Berichten von R. D. OLDHAM (1883a, b) und C. S. MIDDLEMISS (1887a) ist zu entnehmen, daß stark verfalteter Deoban-Kalk (Krol-Einheit) wiederholt unter flach gelagerten Bawars (Chail-Decke) auftaucht.

Besser bekannt ist der SW-Rand des Gebirges. SE Mussoorie fand J. B. AUDEN (1937a) im Kern der von Krolgesteinen gebildeten Synklinale zwei Deckschollen, die offensichtlich der Chail-Decke angehören (Satengal und Banali). In der achsialen Fortsetzung derselben findet sich die ausgedehnte Deckscholle von Lansdowne.

J. B. AUDEN (1937a) beschreibt aus Garhwal wie auch aus Simla (1934) eine Reihe von Fenstern, in denen im Liegenden der „Krol Nappe" Simla slates mit etwas Eozän auftauchen. AUDEN hält diese für autochthon (Elemente des Indischen Schildes) und beweist damit die Deckennatur der „Krol Nappe". Diese Vorstellung wird allgemein anerkannt (vgl. A. GANSSER 1964).

Der Verfasser fand, daß zwei dieser Simla-slate-Vorkommen (im Ganges-Tal und im Tal des Nayar River) normale, die Krols unterlagernde Jaunsars sind. Anderseits kann im Gebiet N und SE Bilaspur beobachtet werden, wie ähnlich stark durchbewegtes Tertiär den Simla slates werden kann. Der Verfasser äußert daher den Verdacht, daß die sogenannten „autochthonen Fenster" sich bei näherer Prüfung teils als Tertiär-Fenster, teils als klastische Serien der Krol-Einheit erweisen werden. Es steht fest, daß die Krol-Einheit das Tertiär überschiebt, doch sind nirgends Überschiebungsweiten größer als 15 km gesichert. Der so auffällige Gegensatz zwischen den steil verfalteten und verschuppten Gesteinen der Krol-Einheit und den höheren, tatsächlich über weite Distanzen verfrachteten Decken, die flach und anscheinend ruhig überlagern, findet in der Parautochthonie der Krols seine Erklärung. Diese haben keinen Fernschub erfahren, sondern sind unter dem Andrang der Himalaya-Decken von ihrer Unterlage etwas abgeschert und im SW dem Tertiär aufgeschoben worden. Auf S. 248 interpretiert GANSSER (1964) steil verfalteten Bau ebenfalls in Hinblick auf Parautochthonie, allerdings in bezug auf die Simla slates und nicht auf die Krols.

Die enorme Schichtlücke zwischen den „Simla slates" und dem Eozän erklärt AUDEN (1937a, S. 418) durch die Annahme, daß die oberkretazische Erosion sämtliche über den Simla slates zu erwartenden Schichtglieder entfernt hätte. Diese Erklärung ist nicht ganz befriedigend, da die angrenzende Krol-Einheit davon nicht betroffen wurde und selbst auf dem Indischen Schild Gondwana-Schichten erhalten geblieben sind.

Ist es auch vorerst nicht möglich, die Vorstellung AUDENS strikt zu widerlegen, so sei doch darauf hingewiesen, daß diese nicht so gesichert ist, wie bisher allgemein angenommen wurde.

In Almora, wo die Decken bis an die Tertiär-Zone vordringen, keilt die Krol-Einheit östlich Naini-Tal aus. Die den Chails entsprechende Ladhiya-Formation überschiebt die Siwaliks (K. S. VALDIYA 1963).

Weiter nördlich erscheint in zwei Aufwölbungszonen die Krol-Einheit in einer Reihe von Fenstern:

1. Pithoragarh, Karnaprayag
2. Tejam, Kahaul, N Chamoli (Pipalkoti)

Die Fortsetzung dieser Fenster nannte T. HAGEN (1959a) auf nepalischem Gebiet Bajang-Decken.

Am Außenrand des Gebirges dürfte die Krol-Einheit erst im Bereich des Karnali wieder einsetzen, wo HAGEN seine Piuthan-Zone beginnen läßt. HAGEN (1959a, S. 17) erwähnt in dieser Zone, die er für parautochthon hält, Kalke, Dolomite, Quarzite und bituminöse Schiefer. HAGEN hält die genannten Gesteine für jungmesozoisch-tertiär (+ Nummuliten) und erwartet in ihnen Erdöl (S. 17). Als Unterlage der Piuthan-Zone nennt HAGEN Dagshai-Schichten, meint aber wohl Simla slates (S. 17 unten). Zweifellos entspricht die Piuthan-Zone aber der Krol-Einheit, die wir weiter im E, im Gebiet des Kali Gandaki, in breiter Entwicklung vorfanden. Wir begegnen hier einem, z. T. steil gestellten Faltenbau, der auch etwas verschuppt ist. Am Rand gegen die Chail-Decke oder die Simla slate-Schuppe sind häufig gegen S überschlagene Mulden zu beobachten (Taf. 3).

Das starke Vorspringen der Kristallin-Decke im Raum von Kathmandu läßt die Krol-Einheit auskeilen bzw. beschränkt sie auf einen schmalen Streifen am Fuß des Gebirges.

Ob das Fenster von Okhaldunga auch die Krol-Einheit entblößt, ist unsicher, da HAGEN unter der Bezeichnung Nawakot-Decken sowohl Gesteine der Chail-Decke als auch solche der Krol-Einheit beschrieben hat.

Die tektonischen Interpretationen von HAGEN (1959) und BORDET (1961) unterscheiden sich oft beträchtlich, so daß kein klares Bild zu gewinnen ist.

In Sikkim und Bhutan wird die Krol-Einheit von den Damudas bzw. den Baxas aufgebaut. Das fensterförmige Vorkommen von Damudas im Rangit Valley (A. M. N. GHOSH 1952) liegt nach GANSSER (1964, S. 176) 30 km N der Daling Thrust. Die Krol-Einheit setzt sich also mindestens 30 km gegen N unter die ihr aufgeschobenen Dalings (= Chail-Decke) fort.

In SE-Bhutan (Kenga La) wurde in den Dalings ein fensterförmiges Vorkommen von Baxas durch G. E. PILGRIM (1906) bekannt.

Die Krol-Einheit ist aber, abgesehen von diesen kleinen Fenstern im östlichen Himalaya, beschränkt auf einen schmalen Streifen am Außenrand gegen das Tertiär.

c) Die Chail-Decke

Die Chail-Serie mit ihren monotonen Quarzit-Schiefer-Grüngesteinsfolgen gibt dieser Einheit ihr Gepräge. Nur von wenigen Punkten sind auch jüngere Formationen bekannt (z. B. Jangla Bhanjyang). Charakteristisch ist die Epimetamorphose, welche die Chail-Decke von der fast nicht metamorphen Krol-Einheit unterscheidet. Ihrer tektonischen Stellung nach findet sie sich stets zwischen der Krol-Einheit und der Kristallin-Decke, für letztere sie wohl eine Art Gleitmittel dargestellt hat.

Im Simla-Gebiet haben G. E. Pilgrim und W. D. West (1928) diese Decke erstmalig erkannt. Sie überschiebt aber die Krol-Einheit nicht direkt, da eine Schuppe von Simla slates, Jaunsars und Blainis dazwischengeschaltet ist. Gegen die Wurzelzone sowie gegen NW und SE zu keilt diese Schuppe aus.

Im Bereich der Simla-Deckscholle ist die Chail-Decke ziemlich reduziert, E und N vom Shali-Fenster ist sie mächtiger entwickelt.

Im Kulu-Tal umgibt sie die Dolomite des dortigen Fensters und taucht selbst unter die Gneisumrahmung ab.

Noch weiter gegen NW, in der Dhauladhar-Kette und in Kashmir, sind zwar an der Basis des Kristallins schiefrige Folgen sehr verbreitet, doch werden sie tektonisch diesem besser zugerechnet. Ob die Chail-Decke hier noch vorhanden ist, muß bis zur gründlicheren Erforschung des Hinterlandes von Chamba offen bleiben.

Von Simla nach SE ist die Chail-Decke in einem schmalen Band um den Chor Mt. herum zu verfolgen. In Chakrata geben die Bawars (Oldham 1883a, b) die Verbreitung der Chail-Decke an. Es wurde bereits auf die Möglichkeit hingewiesen, daß außer den Chails hier auch jüngere Formationen am Aufbau der Decke beteiligt sind. Oldham (1883b, S. 197) betont die flache, ruhige Lagerung der Bawars.

In Garhwal, besonders im Gebiet des Alaknanda, baut die Chail-Decke ausgedehnte Areale auf. In Kumaon umrahmt sie die fensterförmigen Aufbrüche der Krol-Einheit und bildet die unmittelbare Unterlage der Kristallin-Deckschollen. Am Außenrand des Niederen Himalaya findet sich die Chail-Decke in Form von Deckschollen (Satengal, Banali und Lansdowne).

E Naini-Tal grenzt die Chail-Decke direkt an die Siwaliks (K. S. Valdiya 1963).

In Nepal besitzt die Chail-Decke im Hiunchuli-Gebiet weite Verbreitung. Hier gelang es, dank der guten Entwicklung der jüngeren Formationen, diese mit den analogen Serien der Krol-Einheit zu vergleichen und damit die Chail-Serie altersmäßig einzuordnen.

Wir vermuten, daß diese Serien in den von T. Hagen (1959a) entdeckten Fenstern im Raum von Galwa wieder auftauchen.

Die nördlicheren Bereiche des Nepalischen Mittellandes zwischen dem Kali Gandaki und Nawakot werden von der Chail-Decke aufgebaut.

Das Vordringen der Kristallin-Decke im Gebiet von Kathmandu setzt auch der mächtigen Entwicklung der Chail-Decke ein Ende. Sie dürfte in E-Nepal auf einen schmalen Streifen am S-Rand des Gebirges sowie auf die Fenster (Okhaldunga, Angbung, T. Hagen 1959a) beschränkt sein.

In Sikkim bildet die Chail-Decke das Halbfenster des Tista-Tales. Im Kern desselben tauchen unter den Dalings fensterförmig Gondwana-Schichten der Krol-Einheit auf (siehe A. Gansser 1964, S. 176). Im S überschieben die Dalings (Chail-Decke) entweder Damudas oder die Baxa-Serie (Bhutan), welche beide der Krol-Einheit angehören.

Der größte Teil Sikkims und Bhutans besteht jedoch aus Kristallin, welches die Dalings (= Chail) überlagert.

Wir betrachten die Chail-Decke als selbständige tektonische Einheit. Aus verschiedenen Teilen des Himalaya, besonders aber aus Sikkim und Bhutan, wird jedoch berichtet, daß die phyllitischen Gesteine (Dalings) in den überlagernden Gneiskomplex ohne erkennbare Grenze übergehen. A. GANSSER (1964, S. 178 u. a.) erörtert das Problem der Grenzziehung zwischen Dalings und Darjeeling-Gneis: Es sind sowohl Übergänge als auch tektonische Kontakte beobachtet worden. GANSSER stellt fest, daß der Verschiebungsbetrag an den beobachteten Störungen nicht bekannt und die Lösung des Problems ohne Kenntnis desselben nicht möglich sei.

In Nepal (Jangla Bhanjyang, Taf. 3 [9], 7) fanden wir zwischen den Phylliten und den Basisschichten des Kristallins eine normale, zwar metamorphe, aber doch mit der Shali-Fazies vergleichbare Schichtfolge. Die Basisgrenze des Kristallins ist scharf. Bei Fehlen der Karbonatgesteine würde man vermutlich zwischen den Phylliten und Quarziten der Chail-Serie und den etwas diaphthoritischen Glimmerschiefern und Quarziten von Tarakot einen Übergang beschreiben. Eine tiefgreifende Überschiebung ist in diesem Teil Nepals jedenfalls erwiesen.

Aber auch in Simla haben PILGRIM und WEST (1928) die Chails von den Jutoghs getrennt, und in Garhwal haben HEIM und GANSSER (1939) an der Basis der Kristallin-Decke eine tektonische Grenze gezogen und die den Chails entsprechenden Gesteine als normale Überlagerung der Tejam-Kalke aufgefaßt.

Die angeführten Beobachtungen veranlassen uns, auch in den Fällen eine tiefgreifende Störung anzunehmen, wo ein anscheinender Übergang herrscht. Wenn beiderseits einer Deckengrenze phyllitische Gesteine aneinanderstoßen, muß es schwer fallen, diese Störung zu erkennen. Dies war in dem Bereich Daling (Chail)—Kristallin anscheinend häufig der Fall. Finden sich aber an der schlecht erkennbaren Störung, wenn auch nur vereinzelt, Schubspäne von Gneis (GANSSER 1964, S. 178, 180, Fig. 123 und 126) oder normale sedimentäre Folgen (Jangla Bh.) eingeschaltet, so beweisen diese die Existenz der Störung.

d) Die Kristallin-Decke

Mit diesem Namen bezeichnen wir den gesamten Kristallinkomplex, der im Hauptkamm wurzelt und deckenartig gegen SW über die bereits beschriebenen Einheiten geschoben wurde. Die Kristallin-Decke wird sich im Zuge der weiteren Erforschung vermutlich untergliedern lassen, wie dies heute schon in Garhwal, Nepal oder Bhutan möglich scheint, doch sei sie hier als Großeinheit beschrieben.

Im äußersten NW entspricht die Kashmir-Nappe (WADIA) der Kristallin-Decke. Sie dringt weit gegen SW vor und reicht nahe an die Tertiär-Zone heran. Sie bildet den Untergrund des Sedimentbeckens von Kashmir, welches daher tektonisch zur Kristallin-Decke gehört, faziell aber der Tibet-Zone nahesteht. Es liegt hier ein Sonderfall vor, da geschlossene, vollständige Sedimentfolgen sonst nur den N-Rand des Kristallins bedecken, nicht aber über dasselbe hinweg nach S transgrediert sind. Die Sedimente Kashmirs dokumentieren die Meeresverbindung, die zwischen Salt Range und Tethys bestanden hat. E von Kashmir ist das Kristallin, abgesehen von zwei kleinen Vorkommen, dem Silur von Phulchauki und der devonischen Tang Chu-Serie, frei von nicht metamorphen Sedimenten.

In der Dhauladhar-Kette finden sich Granitgneis und andere kristalline Gesteine eingefaltet. Sie wurzeln in dem mächtigen Kristallin des Himalaya-Hauptkammes.

Im Sutlej-Gebiet weicht das Kristallin weiter nach NE zurück. Wie die Jutogh-Deckscholle von Simla und die Jutoghs und der überlagernde Granitgneis vom Chor Mt. zeigen, hat die Kristallin-Decke einst weit nach S gereicht.

Östlich des Chor finden sich Ausläufer der Kristallin-Decke nur in den nördlicheren, unmittelbar dem Hauptkamm vorgelagerten Zonen.

Infolge achsialen Abtauchens setzen SE vom Ganges-Alaknanda wieder häufig Deckschollen von Kristallin ein: Der Granit von Lansdowne, das ausgedehnte Dudatoli-Almora-Kristallin sowie das Chamoli-, Baijnath- und Askot-Kristallin. Diese Deckenreste stammen aus der Kristallinen Zentralzone des Hauptkammes. Von hier sind die größten aufgeschlossenen Überschiebungsweiten bekannt (100 km).

Der von J. B. AUDEN (1937a) aufgestellte Begriff „Garhwal Nappe" wurde von ihm nicht einheitlich angewandt: Im Bereich von Lansdowne und Dudatoli wurden die Chails zum Kristallin und somit zur Garhwal Nappe gezählt, im Gebiet von Chamoli aber rechnete AUDEN (1949, S. 75) die der Chail-Serie entsprechenden Gesteine zur Garhwal-Serie und damit zum Fensterinhalt (parautochthon). K. S. VALDIYAS (1963) Kartierung zeigt, daß das Almora-Kristallin mit der Dandeldhura-Zone (T. HAGEN 1959a) zusammenhängt. HAGEN hält diese aber fälschlich für autochthon, obwohl seine eigene tektonische Karte den Verdacht nahelegt, daß es sich um Elemente seiner Kathmandu-Decken handelt. Auf GANSSERS Karte (1964) wird bereits das Almora-Kristallin mit den Kathmandu-Decken verbunden.

Im Dhaulagiri-Gebiet ist das Kristallin auf die S-Flanke des Hauptkammes beschränkt. Eine Zweiteilung in eine geringmächtige, schwächer metamorphe, tiefere und eine höhere, unvergleichlich mächtigere, hochmetamorphe Untereinheit sind erkennbar. Eine Gliederung in fünf Einzeldecken (Kathmandu-Decken, T. HAGEN) wird abgelehnt.

Die Kristallin-Decke dringt im Raume von Kathmandu weit nach S vor, in ganz E-Nepal, Sikkim und Bhutan hat sie enorme Verbreitung (siehe T. HAGEN 1959a, P. BORDET 1961, A. GANSSER 1964 u. a.).

Im Zuge der Beschäftigung mit der Kristallin-Decke ergeben sich eine Reihe interessanter Fragen, wie nach dem Alter der Metamorphose und ihrer Wirksamkeit, ob Strukturelemente des Indischen Schildes im Himalaya zu erkennen sind usw. Diese Probleme erörtert GANSSER (1964) recht ausführlich, so daß wir uns auf einige prinzipielle Feststellungen beschränken möchten.

e) Metamorphose

Die Ansicht, daß das Kristallin präkambrisches Alter hat, ist weit verbreitet. Auch wir rechnen damit, daß Präkambrium maßgeblich an dessen Aufbau beteiligt ist. Es finden sich aber zahlreiche Hinweise für das Vorhandensein von kaledonischen orogenen Bewegungen im Himalaya. Das Ausklingen der Metamorphose in den algonkisch-ordovizischen Geosynklinalsedimenten und der postordovizische (silurische) Umschlag im Charakter der Sedimentation seien hier erwähnt. Es ist folglich mit altpaläozoischen Metamorphiten zu rechnen.

Man weiß nicht, wie weit sich variszische Bewegungen, die sich in der Sedimentation der Tibet-Zone abzeichnen, im Kristallin ausgewirkt haben.

Sicher aber hat alpidische Metamorphose die Sedimente der Chail-Decke im Bereich des Jangla-Paß verändert. Die Permotrias des Shesh Nag-Gebietes (NE-Kashmir) zeigt Regionalmetamorphose. A. GANSSER (1964, S. 252—253) betont die Wirksamkeit alpidischer Metamorphose im Kristallin des Himalaya und der Verfasser kann bestätigen, daß die kristallinen Gesteine zum Großteil frisch, das heißt, nicht diaphthoritisch aussehen. Bekannt sind die alpidische Migmatisation des Nanga Parbat-Gebietes (P. MISCH 1935) sowie die spät- bis postorogenen Granite (z. B. Mustang-Granit).

Das Kristallin ist somit sicher polymetamorph. Es ist aber derzeit noch nicht möglich, die einzelnen Metamorphoseakte zu charakterisieren und zu unterscheiden.

Die alpidische Verformung hat also einen polymetamorphen, durch Stark- und Schwachwirkungsbereiche inhomogenen Kristallin-Komplex erfaßt. Es ist somit nicht verwunderlich, daß die einzelnen Teile der Kristallin-Decke lithologische Unterschiede zeigen; der Verfasser sieht darin kein ernstes Hindernis, sie zu einer tektonischen Einheit zu verbinden (im Gegensatz zu A. GANSSER 1964, S. 251).

Ebenso läßt sich die häufige Umkehr der Metamorphose in den tieferen Teilen der Kristallin-Decke tektonisch als inverse Serie erklären. In den Hangendpartien am Rand gegen die Tibet-Zone klingt die Metamorphose stets normal, gegen das Hangende hin aus (Taf. 3, 6).

f) Strukturelemente des Indischen Schildes im Himalaya

Zu diesem Problem hat J. B. AUDEN (1935, 1937a, 1951) wiederholt Stellung genommen, und auch GANSSER (1964, S. 248—249) befaßt sich in seiner Geologie des Himalaya damit. Beide Autoren nehmen an, daß die Strukturen des Indischen Kontinents in den Untergrund des Himalaya fortsetzen und dessen spätere Entwicklung beeinflußt haben. Das großartigste Beispiel hierfür ist die von D. N. WADIA (1931) beschriebene NW-Syntaxis des Himalaya. Die alpinen Faltenstränge schlingen sich hier in auffälliger Weise um den Ihelum-Sporn, einen gegen N vorspringenden Teil des Indischen Schildes.

Wir vermuten, daß auch der eigenartige, sigmoide Verlauf des Randes des Niederen Himalaya im Raume von Mandi-Bilaspur in der Struktur des Untergrundes seine Ursache hat.

Wie weit Querachsen im Himalaya als reliktische Strukturelemente des Indischen Schildes aufzufassen sind, ist fraglich, da die NW-SE-Streichrichtung des Himalaya bereits sehr alt ist. Die SW—NE- bzw. WSW—ENE-Richtungen der Aravallis und Vindhyans des Indischen Präkambriums wurden nicht erst durch die alpidische Orogenese überprägt. Im Sedimentationsraum des Himalaya ist die NW-SE-Richtung, wie die Faziesverteilung zeigt, bereits im Altpaläozoikum zu erkennen. Da Strukturanalysen noch vereinzelt dastehen (z. B. A. GANSSER, 1964, S. 249), ist es, ähnlich wie in der Frage der Metamorphose, noch nicht möglich, die Spuren der verschiedenen Orogenesen auseinanderzuhalten.

g) Einige allgemeine Bemerkungen zur Tektonik

Bezeichnend für den Bau des Niederen Himalaya ist der Gegensatz zwischen dem meist steil aufgerichteten und etwas verschuppten Faltenwurf der Krol-Einheit und den häufig diskordant überlappenden, anscheinend ruhig, flach gelagerten Gesteinen der Chail- und Kristallin-Decke. Diesen Gegensatz im tektonischen Stil erklären wir mit der Annahme, daß die Krol-Einheit parautochthon, von ihrer Unterlage bloß etwas abgeschert worden ist, die überlagernden Gesteinspakete aber durch Fernschub an ihre heutige Stelle gelangt sind und, wie ihr diskordantes Übergreifen zeigt, tatsächlich „Decken"-Charakter besitzen.

Diese Deckenbewegungen erfolgten, verglichen mit den Alpen, relativ spät, im Miozän (siehe Shali-Fenster).

Der fertige Deckenbau hat in einer Spätphase der Gebirgsbildung eine Wellung erfahren. So besitzt die Randkette des Niederen Himalaya, die den Sub-Himalaya (die Tertiär-Zone) überragt, außer in Kashmir fast durchwegs synklinalen Bau. In dieser Zone sind häufig höhere Deckenreste vor der Erosion verschont geblieben (z. B. Dhauladhar-Kette, Simla, Chor, Mussoorie, Lansdowne, Mahabharat Lekh usw.).

Nördlich dieser Synklinalzone finden sich häufig Aufwölbungen, wie in den Fenstern von Shali-Tejam, Okhaldunga, des Tista Valley usw. In Almora war die spätorogene Faltung besonders kräftig, es sind hier eine Reihe von Antiklinal- und Synklinalzonen ausgebildet.

Noch weiter nördlich, gegen den Fuß des Himalaya-Hauptkammes zu, gelangt man in die Wurzelzone — hier tauchen sämtliche Einheiten gegen NE hin ab.

Aber auch in achsialer Richtung finden sich Kulminations- und Depressionszonen. Als Beispiele für erstere seien genannt: das Sutlej-Gebiet, Chakrata, das Nepalische Mittelland zwischen dem Bheri- und Trisuli-Fluß; für letztere: Kashmir, Simla, Chor, Almora sowie Kathmandu.

Das Ab- und Aufsteigen der Achsen verursacht das so auffällige, scheinbare Vordringen der Decken oder deren Zurückweichen bis an die Wurzelzone. Bezeichnenderweise zeigt die Krol-Einheit nicht dieses Verhalten, worin wir einen weiteren Hinweis für deren Parautochthonie sehen.

II. DIE TETHYS- ODER TIBET-ZONE

Einführung

Mit beiden Begriffen bezeichnet man die recht vollständige, vom Paläozoikum bis ins Alttertiär reichende Sedimententwicklung nördlich des Himalaya-Hauptkammes. Die Gesteine sind fast durchwegs marin und wegen ihres Fossilreichtums berühmt. Der Sedimentmantel des Tibetischen Plateaus reicht aber nur in einzelnen, gegen S vorgeschobenen Teilbecken in das Gebiet des Himalaya. Es findet sich somit in diesem keine zusammenhängende Zone, sondern eine Reihe von Einzelbecken (Taf. 1).

Das nordwestlichste dieser Sedimentgebiete ist das von Spiti, das auch räumlich die größte Ausdehnung besitzt. Es wird in der klassischen Arbeit von H. H. HAYDEN (1904) beschrieben. Ein erster Bericht über dieses Gebiet stammt von F. STOLICZKA aus dem Jahre 1866. Das an Spiti angrenzende Gebiet von Rupshu beschreibt A. BERTHELSEN 1953.

Die Tethys-Zone des nördlichen Kumaon-Himalaya hat durch C. L. GRIESBACH (1880, 1891, 1893) eine erste umfassende Darstellung erfahren. Es folgten weitere Beschreibungen von C. DIENER (1895a, b, 1898, 1912) und A. von KRAFFT (1902). DIENER hat sich außerdem in einer Reihe von Arbeiten mit den Faunen und der Stratigraphie von Kumaon, Spiti und Kashmir befaßt (1897a, b, c, 1899, 1903, 1906, 1907, 1908, 1909a, b, 1912, 1913, 1915).

Die neueste Bearbeitung der Tibet-Zone Kumaons erfolgte durch A. HEIM und A. GANSSER (1939).

Das nächste, östlich folgende Sedimentbecken liegt im nördlichen Nepal. T. HAGEN (1954) kartierte seine Ausdehnung und führte dafür den Namen Tibetisches Randsynklinorium ein. Mit der Schichtfolge haben sich P. BORDET (1961, P. BORDET et al. 1964), C. G. EGELER et al. (1964) und G. FUCHS (1964) befaßt. In der vorliegenden Arbeit wird die Schichtfolge und der Bau des zentralen Teiles dieses Sedimentbeckens zwischen dem Kanjiroba im W und dem Thakkhola im E beschrieben.

In E-Nepal finden sich keine Tethys-Sedimente. Die britischen Everestexpeditionen konnten diese aber auf tibetischem Gebiet beobachten (A. M. HERON 1922, N. E. ODELL 1926, 1948, L. R. WAGER 1934, 1939).

Im nördlichsten Teil Sikkims konnten die Gesteine der Tibet-Zone auch S der tibetischen Grenze studiert werden (L. R. WAGER 1934, 1939, J. B. AUDEN 1935). H. H. HAYDEN (1907) begleitete die britische Militärexpedition nach Lhasa und konnte dabei in Sikkim und Tibet wertvolles Beobachtungsmaterial sammeln.

In NW-Bhutan (Chomolhari-Gebiet) endeckte A. GANSSER (1964) ein kleineres Becken mit Schichtfolgen der Tibet-Zone.

Unerwähnt blieb das Sedimentbecken von Kashmir, welches eine Sonderstellung einnimmt. Es gehört tektonisch zur Kristallin-Decke, schließt sich aber im Charakter seiner Ablagerungen und im Fossilgehalt eng an die Tibet-Zone an. Im Gegensatz zur übrigen Tibet-Zone sind aber in dem gegen S vorgeschobenen Sedimentgebiet von Kashmir deutliche Gondwana-Einflüsse zu erkennen. Hier gelang es ja auch, die Ablagerungen des Niederen Himalaya, der Salt Range, Hazaras und der Tibet-Zone miteinander in Beziehung zu bringen. R. LYDEKKER (1876, 1879, 1880, 1881, 1883) hat in seinen Arbeiten einen ersten Überblick über den Aufbau Kashmirs und der nördlich und östlich angrenzenden Gebiete gegeben. Die heute noch gültige Stratigraphie Kashmirs wurde durch die grundlegenden Arbeiten von C. S. MIDDLEMISS (1910) und D. N. WADIA (1934) geschaffen. Der reiche Fossilinhalt der Sedimente Kashmirs wurde durch H. S. BION u. C. S. MIDDLEMISS 1928, C. DIENER (1899, 1913, 1915), F. R. C. REED (1932) und A. C. SEWARD und A. S. WOODWARD (1905) bearbeitet.

Die Formationen sind in den genannten Einzelbecken lithologisch wohl umrissen und gut gliederbar. Fazielle Veränderungen sind in manchen Stufen sehr häufig und innerhalb ein und desselben Beckens zu beobachten (z. B. Devon Nepals). Andere Schichtglieder, wie der Kioto-Kalk, behalten ihren lithologischen Charakter über enorme Distanzen. Auf Grund der meist reichlichen Fossilführung ist die Korrelation zwischen den Formationen der einzelnen Gebiete aber gut durchführbar. Wie die faunistischen Bearbeitungen durch A. BITTNER (1899), C. DIENER, E. v. MOJSISOVICS (1899) u. a. gezeigt haben, bestehen zahlreiche Beziehungen zu den Alpen.

Bei der Beschreibung des von uns kartierten Gebietes ist es somit nicht notwendig, wie im Teil I erst auf Grund des Vergleiches zahlreicher Einzelprofile, vergleichenden Literaturstudiums und relativ komplizierter Schlüsse eine stratigraphische Gliederung zu erarbeiten. Dank der Fossilführung und dem ausgeprägten lithologischen Charakter der einzelnen Formationen ist es möglich, in gewohnter Weise erst die Stratigraphie und danach die Tektonik zu beschreiben.

Die geologische Karte (Taf. 7), Serienprofile (Taf. 8), die Stratigraphische Tabelle (Taf. 4) sowie die Säulenprofile (Taf. 9) mögen die folgenden Ausführungen veranschaulichen.

Geographische Lage des Arbeitsgebietes:

Abb. 1 zeigt die großräumige Lage des flächenhaft aufgenommenen Gebietes, Taf. 2 und 7 die Begrenzung desselben. Es umfaßt die nördliche Dhaulagirigruppe (Dhaula Himal) und das nördlich anschließende Bergland von Dolpo (Charkabhot). Im E begrenzt der tiefe Einschnitt des Kali Gandaki (Thakkhola) unser Arbeitsgebiet, im NW reicht es bis an den E-Fuß des Kanjiroba und bis in das unter dem Namen Langu bekannte Gebiet. Das Tibetische Randgebirge begrenzt im N, der Himalaya-Hauptkamm im S.

Die ¼" Map weist in gewissen Bereichen erhebliche Fehler auf. Es zeigte sich als notwendig, Korrekturen vorzunehmen, wobei die Kammverlaufsskizze einer japanischen Expedition, die uns in dankenswerter Weise zur Verfügung gestellt worden war, und eigene Aufnahmen benützt wurden.

Die topographische Unterlage unserer 1:100.000-Karte hat daher nicht die Genauigkeit, die es erlaubt, Mächtigkeiten aus der Karte oder den von ihr abgeleiteten Serienprofilen abzulesen.

A. Stratigraphie:

1. Dhaulagiri-Kalk

Diesen Namen schlägt der Verfasser für den 2000 bis 4000 m mächtigen Karbonatgesteinskomplex vor, der die basalen Teile des Tibetischen Randsynklinoriums aufbaut. Der Himalaya-Hauptkamm besteht zum Großteil aus dieser Formation: Kanjiroba (7043 m), die Siebentausender des Dhaula Himal, Dhaulagiri (8172 m), Nilgiri (7032 m) und vermutlich auch der Gipfel der Annapurna (8078 m).

Weiter nördlich erscheint der Dhaulagiri-Kalk im Kern einer Antiklinale ESE von Charka und in den Bergen W der Dangarjong-Störung im Thakkhola (N vom Keha Lungpa).

Im Landschaftsbild fallen die gelblich-bräunlichen, auch grauen Verwitterungsfarben sowie der dickbankig-gebänderte (1—5 m) Charakter der Formation auf (Taf. 18, Abb. 37, 38).

Es handelt sich um häufig feinkristalline Kalke und Kalkschiefer von grauer, grünlicher, gelblich-bräunlicher und bläulicher Farbe. Rhythmisch eingestreute, tonig-sandige Substanz bedingt die Bänderung des Kalkes.

In Probe 144 zeigt sich u. d. M. neben Quarz ein relativ hoher Gehalt an detritärem Mikroklin und saurem Plagioklas. Der Kalk ist meist ziemlich unrein, selten auch etwas dolomitisch. Feinschichtung im mm- und cm-Bereich ist meist nur im Anschliff oder auf angewitterten Flächen erkennbar. Rostig anwitternde Pyritwürfel sind gelegentlich im Sediment vorhanden.

Die Metamorphose bedingt die häufig zu beobachtende Kristallinität sowie die grauen, grünlich, silbrigen, phyllitischen Häutchen auf den s-Flächen der tonigeren Lagen. Gesproßte, winzige Biotite sind mehr auf die dem basalen Kristallin näheren Anteile der Formation beschränkt.

Die Gesteine sind meist stark geschiefert. Dünne Kalklagen wurden dabei zerrissen und transversal zerschert. Angewittert wirken solche Partien flaserig-gemasert und sind von synsedimentären Brekzien schwer zu unterscheiden (Taf. 19, Abb. 39). Solche sind aber, wie verschieden gefärbte Komponenten zeigen, sicher auch vorhanden. Sedimentäre Schrägschichtung, wie sie C. G. EGELER et al. (1964) angeben, konnten wir nur an einer Stelle beobachten. Solchen kann aber die Transversalschieferung täuschend ähnlich werden.

Trotz der starken Schieferung bildet der Kalk massige, meist rundliche Felsformen mit mehlig-sandig verwitternder Oberfläche. Naturgemäß treten die sandig-tonigen Lagen gegenüber den kalkreicheren rippig hervor.

Lumachelle-Bänke und runde Crinoiden-Stielglieder sind nicht an einen bestimmten Horizont gebunden — man kann sie in verschiedenen Niveaus der so mächtigen und schwer gliederbaren Formation beobachten. Orthoceraten hingegen scheinen auf die obersten 500 m beschränkt zu sein.

Prof. Dr. R. SIEBER bestimmte die schlecht erhaltenen Brachiopoden, die aber noch feine Rippung erkennen lassen, als zur Gruppe *Orthis* oder *Dalmanella* (cf. *D. testudinaria*) gehörig, [50] * [144] lieferte Strophomeniden mit *Strophomena* und *Rafinesquina*. Es fanden sich keine kennzeichnend kambrischen Formen. Daraus ergibt sich spätkambrisches, sehr wahrscheinlich ordovizisches, gegebenenfalls silurisches Alter.

Während die Orthoceraten NE vom Ringmo-See, etwa 200 m unter der Hangendgrenze, und die am orogr. linken Hang des Kali Gandaki-Tales, E Marpha, gefundenen mehrere cm Länge aufweisen, fand sich beim Zusammenfluß des French Col- und Mayangdi-Gletschers [87]

---

*) Probenummer in [ ]. Die Probepunkte sind in der Karte (Tafel 7) eingetragen.

ein 40 cm langes, 3 bzw. 4 cm Durchmesser besitzendes Exemplar mit 20 Kammern. Dieses war leider nicht gewinnbar. Das Auftreten solch großer Orthoceren spricht, ebenso wie die häufigen Crinoidenreste, für postkambrisches Alter. C. G. Egeler et al. (1964) geben aus der „Nilgiri Carbonate group", die dem Hauptanteil unseres Dhaulagiri-Kalkes entspricht, in Dünnschliffen beobachtete Gastropoden und Korallen an. In ihrer Stratigraphischen Tabelle wird die Formation als kambrisch eingestuft. Korallen sprechen aber, wie die von uns angegebene Fauna, ebenfalls eher für postkambrisches Alter.

Der holländischen Geologengruppe ist es gelungen, in ihrer „Dark Band formation", die „Nilgiri-Kalk" und „North Face Quartzite" überlagert, Graptolithen des Untersilur (Llandovery) zu entdecken (I. Strachan et al. 1964). Damit ist das vorsilurische Alter des Nilgiri-Kalkes gesichert.

Im Gegensatz zu C. G. Egeler et al. (1964), die an der Basis ihres Nilgiri-Kalkes eine Diskordanz vermuten, konnten wir in keinem der von uns untersuchten Profile eine stratigraphische Liegendgrenze des Dhaulagiri-Kalkes feststellen (vgl. Teil I, A 1). Wir querten die Liegendgrenze im Kali Gandaki-Tal, im Zungenbereich des Mayangdi-Gletschers, im Barbung- und Tarap Khola, konnten aber immer nur einen fließenden Übergang in die Kalkglimmerschiefer und Karbonatgneise des Kristallins beobachten. Die auffälligen Mächtigkeitsunterschiede des Kalkkomplexes — an die 4000 m in der Dhaulagirigruppe und im Bereich des Ringmo-Sees, 600—800 m im Tarap Khola und unteren Barbung Khola — erklären wir damit, daß verschieden große Anteile des Dhaulagiri-Kalkes von der Metamorphose erfaßt worden sind und nun dem Kristallin angehören. Tatsächlich sind die metamorphen Karbonatgesteine in den höheren Kristallinanteilen gerade in den Gebieten am mächtigsten, wo der Dhaulagiri-Kalk die geringsten Mächtigkeiten aufweist (Taf. 9). Die Liegendgrenze wird somit im Bereich der ausklingenden Metamorphose gezogen. Es ist daher nicht verwunderlich, wenn Teile, die wir noch zum Dhaulagiri-Kalk gezählt haben, von den Holländern bereits zu ihrer metamorphen „Larjung formation" gerechnet wurden.

Die bereits angeführten Altershinweise sprechen sehr zugunsten ordovizischen Alters. Das Fehlen einer stratigraphischen Liegendgrenze der mächtigen Kalkformation läßt die Möglichkeit offen, daß auch Kambrium am Aufbau der Formation beteiligt ist. In Anbetracht der Mächtigkeit ist dies sogar wahrscheinlich. Das Alter des Dhaulagiri-Kalks betrachten wir daher als kambro-ordovizisch.

Damit besteht ziemliche Übereinstimmung mit C. G. Egeler et al. (1964). Der Name „Nilgiri Carbonate group" wurde aber nicht übernommen, da die Liegendabgrenzung verschieden vorgenommen wird und wir anscheinend auch einen Teil der überlagernden „North Face Quartzite fn." in unseren Dhaulagiri-Kalk einbeziehen (s. u.).

T. Hagen (1959b) spricht von silurisch-devonischen Kalken bzw. devonischen Dolomiten und Kalken im Bereich Dhumpu—Larjung—Tukucha. P. Bordet (1961, S. 216) vermutet für die Gesteine des gleichen Bereiches devonisches bzw. karbones Alter. 1964 beschreiben P. Bordet et al. aus der basalen Tibet-Zone: Kambro-Silur: mächtige Sandsteine, Graptolithenschiefer und Quarzite. Devon: schiefrige Algenkalke und Kalke mit Trilobiten.

Es handelt sich bei den angegebenen Kalkvorkommen um unseren Dhaulagiri-Kalk. T. Hagen führt für seine Alterseinstufung keinerlei Fossilhinweise an. Es fällt schwer, den Gliederungen P. Bordets zu folgen. Die Angaben von 1961 und 1964, die dasselbe Profil betreffen, zeigen wenig Übereinstimmung. 1964 wird der mächtige Kalk im Liegenden der silurischen Graptolithenschiefer überhaupt nicht erwähnt. Er scheint mit dem „Devon" identisch zu sein. Die Angabe von Trilobiten ist hingegen kein zwingender Hinweis auf Devon.

Der Graptolithenfund der holländischen Expedition (I. STRACHAN et al. 1964, C. G. EGELER et al. 1964) sowie das Vorhandensein tatsächlich fossilbelegter devonischer Kalke und Dolomite im Hangenden des von diesen wohl zu unterscheidenden Dhaulagiri-Kalks im W-Teil unseres Arbeitsgebietes widerlegen die Ansichten von T. HAGEN und P. BORDET.

In Kumaon zeigt die Garbyang-Serie (A. HEIM und A. GANSSER 1939) der Beschreibung nach weitgehende Übereinstimmung mit dem Dhaulagiri-Kalk. Als Fossilien werden schlecht erhaltene flache Gastropoden und Crinoiden angegeben. Die Autoren halten die Formation für sicher postpräkambrisch, wahrscheinlich kambrisch. Die Erwähnung GANSSERS (1964, S. 117), daß „the Garbyang phyllites are normally overlain by fossiliferous Silurian", berechtigt zu der Frage, wie weit nicht die Garbyang-Formation ähnlich dem Dhaulagiri-Kalk kambro-ordovizisches Alter hat. Die Shiala-Formation, die ordovizische Fossilien geliefert hat, geht ohne scharfe Grenze aus der Garbyang-Formation hervor (1964, S. 119) und scheint lithologisch von dieser nicht allzu verschieden zu sein. Die Shiala-Serie könnte den hangendsten Teil der kambro-ordovizischen Garbyang-Formation darstellen.

Interessant ist, daß die Garbyang-Formation, die im E Kumaons mächtig entwickelt ist, gegen NW an Bedeutung verliert. Hier erscheint die etwas kalkärmere Martoli-Formation mit dem überlagernden Ralam-Konglomerat im Liegenden der Garbyang-Formation. Wir vermuten, daß im Bereich Kumaons ein Fazieswechsel im Kambro-Ordoviz stattfindet. Im E finden sich die kalkig-tonig-sandigen Sedimente wie in Nepal. Gegen NW tritt eine Angleichung an die kalkärmere Fazies Spitis ein. Das Ralam-Konglomerat muß nicht unbedingt die Basis des Kambriums markieren, es kann ebenso dem ordovizischen Basiskonglomerat Spitis (H. H. HAYDEN 1904) entsprechen. Diese Interpretation, die von der von A. HEIM und A. GANSSER (1939) und A. GANSSER (1964) abweicht, ist in unserer Stratigraphischen Tabelle (Taf. 4) angedeutet.

Jedenfalls lassen die mächtigen, monotonen, wenig differenzierten Formationen in den basalen Teilen der Tibet-Zone darauf schließen, daß in jungpräkambrischer (U. und M. Haimanta, Martoli F.) und kambro-ordovizischer Zeit (z. T. Martoli F., Garbyang F., Dhaulagiri- und Nilgiri-Kalk) rasch sinkende Geosynklinaltröge existiert haben. Das wenig differenzierte, tonig-sandige, z. T. Feldspat führende, klastische Material wurde in mehr oder weniger kalkreiches Ablagerungsmilieu eingeschüttet.

2. Die Hangendabgrenzung des Dhaulagiri-Kalkes und mögliches Silur

C. G. EGELER et al. (1964) haben im Hangenden des Nilgiri-Kalks (1600 m) die 560 m mächtige „North Face Quartzite formation" ausgeschieden. Sie beinhaltet weiße, rosa und lichtgrüne, häufig kalkige, quarzitische Arkosen und Siltgesteine.

Darüber folgt die „Dark Band formation" mit 140 m dunkelgrauem Kalk und Dolomit an der Basis, 60 m schwarzen, kalkigen Siltgesteinen und Schiefern mit Graptolithen des Llandovery sowie 120 m dunklem Kalk und Siltgestein. Aus diesen Gesteinen wird gradierte Schichtung beschrieben.

Der North Face Quartzite, der die sicher silurische Dark Band fn. unterlagert, wird in Ordoviz eingestuft.

Wir konnten in unserem Gebiet im Hangendbereich des Dhaulagiri-Kalks und über diesem ähnliche Gesteine beobachten, doch gelang es nicht, sie formationsmäßig zu gliedern. Dazu unterscheiden sich die einzelnen Profile zu stark voneinander.

Die N-Flanke des Dhaula Himal durchzieht ein sich hell abhebendes Band von 50 bis 150 m Mächtigkeit, das durch Übersignatur ausgeschieden wurde.

Es ist im Bereich des French Col-Gletschers zugänglich (Taf. 18 und 20, Abb. 37, 40). Auf den Flaserkalk und Kalkschiefer (Dhaulagiri-K.) folgen: Harte, lichte, graue, grünliche, äußerst feinkristalline, ungeschichtete, bankige, dolomitische Mergel, die orange bis gelbliche, glatte Verwitterungsflächen zeigen. Auf den s-Flächen sind gelegentlich Trockenrisse zu beobachten. Große Pyritwürfel und bis 1 mm große, feine Chloritoide sind in dem hellen Gestein nicht selten. Es wechsellagert mit grauem, etwas mergeligem Kalk, Hornsteinkalk, hellem Quarzit, schwärzlichem und bläulichem Kalk und dunklen Pyritschiefern. In dieser plattig-bankigen Wechselfolge fanden sich als einzige Fossilien z. T. große Crinoiden-Stielglieder.

Es überlagern wenige Zehnermeter schwärzliche Tonschiefer, die in die hangende, größtenteils devonische Schiefer-Serie überleiten (Tilicho-Paß-Formation, C. G. EGELER et al. 1964).

Phyllitische s-Flächen sind in dem beschriebenen Profil häufig zu beobachten.

Nördlich vom Eisbruch des Mukut-Gletschers (Taf. 20, Abb. 41) sind nur die hangendsten Anteile der überkippten auf den Dhaulagiri-Kalk folgenden Serie zugänglich:

Graue und dunkelblaue, feingebänderte, gebankte Kalke und Dolomite mit etwas violetten Schiefern auf s.

Gegen das Hangende gehen sie in die m-gebankten, ockergelb anwitternden, hellen, mergeligen Dolomite über (etwa 30 m). Diese sind sehr zäh, brechen muschelig und zerfallen zu grobem Blockwerk.

Durch Wechsellagerung auf einigen Metern geht daraus eine 20—30 m mächtige Folge von schwärzlichen, sandigen Schiefern mit eingeschalteten, eisenschüssigen Sandsteinlagen hervor. Die häufigen Pyritwürfel erreichen Kantenlängen bis zu 1 cm.

Es folgen 30—40 m dunkle Schiefer ohne Sandstein, darauf 25 m Schiefer mit Quarzitplatten, dann 30—40 m dunkle Schiefer mit z. T. Crinoiden führenden, dunkelblauen Kalkplatten.

Die schiefrige Folge im Hangenden der charakteristischen, lichten, dolomitischen Siltgesteine wurde zur Tilicho-Paß-Formation (Devon) gezählt.

SSW Mukut, beim Aufstieg zum Dhaula Himal, quert man zwischen Lager 1 und 2 das zwischen Dhaulagiri-Kalk und Tilicho-Paß-Formation eingeschaltete Band. Wie im gesamten Bereich von Mukut ist die Schichtfolge invers.

Auf den in seinen Hangendpartien schieferreicheren Dhaulagiri-Kalk folgen knapp N der Scharte (5600 m) splittrige, graue, sandige Tonschiefer, danach schalten sich in die feingeschichteten Tonschiefer mit Siltsteinlagen unreine, graue, flaserige, gebänderte Kalke ein, die lithologisch dem Dhaulagiri-Kalk entsprechen und wie dieser bräunlich anwittern. Die Gesamtmächtigkeit der Schiefer (und Kalke) dürfte 50 m nicht wesentlich übersteigen.

Darauf folgen etwa 35 m von dickbankigem, hellgrauem Quarzit und ebenfalls lichtem, hartem, gelblich anwitterndem, dolomitischem Mergel und Siltstein. Danach kommt eine plattig-bankige, aus der Ferne grün-grau-gelb gebänderte Wechselfolge von graublauem Kalk, der Crinoiden führt, mergeligem Kalk und grünlich-dunkelgrauen, feingeschichteten Tonschiefern.

Die folgenden, dunkelgrauen Schiefer mit Sandsteinbänken gehören bereits zur Tilicho-Paß-Formation.

Im Barbung Khola quert man den hier behandelten stratigraphischen Bereich W von der Mündung des Churen Khola:

Über den serizitischen Kalkschiefern mit Crinoiden und Kalkbrekzienlagen (Dhaulagiri-Kalk) folgen 25—30 m schwärzliche bis graue, dünnschichtige, bituminöse Schiefer. Mit diesen treten Mergel und harte, eckig brechende, dunkel-blaugraue Kalke mit Crinoiden auf. Das im Landschaftsbild auffällige schwarze Band ist infolge starker Verfaltung mehrfach wiederholt.

Die dunklen Schiefer leiten in graue, etwas phyllitische Tonschiefer mit Sandstein- und Quarzitbänken über (Tilicho-Paß-Formation).

Das nächst westliche Profil wurde im Tarap Khola aufgenommen (Taf. 9 [3]):

Aus den Hangendpartien des Dhaulagiri-Kalkes geht ohne scharfe Grenze eine 300 bis 400 m mächtige, plattig-bankige Folge von blauen bis grauen, dunklen Kalken hervor. Die Serie hebt sich vom Dhaulagiri-Kalk deutlich ab, doch zeigt die wiederholte Einschaltung von Bänken, die von diesem nicht zu unterscheiden sind, die enge stratigraphische Verknüpfung. Solche Lagen zeigen u. d. M. einen ziemlich hohen Gehalt an schlecht gerundetem Detritus (Quarz, Mikrolin, seltener Plagioklas). Der häufige Hellglimmer ist erst später im Sediment gewachsen. Brachiopoden-Lumachellen und Crinoidenreste haben leider keinen Altershinweis geliefert.

Es überlagert eine — aus der Ferne betrachtet — gelb wirkende Wechselfolge von hellgrauem, feinkörnigem, quarzitischem Sandstein (+ Pyrit), weißem, serizitisch-quarzitischem Schiefer, gelblich-bräunlichen, feinkristallinen, z. T. dolomitischen Kalken (100 m). Die meist feingeschichteten Gesteine wechsellagern im dm- bis m-Bereich.

Es folgen etwa 25 m blaue, mergelige, gelblich verwitternde Kalke, reich an Crinoiden. Sie gehen im Hangenden in 25 m graue Kalkschiefer über, die voll von Crinoiden und Bryozoen sind. Darüber folgt ebenfalls Crinoiden führender, aber grobblockig zerfallender, lichter, grüngrauer, zuckerkörniger Kalk, der eisenschüssig verwittert. Serizithäutchen sind in dem häufig flaserigen Gestein nicht selten. In den Hangendpartien, die wieder schiefriger sind, fand sich ein Pelmatozoenkelch [54]. Die Mächtigkeit des Kalkes liegt zwischen 100 und 130 m.

Es überlagern schwarze, klingend brechende Schiefer. Die mm-Feinschichtung wird vom transversalen s geschnitten. Manche Lagen haben, wie die Prüfung mit HCl zeigt, einen gewissen Karbonatgehalt. Lichte Ausblühungen und rostige Verwitterung deuten auf höheren Sulfidgehalt hin.

Im Hangenden der 80 m mächtigen, schwarzen Schiefer, die möglicherweise mit denen des Barbung Khola-Profils zu parallelisieren sind, folgen 50 m gelblich verwitternde, hellgraue Crinoiden führende Kalke. Ähnlich denen im Liegenden der schwarzen Schiefer sind sie flaserig und serizitisch.

Es überlagern 200—300 m mächtige, plattig-bankige, hell- bis dunkelgraue, blaugraue Kalke, die ebenfalls Crinoidenreste führen. Auch mergelig-schiefrige Bänder sind zu beobachten.

Die Kalke im Hangenden der schwarzen Schiefer gehören wohl schon dem devonischen Kalk-Mergel-Dolomit-Komplex an, der hier die Tilicho-Paß-Formation faziell vertritt.

Die wechselvolle, kalkig-mergelig-sandige Folge zwischen Dhaulagiri-Kalk und den schwarzen Schiefern (inklusive) dürfte wohl ins Silur einzustufen sein. Eine scharfe Abtrennung ist mangels stratigraphisch verwertbarer Fossilien und wegen der lithologischen Übergänge nicht möglich.

Das westlichste Profil wurde N und NE vom Ringmo-See aufgenommen (Taf. 9 [1]):

Bereits einige hundert Meter unter der Oberkante des Dhaulagiri-Kalkes tauchen in diesem die ocker verwitternden, lichtgrauen, dolomitischen Mergel, Siltsteine und z. T. Sandsteine auf (wie die S von Mukut). Über ihnen finden sich blaugraue Kalke mit Sandsteinlagen, hellgraue, dünnschiefrige Kalkschiefer mit Crinoiden und der gemasert wirkende, etwas flaserige, typische Dhaulagiri-Kalk.

Es überlagern 120—140 m graue, durch Siltsteinlagen feingeschichtete Tonschiefer, die hart, splittrig zerfallen. Die Schichtung wird von der Schieferung unter großem Winkel geschnitten.

Im Hangenden folgt erneut braun verwitternder, an Tonschieferlagen reicher, flaseriger, unreiner Kalk, der blockig zerfällt. Das helle, graugrüne, feinkristalline Gestein entspricht ganz dem Dhaulagiri-Kalk. Crinoiden und mehrere cm lange Orthoceraten sind zu beobachten. Die untersten 80 m dieses 200 m mächtigen Kalkes sind massig-dickbankig, dieser wird aber gegen das Hangende durch schiefrig-mergelige Einschaltungen zunehmend plattig (25—50 cm).

Eine 100 m mächtige, plattig-bankige Wechselfolge von sandigem Dhaulagiri-Kalk und graublauem, dem alpinen Muschelkalk ähnlichen Kalk mit knolligen s-Flächen leitet in etwa 200 m mächtigen, blaugrauen, bankigen Kalk über. Dieser geht im Hangenden allmählich in lichteren, grauen, massigeren Dolomit über.

Das devonische Alter des Dolomits ist durch Fossilfunde gesichert (siehe H. FLÜGEL 1964, 1966 sowie II. A. 3. c.), der Übergangsbereich zwischen dem Dhaulagiri-Kalk und dem blaugrauen Kalk hat wahrscheinlich silurisches Alter. Ob letzterer bereits ins Devon gehört, ist nicht geklärt.

Vergleicht man die oben beschriebenen Profile, so sind die bedeutenden Unterschiede nicht zu übersehen. Über dem monotonen, vom Nilgiri bis zum Kanjiroba in gleicher Ausbildung angetroffenen Dhaulagiri-Kalk folgen auf engstem Raum wechselnde, recht unterschiedliche Ablagerungen. Wir sehen darin ein Anzeichen für eine tiefgreifende Umgestaltung des Ablagerungsraumes: Über der tausende Meter mächtigen Geosynklinal-Serie folgen stark differenzierte, faziell oft recht unterschiedliche Formationen des Silur und Devon.

Die eingangs genannte Gliederung, die C. G. EGELER et al. (1964) in der Nilgirigruppe aufgestellt haben, ist in unserem Gebiet nicht anwendbar. Die mehrfach erwähnten, lichten, dolomitischen Mergel, Siltgesteine und karbonatischen Sandsteine wurden von den Holländern wohl der „North Face Quartzite fn." zugeordnet, während die dunklen Schiefer und Kalke der „Dark Band fn." entsprechen. Im E-Teil unseres Gebietes treten beide Gesteine zusammen auf, die lichten mehr an der Basis, bei Mukut überlagern diese jedoch die dunklen Kalke und im Barbung Khola fehlen sie ganz. Im Tarap Khola und W davon geht der Dhaulagiri-Kalk allmählich in Kalk- bzw. Dolomitformationen des Devon über. Im W treten die lichten Gesteine der „North Face Quartzite fn." aber eindeutig innerhalb des höheren Anteiles des Dhaulagiri-Kalkes auf.

Wir halten die sandig-dolomitische Fazies des „North Face Quartzite" für nicht streng horizontgebunden, obschon sie, ebenso wie Einschaltungen von sandigem Schiefer, auf die Hangendpartien des Dhaulagiri-Kalkes beschränkt sind. Da eine scharfe Abtrennung vom Dhaulagiri-Kalk nicht überall möglich ist, wurden die lichten, sandig-karbonatischen Gesteine mit den sie häufig begleitenden, schwarzen Schiefern und Kalken zusammen mittels Übersignatur ausgeschieden *). Da die dunklen Gesteine höchstwahrscheinlich mit der fossilbelegten „Dark Band fn." zu parallelisieren sind, halten wir die genannten Gesteine für silurisch und vermuten, daß die Hangendgrenze des Dhaulagiri-Kalkes ungefähr mit der Grenze Ordoviz—Silur zusammenfällt. Gleich alt sind wohl die Übergangsschichten zwischen Dhaulagiri-Kalk und dem devonischen Kalk bzw. Dolomit im W unseres Gebietes.

Die Änderung der Absatzbedingungen führen wir auf den Einfluß der kaledonischen Orogenese zurück, zur Ausbildung einer Schichtlücke ist es in der Tethys-Zone Nepals nicht gekommen. Weiter im W, in Kumaon, Spiti und Kashmir vertritt hingegen der terrestrische Muth-Quarzit das obere Silur und untere Devon.

---

*) Wo es möglich war, wurden die schwarzen Schiefer mit eigener Signatur ausgeschieden (z. B. Barbung- und Tarap Khola).

3. Devon

In dem untersuchten Gebiet zeigen die devonischen Ablagerungen bedeutende fazielle Gegensätze:

a) Im E die flyschartige Schiefer-Sandsteinfolge der Tilicho-Paß-Formation (C. G. EGELER et al., 1964).

b) Im Tarap Khola Kalke, Mergelschiefer und untergeordnet Dolomit.

c) Im NW (und N) des Aufnahmsgebietes mächtige Dolomite mit untergeordneten Kalken und Schiefern.

In dieser faziellen Anordnung spiegelt sich ein Verflachen des Sedimenttroges gegen NW hin (Abb. 68). Die fossilarmen Flyschsedimente sind in tieferem Wasser abgelagert worden als die Karbonatgesteine des NW. Diese enthalten Brachiopodenlumachellen, Crinoiden, Bryozoen und Korallen. Oolithkalke deuten, wie die Fauna, auf seichteres Ablagerungsmilieu hin.

Es sei besonders hervorgehoben, daß in Kumaon, Spiti und Kashmir der terrestrische Muth-Quarzit das oberste Silur und einen Teil des Devons vertritt. Marine, fossilführende Schichten finden sich dort erst ab dem Mitteldevon. In Nepal ist ebenfalls das Mitteldevon fossilbelegt (H. FLÜGEL 1966), die Sedimentation scheint jedoch zwischen Ordoviz und Devon keine Unterbrechung erfahren zu haben. Die südlich der Tethys-Zone sicher vorhandenen, kaledonischen Bewegungen haben in der Tethys-Zone Nepals nur einen faziellen Umschwung bewirkt.

a) Tilicho-Paß-Formation

Die von C. G. EGELER et al. (1964) benannte, im Nilgiri-Gebiet etwa 900 m mächtige Formation überlagert die Graptolithen führende, silurische Dark Band-Formation und unterlagert die karbone Ice Lake-Formation. Sie wird demnach als größtenteils devonisch betrachtet (siehe deren Tabelle).

In gleicher Ausbildung findet sich diese Formation in der Osthälfte unseres Gebietes und wird von uns altersmäßig ebenso eingestuft.

Die grauen, meist recht dunklen, oft glimmerigen Schiefer (slates) brechen splittrig, ebenflächig und zeigen nicht selten auf s phyllitischen Glanz. Durch Siltsteinlagen sind sie meist im mm-Bereich feingeschichtet, häufig gradiert (graded bedding). Die Siltsteinlagen sind meist linsig-flaserig, von unregelmäßiger Form und durch Fließbewegungen gestört. Pyrit bildet gelegentlich Konkretionen bis 2 cm Durchmesser.

Die Schiefer wechsellagern im cm- bis m-Bereich mit fein- bis mittelkörnigem Sandstein, meist bildet dieser aber dm-Platten. Die graugrünen Sandsteine und lichteren, quarzitischen Sandsteine und Quarzite verraten angewittert den feinverteilten Kiesgehalt durch feine Rostpünktchen. Solche rühren jedoch auch von Ankerit her. U. d. M. ist zu erkennen, daß das Bindemittel tonig oder karbonatisch ist. Der Karbonatgehalt der Sandsteine auch der sandigen Schiefer ist häufig größer als man dem äußeren Eindruck nach annehmen würde.

Quarzit- und Sandsteinbänke enthalten öfters flache Tonschiefer- und Sandsteinschollen bis 4 cm Größe. Schrägschichtung und Flaserstruktur sind gelegentlich vorhanden.

Auf den s-Flächen wurden Strömungswülste, Belastungsmarken, Hieroglyphen und fächerförmige Fließmarken (Taf. 21, Abb. 42) beobachtet.

Während C. G. EGELER et al. (1964) keine Karbonatgesteine aus dieser Formation erwähnen, sind in unserem Gebiet solche, wenn auch sehr untergeordnet, vorhanden. Meist sind es bloß einige geringmächtige Bänke von grauem, bläulichem, eisenschüssig verwitterndem Crinoidenkalk, die in maximal 30 m mächtigen Zonen den Schiefern eingeschaltet sind. Außer Crinoiden fand sich in diesen nur unbestimmbarer Fossilgrus. Solche Kalkbänke sind im Raume S von Mukut, im Barbung Khola S Pemringaon und im Hidden Valley zu beobachten.

Mehr Bedeutung hat eine einige Zehnermeter mächtige Kalkeinschaltung 2 km N Terang. Der grünlich bräunlich anwitternde, graue, etwas tonig-sandige Kalk ist stark geschiefert und häufig flaserig. Er ist feinst- bis mikrokristallin und zeigt auf s phyllitische Häutchen. In diesem Kalk fanden sich neben Bryozoen und Crinoiden Ammonoideen [98, 99, 100] (Taf. 9 [4]).

Da die Formen des fossilreichen, unterkarbonen Kalkes (200—300 m über diesem Niveau) der genannten Fauna fehlen, ist ein mittel- bis oberdevonisches Alter derselben sehr wahrscheinlich. Dieser Fossilhorizont ist ein weiterer Hinweis für das devonische Alter der Flyschformation. Er tritt etwa 200—300 m unter der Oberkante der 500—800 m mächtigen Formation auf.

Der gleiche Kalk taucht etwa 6 km NW Barbong im Kern einer Antiklinale empor (Taf. 8 [6]). Das dickbankige, helle, graue bis bläuliche Gestein führt hier nur Crinoiden. In den Hangendpartien des flaserigen Kalkes finden sich rotviolette bis weinrote Schieferlagen. Es überlagern die üblichen Schiefer und Sandsteine (200 m).

Außer den genannten Fossilien lieferten [40 und 41] aus dem höheren Anteil der Tilicho-Paß-Formation Fenestelliden, Crinoiden und stark deformierte, berippte, aber unbestimmbare Brachiopoden.

Bezüglich des genauen stratigraphischen Umfanges der Tilicho-Paß-Formation sei festgestellt, daß die Flyschentwicklung bereits in der Dark Band fn. einsetzt. Die holländischen Geologen zogen offensichtlich die Grenze gegen die Tilicho-Paß-Formation mit der Abnahme des Kalkgehaltes und der stärker einsetzenden, sandigen Schüttung. Wir fanden, daß es schwer zu entscheiden ist, ob die dunklen Schiefer an der Basis der Tilicho-Paß-Formation zu dieser oder zur Dark Band fn. gehören. Diese lieferte tiefer silurische Graptolithen (C. G. EGELER et al. 1964). Es kann daher nicht ausgeschlossen werden, daß die Tilicho-Paß-Formation noch höchstsilurische Anteile enthält, im wesentlichen ist sie jedoch sicher devonisch.

Für die Hangendabgrenzung der Formation ist ein fossilführendes, zwischen 10 und 30 m mächtiges Band an der Obergrenze der Flyschgesteine von Bedeutung. Es findet sich nur im südlichen Teil unseres Gebietes (Terang—Mukut—Hidden Valley):

Die plattig-bankigen (0,25—1 m), meist mittelkörnigen, hellen, grünlichgrauen, glimmerigen Sandsteine, Karbonatsandsteine und Karbonatquarzite sind sehr hart. Sie enthalten auch bläuliche, sandige Kalklagen. Die genannten Gesteine verwittern eisenschüssig-braun mit rauher Oberfläche.

U. d. M. sind eckiger, z. T. verzahnter Quarz (0,1—0,5 mm), viel Karbonat, weiters etwas Mikroklin (bis 0,4 mm), Muskovitblättchen (bis 0,6 mm), Serizit, Zirkon (bis 0,2 mm), Turmalin (bis 0,16 mm) und Erz zu erkennen.

An Fossilien fanden sich Crinoiden, von Brachiopoden *Paurorhyncha* cf. *endlichi* MEEK (?) *), Strophomenida (*Strophodonta* sp. ?) [34], Atrypaceen [75, 76] sowie schwierig bestimmbare Brachiopoden- und Bivalvensteinkerne („*Cucullaea*" sp.). Ausgesprochene Karbonarten fehlen, weshalb oberdevonisches Alter wahrscheinlich ist.

Abb. 43 zeigt den Grenzbereich zwischen Tilicho-Paß-Formation und dem Unterkarbon-Kalk im Profil des markanten, schwarzen Berges SE Mukut: In den jüngsten Schichten der Tilicho-Paß-Formation finden sich hier bis 0,5 m lange, 5 cm breite, stabförmige Gebilde, die auf s in den verschiedensten Richtungen liegen. Im Querbruch erkennt man nur feinkörnigen Sandstein. Neben diesen Schichtflächenmarken finden sich verschiedene Hieroglyphen.

---

*) Bestimmung mit Unterstützung von Herrn Dir. Dr. P. SARTENAER, Brüssel, durchgeführt.

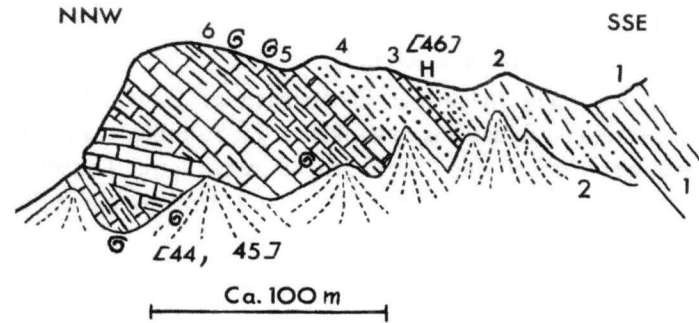

Abb. 43: Profil des dunklen Berges an der Talgabelung SE Mukut.
Section of the dark hill at bifurcation of the valley, SE of Mukut.
1 Schwärzliche Glanzschiefer — dark shining slates ⎫
2 graue Schiefer mit Sandstein- und Quarzitlagen (30—40 m), ⎬ Tilicho-Paß-Formation
  H = Hieroglyphen — grey shales with layers of sandstone
  and quartzite (30—40 m), H =hieroglyphs ⎭
3 Karbonatquarzit (0,5 m) — Carbonatequartzite ⎫
4 Graue, plattige Quarzite (10 m) — grey bedded quartzite ⎬ Grenzschichten — beds at
5 Orange anwitternder Dolomit (1,5 m) — orange ⎭ Devonian-Carb.-boundary
  weathering dolomite
6 Schwarze Schiefer-Mergel, dunkle Kalke (Unt. Karb.) — black shales, marls, dark limestones
  (Lower Carb.)

Darüber folgen die Karbonatquarzite und Quarzite der hier behandelten Grenzschichten (11 m). In den basalen Lagen des dunklen Unterkarbon-Kalkes finden sich einige geringmächtige, orange anwitternde Dolomitbänke. Die Folge ist invers.

Im Hidden Valley, NW vom French Col, ist im Grenzbereich folgende ebenfalls inverse Abfolge zu beobachten (von S gegen N) (Taf. 8 [12, 13]):

Auf die feinbänderigen, phyllitischen Tonschiefer mit Silt- und Sandsteinlagen, die den Kamm aufbauen, über den der Franzosen-Paß führt, folgen schwärzliche, pyritführende Schiefer mit dunkelgrauen Sandstein- und Quarzitlagen. Eine eingeschaltete Brekzienbank (1,10 m) zeigt in einer Grundmasse von grüngrauem, mittelkörnigem Sandstein 3—8 cm, maximal 17 cm lange Flachgerölle von rötlichem Tonschiefer, glimmerig-sandigem Schiefer und Sandstein (Taf. 21 Abb. 44). Frisch sind diese dunkelgrau, sie verwittern aber rot.

Auf die bituminösen Schiefer (100—150 m) folgen 6 m plattiger, ocker verwitternder, hellgrauer, glimmeriger, quarzitischer Sandstein bis Quarzit mit dunkelgrauen, phyllitischen Zwischenschiefern, die rostig verwitternde Karbonatbänder und fenestella-ähnliche Bryozoen führen.

Die danach folgenden fossilreichen, dunklen Kalke haben unterkarbones Alter (s. u.).

Wir sehen in dem karbonatisch-quarzitischen Band die Hangendbegrenzung der Tilicho-Paß-Formation. Der Charakter der in diesen Schichten gefundenen Fauna macht ein devonisches Alter wahrscheinlich (s. o.). Die Tilicho-Paß-Formation scheint somit nicht ins Karbon hinaufzureichen, ihr Alter ist als (höchstsilurisch)-devonisch anzugeben.

b) Die Kalk-Fazies des Tarap Khola

Über den in Abschnitt 2. als vermutlich silurisch beschriebenen Gesteinen setzt eine mächtige verfaltete Kalk-Mergel-Dolomit-Folge ein (Taf. 9 [3]).

Die schwarzen Schiefer werden von 200—300 m mächtigen, bläulichgrauen, plattig-bankigen Kalken (+ Crinoiden) überlagert. Diese enthalten schiefrig-mergelige Bänder. Besonders fällt ein mehrere Zehnermeter mächtiges Band von an Crinoiden reichen, hellgrauen, mergeligen Schiefern und flaserigen Mergelkalken auf, die im Bereich 200—150 m unter der Oberkante der Kalk-Serie in dieser auftreten.

Im hangendsten Teil der Kalkfolge sind synsedimentäre Brekzien, Dolomit- und sandige Crinoidenkalklagen zu beobachten.

Es überlagert ein 60—80 m mächtiger Dolomitzug. Das hellgelblich anwitternde, lichtgraue, sehr harte Gestein ist feinst- bis mikrokristallin. Stylolithen sind in dem gebankten (25—50 cm) Dolomit zu beobachten. Gelegentliche rotviolette Tonschieferbeläge auf s legen den Verdacht nahe, daß der markante Dolomitzug dem grauen, z. T. Ammonoideen führenden Flaserkalkband des Barbung Khola entspricht.

Über dem Dolomit folgen grüngraue, sandig-glimmerige Mergelschiefer, die gelblichbräunlich verwittern, und schwärzliche Tonschiefer. Die Mächtigkeit schwankt zwischen 100 und 200 m.

In den überlagernden grauen bis dunkelbläulichen, harten, gebankten Kalken finden sich nur dünne, dunkle Schieferzwischenlagen.

Probe [55], die auch Fossilien geliefert hat (s. u.), erwies sich bei der mikroskopischen Untersuchung als Oolithkalk: In feinkörniger, kalkiger Grundmasse liegen neben runden Crinoiden-Stielgliedern ovale, konzentrisch struierte Ooide (0,7—2, max. 3,2 mm). Die Längsachsen der Ooide sind parallel s eingeregelt.

Auch Bänke, vollgepackt mit Crinoidenresten, sind nicht selten.

Probe [55] aus dem tieferen Teil dieses Kalkzuges lieferte indeterminable Bryozoen, rugose Korallen und Crinoiden.

Etwas weiter nördlich gegen Tarap zu ist der Kalkzug aufgliederbar in 20 m plattigen, bläulichen Kalk im Liegenden, 40 m lichtgelblich verwitternden, harten, sehr feinkörnigen, plattigen Dolomit und 15 m hell- bis dunkelgrauen Kalk.

Darüber folgen etwa 100 m dunkelgraue, unreine, schiefrige Mergelkalke, sandige, mergelige Schiefer und Tonschiefer. In den höheren Partien sind auch karbonathaltige, feinkörnige Sansteinlagen eingeschaltet.

Es überlagern 30—40 m dunkle, bläulichgraue, an Crinoiden reiche Plattenkalke und Stinkkalke mit einigen schwärzlichen Schieferlagen.

Darauf folgen 40 m gelblich verwitternde, schwärzliche, spießige Tonschiefer, die gegen das Hangende zu dünne Karbonatlagen enthalten.

Es folgen 10 m Karbonatsandstein und sandiger, grauer bis bläulicher, plattiger Kalk. Die klastischen Komponenten (0,06—0,16 mm) im Kalk sind eckiger Quarz, Muskovit, Mikroklin und seltener Plagioklas (Albit).

Lumachellen lieferten Formen, die auf *Atrypa* und *Athyris* zu beziehen sind, sowie Crinoiden [56]. Dieser Horizont dürfte noch ins Devon gehören.

Es überlagern 100 m grüngraue, schwärzliche, z. T. phyllitische, splittrige Schiefer, die durch Siltsteinlagen feingeschichtet sind. Auch sandige Schiefer und Sandsteinlagen sind darinnen zu beobachten. Auf s erkennt man gelegentlich Bryozoen und Hieroglyphen. Diese Schiefer entsprechen denen der Tilicho-Paß-Formation.

Der überlagernde, unterkarbone Kalk ist hier nur 6 m mächtig, während er weiter östlich 200 m Mächtigkeit erreicht. Er keilt gegen NW zu offensichtlich aus (s. u.).

Für die beschriebene, recht wechselvolle, vorwiegend karbonatische Devonfolge ergibt sich, wenn man die basalen, schwarzen Schiefer noch zum Silur rechnet, eine Mächtigkeit von 700—900 m.

c) Die Dolomit-Fazies

Im Bereich des Deokamukh Khola, welches Tal das Gebiet zwischen Ringmo-See und oberem Tarap Khola entwässert, konnte eine an die 1000 m mächtige Dolomitentwicklung beobachtet werden (Taf. 22, Abb. 45, Taf. 9 [1, 2]).

Bei der Beschreibung der als silurisch betrachteten Übergangsschichten zwischen den ordovizischen Hangendpartien des Dhaulagiri-Kalkes und dem devonischen Dolomit wurde bereits gesagt, daß die Silur-Devon-Grenze nicht exakt anzugeben ist. Eine Schichtlücke im Altpaläozoikum ist hier jedenfalls nicht vorhanden.

Die bläulichgrauen Kalke gehen gegen das Hangende in Dolomit über. Dieser ist meist lichtgrau, selten dunkel, feinkristallin und zeigt im 30-m-Bereich einen Wechsel von gut gebankten und massigen, ungeschichteten Partien. An Fossilien finden sich im Dolomit lediglich stromatolithische, knollige Gebilde (bis 7 cm Dm.) und stark umkristallisierte, linsige oder sich gegen oben zu kegelig verbreiternde Stöcke riffbildender Organismen (bis 20 cm Dm.).

Besser erhalten sind diese Reste in den dunkleren, kalkigeren Bänken. Diese treten im Zusammenhang mit einer etwa 150 m mächtigen Schiefereinschaltung auf.

Die starke Bruchtektonik verhindert es, festzustellen, ob einer oder mehrere solcher Schieferzüge in den Dolomit eingeschaltet sind. Wahrscheinlich ist es bloß einer, der etwa 200—300 m unter der Hangendgrenze des Dolomitkomplexes auftritt.

Die schwärzlichen, grauen, z. T. sandigen Schiefer mit Lebensspuren auf s wechsellagern mit blaugrauen, plattigen, z. T. knolligen Kalken voll von Korallen, Bryozoen, Algenstrukturen, Crinoiden und Brachiopoden, mit schiefrigen Mergeln, Oolithkalken, lichten, grauen, dickbankigen, korallenführenden Dolomiten und sehr zurücktretendem Sandstein. An einer Stelle konnten auch rötliche crinoidenführende Tonschieferlagen im Kalk beobachtet werden.

Aus dieser Wechselfolge stammen die Proben [141, 142, 143], die eine Korallenfauna des unteren Givet (Mittel-Devon) (H. FLÜGEL 1966), *Fenestella?* sp., sowie Rhynchonellaceen geliefert haben.

Aus dem höheren Anteil des Dolomits, der den beschriebenen Horizont überlagert, stammt [140] *Pachyfavosites exilis* SOKOLOV 1952?, welche nach H. FLÜGEL (1966) ebenfalls für unteres Givet spricht.

Nahe der Hangendgrenze wechsellagern dunkelgraue Dolomite und Kalke. Sie führen Bryozoen.

Unmittelbar darüber folgen die Schiefer und Quarzite der Thini Chu-Formation (C. G. EGELER et al. 1964), deren oberpermisches Alter nach der Untersuchung unseres Fossilmaterials durch J. B. WATERHOUSE (1966) erwiesen ist.

Der bei Tarap bereits auf 6 m reduzierte unterkarbone Kalk konnte im Gebiet W Atali in beiden von uns begangenen Profilen nicht mehr beobachtet werden. Er keilt somit gegen NW zu aus, und die oberpermische Thini Chu-Formation lagert dem Devon-Dolomit direkt auf.

Daß die unter a, b und c beschriebenen, so ungleichartigen Formationen altersgleich sind und einander faziell vertreten, ist dadurch erwiesen, daß sie vom ordovizischen Dhaulagiri-Kalk und den silurischen Schichten unterlagert, vom Unterkarbon-Kalk bzw. der oberpermischen Thini Chu-Formation überlagert werden. Zahlreiche fazielle Verzahnungen von Schiefer, Kalk und Dolomit sind bekannt. Auch die Fossilien sprechen, soweit vorhanden, für devonisches, also gleiches Alter.

d) Fragliches Devon

Im Tibetischen Randgebirge ist N vom Panjang Khola eine sicher auch an die 1000 m mächtige Dolomit-Kalk-Entwicklung zu beobachten. Die Gesteine sind unter dem Einfluß des Mustang-Granit etwas metamorph und haben keine Fossilien geliefert.

Im Talprofil N Schiman (Taf. 8, [1]) gelangt man aus den phyllitischen Schiefern und Quarziten des Haupttales gegen das Liegende zu in blau-weiß gebänderte, plattige Kalkmarmore, die bald in feinkristallinen, ziemlich massigen, hellgrauen Dolomit überleiten.

Etwa 1 km taleinwärts wird die Serie reicher an sandigen Einschaltungen. Im Liegenden dieser 60-m-Zone folgen 30 m bläulicher Bänderkalk mit sandigen Lagen, darunter 60—80 m schwarze Schiefer. Diese sind durch Siltsteinlagen feingeschichtet, sie zeigen phyllitische Metamorphose, brechen aber stückig-plattelig.

Es unterlagern feinkristalline, gebänderte, plattige Kalke und helle, dickbankige, zuckerkörnige, schlechtgeschichtete Dolomite.

Im Liegenden gehen sie in unreine, flaserige Kalke über, die an den Dhaulagiri-Kalk erinnern.

Die beschriebene, etwas metamorphe Kalk-Dolomit-Formation entspricht höchstwahrscheinlich der fossilführenden des Deokamukh Khola. Dieser Vergleich wird durch die unter- und überlagernden Gesteine sowie durch den lithologisch ähnlichen Charakter der Formation gestützt.

Auch in den Bergen N Charka taucht im Liegenden von paläozoischen sandigen Schiefern eine 300—1000 m mächtige Karbonatgesteinsformation auf, an die der Mustang-Granit angrenzt (Taf. 7, 8). Die Gesteine sind daher entsprechend stark metamorph. Wie die zahlreichen Gneis- und Schieferlagen zeigen, handelte es sich ursprünglich um eine karbonatisch-sandig-tonige Wechselfolge. Wir vermuten der Stellung im Profil nach auch für diese devonisches Alter.

ESE Charka taucht östlich einer Störung eine Antiklinale auf, deren Kern von Dhaulagiri-Kalk gebildet wird (Taf. 7, 8 [10, 11], Taf. 9 [10]). Diesen ummanteln sandige Schiefer und sind mit ihm z. T. verfaltet.

Im N-Schenkel der Antiklinale werden die geringmächtigen Schiefer von blaugrauen, schiefrigen, feinkristallinen Kalken überlagert. Die etwas metamorphen Kalke führen reichlich Crinoiden. In den plattig-bankigen Kalken sind hell gelblich verwitternde, bis 20 m mächtige, linsige, massige, dolomitische Partien zu erkennen. Lichte Flecken in diesen riffartigen Gesteinskörpern legen den Verdacht nahe, daß es sich um umkristallisierte Korallen handelt.

Die 100—200 m mächtige, karbonatische Serie wird in Annäherung an den Mustang-Granit rasch stärker metamorph, die Kalkglimmerschiefer wechsellagern mit biotitführendem Gneis. Diese kontaktmetamorphen Gesteine entsprechen ganz denen N Charka.

Über diesen Karbonatgesteinen folgen (diskordant?) flach gelagerte Schiefer mit Quarzitbänken.

Im nicht metamorphen S-Flügel der S-überkippten Antiklinale folgen auf den Dhaulagiri-Kalk und die mit ihm verfalteten Schiefer gelblich anwitternde, dunkel-hellgrau gebänderte, plattige Kalke und graue, bankige Dolomite (etwa 100 m). Die Gesteine sind fein- bis mikrokristallin, sehr hart und brechen scharfkantig. Die s-Flächen sind teils ebenflächig, teils knollig. Die crinoidenführenden Gesteine erinnern stark an die devonischen Karbonatgesteine des Tarap Khola.

Es folgen graugrüne, sandige Schiefer und glimmerige Sandsteine mit Bioglyphen und Strömungswülsten auf s.

Auf diese Flyschgesteine (200 m) folgt der dunkle, mergelige Unterkarbon-Kalk mit der ihn kennzeichnenden Fossilführung.

Diese Abfolge läßt wenig Zweifel darüber offen, daß die zwischen Dhaulagiri-Kalk und Karbon-Kalk auftretenden Karbonat- und Flyschgesteine dem Devon angehören.

Die W und NW von Dangarjong und entlang des von diesem Ort nach Sangdah führenden Weges beobachtbaren bläulichgrauen, z. T. dolomitischen, bituminösen Kalke sind altersmäßig nicht eindeutig einzustufen. Ihre Stellung im Profil, im Liegenden der Thini Chu-Formation sowie die bis 1 cm großen Crinoiden-Stielglieder sprechen für Karbon, ihr Habitus, die dolomitischen Bänder, erinnern anderseits sehr an die kalkige Fazies des

Devon. Die Metamorphose — in den begleitenden phyllitischen Schiefern sprossen kleine Biotite, bis 4 cm lange Hornblendegarben, Granat (bis 2 mm) und Chloritoid — erschwert ebenfalls die Altersdeutung.

4. Ice Lake-Formation (Unterkarbon)

C. G. EGELER et al. (1964) haben diesen Formationsbegriff im Nilgiri-Gebiet für eine 320 m mächtige, z. T. schiefrige Kalkfolge aufgestellt. Der reiche Fossilinhalt erlaubte die Einstufung ins Karbon.

Die paläontologische Bearbeitung des von uns gesammelten Brachiopoden- und Korallenmaterials durch J. B. WATERHOUSE (1966) bzw. H. FLÜGEL (1966) brachte den Beweis, daß es sich um Unterkarbon handelt. Die Brachiopodenarten sprechen besonders für Tournai. Damit entspricht der Kalk altersmäßig dem Syringothyris-Kalk Kashmirs und den Lipak-Schichten Spitis. Der Verfasser fand auch lithologisch große Übereinstimmung mit dem etwas weniger mergeligen Syringothyris-Kalk (z. B. vom Kotsu Hill, Lidar Valley in Kashmir), nur daß Korallen und Bryozoen keine so große Rolle spielen wie in Nepal.

P. BORDET et al. (1964) haben das Karbon mit dem Perm zusammengezogen, es existiert jedoch, wie C. G. EGELER et al. (1964) schon vermutet haben, eine Schichtlücke zwischen Karbon und Perm. Diese umfaßt, wie sich nun herausgestellt hat, das Oberkarbon und untere Perm.

Die Ice Lake-Formation baut sich auf aus dunkelgrauem, bläulichem, auch schwärzlichem, meist bitumenreichem, fein- bis mikrokristallinem Kalk. Dieser ist häufig mergelig und geht in mergeligen Schiefer über. Dünne Schieferzwischenlagen verstärken den plattig-bankigen Charakter des Kalkes. Im mittleren Hidden Valley konnten als Seltenheit auch dickbankige, massigere Partien beobachtet werden.

Angewittert zeigen die Kalke teils glatte, grau, gelblich, auch orange gefärbte Oberfläche, teils tritt auf der mehlig auswitternden, dunklen Verwitterungsfläche der reichlich vorhandene Fossilgrus rauh hervor.

Die mikroskopische Untersuchung zeigt erst, daß manche Kalkbänke einen nicht unbeträchtlichen Gehalt an Quarz (Turmalin, Zirkon) haben. Die Korngrößen des Detritus liegen zwischen 0,1 und 0,3 mm.

C. G. EGELER et al. (1964) haben einen höheren, schieferreicheren Anteil von dem tieferen, kalkreicheren abgetrennt. Eine solche Untergliederung war im obersten Hidden Valley möglich, wo auf die Kalke schwärzliche, dünnblättrige Schiefer mit dünnen Sandsteinlagen und vereinzelten Kalkbänken folgen (Taf. 8 [12], Taf. 9 [5]). Letztere enthalten reichlich die für den Karbon-Kalk typischen Crinoiden, Korallen und Brachiopoden.

Sonst war es in unserem Gebiet nirgends möglich, eine ähnliche Untergliederung vorzunehmen.

Lediglich bei Mukut waren an der Basis einige dolomitische Bänke eingeschaltet, im mittleren Barbung Khola (bei [109]) fand sich an der Basis 2 m bräunlich verwitternder, dickbankiger, grauer, unreiner Kalk. An der Hangendgrenze treten in dem letztgenannten Gebiet teils einige dunkle Hornsteinkalkbänke auf, teils sind die hangendsten Partien sandig-schiefrig [111] entwickelt.

Ein Charakteristikum der Formation ist die reiche Fossilführung. Die Fossilien sind nicht selten pyritisiert. Trotz horizontweiser Aufsammlung ergaben die Faunen nur ein einheitlich unterkarbones Alter. Die Brachiopoden deuten besonders auf Tournai hin (J. B. WATERHOUSE 1966).

Außer den von H. FLÜGEL (1966) bzw. J. B. WATERHOUSE (1966, S. 80) beschriebenen Korallen- und Brachiopodenfaunen fanden sich:

In [109] ein *Fusispirifer* cf. *nitiensis* (DIENER), in [38] und [85] je ein Spiriferidine (*Syringothyris*?) und in [37] ein Productide.

Bryozoen [34a, 39, 42a, 44, 115, 127, 128] lieferten Fenestelliden, [115] außerdem einen Ceramoporoiden (?), [128] eine gefiederte Form. [57] ergab zwei verschiedene Formen von *Fenestella* spp. [92] war möglicherweise eine fistuliporoide Kolonie, die jedoch gänzlich umkristallisiert ist.

Crinoiden

Im Gegensatz zu den genannten Gruppen sind Lamellibranchiaten (*Posidonia* sp.? [34a]), Gastropoden (indet.) und Cephalopoden ziemlich selten. Von letzterer Gruppe fand sich ein Nautiloide (Oncoceride?).

[127] aus den höchsten Teilen der Formation ergibt nach den Brachiopoden unterkarbones Alter, während sich die vorhandenen Korallen sowohl im Karbon als auch im Perm finden. H. FLÜGEL (1966, S. 15) glaubt, daß die beiden Korallenformen von der übrigen karbonen Korallenfauna altersverschieden sind. Bezüglich der Lithologie des Gesteines und des Erhaltungszustandes ist hervorzuheben, daß die Gesteine im Bereich des Himalaya-Hauptkammes stärker metamorph sind (z. B. [44]). Phyllitische Beläge auf s, starke Verschieferung, sind dort keine Seltenheit. [127] stammt aus einem nördlicheren Gebiet, ist entsprechend weniger metamorph und wirkt daher „jünger".

Bezüglich der Ökologie der Formation ist zu vermerken, daß es sich um schlammige Absätze schlecht durchlüfteten, ruhigen, aber nicht allzu tiefen Wassers handelt. Die einzelnen Glieder der Crinoidenstiele und -arme bleiben vielfach in Zusammenhang miteinander. Die dunkle Sedimentfarbe sowie der Pyritgehalt sprechen für anaerobe Bedingungen. Anderseits konnten benthonisch lebende Organismen, wie Korallen (meist Einzelkelche), Crinoiden und Bryozoen, in großer Individuenzahl existieren.

Die Mächtigkeit der Formation schwankt im Bereich 50—250 m. Tektonische Anschoppung führt allerdings zu weit größeren Werten (z. B. im Hidden Valley, N vom Dambusch-Paß).

Wichtig ist die Tatsache, daß der Unterkarbon-Kalk im Tarap Khola nur 6 m mächtig ist, W, NW und N davon aber sowie im Bereich von Charka überhaupt fehlt. Diese Beobachtung wird bei Besprechung der folgenden Thini Chu-Formation diskutiert werden.

5. Thini Chu-Formation (Oberes Perm)

Die von C. G. EGELER et al. (1964) als permisch angegebene Formation findet sich in unserem Gebiet in gleicher Ausbildung wie in der Nilgirigruppe. Unser Fossilmaterial erlaubte die Bestimmung als Oberperm (H. FLÜGEL 1966, J. B. WATERHOUSE 1966).

Im Landschaftsbild fällt die 80—300 m mächtige Formation durch den Wechsel heller und dunkler Bänder auf (Taf. 22, Abb. 46, 47). Diese bestehen aus harten, grobblockig zerfallenden, dickbankigen Quarziten und Sandsteinen bzw. aus dunklen Schiefern. Die quarzitischen Bänder lösen einander im Streichen ab, sind linsig und daher nicht über größere Distanzen verfolgbar. Die Gesteine wechseln im Meter- bis Zehnermeter-Bereich.

Der Quarzit ist teils weiß, weiß-grau gestreift und sehr rein, teils dunkelgrau und fast schwärzlich. Besonders die dunkel pigmentierten Quarzite und Sandsteine verwittern eisenschüssig, aber auch die lichten Varianten zeigen gelbliche und bräunliche Oberflächen. Pyritkonkretionen bis 3 cm Dm. wittern löcherig aus.

Die Gesteine sind fein- bis grobkörnig, ab und zu sind auch konglomeratische Lagen mit Geröllen bis zu 6 cm Dm. beobachtet worden. Die Komponenten der Quarzite wie der konglomeratischen Partien sind gut- bis angerundeter Quarz, Quarzit und feinkörniges Kieselgestein sowie eckige und z. T. zwickelfüllend auftretende Stückchen von Tonschiefer, Silt- und Sandstein. Die letztgenannten stammen wohl aus derselben Formation, da sie zum Zeitpunkt der Einschüttung nur z. T. diagenetisch verfestigt waren.

Die Kornsortierung ist recht unvollständig. Kreuzschichtung ist sehr häufig zu beobachten.

Die grauen oder grünlichen, braun verwitternden, glimmerigen Sandsteine sind öfters schlierig struiert und spalten unebenflächig. Auch in ihnen finden sich aufgearbeitete Tonschiefer in Form von Flachgeröllen. Das Bindemittel ist tonig oder karbonatisch.

Die Bankung der Quarzite, quarzitischen Sandsteine und Sandsteine schwankt zwischen 0,25 und 2 m.

Schmutzig gelblichbraun verwitternde, sandige Kalkbänke sind oft besonders reich an Fossilien, z. B. [58].

Die Schiefer sind teils graugrüne bis schwärzliche, glimmerig-sandig und stückig brechende, teils splittrige, dünnschiefrige, graue (mit bräunlichvioletten Streifen) oder schwärzliche Tonschiefer. Diese zeigen auf s öfters seidigen Glanz. Mehrere cm große Konkretionen wurden gelegentlich beobachtet.

Interessant ist, daß die Schiefer häufig unvermittelt an Quarzit grenzen oder Konglomeratlinsen enthalten.

Hieroglyphen sind auf den Schichtflächen der Schiefer und Sandsteine nicht selten.

Die auffälligen weißen Pünktchen in dem schwarzen Schiefer [73] erweisen sich u. d. M. als bis 1,2 mm große Hellglimmeraggregate, in deren Kern sich öfters etwas Quarz findet. Ebenfalls als Neubildungen finden sich in großer Anzahl strahlige bis 0,6 mm lange Chloritoide.

Aus dem tieferen Teil der Formation stammt [58]; [105] ist eine am Fuß der Felswände (3,4 km W Tukot) aufgelesene Sammelprobe. Außer den von J. B. WATERHOUSE (1966) angeführten Brachiopoden fanden sich noch Crinoiden und Gastropoden [105]. Letztere gehören nach der Bestimmung durch J. B. WATERHOUSE möglicherweise einer neuen Art von *Mourlonopsis*, wahrscheinlicher einer solchen von *Platyteichum* aff. *punjabica* an, [82] lieferte nach Prof. Dr. R. SIEBER unter anderem *Liebea indica* (?), *Nucula* sp., *Aequipecten* sp., *Pleurophorus* sp.? und einen Productiden. Ein Steinkern von *Calamites* sp. aus einem Quarzitblock [116] (nicht anstehend) ist ökologisch interessant.

Die hangendsten 25—50 m der Formation bestehen meist aus schmutzig graugrünen, sandig-glimmerigen Tonschiefern mit schieferigen Siltstein- und Sandsteinlagen.

Aus ihnen stammt [117], die *Spiriferella rajah* (SALTER) in großer Individuenzahl geliefert hat.

In den obersten 15 m finden sich öfters meist dunkel gefärbte, unreine Kalkplatten, den Schiefern eingeschaltet. U. d. M. erkennt man in einem durch Silt und einige Sandkörner etwas verunreinigten Kalkschlamm nicht sortierte Bryozoen- und Crinoidenreste eingebettet. Dieser autochthone Kalk führt gut erhaltene Makrofossilien.

[94, 112, 113] lieferten Brachiopoden (siehe J. B. WATERHOUSE 1966), Bryozoen (*Rhombopora* sp., *Fenestella* sp. und trepostomate Formen) und Crinoiden. In den begleitenden Schiefern (nahe [113]) fand sich eine Tetrapodenfährte (Taf. 23, Abb. 48).

[94] kommt niveaumäßig der Probe [108] sehr nahe.

Aus dem basalen Teil der 1,30 m mächtigen, auffälligen Kalkbank, welche bereits die Kalkfolge der Untertrias einleitet, konnte eine reiche, oberpermische Fauna gewonnen werden, die somit dem jüngsten, paläozoischen Fossilhorizont entstammt [108].

Außer den bei J. B. WATERHOUSE (1966) genannten Brachiopoden und den von H. FLÜGEL (1966) bestimmten Korallen lieferte [108] *Protoretepora* sp., ein Pygidium von *Pseudophillipsia* sp. und Crinoiden-Stielglieder.

Die beschriebene Entwicklung des Oberperms ist auf den südlichen und mittleren Teil unseres Aufnahmegebietes beschränkt. Gegen N verlieren die Quarzite an Bedeutung — man findet vorwiegend Schiefer, die von etwaigen älteren Schiefern schwer abzutrennen sind, da der karbone Kalk im N fehlt. Es besteht somit in der Deutung der Schiefer-Serien im Bereich des Tibetischen Randgebirges einige Unsicherheit:

Im Deokamukh Khola überlagert die Thini Chu-Formation in typischer Ausbildung den devonischen Dolomit (Taf. 22, Abb. 45, 46). Im stratigraphischen Fenster von Zaba (im Nangung Khola, Taf. 8 [1]) finden sich im Liegenden der Untertrias Schiefer mit Quarzit- und Sandsteinbänken. Diese, sicher der Thini Chu-Formation entsprechende, 60 m mächtige Serie geht gegen das Liegende in eine Folge dunkelgrauer, sandiger Schiefer und Sandsteine über. Wir halten es für wahrscheinlich, daß diese ebenfalls noch ins Oberperm gehören. Noch weiter nördlich im Panjang Khola überlagern nämlich Quarzite und Schiefer unmittelbar die vermutlich devonischen Kalke und Dolomite. Über den Quarziten folgen ziemlich mächtige, graugrüne, sandige Schiefer. In Analogie zum Deokamukh-Tal ist bezüglich des Alters der Quarzite und Schiefer an Perm zu denken.

Marschiert man von Schiman das Panjang Khola aufwärts nach Dingju, so bewegt man sich im Streichen der genannten Gesteine. Diese sind dickbankiger, weißer bis grauer Quarzit, der gelblichbräunlich anwittert. Der Quarzit bildet Züge in einer etwa 150 m mächtigen Folge von schwärzlichen Schiefern mit Sandsteinlagen, wobei er vorwiegend in deren Hangendteil auftritt. Die Serie hat phyllitische Metamorphose mitgemacht. In dm-dicken, dunkelblauen Kalklagen, die sich vereinzelt in den Schiefern fanden, sind noch Querschnitte von globosen Brachiopoden erkennbar.

Im tieferen Teil der Schiefer konnte eine 60 cm mächtige Kalkbrekzienbank beobachtet werden. Die gelblich auswitternden, linsigen, meist um 4 maximal 10 cm langen Komponenten erinnern an die feinkristallinen, tieferpaläozoischen Kalke unseres Gebietes.

Die Schiefer grenzen an die devonische (?) Kalk-Dolomit-Formation, weiter östlich aber an den unter den genannten Karbonatgesteinen auftauchenden Dhaulagiri-Kalk. Wir vermuten daher eine bedeutende Diskordanz an der Basis der Schiefer und Quarzite.

Die komplizierte Tektonik läßt leider ohne detaillierte Kartierung keine eindeutige Klärung zu (Taf. 8 [2]).

Im Raume von Dingju ist festzustellen, daß die dunklen Schiefer und die Quarzite den Dhaulagiri-Kalk und die devonischen (?) Dolomite überlagern. Über ihnen folgt eine mehrere 100 m mächtige Serie von dunklen, graugrünen, sandigen Schiefern und Sandsteinen. Im hangendsten Bereich derselben fand sich *Spiriferella rajah* (SALTER) [147]. Damit steht allerdings noch nicht fest, ob die gesamte klastische Folge zwischen Untertrias und den Dolomiten als Perm zu betrachten ist. Die sonst in der Thini Chu-Formation 25—50 m unter der Untertrias gegen das Liegende zu einsetzenden Quarzite fehlen hier.

Im Sarung Khola, das etwa 5,5 km S Dingju vom Haupttal abzweigt, bildet das Paläozoikum eine Antiklinale (Taf. 8 [4]).

Im Bereich der Talabzweigung finden sich im Liegenden der Untertrias, von einem dünnen Quarzitband abgesehen, nur schwärzliche, plattige, phyllitische Schiefer, grüngraue, sandig-glimmerige Schiefer bis schiefrige Sandsteine.

Nach dem ersten Talabschnitt tauchen die Gesteine gegen SSW zu ab (SW-Flügel der Antiklinale). Das oben erwähnte Quarzitband hat an Mächtigkeit zugenommen. Außer dickbankigem, weißem bis grauem Quarzit finden sich heller, eisenschüssig anwitternder, mittelkörniger Sandstein mit Korallen, Crinoiden und Brachiopodenquerschnitten (indet.) und Schiefer.

Aus den sandigen Schiefern im Hangenden der genannten Gesteine stammt [148], die nach J. B. WATERHOUSE (1966) die Bestimmung eines *Neospirifer moosakhailensis* (DAVIDSON) zuließ. Damit ist das oberpermische Alter der Schiefer und Sandsteine im Hangenden des Quarzitbandes gesichert. Mit großer Wahrscheinlichkeit ist auch das Quarzitband dem Oberperm zuzurechnen.

Interessant ist, daß über den sandigen Schiefern und Sandsteinen bankige Quarzite mit sandigen Schiefern und darüber die Kalke der Untertrias folgen. Hier ist somit die Thini Chu-Formation typisch entwickelt.

Das Beispiel des Sarung Khola zeigt, daß die Quarzite der Thini Chu-Formation gegen NE zu auskeilen und dort mit einige hundert Meter mächtigen, sandig-schiefrigen Serien oberpermischen Alters zu rechnen ist.

Im Gebiet von Charka wird die Untertrias von schiefrigen, unreinen, blaugrauen, bis schwärzlichen, bräunlich verwitternden Kalken (30—50 m) unterlagert (Taf. 9 [8]). In diesen fanden sich die Brachiopoden [129, 130] (J. B. Waterhouse 1966), Crinoiden und grob- und feinmaschige Fenestelliden [130]. Diese mit sandigen Tonschiefern wechsellagernden Kalke entsprechen den Kalkbänken in den hangendsten Teilen der Thini Chu-Formation des mittleren Barbung Khola [94, 112, 113].

Ohne scharfe Grenze entwickelt sich gegen das Liegende aus den Kalken und Schiefern eine etwa 500—600 m mächtige Folge von dunklen, z. T. phyllitischen Tonschiefern und sandigen Schiefern mit Sandsteinlagen.

Diese werden ihrerseits von den metamorphen Karbonatgesteinen unterlagert, welche vermutlich devonisches Alter haben.

Der Verfasser dachte anfänglich daran, daß die Schieferfolge des nördlichen Bereiches unseres Gebietes teils die devonische Flysch-Formation, den Karbon-Kalk und teils das Perm vertreten könnte. Es erscheint uns heute wahrscheinlicher, daß die Schiefer und Sandsteine sowie die Quarzite des Panjang- und Sarung Khola dem höheren Perm angehören. Damit entspräche der Thini Chu-Formation, für die C. G. Egeler et al. 470 m angeben und die in unserem Gebiet zwischen 80 und 300 m mächtig ist, eine an die 600 m mächtige, sandige Schiefer-Formation im Bereich Panjang Khola-Charka.

Als Begründung für diese Annahme sei folgendes festgestellt:

Es ließ sich paläontologisch eine Schichtlücke zwischen der unterkarbonen Ice Lake-Formation und der oberpermischen Thini Chu-Formation nachweisen. Eine solche nahmen bereits C. G. Egeler et al. (1964) aus lithologischen Gründen an.

Die Thini Chu-Formation lagert im NW unseres Gebietes direkt dem Devon auf — es fehlt dort das gesamte Karbon und untere Perm (Taf. 9). Es wäre daher nicht verwunderlich, wenn im Panjang Khola, NW Dingju, das Perm auch auf den Dhaulagiri-Kalk übergreifen würde.

Aus Spiti (H. H. Hayden 1904) und Kumaon (A. Heim und A. Gansser 1939) ist bekannt, daß das Kuling-System bzw. die Productus shales, welche altersmäßig dem Perm Nepals entsprechen (J. B. Waterhouse 1966), direkt auf Muth-Quarzit übergreifen.

Die gleich alten Zewan-Schichten Kashmirs, die der Verfasser persönlich kennenlernen konnte, transgredieren ebenfalls, und zwar über die vorwiegend terrestrischen Gangamopteris-Schichten oder den Panjal Trap. Sie bauen sich größtenteils aus Schiefern, Mergeln und Kalken auf, doch haben wir auch in ihnen im tieferen Anteil vereinzelt konglomeratische Lagen beobachtet (z. B. Zewan spur, locus typicus). Die sandigen Schiefer der mittleren und Hangendbereiche der Zewan-Schichten entsprechen lithologisch den Schiefern der höheren Thini Chu-Formation.

Die etwa 650 m mächtige Lachi-Serie (L. R. Wager 1939) des östlichen Himalaya besitzt mit ihren Quarziten und Konglomeraten anscheinend ebenfalls transgressiven Charakter. Wir schließen uns der Meinung von E. H. Pascoe (1959, S. 835) an, daß die Konglomerate nicht mit dem Blaini Boulder bed (Oberkarbon) zu parallelisieren sind, wie J. B. Auden 1935 angenommen hat, sondern permisches Alter haben. Wahrscheinlich handelt es sich bei der Lachi-Serie um der Thini Chu-Formation vergleichbares, transgressives, höheres Perm.

Die Fazies-Verteilung innerhalb des Perms W-Nepals zeigt, daß es sich um küstennahe Ablagerungen handelt. Die bereits erwähnte Tetrapodenfährte (Taf. 23, Abb. 48) ist ein sicherer Hinweis für Landnähe. Die kreuzgeschichteten Quarzite, in denen sich vereinzelt Pflanzenreste fanden [116], verlieren sich gegen N zu.

Sie werden dort von sandig-schiefrigen Folgen vertreten, wie sie sich im S nur als Einschaltungen zwischen den Quarzitzügen bzw. im Hangendteil der Formation finden. Die im obersten Teil der Thini Chu-Formation auftretenden Kalkbänke gewinnen gegen N zu an Bedeutung (N Charka).

Die Verteilung von quarzitreichen Randbildungen und Ablagerungen etwas tieferen Wassers spricht deutlich für ein Verflachen des Sedimenttroges gegen S und W hin (Abb. 69). Ähnliche Verflachungstendenzen gegen W und NW zu waren bereits im Devon vorhanden (Abb. 68). Es ist daher wahrscheinlich, daß das Tibetische Randsynklinorium von der am Saipal endenden Tibet-Zone Kumaons bereits primär durch eine Landmasse getrennt war. Wir vermuten, daß es sich dabei um einen gegen N vorspringenden Teil des Himalaya-Rückens handelt (Abb. 68, 69).

6. Die Trias

P. BORDET et al. (1964) erwähnen im Gebiet des Kali Gandaki konglomeratischen Quarzit, welcher die Triasbasis bilden soll. In keinem der von uns untersuchten und größtenteils fossilbelegten Profile durch den Grenzbereich Perm-Trias, konnten Sandsteine oder gar Quarzite in der Untertrias beobachtet werden. Die erwähnten, klastischen Gesteine gehören daher mit Sicherheit der permischen Thini Chu-Formation an. Das von P. BORDET et al. (1964) angegebene, mergelig-kalkige Niveau entspricht unserem Mukut-Kalk (s. u.), die darüber folgenden sandig-glimmerigen Schiefer unseren Tarap-Schiefern.

C. G. EGELER et al. (1964), die ebenfalls im Kali Gandaki-Gebiet arbeiteten, haben den größten Teil der Trias in einer Formation („Thinigaon fn.") zusammengefaßt. Sie unterschieden einen tieferen, kalkig-schiefrigen Anteil (540 m), der unser Skyth und den Mukut-Kalk (Anis-Karn) umfaßt, und einen höheren, sandig-schiefrigen (120 m), der den Tarap-Schiefern (Nor) entspricht (Taf. 4). Im Hangenden der „Thinigaon fn." wird die „Lower Lumachelle fn." ausgeschieden, welche wohl dem von P. BORDET et al. (1964) erwähnten Rhät entspricht.

Der Jomosom Limestone wird entsprechend der Korrelation mit dem Kioto-Kalk als rhäto-liassisch angesehen und entspricht dem von P. BORDET als liassisch angegebenen Kalk.

Die Trias wurde von uns durchwegs in folgender Weise untergegliedert:
a) Kioto-Kalk (Rhät-Lias-[Unt. Dogger]).
b) Quarzit-Serie (Ob. Nor?-Rhät).
c) Tarap-Schiefer (Ob. Karn (?)-Nor).
d) Mukut-Kalk (Anis-Karn).
e) Untertrias (Skyth).

a) Untertrias (Skyth)

Im größten Teil unseres Gebietes ist diese Einheit als schmales, aber morphologisch und durch seine Farbe auffälliges Band im Gelände leicht zu erkennen: Gegenüber den grünlichgrauen, meist dunklen Schiefern der Thini Chu-Formation und den ebenfalls dunklen, grauen Mergelschiefern und Kalken des Mukut-Kalk treten die braun oder violett anwitternde Basiskalkbank und die hellgelb anwitternden, plattigen Kalke der höheren Untertrias als Härtlingsrippen hervor (Taf. 22, Abb. 46).

Auch in der Untertrias sind, wie im Perm, fazielle Veränderungen festzustellen, wenn man sich quer zum Streichen in NNE-Richtung bewegt.

Ehe wir auf diese eingehen, seien eine Reihe von uns vermessener Profile beschrieben:

Im südlichsten Bereich, in der Mukut-Mulde, ist das Skyth in Form von hellen, festen, etwas geflaserten Plattenkalken (mit Ammoniten) und grau-rotbraun gestreiften, ebenflächig spaltenden Tonschiefern zwar vorhanden, doch konnten keine instruktiven Profile aufgenommen werden.

Aus dem NE-Schenkel der großen Antiklinale N von Terang ist eine Reihe guter Profile bekannt.

Im Kar etwa 3,7 km WNW Tukot (Barbung Khola):
Mukut-Kalk

Etwa 5 m Hellgraue und blaugraue, knollige, plattige Kalke [106].
2 m Sehr feinkörnige, gelblich-rötliche, plattige Kalke mit phyllitischen Belägen auf s.
10 m Rostbraun-grau gebänderte, splittrige Schiefer.
2 m Dünnplattige, hellgraue Kalke mit unebenem s. Durch Verwitterung graubräunlich gebändert. Reich an Ammoniten [107]. U. d. M.: Sehr feinkörniges Kalksediment mit Ammonitenquerschnitten und einzelnen größeren Kalkspatstückchen (z. T. Crinoidenreste?).
1,3 m Braun verwitternde, graue Kalkbank mit reicher, oberpermischer Fauna [108] an der Basis (siehe: Perm). Gegen das Hangende geht sie ohne scharfe Grenze in den plattigen Ammonitenkalk über.

Sandige Schiefer der Thini Chu-Formation.

[107] enthielt:
Ophiceras serpentinum DIENER
Xenodiscus sp.
Meekoceras cf. *varaha* DIENER
aff. *Meekoceras* sp.
Pseudomonotis sp.

[106] enthielt:
Ophiceras sp.
Meekoceras sp.
Pseudomonotis aff. *painkhandana* BITTNER
Eumorphotis (*aurita*?)
Myophoria sp.

Dieses aufschlußreichste Profil der Perm-Trias-Grenze zeigt, daß die basale Kalkbank des Skyth in ihrem tiefsten Teil noch Perm enthält. Der auffällige, lithologische Wechsel an der Hangendgrenze des Perm fällt also nur annähernd mit dieser zusammen. Die Kalkentwicklung setzt bereits im obersten Perm ein. Dafür sprechen auch die fossilreichen Kalkbänke in den hangendsten Bereichen der sandigen Schiefer der Thini Chu-Formation.

Im obersten Verlauf des bei Terang von E her in das Barbung Khola mündenden Seitentales wurde bei [95] folgendes Profil aufgenommen:
Mukut-Kalk mit mitteltriadischen Ammoniten [97].

3,5 m Graue, etwas geflaserte Plattenkalke mit Ammoniten und kleinen Bivalven [96].
Gegen das Hangende werden die Kalke schiefrig und gehen in Mukut-Kalk über.
1,2 m Grüngraue, dünnschichtige Schiefer.
4 m Hellgraue, sehr dichte, plattige Flaserkalke, gelblich-bräunlich verwitternd.
2 m Harte, plattige, graue Kalke mit gelblicher Oberfläche; schlecht erhaltene Ammoniten.

9 m   Spießige, rostbraun-grau gebänderte und grüngraue Schiefer.
2 m   Hellgraue, verwittert bräunlich-grau gebänderte, plattig-bankige Kalke mit Ammoniten und Bivalven [95]. U. d. M.: Feinstkristalliner, sehr reiner, nur etwas Erz führender Kalk mit Ammoniten-Querschnitten und einzelnen Crinoiden-Stielgliedern.
1 m   Eisenschüssig verwitternde, lichtgraue Kalkbank.

0,8 m Eisenschüssig anwitternde, graue Kalkbank mit permischen Brachiopoden, Crinoiden und Bryozoen [94] (siehe: Perm).

    [95] lieferte:
        Ophiceras sp.
        O. chamunda DIENER
        O. obtusangulatum v. KRAFFT u. DIENER
        Proptychites sp.
        Meekoceras sp.
        Eumorphotis sp.
von [96] war bestimmbar:
        Meekoceras sp.

    [97] stammt aus den untersten 30 m der überlagernden Kalke und Schiefer. Sie erweist durch *Ptychites rugifer* OPPEL und *Ceratites* (*Hollandites*) sp. das **anisische** Alter dieser Schichten.

Im unteren Hidden Valley, S von Camp 4500 wurde folgendes Profil beobachtet:

50 m   Dunkle, grau-blaue, plattige Kalke, Mergel und Tonschiefer (Mukut-Kalk).

5 m   Grauer Kalk.
6,5 m Graue, grünliche, bräunlich anwitternde Tonschiefer.
1,5 m Hellgrauer, bräunlich verwitternder, plattiger Kalk mit in B stark ausgelängten Ammoniten.
      An der Basis des Kalkes zentimeter-lange, dunkle Tonschiefer-Flachgerölle im Kalk.

?   Sandige Schiefer und Sandsteine des Perm.

    Den bereits beschriebenen Profilen nach ist die **Perm-Trias-Grenze in den basalen Teilen der untersten, 1,5 m mächtigen Kalkbank** zu vermuten.

    Die folgenden Profile sind am SW-Rand der breiten Trias-Synklinale (Tarap-Sangdah) aufgenommen. Wir beginnen im NW mit dem Profil, N vom Deokamukh Khola (zwischen Camp 4490 und P 4800):

Kalke, Mergel, Schiefer (Mukut-Kalk).

Etwa 2 m Dunkle, plattige, knollige Kalke mit Tonschiefer-Belägen auf s.
   4,5 m Plattige, hellgraue Kalke mit knolligem s.
   1 m   Orange-gelblich anwitternder, plattiger, hellgrauer Kalk mit knolligen, von Tonschiefer überzogenen s-Flächen.
   7,5 m Graue, splittrig-ebenflächig spaltende Tonschiefer.
   0,8 m Bank von blaugrauem, etwas bituminösem, pyritführendem Kalk, kleine Brachiopoden und Muscheln (?) in etwas spätigem Kalk.
   1 m   Plattige (5—20 cm), hellgraue, dichte Kalke mit gewellten s-Flächen, reich an Ammoniten.

      Dunkelgraue, sandige Schiefer (Thini Chu-Formation).

      Schlecht erhaltene Ammoniten sind fast in jedem Niveau zu finden.

Profil der Untertrias in der Teilantiklinale W Atali (Oberes Tarap Khola):
Mukut-Kalk
   3 m   Dunkelgrauer, plattiger, knolliger Kalk.

7 m   Sehr lichter, grauer, z. T. gelblich-grünlicher, plattiger Kalk mit grüngrauen Tonschieferbelägen auf s. Unterste Lage (25 cm) orange verwitternd.
Etwa 10 m   Graue, splittrige Schiefer.
1,3 m   Rostig verwitternde Bank von hellgrauem, feinkristallinem Kalk. Stylolithartige Suturen treten auf angewitterten Flächen hervor; Ammoniten, Muscheln aus unbekanntem Niveau der Untertrias.

Schiefer und Sandsteine des Perm.

Bei Tarap (SSW der Ortschaft) ist die Untertrias ziemlich reduziert:
Schiefrige Mergel und Kalke (Mukut-Kalk) mit Fauna von [60].

2 m   Blaue Kalke voller Ammoniten und Muscheln [59].
5 m   Plattige, hellgraue bis bläuliche, flaserige Kalke.

Sandige Schiefer des Perm.

[59] führt:
Ophiceras sp.
Meekoceras sp.
Gastropode (Steinkern) ? *Turbo* sp. indet (? *rectecostatus*)

E vom Tekochen Bhanjyang wurde in dem Almengelände S von Camp 4500 das folgende Profil aufgenommen:
Mukut-Kalk:
Blaue, graue, mergelige Kalke, die gelblich verwittern, mergelige Schieferzwischenlagen. 3 m über knolligem Kalk Lumachelle [119].

2,5 m   Knollig-plattiger, grauer Kalk.
2 m   Graue bis bräunliche, plattige (3—20 cm) Kalke mit grauen Schiefern wechsellagernd; in einer dunklen Kalkplatte Muschellumachelle [118].
0,35 m   Grauer, dunkler Kalk voller kleiner Muscheln.
4,5 m   Hellgraue, manchmal etwas gelblich-rötliche, dichte, feste, plattige (10—30 cm) Kalke.
1 m   Dünnplattiger (3—10 cm), grauer Kalk mit dunkelgrauen, mergeligen Schieferbelägen auf den knolligen s-Flächen.
1,2 m   Graue, splittrige Tonschiefer.
Aufschlußlücke.

Ein Teil der grauen Schiefer sowie die basale Kalkbank sind unter Schutt verborgen. Die Bivalvenlumachelle [118] lieferte *Pseudomonotis* sp.
[119] enthält Fossilien, die sich beziehen lassen auf: *Pleurophorus, Anodontophora, Pseudomonotis, Gervilleia, Pecten, Modiolus, Myoconcha* u. a.

Da diese Bivalvenfauna mehr für anisisches als für skythisches Alter spricht, scheint die lithologische Grenze zwischen den Untertrias-Kalken und dem mehr mergeligschiefrigen Mukut-Kalk mit der Skyth-Anis-Grenze identisch zu sein.

Wenige 100 m SW von dem beschriebenen Profil (Gebiet in Taf. 22, Abb. 47, dargestellt) zeigt sich die Abfolge:
Bläuliche, etwas glimmerige, unreine Kalke (Mukut-Kalk).

6 m   Bläuliche, festere, reinere, plattige Kalke mit knolligen s-Flächen.
1,5 m   Hellgraue, ebenflächige, plattige Kalke mit großen, verdrückten Ammoniten.
0,4 m   Weißer bis rosa, alabasterartiger, plattiger Kalk mit Ammoniten. Von den Klüften her ist der Kalk durch Fe-Mn-Verbindungen rötlich verfärbt.
2,5 m   Gelbliche bis hellgraue, plattige Kalke mit grüngrauen, matten Tonschieferbelägen auf s; Ammoniten.

6,5 m Dunkelgraue, feinblätterige bis spießige Tonschiefer mit vereinzelten blaugrauen, harten, ammonitenführenden Kalkplatten.

1,2 m Rostig braun verwitternde, dunkel- bis hellgraue Kalkbank.

Schiefer und Sandsteine mit permischen Brachiopoden.

In diesem und dem nächst zu beschreibenden Profil zeigen sich die ersten Spuren einer Fe-Mn-Verfärbung, die für die nördliche Fazies typisch ist.

Auf dem gegen N gerichteten Rücken (Barbung Khola W-Seite) ist 6 km N von der Ortschaft Barbong [110] eingetragen (Taf. 7). Hier ist eine schmale Mulde von Trias zwischen die Gesteine der Thini Chu-Formation eingekeilt. Es fand sich hier eine reiche Skyth-Fauna.

15 m Mergelschiefer und Kalke (Mukut-Kalk).

7 m Plattiger Kalk mit grauen Tonschieferzwischenlagen. U. d. M. ist der sehr reine Kalk zwar feinkörnig, aber nicht so dicht als sonst, da reichlich Bruchstücke von Ammoniten in den Kalkschlamm eingestreut sind [110].

0,8 m Plattiger, weißer, alabasterartiger Kalk, von den s- und Kluftflächen her Mn-verfärbt.

1,5 m Rotviolette Ton- bis Kalkschiefer mit weiß bis rosa gefärbten Kalkplatten wechselnd; schlecht erhaltene Ammoniten.

2 m Heller, grauer, feinkörniger, plattiger Kalk mit grauen, z. T. phyllitischen Schieferbelägen auf s.

? Dünnblätterige, graue Schiefer mit vereinzelten, ocker verwitternden, grauen Kalkplatten (10 cm dick).

Der tiefste Teil des Skyth ist hier nicht gut aufgeschlossen, aus dem höheren Skyth stammt aber die Fauna von [110]:

Columbites sp.
Meekoceras pseudoplanulatum v. KRAFFT u. DIENER
Sibirites cf. *spitiensis* v. KRAFFT u. DIENER
Sibirites cf. *spiniger* v. KRAFFT
Sibirites sp.
Orthoceras cf. *campanile* MOJS.
Pseudomonotis decidens BITTNER

Interessant sind ferner die rötlichen Sedimente in diesem Profil.

Im Bereich der Mündung des von W kommenden Tales in das Barbung Khola, 7 km N Barbong, ist folgendes Untertrias-Profil zu beobachten (Taf. 23, Abb. 49).

Kalke, Mergel, Schiefer (Mukut-Kalk) (8).

3,5 m Blaue, plattige Kalke mit knolligen s-Flächen. Im tieferen Teil graue Schieferzwischenlagen (7).

1 m Graublauer Plattenkalk mit 5 cm dicker Lumachelle [114] (6).

2 m Fester, blaugrauer, plattiger Kalk mit zahlreichen Ammoniten (5).

3 m Sehr heller, grauer, z. T. auch weiß-rötlich geflaserter, plattiger Kalk (4).

5—7 m Splittrige, graue Tonschiefer, z. T. mit rotviolettem Stich, vereinzelte grau-braune Kalklagen. Im liegendsten Teil auch schwärzliche Schiefer (3).

1,6 m Rostbraun karrig verwitternde, harte bläuliche Kalkbank (2).

Sandig-glimmerige Schiefer mit permischen Brachiopoden (1).

[114] enthielt:
Pseudomonotis decidens BITTNER
Eumorphotis cf. *aurita* HAUER
Bivalven (Pseudomonotiden)

WNW von [114] fand sich im Untertrias-Kalk (Taf. 24, Abb. 50) (genauer Horizont unbekannt) ein *Orthoceras* cf. *campanile* MoJs. [120].

In die beschriebene Zone gehört auch das Profil von Sangdah, im E unseres Gebietes.
Sandige, graue, mergelige Schiefer (unterster Mukut-Kalk).

1,8 m Dunkelgrauer, plattiger Kalk mit serizitischen Belägen auf den leicht gewellten s-Flächen.
0,8 m Graue, bräunlich verwitternde, feinkristalline Kalkbank.
3,5 m Lichtgrauer, gelblich-grünlich anwitternder, dünnplattiger (3—5 cm) Kalk mit cm-Lagen von serizitischem Schiefer.
2,0 m Graue, etwas phyllitische Tonschiefer.
4,0 m Phyllitische Schiefer mit rostig verwitternden, dunkelgrauen, etwas spätigen Kalkplatten (3—30 cm).
2,7 m Schiefer mit dunkelgrauen, unreinen Kalklagen. Diese führen Crinoiden und bis 2 cm große, schlecht erhaltene Brachiopoden (Perm).
Sandige Schiefer und Sandsteine.

Die phyllitische Metamorphose, die sowohl das Perm wie die triadischen Gesteine erfahren haben, hängt wohl mit der Intrusion des Mustang-Granits zusammen. Dieser ist zwar im Gebiet Sangdah-Dangarjong nirgends erschlossen, doch tritt die Metamorphose ausgesprochen lokal auf, was nicht für Regionalmetamorphose spricht.

Die nun zu beschreibenden Profile sind in der faziell andersartigen, nördlichen Zone aufgenommen.

Wir beginnen wieder im NW mit dem Profil von Zaba (Nangung Khola):
Mukut-Kalk

2,5 m Dunkelgrauer-bläulicher, dünnplattiger Kalk.
0,5 m Bank von dunklem Kalk (wie oben).
2,0 m Grauer Schiefer.

Etwa 2,5 m Graue Plattenkalke.

0,4 m Schiefer mit 3—5 cm-Mergellagen, die eisenschüssig anwittern.
0,8 m Graue Tonschiefer.
0,5 m Rostig-grau, bänderig verwitternder, sehr heller, grauer Kalk mit Ammoniten.
1,0 m Rostig verwitternde, graue Kalkbank mit Quarzadern.

0,5 m Rostig verwitternder, grauer Kalk mit permischen Brachiopoden.

Im Vergleich mit den bereits beschriebenen Profilen fällt auf, daß das Schieferband über der basalen Kalkbank hier fehlt, dafür aber schmälere Schiefereinschaltungen über das gesamte Profil verteilt sind. Der tiefere Teil des Skyth scheint außerdem eisenreicher zu sein.

Ähnlich ist das Profil der Untertrias im mittleren Sarung Khola (SSW von Dingju):
Kalke und Mergelschiefer; die 5—15 cm dicken Kalkplatten wiederholen sich in Abständen von 5—30 cm (Mukut-Kalk).

2,0 m Kalkplatten treten enger aneinander (Übergangsbereich!)
1,0 m Dunkelblaugrauer, plattiger Kalk mit graugrünen Schieferbelägen auf dem knolligen s.
4—5 m Aufschlußlücke.
4,5 m Graue, splittrige Schiefer.
0,25 m Hellgraue Mergelschiefer.
0,25 m Dunkler, blaugrauer, fester, etwas kristalliner Kalk (dunkelbraun mit leicht violettem Stich verwitternd).

6 m Eisenschüssig verwitternder, hellgrauer, dichter oder spätiger Plattenkalk mit welligen s-Flächen. Mergelige, graugrüne Tonschieferlagen (bis 2 cm) treten schlierig auf.

1,4 m Feinkristalline, feste, hellbläulich-graue Kalkbank, die schokoladebraun verwittert (Quarzadern).

Graugrüne, sandige Schiefer und Sandsteine (Perm).

SE davon wurde das Profil bei [150] im Kahajong Khola aufgenommen:
Kalke, Mergel und Schiefer.

40 m Dünnblätterige, dunkelgraue, glänzende Tonschiefer, den tiefsten Mukut-Kalk vertretend.

3 m Graugrünliche Tonschiefer mit grauem, plattigem Kalk wechsellagernd (stark verschiefert); einzelne Kalklagen (2—10 cm) verwittern eisenschüssig, sie treten gegen das Liegende eng zusammen.

1 m Graue, dünnblätterige Schiefer.

1,5 m Dunkelviolettbraun anwitternde, offensichtlich Fe- und Mn-reiche, graue Kalkbank (etwas spätig) mit weißen Kalzitadern. 1 m über der Basis Ammoniten [150].

Glimmerige Tonschiefer mit dünnen (5—10 cm) Kalklagen; Crinoiden und Brachiopoden (?) (Perm).

[150] enthielt:
aff. „*Aspidites*" *spitiensis* v. KRAFFT (nach vorliegendem Rest ist die Zuteilung zu den derzeit in Betracht kommenden Gattungen nicht möglich).
Meekoceras sp.

Die ausnehmend geringe Mächtigkeit des Skyth ist teils primär, teils tektonisch bedingt. Im Raume von Charka ist nämlich die Untertrias durchwegs von geringerer Mächtigkeit.

Profil am Kamm NE Charka, nahe [130]:

80—100 m Feinblätterige, dunkelgraue, glänzende Tonschiefer (Vertretung des tieferen Mukut-Kalk).

2,5 m Blaugrauer Kalk bis Kalkschiefer mit bis zentimeterdicken, schwarzen, kieseligen Linsen.

2,0 m Graue, feinblätterige Tonschiefer.

3,0 m Hellgraue Schiefer mit rostig verwitternden, grauen Kalklagen.

2,5 m Plattelige, feingeschichtete, sandige Schiefer mit phyllitischen s-Flächen.

2,0 m Braunviolett anwitternder, grauer, harter Kalk; häufig mit Quarzadern. Helle, serizitische Schiefer bilden in dem bankigen Kalk 2—5 cm dünne Zwischenlagen.

30—40 m Kalk und Mergelschiefer voller Crinoiden, Bryozoen und Brachiopoden des obersten Perm [130].

Vergleicht man die einzelnen Profile, so findet man zahlreiche gemeinsame Züge, wie die harte, eisenschüssige Kalkbank an der Basis, das graue Schieferband darüber, die lichten, dichten Plattenkalke und die dunkleren, knollig-plattigen Kalke, die bereits zum ebenfalls dunklen Mukut-Kalke überleiten. Die einzelnen Aufschlüsse zeigen aber auch zahlreiche individuelle Merkmale.

Die faziellen Unterschiede zwischen NE und SW sind von ökologischer Bedeutung. Die oberpermische Transgression brachte wechselnd terrestrisch-marine Absatzbedingungen. Im Verlaufe des höheren Perm verstärkt sich, wie die sandigen Schiefer und die ihnen eingeschalteten fossilreicheren Kalkbänke zeigen, der marine Einfluß. Die geringe Mächtigkeit (12—23 m) des Skyth, die fast nicht verunreinigten, feinen Kalksedimente und Tonschiefer sprechen für rein marine, vom Land wenig beeinflußte Sedimentation. Die aus

Cephalopoden und Muscheln zusammengesetzte Fauna spricht bereits für etwas tieferes Wasser. Die Fossilien liegen sehr dicht gelagert, was ebenfalls auf geringen Sedimentanfall hinweist.

Im NE treten neben Tonschiefern Mn- und Fe-reiche, z. T. kieselige Kalke, mit ausschließlich Ammoniten auf. Die Mächtigkeit ist dabei noch geringer geworden. Dies zeigt, daß sich der Sedimenttrog gegen NE zu deutlich vertieft. Wir denken an ausgesprochen bathyale, vielleicht sogar abyssische Verhältnisse.

Dies bedeutet, daß an der Wende Perm-Trias ein ruckartiges Absinken in der Geosynklinale erfolgt ist. In Nepal sind keine permischen Cephalopoden bekannt wie in Kumaon (A. HEIM und A. GANSSER 1939). Wir finden hier nur Brachiopoden, Crinoiden, Bryozoen, Gastropoden und Korallen. Unmittelbar über den Schichten mit dieser, in relativ seichtem Wasser lebenden Fauna, folgen Kalke mit Ammoniten, die nur im südlicheren Bereich daneben noch Lamellibranchiaten führen. Der Meeresboden muß sich daher zu Beginn der Trias sehr rasch gesenkt haben.

Im Anisoladin scheint, wie die zunehmende Verbreitung von Crinoiden und Muscheln zeigt, die Wassertiefe wieder etwas abgenommen zu haben.

Die untertriadische Fauna Nepals schließt sich eng an die aus Kumaon, Spiti und Kashmir bekannten Faunen an. Eine gleichermaßen scharfe Zonengliederung, wie im NW-Himalaya, scheint uns vorderhand in Nepal noch nicht durchführbar zu sein. Die Otoceras-Zone ist nicht fossilbelegt. Die übrige, tiefere und höhere Untertrias dürfte durch die angegebenen Fossilien hinlänglich belegt sein.

Auch lithologisch sind zahlreiche Ähnlichkeiten mit dem Skyth von Spiti und dem westlichen Kumaon feststellbar. In diesen findet sich, wie in Nepal, die im Großen gesehen gleiche Abfolge (von Hgd. gegen Lgd.):

Knolliger Kalk
Feste, graue, plattige Kalke mit Schieferlagen
Graue Schiefer und Kalke (siehe C. DIENER 1912, S. 16)
Eisenschüssige, blaue Kalkbank

Auch die Mächtigkeiten liegen im gleichen Bereich.

Interessant ist, daß das Skyth des östlicheren Kumaon, welches unserem Gebiet am nächsten liegt, dem Skyth Nepals, abgesehen von der Eisenschüssigkeit, sehr wenig gleicht. Die Karbonatgesteine sind dort sehr stark verunreinigt, weshalb A. HEIM und A. GANSSER (1939) statt des von GRIESBACH und DIENER gebrauchten Namens „Chocolate Limestone", den Begriff „Chocolate Series" vorgeschlagen haben. Diese Formation ist 50 m mächtig, was die Werte aus Spiti um das Dreifache, die Nepals um mehr als das Doppelte übertrifft. Die Chocolate Serie ist unserer Auffassung nach sehr küstennah abgelagert worden und unterscheidet sich deutlich von den landfernen skythischen Sedimenten Spitis und Nepals. Möglicherweise ist für diese fazielle Abweichung der Untertrias E-Kumaons dieselbe gegen N vorspringende Landmasse verantwortlich, welche seit dem Devon allem Anschein nach in W-Nepal vorhanden war und die Sedimentation beeinflußt hat (Abb. 68 bis 70).

Die Untertrias Kashmirs, die in einer Zone S von der Spitis abgelagert wurde, zeigt ebenfalls größere Mächtigkeit (50—90 m) und einen höheren Ton- und Sandgehalt. Ihre Gesteine unterscheiden sich sehr von denen Nepals.

b) Mukut-Kalk

Wir schlagen diesen Namen für die nicht weiter unterzugliedernde dunkle, im Gelände aber durch ihre helle, bleiche Verwitterungsfarbe hervortretende Kalk-Mergel-Formation vor. Diese entwickelt sich aus dem dunklen, hangendsten Kalk des Skyth und wird von den obertriadischen Schiefern und Sandsteinen (Tarap-Schiefer) überlagert.

Die Formation ist entlang des Weges nach Mukut und an den Hängen, die von dieser Ortschaft gegen N und NE emporziehen, gut aufgeschlossen (Taf. 24, Abb. 51).

Es handelt sich um eine Wechselfolge von dunkelgraublauem Kalk bis mergeligem Kalk und dunkelgrauen bis schwärzlichen, mergeligen Schiefern. Der Kalk tritt meist in Platten, seltener in Bänken auf. Die dunkel pigmentierten Kalke erinnern besonders, wenn helle Kalzitadern auftreten, sehr an den alpinen Muschelkalk. Die dazwischenliegenden, mergeligen Gesteine sind meist stark geschiefert. Gelegentlich sind auch die Kalke schiefrig struiert.

Der Kalk ist meist ein sehr feines, seltener mittelkörniges Sediment, in dem vereinzelt Crinoidenreste und Schalenbruchstücke eingestreut sind. Tongehalt ist öfters zu beobachten, während Silt- oder Sandeinstreuung auf die hangendsten oder liegendsten Partien beschränkt ist. Die Kalkplatten zeigen graue, grünliche oder ockere Verwitterungsoberfläche.

Die mergeligen Schiefer und Tonschiefer sind ziemlich weich, so daß die Kalkbänke bei der Verwitterung hervortreten. In der Nähe des Himalaya-Hauptkammes zeigen die s-Flächen der Schiefer nicht selten phyllitischen Glanz.

In der an dunklem Pigment reichen, bituminösen Serie sind Einzelkristalle oder Konkretionen von Schwefelkies nicht selten. Die Fossilien, besonders die so häufigen, kugeligen, gabelrippigen Ammoniten sind häufig verkiest und sind angewittert schwer gewinnbar, da sie zerfallen.

Man begegnet keinen ausgesprochenen Fossilhorizonten, sondern die Fossilien treten in Einzelexemplaren über die ganze Formation verteilt auf. Lumachellen sind selten, wurden aber gelegentlich beobachtet [146].

Entsprechend ihrer Gesteinszusammensetzung ist die Formation fast durchwegs stark verfaltet, und es ist in den meisten Fällen nicht möglich, bei Fossilfunden die Stellung im stratigraphischen Profil anzugeben. Auf Grund der Fossilien ist es aber möglich, den stratigraphischen Umfang der Formation einigermaßen exakt anzugeben:

Aus dem Übergangsbereich Skyth-Anis stammt [119], die somit den tiefsten Horizont darstellt (siehe S. 175):

[97] aus den untersten, etwas sandigen 30 m der Formation lieferte:

Ptychites rugifer OPPEL

Ceratites (*Hollandites*) sp.

[131] enthält *Gymnites* sp.?

Damit ist das anisische Alter des tieferen Teiles der Formation belegt.

Daß der Mukut-Kalk auch das Ladin vertritt, beweist die folgende, z. T. recht verbreitete Fauna:

Daonella indica BITTNER [138, 146]*)

Daonella lommeli WISSM. [146]

Daonella sp. [61, 102, 123, 126] *)

Protrachyceras sp. (*spitiense* DIENER 1908) [50a]

Protrachyceras sp.? [72]

aff. *Monophyllites* sp. [102]*)

Dictyoconites aff. *haueri* MOJS. [123]

Nautiloiden- bzw. Ammonitenrest (Arcestide indet.) [123]*)

Brachiopoden (*Spirigera* cf. *stoliczkai* BITTNER oder ? *Sp. hunica* BITTNER) [102]*)

Rhynchonella rimkinensis BITTNER? (BITTNER 1901, T 6/9) [166]*)

Crinoiden*).

---

*) Nicht spezifisch für Ladin.

Wie im NW-Himalaya ist es auch in Nepal nicht möglich, eine lithologische Grenze zwischen dem Ladin und dem Karn zu ziehen. In der unten angeführten Fauna finden sich einige, für das Karn spezifische Formen:

Trachyceratide (*Trachyceras* sp.) [87a]
Anatomites cf. *rotundus* MOJS. [121]
Joannites cymbiformis WULF. [88]
Traumatocrinus sp. [47, 61, 93, 139]

Im Hangendbereich, in dem der Mukut-Kalk sandig-glimmerig wird und in die überlagernden Tarap-Schiefer übergeht, fanden sich — leider nicht anstehend — rundliche, ziemlich involute, gabelrippige Ammoniten ([80] *Halorites* sp. ?, [77] *Juvavites* (*Anatomites*) sp. sowie eine *Spiriferina* sp. ? [77].

Die Fossilführung des Mukut-Kalkes zeigt, daß dieser das Anis, Ladin und einen beträchtlichen Anteil des Karns umfaßt. Die stratigraphische Hangendgrenze ist nicht scharf anzugeben. In Analogie zu anderen Gebieten der Tibet-Zone, wo mit dem Nor sandigere Schüttung einsetzt (Kuti shales von Kumaon, Juvavites beds von Spiti und Painkhanda), nehmen wir an, daß die Grenze Mukut-Kalk—Tarap-Schiefer ungefähr der Karn-Nor-Grenze entspricht.

Es ist interessant, daß in Kumaon der Kalapani-Kalk nach A. HEIM und A. GANSSER (1939) ebenfalls das Anis, Ladin und Karn vertritt. 1964 gibt A. GANSSER (S. 120) für diesen anisisch-ladinisches Alter an und betrachtet die oberste, fossilreiche Lage desselben als eigene Formation, den Tropites-Kalk (Karn-Nor). Der Mukut-Kalk unterscheidet sich aber vom Kalapani-Kalk durch seinen mergelig-schiefrigen Charakter sowie seine bedeutend größere Mächtigkeit. Soweit die starke Verfaltung eine Schätzung zuläßt, liegt die wahre Mächtigkeit des Mukut-Kalkes zwischen 100 und 300 m, tektonische Reduktion und Anschwellung sind sehr häufig zu beobachten. Die Mächtigkeit des Kalapani-Kalkes liegt hingegen im Bereich von 30—50 m.

Die Untergliederung der Mittel- und Obertrias, wie sie H. H. HAYDEN (1904) in Spiti durchführen konnte, ist wie in Kumaon so auch nicht in Nepal anwendbar. Die altersgleichen Gesteine Spitis scheinen aber lithologisch denen des Mukut-Kalks weitgehend zu entsprechen.

Die Mitteltrias Kashmirs ist wesentlich sandiger und unterscheidet sich damit deutlich von den östlicheren Gebieten.

Es bleibt noch zu berichten, daß in dem von uns untersuchten Gebiet, wie im Skyth so auch im Anis, fazielle Unterschiede festzustellen waren.

In dem Tal NE von Terang bei [97] sind die Schichten, die das Skyth überlagern, etwas glimmerig-sandig (30 m). Dieselbe Erscheinung konnte auch E Sangdah beobachtet werden, wo zwischen Skyth und normalem Mukut-Kalk 10 m sandige Schiefer eingeschaltet sind. Es handelt sich bei den genannten Vorkommen um Ausnahmefälle.

Hingegen ist im NE (Kahajong Khola, Gebiet N Charka) fast durchwegs über dem Skyth eine 30—80 m mächtige Zone von kalkarmen oder -freien, weichen, dunkelgrauen Tonschiefern zu finden. Vereinzelt beobachtete Kalkplatten zeigen, daß die Schiefer den tiefsten Teil des Mukut-Kalks vertreten. Wir sehen in den milden, sandfreien Schiefern eine landferne, kalkfreie Fazies, die eventuell auf große Wassertiefe schließen läßt. Normal ausgebildeter Mukut-Kalk überlagert diese Schiefer.

c) Tarap-Schiefer

Es entwickelt sich aus dem Mukut-Kalk eine flyschähnliche, 100—500 m mächtige Folge von grauen und grünlichen, sandigen Schiefern mit Sandsteinlagen und dunklen Tonschiefern. Diese bilden dunkle, schmutzig grünlich-braune Schutthänge, die deutlich zu dem hell verwitternden, mergeligen Mukut-Kalk im Liegenden kontrastieren (Taf. 25, Abb. 52, 53, 54).

Wir verwenden für die im Bereich der Ortschaft Tarap gut entwickelte Formation den Namen Tarap-Schiefer (Taf. 25, Abb. 52).

Mengenmäßig überwiegen die Schiefer. Es sind dunkelgraue bis schwärzliche, splittrige, dünnblättrige Tonschiefer und je nach Silt- oder Sandgehalt spießig bis stückig, unebenflächig brechende, sandig-glimmerige Schiefer, die in schiefrigen, flaserigen Sandstein übergehen. Die grünlich-grauen Gesteine verwittern grau-bräunlich. In Zonen starker Durchbewegung zeigen die s-Flächen gelegentlich phyllitischen Glanz. Vereinzelt finden sich mergelige Lagen.

Die meist bräunlich verwitternden, häufig glimmerigen Sandsteine, quarzitischen Sandsteine und Quarzite bilden in den Schiefern 2—30 cm dicke Bänke: Die fein- bis mittelkörnigen Gesteine haben einen gewissen, manchmal nicht unbeträchtlichen Feldspatgehalt (Mikroklin, selten Plagioklas). In einem Schliff [79] fand sich reichlich Chlorit (Pennin), z. T. mit Muskovit verwachsen. Das Bindemittel (Ton, Karbonat) tritt meist ziemlich zurück.

Die Serie ist häufig pyrithältig. Charakteristisch sind die, meist 1—4 cm maximal 10 cm großen, schwarzen, bituminösen Konkretionen in den Schiefern.

Kriech- und Grabspuren sowie fächerförmige Fließmarken auf den s-Flächen, gradierte Schichtung, synsedimentäre Rutschfaltungen (slump bedding) unterstreichen den Flysch-Charakter der Formation.

Es fanden sich zwar vereinzelt fragliche Pflanzenreste, doch handelt es sich, wie die seltenen Fossilfunde zeigen, um marine Ablagerungen. Durch Verkiesung rostig auswitternde Crinoiden-Stielglieder und kugelige, gerippte Ammoniten sind schwer gewinnbar. Folgende spärliche Fauna war bestimmbar:

Orthoceras sp. (O. cf. *dubium* HAUER) [78]
Trachyceratide (aff. *Trachyceras* bzw. *Sirenites*) [151]
Steinkern von *Anodontophora griesbachi* BITTNER [137]
  (BITTNER 1901, T. 8/14—16)*)
cf. *Pecten* aff. *monilifero* MSTR. [63] (DIENER 1908, T. 23/12)
cf. *Lima* (?) *serraticosta* BITTNER [63] (BITTNER 1901, T. 8/12, 13; T. 10/26)

Da die Tarap-Schiefer den Kuti shales Kumaons weitgehend gleichen und diese als norisch fossilbelegt sind (A. HEIM u. A. GANSSER 1939), wird man nicht fehlgehen, wenn man die Tarap-Schiefer als vorwiegend norisch betrachtet. P. BORDET et al. (1964) zogen auf Grund ihrer schönen Fossilfunde ebenfalls den Vergleich mit den Kuti shales.

Auch aus Spiti beschreibt H. H. HAYDEN (1904, S. 80—81) einen deutlichen Umschwung im Hangenden des karnischen Tropites Limestone: „The compact limestones give place to calcareous shales and shaly limestones, and, with the exception of the bed of coral limestone in the lower part of the series, the rocks consist almost entirely of shales with intercalated bands of sandstone." Unsere Tarap-Schiefer scheinen den Juvavites beds, Coral limestone und Monotis shales Spitis zu entsprechen. Nach C. DIENER (1912) ist das Nor auch in Kumaon (Painkhanda) sandig, während die älteren Ablagerungen der Trias kalkig-tonig sind. Das Nor ist in Nepal jedoch gänzlich kalkfrei.

In Kashmir ist die Obertrias hingegen durchwegs kalkig entwickelt und arm an Fossilien.

In den hangendsten 40—80 m der Tarap-Schiefer nimmt der Sandgehalt deutlich zu. Die Sandstein- und Quarzitbänke treten enger zusammen.

Die Hangendgrenze markieren bankige, helle Quarzite, bräunlich verwitternde Sandsteine, Sandkalke und dem Kioto-Kalk entsprechende, blaue Kalke.

---

*) Bestimmung unter Benützung des Timor-Materiales der Universität Bonn (B.R.D.), wofür den Herrn Prof. Dr. H. K. ERBEN und Doz. Dr. REMY gedankt sei.

Diese gebankte, aus der Ferne weiß-graue-bräunlich gebändert erscheinende Wechselfolge hebt sich deutlich von der dunklen, morphologisch weichen Liegend-Formation ab. Die Hangendgrenze der Tarap-Schiefer ist dadurch im Gelände gut zu verfolgen (Taf. 25, Abb. 52, 53, 54).

d) Quarzit-Serie (Quartzite Beds)

Die über den Tarap-Schiefern folgenden, oben erwähnten Schichten stellen einen Leithorizont dar, welcher in Kashmir, Spiti, Kumaon und in Nepal in gleicher Weise ausgebildet ist. Waren in den bisher beschriebenen triadischen Gesteinen stets fazielle Unterschiede zu vermerken, so scheinen die Quarzit-Serie und der überlagernde Kioto-Kalk im gesamten Himalaya einheitlich entwickelt zu sein.

Die im NW-Himalaya als „Quartzite Series" oder „Quartzite Beds" bezeichnete Folge wurde in Nepal von C. G. EGELER et al. (1964) als „Lower Lumachelle fn." ausgeschieden. Auf unserer Karte wurde die Quarzit-Serie mittels Übersignatur dargestellt, da sie mit dem Kioto-Kalk eng verbunden ist (s. u.). Wir betrachten sie weniger als selbständige Formation, sondern eher als die Basisschichten des Kioto-Kalks.

Da Lumachellen nur vereinzelt auftreten, die Quarzite aber stets in dem fraglichen Niveau zu finden sind, übernehmen wir den älteren im nordwestlichen Himalaya verwendeten Begriff (H. H. HAYDEN 1904, C. DIENER 1908, 1912).

Der bankige, grobblockig zerfallende, harte Quarzit ist meist weiß oder hellgrau, manche Bänke sind aber auch dunkelgrau bis schwärzlich und reich an Schwefelkies. Die fein- bis grobkörnigen Gesteine verwittern gelblich-bräunlich und grau.

U. d. M. erweist sich ein Teil der Quarzite als Arkosequarzite. Die nach Korngröße ziemlich gut sortierten Gesteine führen neben reichlichem Mikroklin auch etwas Plagioklas und Muskovit. Pyrit und seltener Ankerit sind Neubildungen.

Die hellen, grauen Karbonatquarzite zeigen besonders deutlich die Kreuzschichtung, da die karbonatischen Lagen bänderig auswittern (Taf. 26, Abb. 55).

Charakteristisch sind röhrenartige Gebilde, die auf den s-Flächen im Quarzit als runde Löcher (3 mm Dm.), im Karbonatquarzit als Erhebungen erscheinen (Wurmröhren?).

Es finden sich sämtliche Übergänge vom Quarzit zum Sandkalk und reinen Kalk (Taf. 26, Abb. 55).

Weiters begegnet man grünlichem, fein- bis grobkörnigem Sandstein mit rostig verwitternden Crinoiden, schwärzlichem, kiesreichem Sandstein sowie Fossilgrus-, Grobsand- und Brekzienlagen. Letztere enthalten vereinzelt bis 15 cm große, meist aber kleinere Kalkbrocken (synsedimentär).

Die plattigen, z. T. knolligen und bankigen Kalke sind hell bis dunkelblaugrau gefärbt (z. T. mit weißen Calcitadern) und zeigen angewittert graue, blaue, seltener ocker gefärbte, rauhe Oberfläche. Der Kalk ist häufig sandig, manchmal mergelig oder dolomitisch. Die dolomitisierten Partien, die schlierig fleckig verteilt sind, verwittern heller (Taf. 26, Abb. 56).

Oolithkalke sind wie im Kioto-Kalk auch in der Quarzit-Serie weit verbreitet.

Zwischen den Bänken (0,30—3 m) der beschriebenen Gesteine bilden graue, grünlich verwitternde Mergel, mergelige Schiefer und graue bis schwärzliche, sandig-glimmerige, z. T. bituminöse Schiefer bloß dünne Einschaltungen.

Nur im südlicheren Teil unseres Gebietes (Mukut—Hidden Valley) fanden sich zwischen den Quarziten und dem Kioto-Kalk 15—30 m mächtige Schichten, die durch ihre bunten Farben auffallen. Grüne, gelbliche, violette und orange, mergelige Schiefer bis flaserige Kalke wechsellagern mit bräunlichem Sandstein und blaugrauem, z. T. dolomitischem Kioto-Kalk (Taf. 27, Abb. 57). Die Lumachelle [69], ein sandiger, grauer Kalkarenit, enthält dicht gelagert und eingeregelt längliche Bivalven (s. u.).

Bis 6 cm lange Flachgerölle von Tonschiefer im Sandstein oder Quarzit, die synsedimentären Kalkbrekzien, die Oolithe und kreuzgeschichteten Karbonatquarzite beweisen, daß die Quarzit-Serie in ganz flachem, bewegtem Wasser abgelagert wurde. Es sind die ersten Flachwasserbildungen seit dem Perm. Auf die an der Perm-Skyth-Grenze erfolgte, ruckartige Absenkung in der Geosynklinale folgte in der obersten Trias im gesamten Himalaya eine Verflachung. Hierfür sind wohl epirogenetische Bewegungen verantwortlich.

An Fossilien ist anzugeben:

Aus einem Quarzit stammt *Pecten* aff. *margariticostatus* (aff. *microglyptus*) [104].

Die Lumachelle [69] aus dem oberen Teil der Quarzit-Serie (etwa 14 m unter der Oberkante) enthält 10—12, infolge des gehäuften Vorkommens nicht bestimmbare Arten, die sich auf die Gattungen *Parallelodon*, *Mytilus*, *Modiola*, *Pinna*?, *Pteria* (*contorta*?), (*Bakewellia*), *Gervilleia*, *Ostrea*?, *Myophoria*?, *Neomegalodon*?, *Cardita*, *Pleuromya*, *Homomya* und *Myoconcha* beziehen lassen. Der Charakter dieser Fauna spricht für (obernorisch)-rhätisches Alter.

Probe [70] unmittelbar im Liegenden des reinen Kioto-Kalkes enthielt ein Bruchstück eines Bivalvensteinkernes (*Homomya* sp.?), Crinoidenreste sowie Gastropoden: Purpurinide (*Angularia* oder *Pseudoscalites* sp.?) oder *Fusus nodosocarinatus* (Mstr.) (E. KITTL 1912, Bakony II/V., T 3/6).

Gastropoden und Crinoiden finden sich auch sonst gelegentlich in der Quarzit-Serie. Das Alter der Quarzit-Serie Spitis wird von H. H. HAYDEN (1904) als „juvavisch" angegeben, es wird somit Nor und Rhät noch nicht unterschieden. C. DIENER (1908, S. 156—157) betrachtet die Serie als obernorisch und den überlagernden Kioto-Kalk als im wesentlichen rhätisch-jurassisch. Die Triasgliederung DIENERS (1912), die sich auch in E. H. PASCOE (1959) findet, stellt die Quarzit-Serie ins obere Mittelnor, den Kioto-Kalk ins Obernor. Entgegen der heutigen Gepflogenheit scheint das Rhät nicht als Stufe der Trias auf. Es wird außerdem als nicht fossilbelegt angegeben (1912, S. 100).

Auf Grund der in Nepal gefundenen Fauna möchten wir eher ein rhätisches Alter der Quarzit-Serie annehmen. [69] stammt aus dem oberen Teil der Serie, es ist somit ein obernorisches Alter der tieferen Anteile nicht auszuschließen. Wir betrachten die Quarzit-Serie daher als obernorisch-rhätisch.

e) Kioto-Kalk

Wie die Quarzit-Serie, so wird auch der Kioto- oder Megalodon-Kalk aus Kashmir, Spiti, Kumaon in einheitlicher Ausbildung beschrieben. Die Formation zeigt in Nepal den gleichen Charakter. Der Verfasser konnte sich im Shesh Nag-Gebiet (Kashmir) davon überzeugen, daß der Kioto-Kalk lithologisch mit der entsprechenden Formation Nepals völlig übereinstimmt. In dem mächtigen, obertriadischen Kalkkomplex Kashmirs wurde allerdings nur der Kalk im Hangenden der Quarzit-Serie als Kioto-Kalk betrachtet und mit Nepal verglichen.

C. G. EGELER et al. (1964) gaben dem Kalk in Nepal einen Lokalnamen: „Jomosom Limestone" und verglichen die Formation mit dem Kioto-Kalk.

Im Landschaftsbild treten die Quarzit-Serie und der Kioto-Kalk als Felsbildner gegenüber den weichen unterlagernden Gesteinen besonders deutlich hervor. Sie bauen eine Reihe kühner, schroffer Gipfel und Sägegrate auf (Taf. 22, 25, Abb. 46, 52, 53, 54; Taf. 10a).

Der Kioto-Kalk ist ein gut gebankter, blaugrauer, manchmal ziemlich dunkler, dichter bis feinkristalliner Kalk. Weiße aber auch schwärzliche, grobspätige Calcitadern sowie kieselige Bänder und Knollen sind gelegentlich zu beobachten. Der Kalk ist häufig dolomitisiert und zeigt dann ein charakteristisches, fleckiges Aussehen (Taf. 26, Abb. 56).

Oolithbänke treten sehr häufig auf. Die bis 1 mm großen Ooide sind teils konzentrisch [43], teils radial [124a] struiert. Körner von feinem Kalk und Kalkarenit oder Crinoidenreste bilden öfters den Kern der Ooide. Das Zement ist kristalliner Kalkspat.

Auch synsedimentäre Brekzienlagen sind im Kioto-Kalk nicht selten: Bis mehrere Zentimeter große, meist längliche Stücke von feinkristallinem Kalk, Oolith, Calcit, weiters Crinoiden-Stielglieder und andere organogene Reste liegen in calcilutitischer bis kalkarenitischer Grundmasse eingebettet.

Bänke von Kioto-Kalk bilden einen festen Bestandteil der Quarzit-Serie. In dem überlagernden Kioto-Kalk finden sich, wenn auch nur vereinzelt, sandige Niveaus mit quarzitischen Gesteinen. Dies zeigt, daß die beiden Serien eng verbunden sind.

Mergel und Tonschiefer bilden gelegentlich dünne Zwischenlagen, spielen im Kioto-Kalk aber keine große Rolle.

Wie die Quarzit-Serie, so ist auch der Kioto-Kalk ein Seichtwassersediment (Oolithe, synsedimentäre Brekzien, Einschaltungen von kreuzgeschichtetem Kalksandstein und Karbonatquarzit), die Wassertiefe dürfte aber gegenüber der Quarzit-Serie zugenommen haben. Die vorgefundenen, nicht allzu häufigen Fossilien (s. u., keine Ammoniten!) passen gut in einen solchen seichteren Ablagerungsraum.

ESE Koma waren im Kioto-Kalk problematische, jedoch sicher organogene Strukturen zu beobachten (Abb. 58). Bis mehrere dezimeterlange, weiße Calcitstreifen treten stets paarweise auf. Diese trennt ein schmaler, dunkel pigmentierter Streifen. Wir würden diese umkristallisierten und z. T. deformierten Gebilde am ehesten als von Schwämmen oder Korallen herrührend betrachten.

Umkristallisierte Korallenquerschnitte konnten vereinzelt beobachtet werden. Fossilien sind im Kioto-Kalk recht selten. Am häufigsten begegnet man bis 4 cm langen, hochgetürmten Gastropoden, Pectiniden, Crinoiden und Brachiopoden. Die folgenden Fossilien ließen eine Bestimmung zu:

Radula hettangiensis TERQU.? (Schalen- und Innenabdruck) [124a]
Lima (Ctenostreon) sp. [156]
Pectinidenfragmente vergleichbar mit Rhätformen
　(*P. favrii* oder *coronatus*?) [66]
Pecten sp. (kleine Art) [66]
　Kaum mittelgroßer Bivalvensteinkern: *Gervilleia* sp.
　(*Isognomon exilis*? [132]
Rhynchonelliden [124a]
Isocrinenstielglieder (*Isocrinus* sp.?) [91]
Einzelkoralle (*Montlivaltia* sp.?) [91]

Abb. 58: Problematica aus dem Kioto-Kalk, ESE Koma, Nepal.
　　　　Problematica in Kioto limestone, ESE of Koma, Nepal.
　　　　1 weißer Calcit — white calcite
　　　　2 dunkle Matrix — dark matrix

Altersmäßig spricht die Fauna des Kioto-Kalkes am ehesten für Rhät. Da die Quarzit-Serie bereits Rhät enthält (s. o.), ist die Liegendgrenze des Kioto-Kalkes innerhalb des Rhäts zu suchen. Dies widerspricht der seit DIENER (1912) weit verbreiteten Ansicht, daß der Kioto-Kalk noch das obere Nor umfaßt (E. H. PASCOE, 1959, S. 883, 1169).

P. BORDET et al. (1964) hingegen betrachten den „massiven Kalk mit sandigen Niveaus" als rein liassisch (?).

Die in Nepal 150 bis 500 m mächtige Kalkformation wird von fossilreichen Schichten des Dogger (Bajocien-Bathonien s. u.) überlagert. Wir haben keinen Hinweis für eine Unterbrechung der Sedimentation im Hangenden des Kioto-Kalkes feststellen können. Vielmehr scheint ein stratigraphischer Übergang in die Hangendschichten überzuleiten. Dieselbe Beobachtung machten C. G. EGELER et al. (1964), welche beschreiben, daß der Jomosom Limestone in die „Upper Lumachelle fn." übergeht. Die Obere Lumachelle-Formation wird allerdings für liassisch gehalten, während wir auf Grund des Fossilinhalts diese Formation als mitteljurassisch ansehen.

Unsere Beobachtungen bestätigen damit die Ansicht von H. H. HAYDEN (1904), C. DIENER (1912) u. a., welche die Hangendgrenze des Kioto-Kalkes im Dogger ziehen. Für diese Einstufung war vor allem die Entdeckung der Sulcacutus Beds (DIENER 1895b) und der Fund eines *Stephanoceras coronatum* BRUG. durch A. v. KRAFFT maßgeblich. Dieses Fossil fand sich im höheren Teil des Kioto-Kalkes.

Gegen diese Ansicht haben sich A. HEIM und A. GANSSER (1939) gewandt. Sie erkannten die Diskontinuität an der Basis der Sulcacutus Beds (Callovien) und halten die ältere, aus dem Kioto-Kalk sich entwickelnde Laptal-Serie für liassisch. Die auf S. 209 angeführten Fossilien der Laptal-Serie, die nur eine generische Bestimmung zugelassen haben, sprechen zwar eindeutig für jurassisches, jedoch nicht spezifisch für liassisches Alter. C. L. GRIESBACH (1891) erwähnt auf S. 74, daß STOLICZKA in den fraglichen Schichten Lias-Fossilien gefunden hätte.

Die Beschreibungen der „Laptal-Serie" (A. HEIM und A. GANSSER, 1939), der zwischen Kioto-Kalk und „Sulcacutus Beds" befindlichen bivalvenreichen Schichten des Shalshal cliff (C. DIENER 1895b, S. 584, 1912, S. 102), der „Upper Lumachelle fn." (C. G. EGELER et al. 1964) und des „Dogger" P. BORDET et al. (1964) stimmen jedoch mit der von uns als Dogger angegebenen „Lumachelle-Formation" so weitgehend überein, daß an der Identität der genannten Formationen kaum zu zweifeln ist. Wir vermuten, daß sie nicht nur faziell-, sondern auch altersgleich sind (Dogger).

Das Alter des Kioto-Kalkes wäre daher als Rhät bis Unter-Dogger anzugeben.

7. Jura

Der schwer gliederbare Kioto-Kalk vertritt nicht nur die oberste Trias, sondern auch den Lias und tiefsten Dogger (s. o.). Im Hangenden folgt ohne scharfe Grenze die

a) Lumachelle-Formation

C. G. EGELER et al. (1964) gebrauchen für die durch die besondere Häufigkeit von Muschelbänken ausgezeichneten Schichten den Namen „Upper Lumachelle fn.". Da wir statt „Lower Lumachelle fn." den Begriff Quarzit Serie verwenden, ist das „Upper" gegenstandslos und wird weggelassen.

In unserem Gebiet ist die Lumachelle-Formation nur von wenigen Punkten bekannt. Sie ist das jüngste Schichtglied und blieb nur dort von der Erosion verschont, wo sie an Brüchen in den Kioto-Kalk eingesenkt worden ist.

Das ausgedehnteste Vorkommen ist das SW vom Charka Bhanjyang, welches gegen NW hin in den Bergen N Tarap fortsetzen dürfte. Die Abb. 59, Taf. 27 und 60, Taf. 28 zeigen die Lagerungsverhältnisse: Die Lumachelle-Formation, die das normale Hangende einer NE-fallenden Kioto-Kalkscholle bildet, grenzt an einer Störung gegen einen schmalen, eingekeilten Span von Kioto-Kalk bzw. an die norischen Tarap-Schiefer.

Über dem Kioto-Kalk folgt gebankter (0,20—1 m), grauer, gelblich verwitternder, feinkörniger Sandstein mit Lumachellen. Der Sandstein wechsellagert mit einigen blauen, bis 0,5 m mächtigen, Kioto-Kalkbänken, die aber etwas sandig, unrein sind.

U. d. M. zeigt der Sandstein nicht unbeträchtlichen Gehalt an Feldspat (Plagioklas, Mikroklin). Die schlecht gerundeten Sandkörner sind in karbonatischem Bindemittel eingebettet.

Etwa 20 m über der Grenze gegen den reinen Kioto-Kalk war aus der 25—30 m mächtigen, plattigen Wechselfolge von grüngrauem Sandstein und unebenflächigem, dunklem, blaugrauem, unreinem Kalk eine Probe [133] gewinnbar. Diese lieferte

Lyriodon cf. *costata* PARKS (sehr häufig)

und spricht für Mitteljura.

Darüber folgen stark verfaltet dunkelgraue, fast schwärzliche Mergel bis Mergelkalke, die kräftig verschiefert sind (15 m).

Die überlagernden, schwärzlichen Schiefer enthalten im Abstand von 0,30—2 m Bänke (0,2—0,5 m mächtig) von dunklem Kalk. Dieser ist reich an Bivalven und Brachiopoden und lieferte [134, 135, 136]:

Lopha marshi Sow.

Camptonectes sp. (cf. *lens*)

Modiola sp.

Große, meist starkrippige Brachiopoden konnten auf „*Rhynchonella*" (*nobilis, decorata*) bezogen werden und ergaben z. T. durch Serienschnittuntersuchungen die Bestimmungen

Somalirhynchia nobilis (I. de C. SOWERBY), dann *Lacunosella trilobata* (QUENSTEDT) und *Loboidothyris* sp.*) (Terebratulidae).

Altersmäßig sprechen die Arten nach unserer derzeitigen Kenntnis für höheren Mittel- bis Oberjura.

U. d. M. erweisen sich die Kalke als schlierig-brekziös struierte, feine Kalksedimente mit reichlicher Einstreuung (0,05—0,15 mm) von eckigem Quarz, Feldspat und Muskovit.

Danach schalten sich wieder in die blaugrauen Kalke und schwärzlichen, mergeligen Schiefer graue, gelb verwitternde Sandsteinplatten ein. Darüber herrschen wieder die Kalke und Schiefer vor.

Unter Berücksichtigung der starken Verfaltung dürfte die Mächtigkeit der Formation um 100 m betragen.

Im N-Ast des inneren Chalna Khola, ESE von dem beschriebenen Vorkommen, ist die Lumachelle-Formation in komplizierter Weise in den Kioto-Kalk eingefaltet, so daß dieser teilweise überlagert. Es finden sich hier in dünnschichtigem Wechsel gelb anwitternde, graue Sandsteine, z. T. mit Kalk- und Tonscherbenbrekzienlagen, Oolithkalke, blaue Kalke, ocker verwitternde Lumachellen, sandige Kalke, Mergel- und Tonschiefer. Neben Crinoiden sind zahlreiche Austern und andere Bivalven vorhanden [66a]:

Taxodonte Bivalve

Trigonia (*elongata*)

Pecten sp.

Lopha sp.

Ostrea sp.

---

*) Bestimmungen mit Unterstützung von Herrn Prof. Dr. D. V. AGER und Mitarbeitern, London, durchgeführt.

In der gleichen Synklinalzone konnten wir die Lumachelle-Formation in den Bergen E vom Thajang Khola (15 km SE Charka) auffinden. Die plattige Wechselfolge (25 m) von dunklen, mergeligen Lumachellenkalken und gelblich anwitterndem Sandstein enthält auch hier reichlich Ostreen und Trigonien.

In der weiter südlich gelegenen Mulde von Barbong findet sich im Bereich des Vorgipfels (P 5550) ESE von Barbong ein Zug der Lumachelle-Formation. Diese überlagert in normaler Weise den Kioto-Kalk und ist an einem Bruch gegen Gesteine der Quarzit-Serie versetzt (Taf. 25, Abb. 53).

Ohne scharfe Grenze überlagern den Kioto-Kalk gelb verwitternde, dünnplattige Lumachellenkalke und feinkörnige Sandsteine. Aus diesen Schichten stammt [124]:

Cucullaea (Steinkern)
Lima (*Plagiostoma*) (cf. *bellula*)
Modiola sp.
u. a. Arten

Über dieser dünnschichtigen Wechselfolge (15 m) gelangt man in etwa 35 m mächtigen, dunklen, bläulichen Lumachellenkalk, der mehr blockig zerfällt. Es fanden sich in diesem Crinoiden, rippige Ostreen, Brachiopoden und ein leider nicht gewinnbarer Belemnit [125]:

Liostrea sp. (große Deckelklappe)
Lopha sp.
Trigonia sp.
Belemnitenfragment

Weiter südöstlich bildet die Lumachelle-Formation steil eingefaltete Synklinalen im Kioto-Kalk (Tal westlich des von N her zum Mu La führenden Tales, Taf. 8 [9, 10]).

In der Synklinale von Mukut konnten am Kamm nördlich der Ortschaft Lesesteine aus der Lumachelle-Formation gefunden werden [90]. Es kann sich dabei aber nur um ein unbedeutendes, wenig ausgedehntes Vorkommen handeln. [90] enthält *Modiola*, *Gervilleia* u. a. indet.

Nicht mehr in unserem eigentlichen Arbeitsgebiet, im Thakkhola, das wir exkursorisch besucht haben, ist die Lumachelle-Formation im Raume Dangarjong-Jomosom gut entwickelt. Die Proben [152, 153, 154] stammen aus der Lumachelle-Formation. Ihre Bestimmung ergab:

Pecten sp. [154]
Entolium cf. *corneolum* (YOUNG u. BIRD) [152]
Kleiner glatter Pectinide (*Entolium* sp.) [152]
Variamussium pumilus LM. [154]
Liostrea acuminata Sow. [153]
Exogyra sp. [154]
Avicula (oder *Eopecten* sp.) [153]
Limide [153]
Burmirhynchia sp. [152]

Probe [155] aus den sandigen Übergangsschichten zwischen Kioto-Kalk und Lumachelle-Formation lieferte Rhynchonelliden und Terebratuliden.

[157a] enthielt: *Liostrea acuminata* Sow.
Lima sp.
Belemniten.

Im Bereich NE Jomosom sind die Lagerungsverhältnisse, vermutlich infolge der starken Bruchtektonik, sehr verworren. Der Kioto-Kalk überlagert dort häufig die jüngeren Schichten.

Nördlich davon, E Dangarjong verhindern die quartären Ablagerungen vielfach die Aufnahme zusammenhängender Profile.

Etwa 2 km S Kagbeni scheint der Übergangsbereich gegen den Kioto-Kalk aufgeschlossen zu sein. An der Basis (?) der etwa 50 m mächtigen Lumachelle-Formation wechsellagern Mergelschiefer mit Bänken von grauem, gelb verwitterndem Sandstein und blauem, dem Kioto-Kalk entsprechendem Kalk.

Aus diesem Bereich stammt [158]:

Lyriodon cf. *costata* PARKS. (*elongata*) (Abdruck)

Plicatula cf. *peregrina* ORB.

Ctenostreon cf. *rugosum* (W. SMITH)

Ein großer, glatter Pectinide

Bezüglich der Altersfrage der Lumachelle-Formation stimmen wir mit P. BORDET et al. (1964) überein, daß es sich um Ablagerungen des Dogger handelt (siehe G. FUCHS 1964). Die Faunen sprechen dabei am ehesten für Bajocien und Bathonien mit eventuellen noch jüngeren Anteilen. Bei Behandlung der Altersstellung des Kioto-Kalkes wurde bereits der Vergleich mit der Laptal-Serie (A. HEIM und A. GANSSER 1939) und mit den entsprechenden von C. DIENER (1895b, 1912) beschriebenen Schichten im Liegenden der „Sulcacutus Beds" gezogen und deren Alter diskutiert (siehe dort).

b) „Ferruginous Beds"

Mit diesem Namen bezeichneten C. G. EGELER et al. (1964) ein auffälliges, fossilreiches Kalkband im Hangenden der Lumachelle-Formation. Sie halten den Vergleich mit dem „Ferruginous Oolite" (A. HEIM und A. GANSSER 1939) bzw. den „Sulcacutus Beds" (C. DIENER 1895b, 1912) für möglich. Das Alter dieser Schichten ist Callovien.

P. BORDET et al. (1964) geben für das entsprechende Gesteinsband im Thakkhola auf Grund der Fossilien unteres Callovien an und ziehen ebenfalls den Vergleich mit Kumaon.

Wir konnten dieses Schichtglied nur im Thakkhola an zwei Punkten [154] und [157] beobachten.

In dem tiefen Grabenbruch des Thakkhola sind die jüngsten, mesozoischen Schichten erhalten geblieben; in dem von uns näher untersuchten Gebiet W davon scheinen sie von der Erosion entfernt worden zu sein.

Bei [154] (3,5 km NE Jomosom) findet sich das eisenschüssige Kalkband zusammen mit der Lumachelle-Formation an einer Störung in den Kioto-Kalk eingefaltet: Die Dogger-Gesteine besitzen dadurch „anscheinend antiklinale Lagerung" gegenüber dem Kioto-Kalk und der Quarzit-Serie.

Der eisenschüssige Kalk bildet ein hartes, etwa 2 m mächtiges Band. Das dunkelbläuliche, spätige Gestein zeigt u. d. M. feinbrekziöse Struktur. Kalkstückchen aus derselben Formation, Quarz-Körner, Crinoiden-Stielglieder, Belemniten-Bruchstücke und anderer Fossilgrus sowie limonitische Ooide bilden ein buntes Gemenge.

3 km S Kagbeni enthält das rostrot anwitternde, sandige Kalkband bis 10 cm lange Belemniten, Brachiopoden, Austern und Pectiniden [157]. Es ließen sich daraus bestimmen:

Chlamys cf. *subtextoria* MSTR. (*Ch.* ex. gr. *textoria*)

Variamussium pumilus LM. (stark angewittert)

Variamussium sp.

Radula cf. *duplicata* SOW.

Rhynchonellide div. spec.

Fragment von *Belemnopsis* cf. *canaliculata* SCHLOTH. (*B.* cf. *subhastata*, *Hibolites semi-*
  hastatus?)

Auf Grund des Fossilinhalts, der Stellung im Profil und des lithologischen Charakters des Kalkes schließen wir uns den oben genannten Autoren an. Wir vergleichen das wenige Meter mächtige Band mit den „Sulcacutus Beds" bzw. dem „Ferruginous Oolite" Kumaons und betrachten es als Callovien.

Da die unterlagernden Gesteine nicht dem Lias angehören, wie dies A. HEIM und A. GANSSER (1939) in Kumaon angenommen haben, scheint uns die Annahme einer Diskontinuität an der Basis des Callovien nicht unbedingt nötig zu sein, zumal wir, ebenso wie C. G. EGELER et al. (1964), keine darauf hinweisenden Beobachtungen machen konnten.

Als Überlagerung des Callovien geben P. BORDET et al. (1964) die Spiti Shales an, was mit den Berichten C. DIENERS (1895b, 1912) und A. HEIM und A. GANSSERS (1939) gut übereinstimmt. C. G. EGELER et al. (1964) beschreiben jedoch zwischen den „Ferruginous Beds" und der „Saligram formation" (Spiti Shales) die „Chekpost"- und „Chuck formation". Es besteht somit in dieser Frage keine Übereinstimmung.

Wir haben im Gelände ebenfalls angenommen, daß die flyschartigen Sandsteine, Siltsteine und Schiefer des Raumes Kagbeni-Chuck mit dem unterkretazischen Giumal-Sandstein des westlicheren Himalaya zu vergleichen sind, was bedeuten würde, daß sie ins Hangende der oberjurassisch-tieferneokomen Spiti Shales gehören. Da wir das Thakkhola nur flüchtig durchwandert haben, müssen wir die Entscheidung dieses Problems den dort arbeitenden französischen und holländischen Geologen überlassen.

Wir verweisen auch hinsichtlich der Beschreibung der jüngsten Schichtglieder auf die sich mit dem Thakkhola beschäftigenden Arbeiten von P. BORDET (1961, et al. 1964), C. G. EGELER et al. (1964) und T. HAGEN (1959a, b).

Im Anschluß an die Beschreibung der Sedimentgesteine der Tethys-Zone muß auch der Mustang-Granit erwähnt werden.

8. Mustang-Granit

Der 1954 von T. HAGEN entdeckte Granit baut die Kammregion des Tibetischen Randgebirges auf. Der Granit und seine Kontaktgesteine wurden von uns nicht näher petrographisch untersucht. Im folgenden werden daher bloß einige Feldbeobachtungen wiedergegeben:

Der Granit ist uns aus dem Gebiet von Charka sowie in Form von Blöcken und Geröllen von Schiman (Panjang Khola) und von Mustang bekannt:

In den Kernteilen ist der Granit (fein- bis mittelkörniger Zweiglimmergranit), fast ohne Parallelgefüge. In den randnahen Bereichen ist er häufig geschiefert, grobkörniger sowie reicher an Muskovit und Turmalin. Charakteristisch sind Gesteine mit ovalen, biotitfreien Flecken, in denen feine, parallel orientierte Turmalinnadeln liegen.

Neben dem massigen, mittelkörnigen Haupttyp treten auch geschieferte, sehr grobkörnige Granitgneise mit Kalifeldspataugen, die vereinzelt 15 cm Länge erreichen, auf.

Diese Augengneise werden von turmalinführenden Apliten und Gängen von feinkörnigem Granit durchschlagen.

Der Mustang-Granit scheint daher in mehreren, zeitlich unterschiedlichen Phasen eingedrungen zu sein. Der postorogene Granit besitzt aber die größere Ausdehnung.

Die Kontakte sind meist recht scharf. Häufig folgen jüngere Störungen der Granitgrenze. Der Granit entsendet nur geringmächtige (~ bis 1,5 m) Gänge von Turmalingranit und -aplit ins Nebengestein. Diese sind auf die nächste Umgebung des Granits beschränkt.

Die Kontaktwirkung des Granits ist im Bereich von einigen hundert Metern bis 4 km vom Kontakt noch spürbar. Im Landschaftsbild fallen die kontaktmetamorphen

Gesteine durch ihre dünklere Färbung auf. In den tonigen Gesteinen sprossen Andalusit [149], Biotit, Chloritoid und Hornblende. Nahe dem Granit finden sich Biotitgneise. Karbonatische Gesteine werden zu blaugrauen, Chloritoid und Hornblende führenden Kalkschiefern und Marmoren. Amphibolit- und Kalksilikatlagen sind häufig eingeschaltet.

N Charka, im oberen Pup Khola, ist der Granit reich an Fremdeinschlüssen. Diese bilden Schollen im Dezimeter- bis 100-m-Bereich. Es sind flaserige Biotitgneise und -schiefer, z. T. Granat (bis 0,7 cm) und Turmalin führend, Granat-Sillimanit-Flasergneise, Zweiglimmerparagneise mit Quarzitlagen, Amphibolit, Tremolitfels und Marmor (z. T. mit Hornblende und Diopsid). Vereinzelt wurden auch Feldspatungsgesteine beobachtet.

Die Schollengrenzen sind jedoch durchwegs scharf.

Es scheint uns wahrscheinlicher, daß der Granit bei seinem Aufdringen Schollen von bereits metamorphen Gesteinen aus dem Untergrund mitgebracht hat, als daß die oben genannten Metamorphite auf die Kontakteinwirkung des Granits zurückzuführen wären. Manche derselben erinnern sehr an die Gesteine der Oberen Kathmandu-Decke.

Der Mustang-Granit ist einer der spät- bis postorogenen, alpidischen Turmalingranite, wie sie sich auch in anderen Gebieten des Himalaya finden (A. GANSSER 1964, S. 167).

B. Tektonik

Wir teilen nicht die Ansicht P. BORDETS (1961, S. 216), wonach die Tibet-Zone mit tektonischem Kontakt an das unterlagernde Kristallin grenzt. Es ist vielmehr unmöglich, eine scharfe Grenze zwischen dem Sedimentkomplex und dem Kristallin zu ziehen. Wie bereits T. HAGEN (1954, 1956, 1959a) und C. G. EGELER et al. (1964), so sehen auch wir im Kristallin die normale, stratigraphische Basis der Sedimentzone. Während aber C. G. EGELER et al. das gesamte, über 10 km mächtige Kristallin als Basis der Tibet-Zone betrachten, scheint uns die Vorstellung T. HAGENS zutreffender zu sein. Nach T. HAGEN ist nur der nördlichste Teil des Kristallins, nämlich seine Kathmandu-Decke V, die Basis der Tibet-Zone.

Wenn wir auch nicht die Ansicht T. HAGENS teilen, wonach das Kristallin in fünf Einzeldecken zu gliedern ist, so ist doch anzunehmen, daß dieses nicht als Platte die tieferen tektonischen Einheiten des Niederen Himalaya überfahren hat, sondern eine enorme Deformation mitgemacht hat. Eine Gliederung in zwei Teildecken scheint uns in Nepal möglich zu sein. Die aus dem gesamten Himalaya bekannte Tatsache der Umkehr der Metamorphose spricht dafür, daß sich die bis über 100 km gegen SW überschobene Kristallin-Decke aus einer Großfalte entwickelt hat. Das Kristallin hat somit eine starke Einengung erfahren und hat vor dieser ein weiträumiges Gebiet aufgebaut.

Der Vergleich der so unterschiedlichen Sedimententwicklung nördlich und südlich des Hauptkammes, das fast völlige Fehlen von paläo- und mesozoischen Sedimenten auf der Kristallin-Decke SE von Kashmir*) sowie die Faziesverteilung in manchen Schichtgliedern der Tibet-Zone spricht eindeutig für eine im Streichen der Geosynklinale gelegene Schwelle (Taf. 6, Abb. 68—70). Wir sind der Auffassung, daß diese ehemalige Schwelle bei der alpidischen Gebirgsbildung zur Kristallin-Decke deformiert wurde und nehmen demnach an, daß die Sedimente der Tibet-Zone, vielleicht mit Ausnahme des Dhaulagiri-Kalkes, nur den nördlichsten Teil des Kristallins bedeckt haben (siehe Taf. 6)**).

---

*) Das Ordoviz-Silur von Phulchauki bei Kathmandu und die devonische Tang Chu-Serie in Bhutan sind die einzigen Ausnahmen.
**) 1967 konnten wir im Gebiet der Jaljala Kette, S und SW von Thabang (SE von Rukumkot, Nepal) im Kernbereich einer Kristallin-Deckscholle nur schwach metamorphen Dhaulagiri-Kalk finden.

Trotz der Verbindung der Tibet-Zone mit dem unterlagernden Kristallin, zeigt der 5000—7000 m mächtige Sedimentkomplex tektonisch eine gewisse Selbständigkeit und eigenen, ganz spezifischen Verformungsstil.

Im Niederen und Hohen Himalaya herrscht streng SW-vergenter Überschiebungs- und Schuppenbau. Die Gesteine der Tibet-Zone sind hingegen in einen offenen, leicht überblickbaren Faltenwurf gelegt. Im N ist die im Himalaya regional herrschende SW-Vergenz zu beobachten, während im südlichen Teil des Tibetischen Randsynklinoriums NE-Vergenz vorherrscht. Das Synklinorium wurde somit von N und S her eingeengt, wie dies in den Profilen T. HAGENS (1954, 1959a, b) zum Ausdruck kommt. Im einzelnen zeigten sich jedoch zahlreiche Abweichungen von den Profilen T. HAGENS (1956, 1959a, b).

Wir besprechen nun die einzelnen tektonischen Elemente unseres Aufnahmegebietes, beginnend im S desselben. Die Taf. 7 und 8 mögen der Veranschaulichung dienen.

1. Der SW-Rand des Tibetischen Randsynklinoriums

Die Gesteine der Tibet-Zone heben gegen S zu sanft aus. Dies war im Kali Gandaki-Tal bei Dhumpu, im Zungenbereich des Mayangdi-Gletschers, im unteren Barbung Khola bei Kakkot, im Tarap Khola sowie im Bereich S vom Ringmo-See zu beobachten.

In der N-Flanke des Dhaula Himal findet sich innerhalb des hier etwa 4000 m mächtigen Dhaulagiri-Kalks eine N-vergente Großfalte, deren Achsenebene mit etwa 25° gegen S einfällt (Taf. 8; Taf. 20, 28, Abb. 41, 61). Von den N-Abstürzen des Churen Himal an ist diese Falte durch den ganzen Dhaula Himal gegen E durchzuverfolgen. Der Arbeit von C. G. EGELER et al. (1964) ist zu entnehmen, daß diese liegende, N-vergente Großfalte in der Nilgirigruppe fortsetzt.

S von dieser Falte ist die Lagerung der Gesteine fast horizontal (z. B. Mayangdi-Gletscher, N-Flanke des Dhaulagiri), um dann gegen S mit flachem N-Fallen auszuheben (Taf. 7, 8 [10, 11, 12, 13]; Taf. 20, Abb. 40). Dies ist auch von Larjung aus in der Dhaulagiri-E-Flanke herrlich zu beobachten.

N der genannten Falte herrscht mittelsteiles bis steiles S-Fallen mit z. T. kräftiger Teilfaltung: So ist im Bereich von Camp 2 (5300 m) Silur (?) in den Dhaulagiri-Kalk eingefaltet (Taf. 8 [8, 9]).

Möglicherweise ist Silur (?) auch am obersten Gipfelaufbau des Dhaulagiri beteiligt (Taf. 18, Abb. 37), keinesfalls aber Trias-Perm, wie dies T. HAGEN (1956) zeichnet, oder Permo-Karbon (T. HAGEN, 1959a).

Im tieferen Teil der N-Abstürze des Dhaula Himal gelangt man in die jüngeren Schichtglieder der Mukut-Mulde (Taf. 20, 24, 28, Abb. 41, 51, 61).

Im Tarap Khola (Taf. 8 [4]) heben die Gesteine des SW-Randes der Tibet-Zone mit mittelsteilem Schichtfallen einheitlich gegen SW zu aus.

Im Gebiet des Ringmo-Sees hebt der Dhaulagiri-Kalk flexurartig gegen SW aus (bei Ringmo, Taf. 8 [1]). Auf die horizontale Lagerung im Bereiche des Sees folgt an dessen nördlichem Ende eine NE-vergente Antiklinale, die an eine steil gegen NE ansteigende Störung grenzt. Die Antiklinale setzt gegen NW im Massiv des Kanjiroba fort, wo sie von uns nicht weiter verfolgt wurde.

Im Bereich des 5220 m hohen Passes, der ins obere Lulo Khola führt, sind die oben beschriebene Antiklinale und die mit ihr verbundene Störung wieder zu beobachten. An letzterer ist der Dhaulagiri-Kalk diskordant dem devonischen Dolomit aufgeschoben (Taf. 8 [2]; Taf. 29, Abb. 62).

Diese NE-vergenten Strukturen sind eine Parallelerscheinung zu den N-vergenten des Dhaula Himal, sie stehen aber mit diesen nicht in Verbindung.

2. Die Mukut-Synklinale
(Taf. 24, 28, Abb. 51, 61)

Die Gesteine der N-vergenten, überkippten Mulde fallen fast durchwegs mittelsteil bis steil gegen S—SSW ein. Den Muldenkern bildet Kioto-Kalk mit einem unbedeutenden Vorkommen von Dogger. Der Kioto-Kalkzug ist durch eingeschuppte Tarap-Schiefer zweigeteilt (Taf. 7, 8 [9, 10], 10b; Abb. 63). Von der Störung, welche die Schiefer emporgebracht hat, wird der Kalk häufig diskordant abgeschnitten.

Die Synklinale, deren Kerngebiet der Kamm N Mukut ist, hebt gegen W zu rasch aus. In der N-Flanke des Dhaula Himal endet die Mulde im Bereich des Churen Khola. Der mit dem Hang einfallende Karbonkalk der S-Hänge des Barbung Khola (Gareng-Terang) gehört ebenfalls noch der aushebenden Mukut-Mulde an (Taf. 8 [7, 8]).

In östlicher Richtung setzt die Mukut-Mulde ins Hidden Valley fort, wo die mesozoischen Schichtglieder gegen E zu ausheben. Stark verfalteter, karboner Kalk ist im Bereich NE vom Dambusch-Paß das jüngste Schichtglied der Synklinale.

Nur durch eine schmale Teilantiklinale getrennt, schließt sich eine NNE der Mukut-Synklinale gelegene Muldenzone eng an diese an. Sie setzt in den Bergen ENE Terang ein, zieht S am Mu La vorbei und quert das Hidden Valley. Diese stark verfaltete Synklinalzone ist aber als Teil der Mukut-Mulde aufzufassen (siehe Taf. 8 [9—13]).

Sehr charakteristisch für die N-vergente Antiklinale des Dhaula Himal sowie für die Mukut-Synklinale sind sanft S- bis SSW-fallende Scherflächenscharen, an denen ebenfalls N-vergente Bewegungen abzulesen sind. Sie erfolgten im Millimeter- bis 100-m-Bereich. T. HAGEN hat diese bereits in seinen Profilen angedeutet (1956). Diese Bewegungsflächen sind jünger als der Faltenbau, zeigen aber dieselbe Bewegungstendenz.

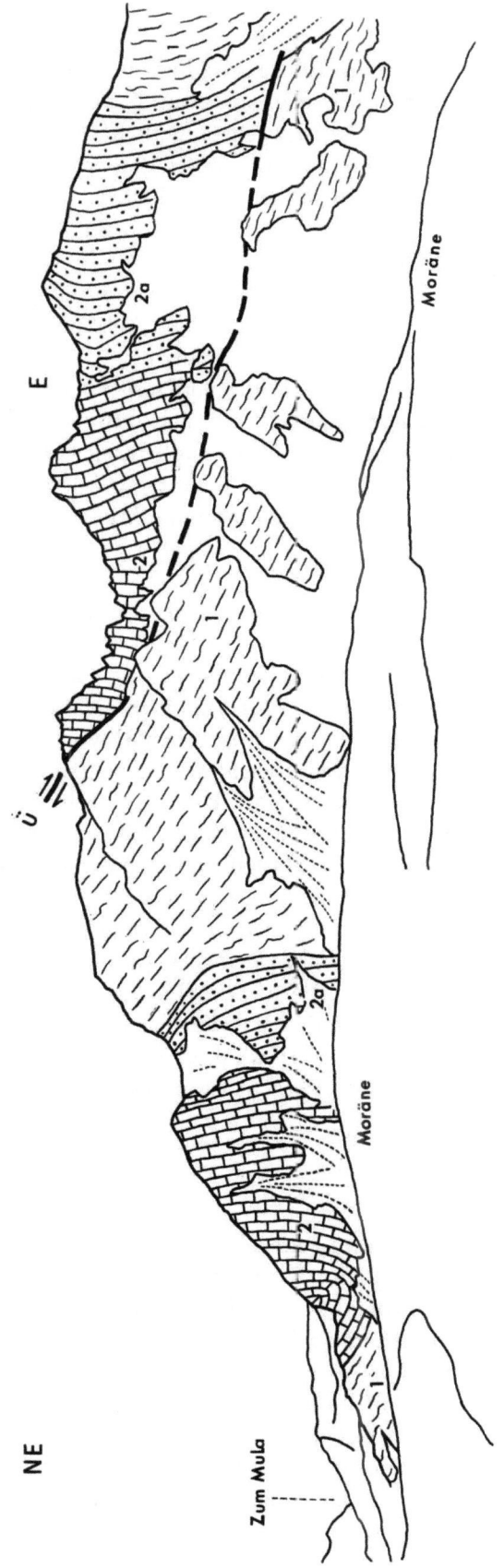

Abb. 63: Ansichtsskizze der E-Seite des Tales, das von Mukut zum Mu La führt (Hangdi Khola). Störung (Ü) im Muldenkern der Mukut-Synklinale. View of the E-side of the Hangdi Khola, the valley ascending from Mukut to the Mu La. Thrust (Ü) in the core of the Mukut-Syncline.
1 Tarap-Schiefer (Nor) — Tarap shales (Noric)
2a Quarzit-Serie (Ob.Nor? — Rhät) — Quartziet series (Up. Noric? — Rhaetic)
2 Kioto-Kalk (Rhät — Unt. Dogger) — Kioto limestone (Rhaetic — lower Dogger)

3. Antiklinale N von Terang

In der Talenge des Barbung Khola, N von der Ortschaft Terang (in ¼" Map Tarenggaon), quert man eine Antiklinale, deren Kern die devonische Tilicho-Paß-Formation bildet (Taf. 8 [7—10]). Diese enthält hier das Ammonoideen führende Kalkband (S. 162). Die N-Vergenz ist zwar noch vorherrschend, doch lange nicht so ausgeprägt wie in den besprochenen südlicheren Faltenzonen.

Die Aufwölbung ist vom Barbung Khola, nördlich des Mu La vorbei, ins mittlere Hidden Valley zu verfolgen.

Die im Landschaftsbild so auffällige Großfalte W von Dangarjong entspricht der östlichsten Fortsetzung dieser Antiklinale in unserem Gebiet. Die N-Vergenz ist hier wieder sehr ausgeprägt.

Ebenso wie die anderen bereits besprochenen Faltenelemente setzt auch diese Antiklinale gegen NW hin nicht bis ins Tarap Khola fort. Sie ist bestenfalls durch den etwas gefalteten Verlauf des südlichsten Dolomitbandes angedeutet.

T. HAGEN (1956) hat diese Antiklinale noch nicht erkannt, da er in den Profilen in dem fraglichen Bereich mächtige Mulden von Perm-Trias zeichnet.

4. Synklinale von Tukot—Barbong

Im Bereich der beiden genannten Orte quert man im Barbung Khola eine breite Mulde, die vom Tarap Khola bis in die Berge S Sangdah zu verfolgen ist.

In dem karbonatischen Devon des Tarap Khola ist die Synklinale am Verlauf des Dolomitbandes leicht erkennbar (südlichste Synklinale von Taf. 8 [4]).

Im Bereich des Barbung Khola ist die Synklinale als Doppelmulde ausgebildet. Kioto-Kalk und an einer Stelle auch Dogger bilden die Muldenkerne (Taf. 10a; Taf. 25, Abb. 53). Wie fast überall, wo der Kioto-Kalk in mächtigerer Entwicklung auftritt, spielen der Streichrichtung folgende Brüche eine große Rolle.

Der Charakter einer Doppelmulde bleibt auch weiter gegen ESE zu erhalten. In den Bergen zwischen dem Mu La und dem Thajang Khola markieren zwei Vorkommen der Lumachelle-Formation (Dogger) die Muldenkerne (Taf. 8 [10]).

Die Synklinale quert das Hidden Valley in dem schluchtartigen Ausgang dieses Tales, und der Kioto-Kalk ihres Kernes baut östlich davon die Bergkette S von Sangdah auf.

Die N-Vergenz ist in der beschriebenen Synklinalzone nur schwach ausgeprägt.

5. Antiklinale N von Barbong

Dieses Faltenelement ist vom Tarap Khola im W bis in die Berge nördlich des Keha Lungpa im E unseres Gebietes zu verfolgen.

Innerhalb der devonischen Mergel, Kalke und Dolomite des Tarap Khola zeigt sich im Mündungsbereich des Lang Khola eine ausgeprägte Antiklinale. Sie setzt gegen ESE ins Barbung Khola fort. Den Kern der Antiklinale bilden dort die Sandsteine und Schiefer der Tilicho-Paß-Formation (Devon), welche 6 km NW Barbong einen Kalkzug enthalten. Die Abb. 64, 65, Taf. 29, und Profile 6—8 (Taf. 8) zeigen die kräftige N-vergente Verfaltung im Bereich der Antiklinale.

Nördlich derselben findet sich im Gebiet des Barbung Khola, durch eine schmale Einfaltung tieferen Mesozoikums von der Hauptantiklinale getrennt, ein Teilsattel. Die relativ starren Quarzite des Perm haben in diesem ihre weichere Hülle durchstoßen und grenzen direkt an Mukut-Kalk (westlich des Barbung Khola, Taf. 8 [6]; Taf. 22, Abb. 47).

Diesem Teilsattel entspricht die Antiklinale im Devon, etwa 4 km SSW von Tarap.

In dem hoch gelegenen Gebiet östlich vom Barbung Khola ist nur an einer Stelle das Paläozoikum aufgeschlossen (Taf. 8 [11]). Es findet sich sonst in der Sattelzone nur Mesozoikum. Es verbinden sich hier die norischen Tarap-Schiefer der Tukot-Barbong-Mulde mit denen der Tarap-Charka-Synklinale (Taf. 8 [9, 10]). Im Bereich des etwa 5500 m hohen Passes, der vom Thajang Khola nach Sangdah führt, treten sogar die Kioto-Kalkzüge der beiden Synklinalzonen eng zusammen (Taf. 8 [12, 13]).

Östlich der Paßregion taucht im Keha Lungpa das Paläozoikum in mächtiger Entwicklung wieder auf (Taf. 8 [14]). Am Randbruch gegen das Thakkhola erscheint hier im Kern der Antiklinale mächtiger Dhaulagiri-Kalk (Taf. 8 [15]).

6. Synklinale von Tarap-Charka

Die beiden Ortschaften liegen in einer breiten Mulde, in der das Mesozoikum mächtig entwickelt ist. Den Kern der Synklinale markieren Kioto-Kalkzüge und Dogger-Vorkommen.

Im NW des aufgenommenen Gebietes, wo die südlicheren Faltenelemente nicht vertreten sind, grenzt die Synklinale direkt an die Aufschiebung im Bereich des Dhaulagiri-Kalks, und damit an die südwestliche Randzone des Tibetischen Randsynklinoriums.

Die WNW—ESE-streichenden Gesteine der Tibet-Zone heben gegen W zu sanft aus, wodurch die südlicheren, seichteren Faltenelemente in dieser Richtung bald enden. Es treten so immer neue, nördlichere Strukturelemente an den gegen NW zurückweichenden SW-Rand der Tibet-Zone heran.

Die starre, devonische Dolomitplatte im NW blieb nicht ohne Einfluß auf die Tektonik. Der Bau ist hier viel weitgespannter, und Brüche spielen in den paläozoischen Schichten eine größere Rolle. Es kam hier nicht zu dem bewegten Faltenbau der südöstlicheren Gebiete (vgl. Taf. 8). Abb. 45, Taf. 22, zeigt den SW-Schenkel der Synklinale im Deokamukh Khola.

In den Bergen N und NE von Tarap baut der Kioto-Kalk im Kern der Mulde ein weites Gebiet auf (Taf. 25, Abb. 52). In dem relativ starren Kalk, der den weichen Tarap-Schiefern auflagert, hat sich bei der Faltung eine große Zahl streichender Störungen entwickelt. Diese zerlegten den Kalkkörper in eine Reihe von Schollen, die an den Störungen teils verwerfungsartig gegeneinander abgesetzt, teils mit den Tarap-Schiefern verschuppt worden sind (Taf. 28, 30, Abb. 60, 66).

Das bestentwickelte Dogger-Vorkommen unseres Gebietes findet sich dort an einer solchen Störung (Taf. 8 [4, 5]). Diese Bruchfaltentektonik gibt den Bergen von Tarap und Charka ihr landschaftliches Gepräge (Taf. 25, 30, Abb. 54, 66).

Die aus Kioto-Kalk aufgebauten Berge S Charka setzen jenseits des Thajang Khola gegen ESE fort. Im Raume nördlich Sangdah heben die jüngeren Schichtglieder der Synklinale gegen das Thakkhola zu aus.

Die Bewegungen sind in der beschriebenen Synklinalzone gegen SW gerichtet. In den südlicheren Faltenelementen war hingegen NNE-Vergenz vorherrschend.

7. Antiklinale von Zaba (Nangung Khola)

Auch diese Struktur ist deutlich SW-vergent. Im Nangung Khola bringt sie jungpaläozoische Schichten in dem von Mesozoikum umrahmten stratigraphischen Fenster von Zaba zum Vorschein. Die Gesteine sind kräftig verfaltet. Am S-Rand des stratigraphischen

Fensters sind paläozoische Schichten über einen Bereich von einigen hundert Metern an einer flachen Störung auf mesozoische überschoben. Ein schmaler Paläozoikumkeil steckt dort im stark verfalteten Mukut-Kalk (Taf. 8 [1]). Eine Struktur dieser Art ist uns, außer von Dingju, von keinem Punkt des aufgenommenen Gebietes bekannt. Möglicherweise sind Abscherbewegungen im Hangenden der devonischen Dolomitplatte hierfür verantwortlich.

Im N-gerichteten Verlauf des Kahajong Khola findet sich eine weitgespannte Paläozoikum-Aufwölbung, welche die streichende Fortsetzung der Zaba-Antiklinale darstellt. Im E des genannten Tales ist der Mustang-Granit in die Antiklinale eingedrungen. Er baut hier deckenartig die Berghöhen auf und verändert die paläozoischen Schiefer in seinem Liegenden durch seine Kontaktwirkung (Taf. 8 [5, 6]).

Überall im Gebiet N Charka ist der Granit in den Kern der Antiklinale intrudiert.

Die ältesten Gesteine derselben sind die von uns für devonisch angesehenen kontaktmetamorphen Karbonatgesteine. Die jüngeren, paläo- und mesozoischen Schichten sind in einen sehr bewegten, teils SW-, teils NE-vergenten Faltenbau gelegt (Taf. 8 [6—9]).

Etwa 9 km ESE von Charka ist die Antiklinalzone an einer transversalen, NW—SE-streichenden Störung weiter gegen S versetzt (siehe Taf. 7, 8).

Den Kern der gegen SW überkippten Antiklinale bildet Dhaulagiri-Kalk. Dieser grenzt an der Störung gegen obertriadische Gesteine.

Die Antiklinale begrenzt die bereits beschriebene Tarap-Charka-Synklinale gegen NE hin.

8. Synklinale von Koma

Diese nördlichste Muldenzone ist nur im NW des aufgenommenen Gebietes vorhanden.

Nordöstlich der Antiklinale von Zaba tauchen die Gesteine sanft gegen NE zu ab, und beiderseits des Tales von Koma zeigt eine breite, ausgedehnte Entwicklung von Kioto-Kalk die Kernregion einer Mulde an (Taf. 8 [1]). Diese baut den Kamm SW vom Panjang Khola auf und erstreckt sich bis ins Gebiet SSE von Dingju. Der einzelstehende, aus Kioto-Kalk aufgebaute Berg ist der ostsüdöstlichste Ausläufer der Synklinale (Taf. 8 [4]).

Die mesozoische Mulde wird gegen NE von einem der Streichrichtung folgenden Bruch begrenzt. Da jenseits desselben durchwegs paläozoische Gesteine vorhanden sind, ist die Sprunghöhe ziemlich groß.

9. Antiklinale des Panjang Khola

Diese Struktur konnten wir in der nordwestlichsten Ecke unseres Gebietes beobachten.

Bei Schiman fallen die jungpaläozoischen (?) Schiefer steil gegen SW ein. Gegen N wird das SW-Fallen flacher, und es tauchen ältere Gesteine auf. Den Kern der breiten Aufwölbung dürfte Dhaulagiri-Kalk bilden (Taf. 8 [1]).

Zwischen Schiman und Dingju ist der Bau wesentlich komplizierter:

Steil SW-fallend folgen im Liegenden der permischen sandigen Schiefer, (permische?) Quarzite und schwärzliche Schiefer. Diese grenzen teils an devonische Karbonatgesteine, teils an Dhaulagiri-Kalk. Letzterer ist keilartig in die Quarzite und Schiefer SW-vergent eingepreßt, wobei diese ins Liegende des altpaläozoischen Kalkes geraten sind (Taf. 8 [2]). Wir vermuten, daß die permischen Schiefer und Quarzite über die devonischen Karbonatgesteine und den Dhaulagiri-Kalk transgrediert sind und daß der Transgressionskontakt durch die spätere Gebirgsbildung stark deformiert worden ist. Zur eindeutigen Klärung der komplizierten Verhältnisse wäre jedoch eine flächenhafte Kartierung des betreffenden Bereiches unbedingt nötig.

Weiter östlich, im Grenzbereich gegen Tibet, dürfte der Mustang-Granit die Antiklinale quer abschneiden.

10. Störungen

Bei Besprechung des Faltenbaues, der das beherrschende Strukturelement der Tibet-Zone Nepals ist, wurden auch andere, untergeordnet auftretende Strukturen erwähnt.

a) Überschiebungen: Sie treten nur lokal auf. Flache Überschiebungen im Hundert-Meter-Bereich sind S von Zaba und NW von Dingju (s. o.) beobachtet worden. Eine steile Aufschiebung kennen wir vom Ringmo-See und Lulo Khola (Taf. 29, Abb. 62).

Diese Störungen dürften gleichzeitig mit der Faltung oder nur wenig später entstanden sein.

b) Schuppungen und dem Streichen folgende Brüche.

In den aus Kioto-Kalk aufgebauten Gebieten spielen diese eine große Rolle. Sie sind in eigenartiger Weise mit Falten im Kioto-Kalk kombiniert, so daß eine Art Bruchfaltentektonik vorliegt (Taf. 7, 8, 10a, b; Taf. 25, 27, 30, Abb. 54, 59, 63 [S. 193], 66). Wir sind der Meinung, daß der relativ starre Kalk in einer Umgebung von leicht verformbaren Gesteinen, wie es die Tarap-Schiefer und die Lumachelle-Formation sind, auf die Einspannung bei der Faltung bruchförmig reagiert hat.

Ähnlich finden sich solche Störungen noch in dem ebenfalls starren, devonischen Dolomitkomplex des Deokamukh Khola.

c) Transversale Störungen.

Sie queren den Faltenbau und sind deutlich jünger als dieser.

Die Störung 9 km ESE Charka wurde bereits erwähnt. Sie streicht in NW- bis NNW-Richtung.

Während Störungen dieser Art im Großteil unseres Aufnahmsgebietes keine Rolle spielen, ist die „Dangarjong-Verwerfung" (T. HAGEN 1959a, b) im E unseres Gebietes von großer Bedeutung. Der Bruch begrenzt den „Thakkhola-Graben" im W. Nach HAGEN beträgt die Sprunghöhe 2000 m (C. G. EGELER et al. 1964 geben sogar 2700 m an). Diese auch morphologisch überaus deutliche Störung verläuft in NNE—SSW-Richtung entlang dem westlichen Abbruch zum Thakkhola. Sie quert das Kali Gandaki-Tal bei Syang. Die jüngeren Schichten des Gebietes um Thinigaon setzen daher nicht auf die NW-Seite des Tales über.

Von der Dangarjong-Verwerfung zweigt eine kleinere, SW-gerichtete Störung im Gebiet zwischen Sangdah und Dangarjong ab.

Bezüglich der Entstehung des Thakkhola-Grabens können wir, ebensowenig wie C. G. EGELER et al. (1964), den Vorstellungen T. HAGENS folgen, nach welchen der Graben bereits vororogen existiert hat. Seine Ur-Anlage soll mindestens bis ins Rhät zurückreichen (1959b).

Es handelt sich aber vielmehr um einen jungen, spät- bis postorogenen Einbruchsgraben. Seinen Einfluß auf die Sedimentation im Thakkhola kann man nur an den jungen Seeablagerungen und Alluvionen erkennen. Entgegen der Ansicht T. HAGENS fehlen solche Merkmale in den älteren, vortertiären Formationen.

III. DIE ENTWICKLUNG DES HIMALAYA

Nach Beschreibung des Niederen und Hohen Himalaya (I) und der Tibet-Zone (II) sei nun abschließend ein Überblick über die paläogeographische und strukturelle Entwicklung im Himalayaraum gegeben. Obwohl uns bewußt ist, daß beim heutigen Stand unserer Kenntnis manche Aussage hypothetisch bleiben muß, halten wir es doch für notwendig, unsere Vorstellungen niederzulegen.

Unsere Arbeit brachte neue Beobachtungen, welche mit einer Reihe bestehender Vorstellungen unvereinbar sind. Das vergleichende Studium verschiedener Gebiete ließ neue Zusammenhänge erkennen. Es wird daher der Versuch unternommen, diese Ergebnisse in ein Gesamtbild einzuordnen. Dabei ergeben sich neue Gesichtspunkte, die vielleicht zu weiteren Untersuchungen und künftigen Forschungen anregen.

Bezüglich der paläogeographischen Karten (Abb. 67—70) muß betont werden, daß es sich um keine konsequenten Abwicklungen des Deckenbaues handelt. Die Zonen des Niederen Himalaya mögen in ihrer Breite einigermaßen richtig eingetragen sein. Die Breite der Himalaya-Schwelle war aber jedenfalls größer. Bei Eintragung der annähernden Werte, wie sie Taf. 6 zugrunde liegen, wäre die Tibet-Zone weit nach N zurückzuverlegen, wodurch der Zusammenhang mit der heutigen geographischen Lage der einzelnen Vorkommen gänzlich verlorenginge. Die Karten sind daher als Darstellung der prinzipiellen Verteilung der Ablagerungsräume qualitativ, aber nicht quantitativ aufzufassen.

Im Präkambrium des nördlichen Indischen Schildes streichen die orogenen Zonen, die Aravallis und die jüngeren Vindhyans, in NE- bzw. ENE-Richtung quer zum heutigen Himalaya.

Es ist anzunehmen, daß diese präkambrischen Zonen in den Himalayaraum fortgesetzt haben. In der Tertiär-Zone, der Krol-Einheit oder der Chail-Decke kennen wir die kristalline Basis nicht. Die Kristallin-Decke besteht aber aus polymetamorphen von jüngeren Orogenesen mitgeprägten Gesteinen. Der ursprüngliche Charakter des Präkambriums, das die Basis der jüngeren Sedimentfolgen des Himalaya bildete, ist uns daher nicht bekannt.

Es wurde verschiedentlich der Versuch gemacht, die fast nicht metamorphen Vindhyans mit den fossilleeren Folgen des Niederen Himalaya zu vergleichen. Diese Annahme hätte eine Schichtlücke vom Kambrium bis zum Jura zur Folge, was sehr unwahrscheinlich ist.

Indischer Schild und Himalaya haben seit dem Jungpräkambrium eine gänzlich verschiedene Entwicklung mitgemacht.

Ersterer blieb seit dieser Zeit ein stabiler Kraton, der nur randlich von jüngeren Transgressionen betroffen wurde.

Im Himalaya herrschten in spätpräkambrisch-ordovizischer Zeit einheitlich geosynklinale Verhältnisse.

Die mächtigen, monotonen Ablagerungen zeigen Flysch-(Grauwacken-)Fazies: Simla-, Dogra-, Attock Slates, Martoli-Formation, Haimantas und das Kambrium Kashmirs (Taf. 4, Abb. 67). Die mehr kalkigen Formationen, wie Garbyang-Formation und Dhaulagiri-Kalk, tragen ebenfalls die Merkmale geosynklinaler Sedimentation. Sämtliche genannten Formationen sind auf den Himalaya beschränkt. Sie sind faziell grundverschieden von den gleich alten Bildungen im Randbereich des Indischen Schildes, wie dem Kambrium der Salt Range oder den Oberen Vindhyans.

Im Verlauf dieser altpaläozoischen Geosynklinale zeigt sich zum ersten Male die NW—SE-Richtung des Himalaya.

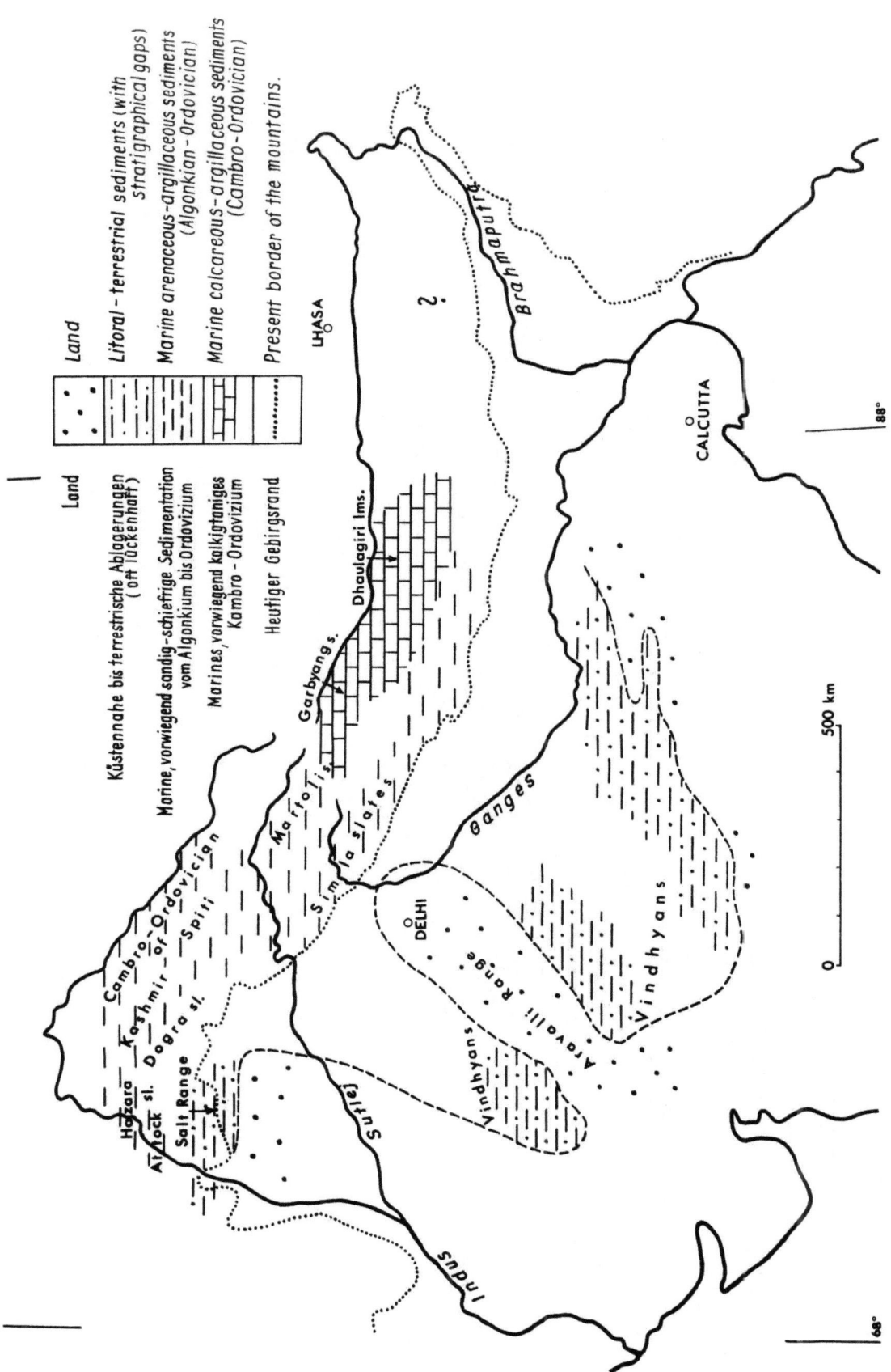

Abb. 67: Paläogeographische Karte des Himalaya für den Zeitraum Purana (Algonkium)—Kambrium—Ordovizium (vor der kaledonischen Orogenese).
Palaeogeographic map of the Himalayas for the period Purana (Algonkian)—Cambrian—Ordovician (before Caledonian orogeny).

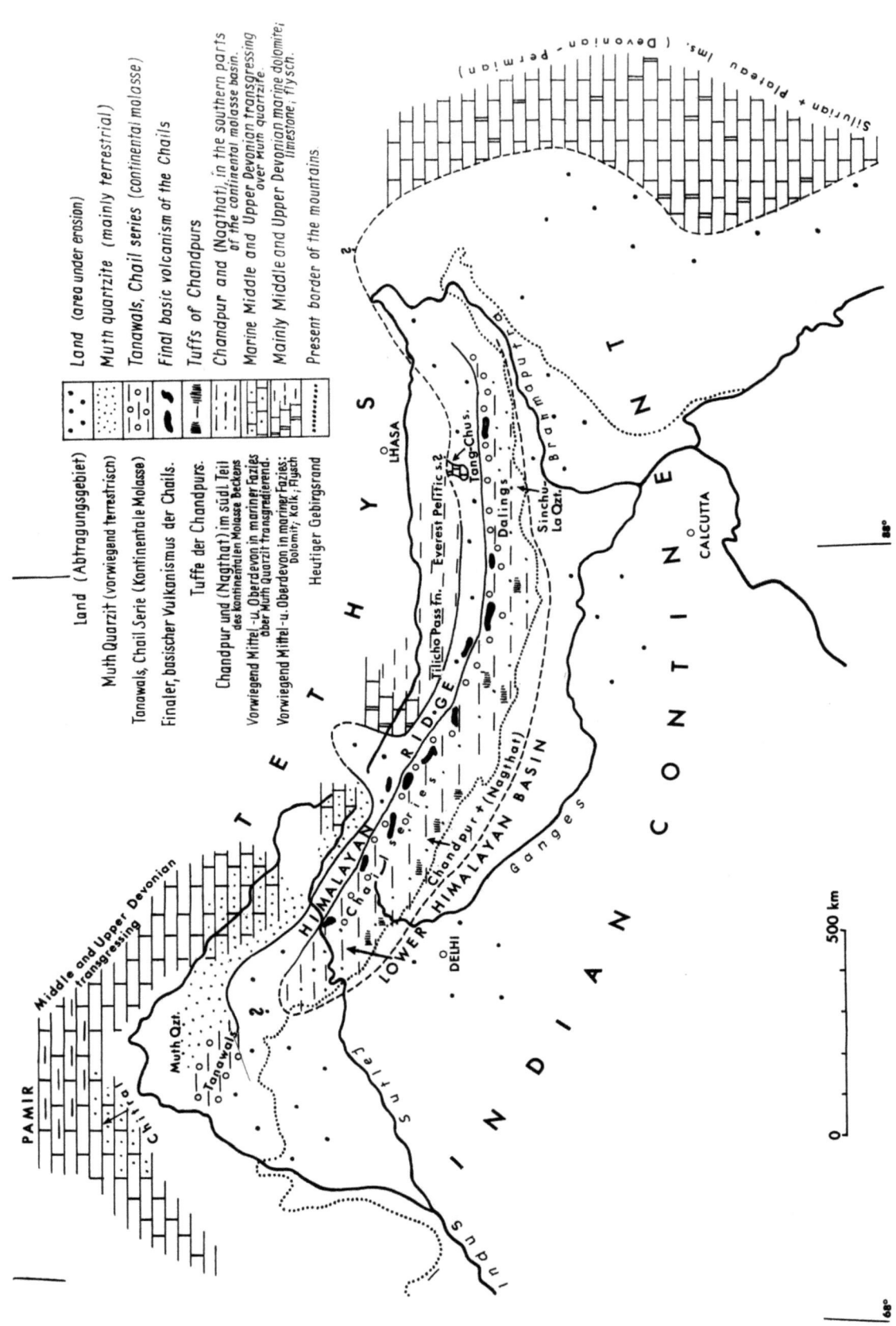

Abb. 68: Paläogeographische Karte des Himalaya für den Zeitraum Ob. Silur—Devon (nach der kaledonischen Orogenese).
Palaeogeographic map of the Himalayas for the period Up. Silurian—Devonian (after the Caledonian Orogeny).

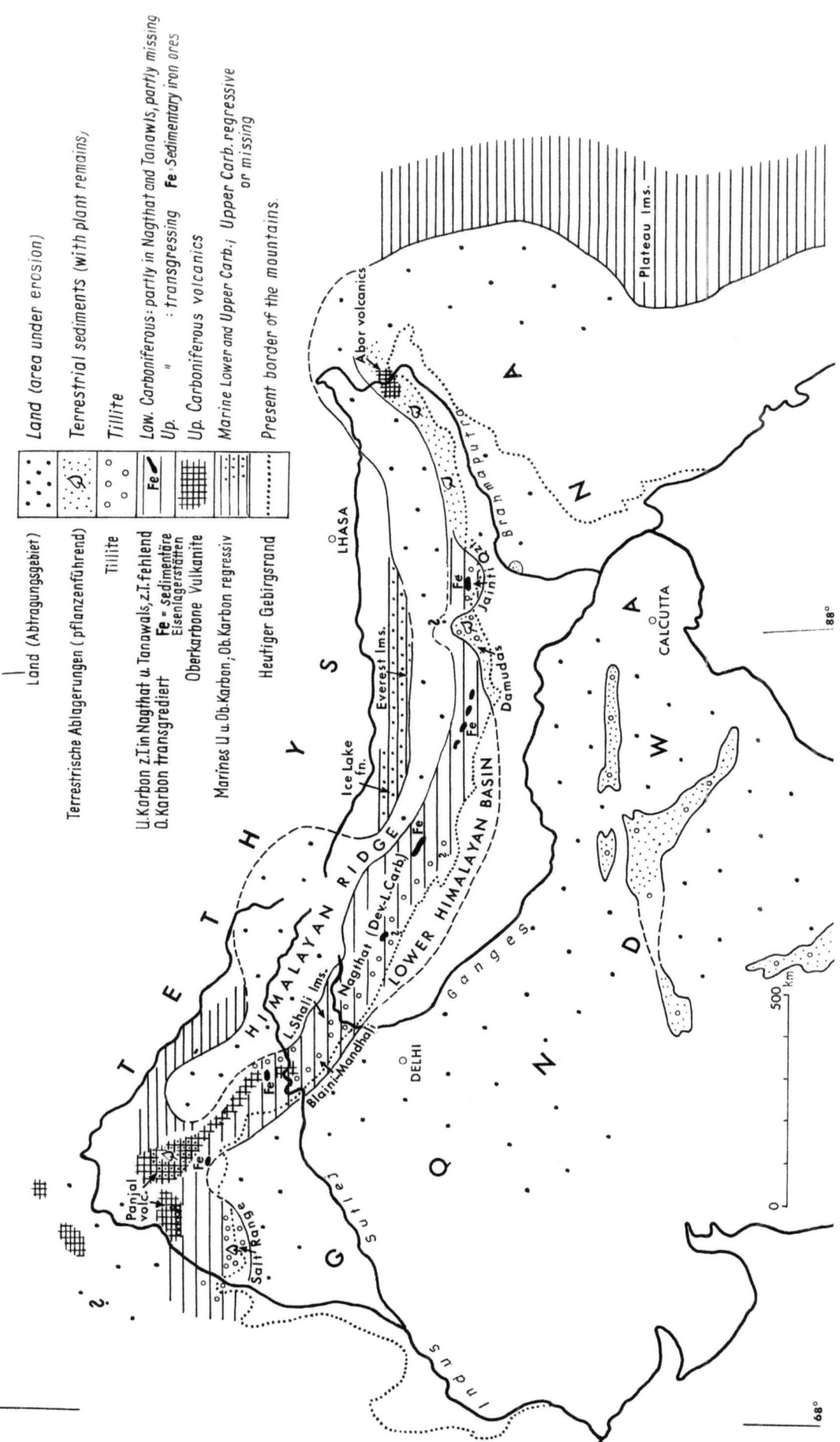

Abb. 69: Paläogeographische Karte des Himalaya für den Zeitraum des Karbon.
Palaeogeographic map of the Himalayas for the Carboniferous.

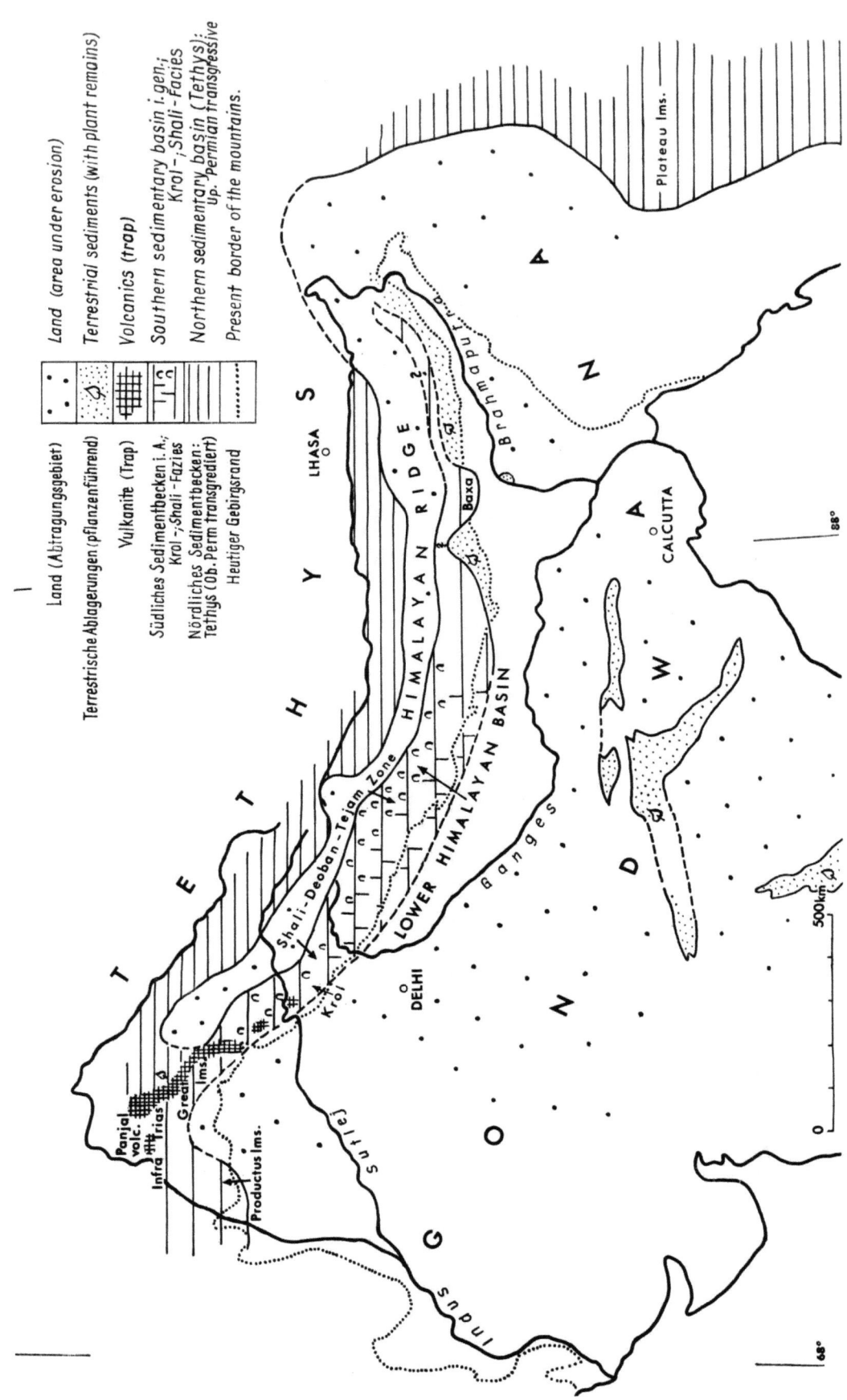

Abb. 70: Paläogeographische Karte des Himalaya für den Zeitraum Perm — (tiefere Trias).
Palaeogeographic map of the Himalayas for the period Permian—(Lower Trias).

Die im Himalaya bis ins Ordoviz recht einheitliche Geosynklinalentwicklung endet im Verlaufe des Silur. Seit dieser Zeit besteht der tiefe Gegensatz zwischen den fossilreichen, gut gliederbaren Folgen der Tibet-Zone und den fossilleeren, im Sedimentcharakter ganz andersartigen Ablagerungen der Zonen S vom Himalaya-Hauptkamm. Diese tiefgreifende Umgestaltung der Ablagerungsbedingungen führen wir auf die kaledonische Orogenese zurück.

Damals entstand unserer Auffassung nach ein Gebirge, welches in NW—SE-Richtung streichend dem Indischen Kontinent angeschweißt worden ist (Abb. 68). Es blieb während der folgenden geologischen Zeiträume als Schwellenregion wirksam. Nordöstlich derselben hat die marine Entwicklung während des oberen Silur und tieferen Devon eine kurze Unterbrechung erfahren, in welcher der terrestrische Muth-Quarzit entstanden ist. Im Mittel- und Oberdevon folgen wieder marine Flachwassersedimente (Spiti, Kumaon). In Nepal wurde die marine Sedimentation nicht unterbrochen — es änderte sich lediglich der Sedimentcharakter. Karbonatische Seichtwasserablagerungen und Flyschgesteine entstanden hier während des Devon.

In Kashmir, das in der Schwellenregion liegt, umfaßt der Muth-Quarzit das gesamte Devon. Die Tanawals, typische grobklastische Molassesedimente, kamen im südwestlichen Kashmir und in Hazara zur Ablagerung.

Südwestlich des kaledonischen Gebirges sammelten sich die Abtragungsprodukte desselben in einem schmalen, kontinentalen Becken.

Die gröber klastischen, mehrere tausend Meter mächtigen Chails und Dalings wurden am Fuß des Gebirges, also in den nordöstlichsten Beckenteilen, abgelagert. Basische Vulkanite sind in diesen Molassesedimenten weit verbreitet. Mit der Entfernung vom Gebirge wird das klastische Material feiner — Tuffe zeigen auch hier vulkanische Tätigkeit an (Chandpurs, Sinchu La Quarzit usw.). Der hohe Feldspatgehalt vor allem der Chails spricht für rasche Schüttung und geringe „Reife" der Sedimente.

Die bunt gefärbten Nagthats mit ihren Orthoquarziten zeigen das Ende des Molassestadiums an. Weniger die Konglomerate und Sandsteine des Simla-Gebietes, die vermutlich randnahe Position in dem Ablagerungsbecken besessen haben, als vielmehr die so verbreiteten Orthoquarzite und bunten Schiefer sind reife Seichtwasser-Sedimente, die von geringer Reliefenergie zeugen. Dieses Stadium dürfte im obersten Devon-Karbon erreicht worden sein.

Im höheren Oberkarbon setzt am N-Rand des Indischen Kontinents eine marine Transgression ein*). Sie schafft in der Salt Range nach einer Unterbrechung seit dem Kambrium wieder marine Verhältnisse und überflutet auch das kontinentale Becken am N-Rand des Indischen Schildes (Abb. 69), verlor aber hier den marinen Charakter.

Das Talchir Boulder Bed, ein oberkarboner Tillit, bildet am Indischen Kontinent die Basis der Gondwanas, in der Salt Range die Basis einer fossilreichen, jungpaläozoischen Schichtfolge. Dieser Tillit findet sich in Hazara in den basalen Teilen der Infra-Trias, in der Krol-Zone als Blaini Boulder Bed und scheint auch im östlichen Himalaya (Sikkim) vertreten zu sein.

Nicht überall sind die oberkarbonen Schichten von den älteren scharf abzutrennen. In der Shali- und Chail-Fazies werden die Nagthats gegen das Hangende karbonatisch (Orthoquarzit-Karbonat-Fazies, im Sinne von Pettijohn 1957) und gehen in eine bunt-

---

*) Nach Ansicht von Prof. Dr. J. B. Waterhouse ist diese Transgression permischen Alters (persönliche Mitteilung).

gefärbte Dolomit-Sandstein-Schieferfolge über, welche die typischen Blainis der südlicheren Krol-Fazies vertritt.

In diesem Übergangsbereich zwischen den Nagthats und den mächtigen, überlagernden Dolomiten sind sedimentäre Eisenlagerstätten (vorwiegend Hämatit) sehr verbreitet. Sie sind das Produkt einer lang andauernden Verwitterung im Bereich des nördlichen Indischen Kontinents und der Himalaya-Schwelle. Das aus diesen Gebieten stammende Eisen reicherte sich in dem kontinentalen Becken an und wurde in den transgredierenden Schichten ausgeschieden.

Während in der Salt Range der das Oberkarbon überlagernde Produktus-Kalk wegen seines Fossilreichtums weltbekannt ist, sind die entsprechenden Karbonatgesteine der Infra Trias, der Krols, Shalis und Baxas durchwegs fossilleer (Abb. 70). Wir sehen darin eine Folge der weitgehenden Isolierung des südlich der Himalaya-Schwelle gelegenen Beckens. Dieses war von der Salt Range her überflutet worden, hatte aber anscheinend die Verbindung mit dem Weltmeer bald verloren. Auf Unterbrechungen derselben deuten die schwarzen Schiefer (Infra Krol, Shali Slates) im Niederen Himalaya sowie die Gondwanapflanzen führenden Schichten Kashmirs hin.

Im östlichen Himalayaraum werden die Karbonatgesteine (Baxas) vielfach durch die terrestrischen Damudas (Unt. Gondwana) faziell vertreten (Abb. 69, 70). Sie geben somit an, wieweit die von NW her erfolgte Ingression gereicht hat.

Im östlichen Kashmir, also im Bereich der gegen NW zu an Bedeutung verlierenden Himalaya-Schwelle, wird im Unterkarbon der Syringothyris-Kalk abgelagert. Die in den Fenestella-Schiefern (M. Karb.) so häufigen Quarzite zeigen bereits eine gewisse tektonische Unruhe an, die in den z. T. grobklastischen, vulkanogenen Agglomeratic Slates (O. Karb.) und den tausende Meter mächtigen Ergüssen des Panjal Trap (O. Karb.—Trias) gipfelt. Die Agglomeratic Slates zeigen, ebenso wie die ihnen entsprechenden Talchirs (Salt Range), transgressiven Charakter. Terrestrische Schichten mit Gondwanapflanzen sowie oberpermische, marine Sedimente (Zewan Beds) sind mit den vulkanogenen Gesteinen verzahnt. Diese wechselvollen Bildungen sind wohl die Folge von variszischen Bewegungen. Im E Kashmirs unterbrachen sie die marine Sedimentation, während sie im W über einer bedeutenden Schichtlücke bzw. über terrestrischen Gesteinen (Tanawals) zur Ablagerung kamen.

Wie in E-Kashmir, so wurden auch in der Tibet-Zone im Unterkarbon vorwiegend kalkige Formationen gebildet (Lipak-Serie, Ice Lake-Formation, Mt. Everest Lms.). Gesichertes Oberkarbon ist nur aus Spiti bekannt (Po-Serie).

Es ist ein Charakteristikum der Tibet-Zone, daß das tiefere Perm fehlt und höheres Perm über verschiedene ältere Formationen transgrediert. Am größten ist die Schichtlücke in Kumaon, wo die Kuling Shales dem Muth-Quarzit auflagern, wo somit höheres Devon, Karbon und tieferes Perm fehlen. Dies mag die Folge variszischer Bewegungen sein, es besteht aber auch die Möglichkeit, daß in dem fraglichen Zeitraum keine Sedimente zum Absatz kamen (siehe Abb. 69).

Es zeigt sich also ein Unterschied im sedimentären Rhythmus zwischen Kashmir sowie den Gebieten SW der Himalaya-Schwelle, wo die Transgression im Oberkarbon erfolgt, und der Tibet-Zone, in welcher das höhere Perm transgrediert (Kuling-Serie, Thini Chu-Formation, Lachi-Serie) (siehe Taf. 4).

Im gesamten Himalayaraum scheint die Sedimentation an der Perm-Trias-Grenze keine Unterbrechung erfahren zu haben. Während sie in der Tibet-Zone kontinuierlich bis in den Jura fortsetzt, endet die marine Sedimentation in der Salt Range mit dem Skyth, und es ist wegen des sonst ähnlichen sedimentären Rhythmus anzunehmen, daß auch die Krol- und Shali-Kalke des Niederen Himalaya nicht höher in die Trias fortsetzen.

In der Tibet-Zone konnte in Nepal zu Beginn der Trias eine deutliche Absenkung in der Geosynklinale festgestellt werden. Das Anis-Karn ist in der Tethys-Zone tonig-kalkig, während das Nor merklich sandiger ist. In Nepal kommt es sogar zu flyschartigen Bildungen (Tarap-Schiefer). Im obersten Nor-Rhät zeigt die Quarzit-Serie mit ihren Seichtwasserbildungen eine die gesamte Tethys-Zone und auch Kashmir betreffende Hebung an. Es folgt die Entwicklung mächtiger, ebenfalls in seichtem Wasser abgelagerter Kalke (Kioto). Diese umfassen zeitlich Rhät, Lias und den tiefsten Dogger.

Der in der obersten Trias erfolgte Umschwung in der Sedimentation geht auf epirogene, weite Teile des Himalaya betreffende Bewegungen zurück. Der regressiven Tendenz im Bereich der Geosynklinale (Tethys) steht in Hazara eine Transgression gegenüber. Der Kioto-Kalk überlagert in Hazara gering mächtige, vulkanogen-terrestrische Schichten, die eine Unterbrechung der marinen Sedimentation während der Trias anzeigen (C. S. MIDDLEMISS 1896). Hazara zeigt bis zum Rhät ähnliche Entwicklung wie die Salt Range und der Niedere Himalaya weiter im E. Ab dem Rhät entspricht seine Schichtfolge weitgehend derjenigen der Tethys-Zone.

Die an Lumachellen reichen Schichten des mittleren und höheren Dogger zeigen ebenfalls Seichtwasser-Charakter.

Nach einer Unterbrechung der Sedimentation in der mittleren und höheren Trias erreicht eine jurassische Transgression die westliche Salt Range. Auf die jurassischen Schichten folgt gering mächtige Kreide.

Diese Transgression ist auch in den Sedimentationsraum des Niederen Himalaya vorgedrungen und brachte die Tal-Serie, die dort älteste, fossilführende Formation zur Ablagerung. Der tiefere, schiefrige Teil derselben besitzt Grauwacken-Fazies, während der höhere, aus bunten Sandsteinen, Quarziten und Schiefern aufgebaute Teil sehr an die Nagthats (Orthoquarzit-Fazies) erinnert. Es stellten sich nach der marinen Ingression also sehr bald wieder kontinentale Verhältnisse ein. Man kann nicht mit Sicherheit angeben, wieweit die Tal-Serie auch Kreide umfaßt.

In der Tibet-Zone leiten nach einer Schichtlücke im unteren Malm die tithonneokomen Spiti Shales einen neuen Sedimentationsabschnitt ein. Die kretazisch-alttertiären Schichten besitzen Flysch-Charakter. Ophiolithe zeigen die beginnende Unruhe in der Geosynklinale (Tethys) an. Bezüglich der Flysch-Zone, die vom Nanga Parbat über das obere Indus-Tal, Kumaon ins südliche Tibet zu verfolgen ist, verweisen wir auf die Arbeit von A. GANSSER (1964), in welcher sämtliche Beobachtungen aus dieser Zone zusammengestellt sind.

Es sei hier hervorgehoben, daß die Position der Flysch-Zone im Himalaya von der in den Alpen verschieden ist. In dem zweiseitigen Orogen der Ostalpen finden sich im N- und S-Stamm je eine Flysch-Zone in außenrandnaher Position. Im einseitig S-vergenten Himalaya tritt die Flysch-Zone nicht am S-Rand des Gebirges, sondern im Hinterland des Himalaya, zwischen diesem und dem alpidisch wiederbelebten Karakorum (H. J. SCHNEIDER 1957, 1960, T. E. GATTINGER 1961) auf. Wir erklären diese abweichende Stellung der Flysch-Zone im Himalaya in folgender Weise: Das kaledonische Gebirge, welches als Vorläufer des Himalaya an den Indischen Kontinent angegliedert worden ist und fortan als Schwelle wirksam war, sowie das S desselben gelegene kontinentale Becken, welches nur selten von marinen Ingressionen erreicht wurde, sind zwar instabile, aber doch Teile des Indischen Kontinentalblocks. Sie gehören nicht zur himalayischen Geosynklinale, welche erst nördlich der Himalaya-Schwelle in der Tibet- oder Tethys-Zone beginnt. Nur hier konnte es bei Einsetzen der ersten alpidischen Bewegungen zur Bildung einer Restgeosynklinale, eines Flyschtroges, kommen.

Die Kreide und das Alttertiär sind in S-Tibet, wo sie von A. M. HERON (1922) und H. H. HAYDEN (1907) beschrieben wurden, nicht flyschartig ausgebildet. Wenn diese Zone mit dem Indus Flysch zu verbinden ist, so verlieren die Gesteine jedenfalls im Bereich des Tibetischen Plateaus ihren Flyschcharakter.

Das Eozän ist in der Salt Range, in Hazara, Kashmir und im Sedimentbecken des Niederen Himalaya deutlich transgressiv.

Auch die jüngeren, tiefer miozänen Dagshais und Kasaulis des Raumes von Simla und Murrees von Kashmir-Jammu sind auf den NW des Sub- und Niederen Himalaya beschränkt*). Es scheinen sämtliche Transgressionen, die das zwischen Indischem Schild und Himalaya-Schwelle gelegene Becken erreicht haben, von NW her, aus dem Raume Salt Range—Hazara—Kashmir erfolgt zu sein.

Erst die mittelmiozänen bis tiefst pleistozänen Siwaliks, die als Molassezone den S-Rand des Himalaya von Hazara bis Assam über 2400 km begleiten, zeigen den Beginn der Hauptfaltungsphase des Himalaya an. Im Simla-Gebiet sind als jüngste Gesteine noch untermiozäne Dagshais in den Deckenbau miteinbezogen (Shali-Fenster), wodurch die tektonische Hauptphase zeitlich als mittelmiozän festgelegt ist.

Erst die Kenntnis der tektonischen Großeinheiten erlaubt es, paläogeographische Rekonstruktionen anzustellen. Umgekehrt ist aber die Tektonik des Himalaya erst verständlich, wenn man die paläogeographische Entwicklung mit berücksichtigt.

Die kaledonisch gebildete Himalaya-Schwelle, die seit dem Silur die Sedimentation im Himalayaraum beeinflußt hat, behält auch während der alpidischen Gebirgsbildung ihre Selbständigkeit. Sie wird zur mächtigen Kristallin-Decke, die ihr Vorland über 100 km weit überschiebt.

Die mächtige, devonische Molasse südlich des kaledonischen Gebirges — die Chails — bilden ebenfalls einen selbständigen geologischen Körper, sie werden zur Chail-Decke. Diese bildete für die überfahrende Kristallin-Decke eine Art Gleitmittel und wurde an der Basis dieser Decke weit nach S verfrachtet.

Während die Chail-Decke dem nördlichen Teil des Beckens SW von der Himalaya-Schwelle entstammt, bildete sich die Krol-Einheit aus den südlicheren Beckenteilen. Sie zeigt einen steilen Schuppen- und Faltenbau, der sich von den meist flach liegenden, überlagernden Decken deutlich unterscheidet. Obwohl die Krol-Einheit stets mit einem Überschiebungsrand an die Tertiär-Zone grenzt, sehen wir in ihr keine echte Decke. Im Gebiet SE Bilaspur beträgt die aufgeschlossene Überschiebungsweite am Tertiärrand 14 km. Wir betrachten die Krol-Einheit als parautochthon und nur im S an einer meist steilen Überschiebung der Tertiär-Zone aufgeschoben. Wir verwenden daher nicht den seit J. B. AUDEN verbreiteten Begriff „Krol Nappe".

Ähnlich wie in den Alpen ist auch im Himalaya die Molassezone von den älteren Gebirgsteilen überschoben worden. Sie zeigt, verglichen mit letzteren, wesentlich einfacheren Faltenbau. Die Siwaliks haben eben nur die jüngsten Bewegungsphasen mitgemacht.

Aber auch nördlich der Wurzelzone der Decken, in der Tibet-Zone, herrscht verhältnismäßig einfacher Faltenbau. Nur in Kumaon ist der Bau durch Schuppung etwas komplizierter (A. HEIM und A. GANSSER 1939).

Zum Gebirge wurde der Himalaya aber erst während des höheren Pliozän und Pleistozän. Diese Hebungsphase widerspiegelt sich in der Sedimentation der Siwaliks. Die Oberen Siwaliks zeigen durch ihr grobes, konglomeratisches Material wesentlich größere Reliefenergie an als die feiner klastischen Unteren und Mittleren Siwaliks.

---

*) Während der Expedition 1967 konnten wir fossilführendes Eozän und Dagshais auch in W-Nepal beobachten. Die tertiären Schichten gehören dort tektonisch zur Krol-Einheit. Dem Nepal Bureau of Mines sind mehrere Tertiärvorkommen in W-Nepal bekannt.

Mit T. HAGEN (1959a, 1960) kann man annehmen, daß die Heraushebung in den inneren Gebirgsteilen, in der Tibetischen Region, ihren Anfang genommen hat. Erst später erreichte der Hauptkamm seine enorme Höhe. Es erklärt sich so die Tatsache, daß die großen Ströme des Himalaya in der Tibetischen Region entspringen und auf ihrem Weg nach S die um 2000—3000 m höhere Barriere des Himalaya-Hauptkammes in gewaltigen Schluchten durchbrechen. Stromaufwärts von diesen zeugen mächtige Seeablagerungen von dem Rückstau, den die nach S fließenden Ströme nach der Heraushebung des Hauptkammes erfahren haben (Thakkhola).

Auch im Niederen Himalaya kam es nördlich der ebenfalls jung gehobenen südlichen Randkette (z. B. Mahabharat-Kette) zur Bildung von tektonischen Stauseen (Kahtmandu-See, T. HAGEN 1960).

Gehobene Flußterrassen (T. HAGEN 1959a, S. 20) und die so häufigen Erdbeben zeigen, daß der Himalaya, dieses jüngste Hochgebirge unserer Erde, auch heute noch in Bewegung, seine Bildung somit noch nicht abgeschlossen ist.

Literatur*)

ARGAND, E., 1924, La tectonique de l'Asie, C. R. 13 Cong. géol. Int., 1922, 171—372.
AUDEN, J. B., 1933, On the Age of Certain Himalayan Granites. Rec. G. S. I. 66 (4), 461—471.
— 1934, The Geology of the Krol Belt. Rec. G. S. I., 67 (4), 357—454.
— 1935, Traverses in the Himalaya. Rec. G. S. I., 69 (2), 123—167.
— 1936, Dehra Dun district and Tehri-Garhwal State, United Provinces. Rec. G. S. I., 71 (1), 73—75.
— 1937a, The Structure of the Himalaya in Garhwal. Rec. G. S. I., 71 (4), 407—433.
— 1937b, Dehra Dun district and Tehri Garhwal State, United Provinces. Rec. G. S. I., 72 (1), 81—85.
— 1938, Garhwal district, Tehri Garhwal State, Dehra Dun district, United Provinces, Sirmur State, Punjab. Rec. G. S. I., 73 (1), 99—101.
— 1948, Some new Limestone and Dolomite Occurrences in Northern India. Ind. Min. (G. S. I.), Vol. 2 (2), 77—91.
— 1949, Tehri Garhwal and British Garhwal. Rec. G. S. I., 78 (1), 74—78.
— 1951, The Bearing of Geology on Multipurpose Projects. Proc. Ind. Sci. Congr. 1951, Sect. 5, 109—153.
— 1953, Almora and Garhwal district, United Provinces. Rec. G. S. I., 79 (1), 126—128.
AUDEN, J. B. und SAHA, A. K., 1952, Geological notes on Central Nepal. Rec. G. S. I., 82 (2), 354—357.
BERTHELSEN, A., 1951, A Geological Section through the Himalayas. Medd. dansk geol. Foren. 12, 102—104.
— 1953, On the Geology of the Rupshu District, N. W. Himalaya. Medd. dansk geol. Foren., 12, 350—414.
BION, H. S. und MIDDLEMISS, C. S., 1928, The Fauna of the Agglomeratic Slate Series of Kashmir. Pal. Ind., N. S., 12, 1—42.
BITTNER, A., 1899, Trias Brachiopoda and Lamellibranchiata. Pal. Ind. Ser. 15, 3, 2, 76 S.
BOILEAU, V. H. und RAINA, B. N., 1954, Punjab—Pepsu—Himachal Pradesh. Rec. G. S. I., 86 (1), 17—22.
BORDET, P., 1955, Les éléments structuraux de l'Himalaya de l'Arun et de la région de l'Everest (Nepal oriental). C. R. Acad. Sci. Paris, 240, 102—104.
— 1956, La structure géologique du Népal oriental. Bull. Soc. belge Géol. Pal-Hydr., 65, 282—290.
— 1961, Recherches géologiques dans l'Himalaya du Népal, région du Makalu. Edit. Cent. Nat. Rech. sci. Paris, 275 S.
BORDET, P., CAVET, J. und PILLET, J., 1960, La faune silurienne de Phulchauki prés de Kathmandu (Himalaya du Népal). Bull. Soc. géol. Fr., sér. 7, 2, 3—14.
BORDET, P., KRUMMENACHER, D., MOUTERDE, R. und RÉMY, M., 1964, Sur la stratigraphie des séries affleurant dans la vallée de la Kali Gandaki (Népal central); Sur la tectonique des séries affleurant dans la vallée de la Kali Gandaki (Népal central); Sur la stratigraphie de la série secondaire de la Thakkhola (Népal central)., C. R. Acad. Sci. Paris, 259, 414—416; 854—856; 1425—1428.
— 1965, Géochronologie. — Sur la géochronométrie par la méthode K/A des séries affleurant dans la vallée de la Kali Gandaki (Népal central). C. R. Acad. Sci. Paris, 260, 6409—6411.
BORDET, P. und LATREILLE, M., 1955a, Précisions sur la stratigraphie de l'Himalaya de l'Arun. C. R. Acad. Sci. Paris, 241, 1400—1402.
— 1955b, Précisions sur la tectonique de l'Himalaya de l'Arun. C. R. Acad. Sci. Paris, 241, 1594—1597.
DAINELLI, G., 1933—1934, Spedizione italiana de Filippi nell'Himalaia, Caracorum e Turchestán cinese (1913—1914). Ser. 2, Risultati geologici e geografici. Vol. 2, La serie dei Terreni 1, 1—458, 2, 459—1105. Zanichelli, Bologna.
— 1939, Beiträge zur Geologie des Himalaya. Mitt. Geol. Ges. Wien, 30/31, 1939, 1—36.
DAS HAZRA, P. C., 1953, Kangra district, Punjab. Rec. G. S. I., 79 (1), 122—125.
DESIO, A., 1930, Geological work of the Italian expedition to the Karakorum. Geogr. J., 75, 402—411.
DESIO, A. und CITA, M. B., 1955, Nuovi ritrovamenti di calcari fossiliferi del Paleozoico superiore nel bacino del Baltoro (Himalaya-Karakorum). R. C. Accad. Naz. Lincei, ser. 8, 18 (6), 587—598.
DESIO, A. und MARUSSI, A., 1960, On the geotectonics of the granites in the Karakorum and Hindu Kush Ranges (Central Asia). Int. Geol. Cong. Rep., 21st sess., pt. 2, Proc., 2, 156—167.
DESIO, A. und ZANETTIN, B., 1956, Sulla costituzione geologica del Karakorum Occidentale (Himalaya). Congr. Geol. Int., 20 Ses., Mexico 1956, Secc. 15.
DIENER, C., 1895a, Der geologische Bau der Sedimentärzone des Central-Himalaya zwischen Milam und dem Nitipaß. Verh. k. k. geol. Reichsanst., 14, 370—376.
— 1895b, Ergebnisse einer geologischen Expedition in den Central-Himalaya von Johar, Hundes und Painkhanda. Denkschr. Acad. Wiss., Wien, 62, 533—608.
— 1897a, The Cephalopoda of the Lower Trias. Pal. Ind., ser. 15, 2 (1), 1—181.
— 1897b, Die Äquivalente der Carbon- und Permformation im Himalaya. S. B. Akad. Wiss., Wien, 106, Abt. 1, 447—465.
— 1897c. The Permian Fossils of the Productus Shales of Kumaon and Garhwal. Pal. Ind. Ser. 15, 1 (4), 54 S.
— 1898, Notes on the Geological Structure of the Chitichun Region. Mem. G. S. I., 28 (1), 1—27.
— 1899, Anthracolithic Fossils of Kashmir and Spiti. Pal. Ind. Ser. 15, 1 (2), 1—95.
— 1903, The Permian Fossils of the Central Himalayas, Pal. Ind. Ser. 15, 1 (5), 204 S.
— 1906, The Fauna of the Tropites-Limestone of Byans. Pal. Ind. Ser. 15, 5 (1), 201 S.
— 1907, The Fauna of the Himalayan Muschelkalk. Pal. Ind. Ser. 15, 5 (2), 140 S.
— 1909a, Lower Triassic Cephalopoda from Spiti, Malla Johar and Byans. Pal. Ind., ser. 15, 6 (1), 186 S.
— 1909b, The Fauna of the Traumatocrinus Limestone of Painkhanda. Pal. Ind. Ser. 15, 6 (2), 39 S.
— 1912, The Trias of the Himalayas. Mem. G. S. I., 36 (3), 1—159.
— 1913, Triassic Faunae of Kashmir, Pal. Ind. N. S. 5 (1), 133 S.
— 1915, The Anthracolithic Faunae of Kashmir, Kanaur and Spiti. Pal. Ind. N. S., 5 (2), 135 S.

---

¹*) Rec. G. S. I.: Records of the Geological Survey of India.
Mem. G. S. I.: Memoirs of the Geological Survey of India.
G. B. A.: Geologische Bundesanstalt Wien.

DUTTA, K. K. und GOPENDRA KUMAR, 1964, Geology of the Dehra Dun-Musoorie-Chakrata Area (Guide to Excursions), 22th Int. Geol. Congr. India 1964, 17 S.
DYHRENFURTH, G., 1931a, Himalaya. Unsere Expedition 1930. Scherl, Berlin, 380 S.
— 1931b, Die Internationale Himalaya-Expedition 1930. Zschr. Ges. f. Erdkunde, Berlin, 14—34.
EGELER, C. G., BODENHAUSEN, J. W. A., DE BOOY, T. und NIJHUIS, H. J., 1964, On the geology of Central West Nepal—a preliminary note. 22th Int. Geol. Congr. India 1964 (im Druck).
FINSTERWALDER, R., RAECHL, W., MISCH, P. und BECHTOLD, F., 1935, Forschung am Nanga Parbat, Deutsche Himalaya-Expedition 1934, Helwing, Hannover, 143 S.
FLÜGEL, H., 1964, Korallenfaunen aus dem Paläozoikum West-Nepals, Verh. G. B. A., Heft 1, S. 15—16.
— 1966, Paläozoische Korallen aus der Tibetischen Zone von Dolpo (Nepal), Sondb. 12, Jahrb. G. B. A. 101—120.
Fox, C., 1934, The lower Gondwana coal fields of Indian borderland. Mem. G. S. I., 59, 386 S.
FUCHS, G., 1964, Beitrag zur Kenntnis des Paläozoikums und Mesozoikums der Tibetischen Zone in Dolpo (Nepal-Himalaja) (auch in Englisch). Verh. G. B. A., Heft 1, S. 6—15.
GANSSER, A., 1964, Geology of the Himalayas. Interscience Publishers a division of John Wiley & Sons Ltd, London, New York, Sydney, 289 S.
GARWOOD, E. J., 1903, The geological structure and physical features of Sikhim. In: Freshfield, D. W., Round Kangchenjunga, Arnold, London, 275—299.
GATTINGER, T. E., 1961, Geologischer Querschnitt des Karakorum vom Indus zum Shaksgam. Jb. G. B. A., Wien, Sondb. 6, 118 S.
GEE, E. R., 1949, On the problem of the Saline Series, Salt Range, India. Quart. J. geol. Soc. Lond., 105, Proceedings, 47—49.
GHOSH, A. M. N., 1952, A new coalfield in the Sikkim Himalaya, Curr. Sci., 21 (7), 179—180.
GILL, W. D., 1951, The tectonics of the Sub-Himalayan fault zone in the northern Potwar region and in the Kangra district of the Punjab. Quart. J. geol. Soc. Lond., 107, ser. 4, 395—421.
GRIESBACH, C. L., 1880, Palaeontological notes on the Lower Trias of the Himalayas. Rec. G. S. I. 13 (2), 94—113 and 14, 154—155.
— 1891, Geology of the Central Himalayas. Mem. G. S. I., 23, 232 S.
— 1893, Notes of the Central Himalayas. Rec. G. S. I., 26 (1), 19—25.
GYSIN, M. und LOMBARD, A., 1955, Esquisse géologique du Massif du Cho Oyu (Himalaya du Népal). Ecl. geol. Helv., 48 (2), 366—372.
— 1959, Note sur la composition de roches métamorphiques et sédimentaires des sommets du Mont Everest-Lhotse (Himalaya). Arch. Sci., Genéve, 12 (1), 98—101.
— 1960, Observations complémentaires de Pétrographie et de Géologie dans le Massif du Mont Everest-Lhotse. Ecl. geol. Helv., 53 (1), 189—204.
HAGEN, T., 1954, Über die räumliche Verteilung der Intrusionen im Nepal-Himalaya. Schweiz. min. u. petrogr. Mitt., 34, 300—308.
— 1956, Das Gebirge Nepals. Die Alpen, 32, S. 124, 162, 169 u. 295.
— 1959a, Über den geologischen Bau des Nepal-Himalaya. Jb. St. Gall. naturw. Ges., 76, 3—48.
— 1959b, Geologie des Thakkhola (Nepal). Ecl. geol. Helv., 52, 709—719.
— 1960, Nepal. Kümmerly und Frey, Bern, 119 S.
HAGEN, T., DYHRENFURTH, G., von FÜRER, Ch. und SCHNEIDER, E., 1959, Mount Everest. Orell Füssli, Zürich, 234 S.
HAGEN, T. und HUNGER, J. P., 1952, Über geologisch-petrographische Untersuchungen in Zentral-Nepal. Schw. min. u. petrogr. Mitt., 32, 309—333.
HAYDEN, H. H., 1904, The Geology of Spiti. Mem. G. S. I., 36 (1), 1—129.
— 1907a, The Geology of the provinces Tsang and Ü in Tibet. Mem. G. S. I., 36 (2), 122—201.
— 1907b, The Stratigraphical position of the Gangamopteris Beds of Kashmir. Rec. G. S. I., 36 (1), 23—39.
— 1908, A Sketch of the Geography and Geology of the Himalaya Mountains and Tibet. Pt. 4, The Geology of Himalaya. Government of India, Press. Calcutta, 236 S.
— 1913, Notes on the relationship of the Himalaya to the Indo-Gangetic Plain and the Indian Peninsula. Rec. G. S. I., 43 (2), 138—167.
HEDIN, S., 1917, Southern Tibet. Lithographic institute of the General Staff of the Swedish Army. 9 vols. Norstedt, Stockholm.
— 1923, Mount Everest. Brockhaus, Leipzig, 194 S.
HEIM, A. und GANSSER, A., 1939, Central Himalaya, geological observations of the Swiss expedition 1936. Mem. Soc. Helv. Sci. nat., 73 (1), 1—245.
HERON, A. M., 1922, Geological Results of the Mount Everest Reconnaissance Expedition. Rec. G. S. I., 54 (2), 215—234.
HOLLAND, T. H., 1908, On the occurence of striated Boulders in the Blaini formation of Simla, with a discussion of the geological age of the beds. Rec. G. S. I., Vol. 37 (1), 129—135.
ICHAC, M. und PRUVOST, P., 1951, Résultats géologiques de l'Expédition francaise de 1950 á l'Himalaya. C. R. Acad. Sci. Paris, 232, 1721—1724.
JAMES, H. L., 1954, Sedimentary Facies of Iron Formation. Econ. Geol. 49, 235—293.
JEANNET, A., 1959, Ammonites permiennes et faunes triasiques de l'Himalaya central (Expédition Suisse Arn. Heim et A. Gansser 1936). Pal. Ind., N. S., 34 (1), 168 S.
KRAFFT, A. von, 1902, Notes on the "Exotic Blocks" of Malla Johar in the Bhot Mahals of Kumaon. Mem. G. S. I., 32 (3), 127—183.
KRISHNAN, M. S., 1953, The Structural and Tectonic History of India. Mem. G. S. I., 81, 109 S.
— 1960, Geology of India and Burma. Higginbothams, Madras, 604 S.
KRUMBEIN, W. C. und GARRELS, R. M., 1952, Origin and Classification of Chemical Sediments in Terms of pH and Oxidation-Reduction Potentials. Jour. Geol., 60, 1—33.
KRUMMENACHER, D., 1961, Déterminations d'age isotopique des roches de l'Himalaya du Népal par la méthode potassium-argon. Bull. Suisse Min. Petrogr., 41 (2), 273—283.
LAHIRI, H. M., 1939, Kangra district and Chamba State, Punjab. Rec. G. S. I., 74 (1), 70—72.
— 1941, Geology of Buxa Duars. Quart. J. geol. Soc. India, 13 (1), 1—62.

La Touche, T. D., 1913, Geology of the Northern Shan States. Mem. G. S. I., 39 (2), 379 S.
Latreille, M., 1959, Les grands traits de la structure géologique de l'Himalaya. Trav. Lab. Géol. Grenoble, 35, 193—228.
Leuchs, K., 1937, Geologie von Asien. Geologie der Erde, 1 (2), Borntraeger, Berlin, 317 S.
Lexique stratigraphique international, 3: Asie, fasc. 8: a. India, Pakistan, Nepal, Bhutan, b. Burma, c. Ceylon. Centre nat. rech. scient., Paris, 404 S., 1956.
Loczy, L. v., 1907, Beobachtungen im östlichen Himalaya. Földr. Közlem., Vol. 35, Supplement, 95—117 (Abb. im ungarischen Text).
Lombard, A., 1953a, La mission géologique genevoise à l'Everest. Act. Soc. Helv. Sci. nat., 26—30.
— 1953b, La tectonique du Népal oriental. Bull. Soc. géol. Fr., sér. 6, 3, 321—327.
— 1953c, Les grandes lignes de la Géologie du Népal oriental. Bull. Soc. belge Géol. Pal. Hydr. 41 (3), 260—264.
— 1953d, Les racines des nappes de Kathmandu dans le Népal oriental et les nappes de Khumbu. Arch. Sci., Genéve, 6 (1), 46—49.
— 1953e, Présentation d'un profil géologique du Mont Everest à la plaine du Gange (Népal oriental). Bull. Soc. belge Géol. Pal. Hydr., 42 (1), 123—128.
— 1953f, Vorläufige Mitteilung über die Geologie zwischen Katmandu und dem Mount Everest (Östliches Nepal). Berge der Welt, Bd. 8, Büchergilde Gutenberg, Zürich.
— 1956, Vues nouvelles sur la géologie de l'Himalaya central. Bull. Inst. nat. genevois, 58, 207—212.
Lombard, A. und Bordet, P., 1956, Une coupe géologique dans la région d'Okhaldunga (Népal Oriental). Bull. Soc. géol. Fr., sér. 6, 6, 21—25.
Lydekker, R., 1876, Notes on the geology of the Pir Panjal and neighbouring Districts. Rec. G. S. I., 9 (4), 155—162.
— 1878, Notes on the geology of Kashmir, Kishtwar and Pangi. Rec. G. S. I., 11 (1), 30—63.
— 1880, Geology of Ladak and Neighbouring Districts etc. Rec. G. S. I., 13 (1), 26—59.
— 1881, Observations on the Ossiferous Beds of Hundes in Tibet. Rec. G. S. I., 14, 178—184.
— 1883, The Geology of the Kashmir and Chamba Territories and the British District of Khagan. Mem. G. S. I., 22, 344 S.
Mägdefrau, K., 1953, Paläobiologie der Pflanzen (2. Aufl.). Verlag von Gustav Fischer, Jena.
McMahon, C. A., 1877, The Blaini group and the "Central Gneiss" in the Simla Himalayas. Rec. G. S. I., 10 (4), 204—223.
— 1881, Note on the section from Dalhousie to Pangi via the Sach Pass. Rec. G. S. I., 14, 305—310.
— 1882a, The Geology of Dalhousie, North-West Himalaya, Rec. G. S. I., 15, 34—51.
— 1882b, On the traps of Darang and Mandi in the North-Western Himalayas. Rec. G. S. I., 15, 155—164.
— 1883, Some notes on the Geology of Chamba. Rec. G. S. I., 16, 35—42.
— 1885, Some further notes on the Geology of Chamba. Rec. G. S. I., 18 (2), 79—110.
Mallet, F. R., 1874, On the Geology and Mineral Resources of the Darjiling District and the Western Duars. Mem. G. S. I., 11, 1—96.
Matsushita, S. und Huzita, K., 1965, Geology of the Karakoram and Hindu Kush. Kyoto University. 151 S.
Medlicott, H. B., 1864, On the Geological structure and relations of the Southern portion of the Himalayan range between the rivers Ganges and Ravee. Mem. G. S. I., 3 (4), 1—212.
— 1875, Note on the Geology of Nepal. Rec. G. S. I., 8 (4), 93—101.
— 1876, Note upon the Sub-Himalayan Series in the Jamu (Jummoo) Hills. Rec. G. S. I., 9 (2), 49—57.
Medlicott, H. B. und Blanford, W. T., 1879—1887, Manual of the Geology of India. Pt. 2, Extra-Peninsular area 445—817. Government of India Press, Calcutta.
Middlemiss, C. S., 1885, A fossiliferous series in the Lower Himalaya, Garhwal. Rec. G. S. I., 18 (2), 73—77.
— 1887a, Physical Geology of West British Garhwal. Rec. G. S. I., 20 (1), 26—40.
— 1887b, Crystalline and Metamorphic Rocks of the Lower Himalaya, Garhwal and Kumaun. Rec. G. S. I., 20 (3), 134—143.
— 1888, Crystalline and Metamorphic Rocks of the Lower Himalaya, Garhwal, and Kumaon, Section III. Rec. G. S. I., 21 (1), 11—28.
— 1890, Physical Geology of the Sub-Himalaya of Garhwal and Kumaun. Mem. G. S. I., 24 (2), 59—200.
— 1896, The Geology of Hazara and the Black Mountain. Mem. G. S. I., 26, 1—302.
— 1910, A Revision of the Silurian-Trias Sequence in Kashmir. Rec. G. S. I., 40 (3), 206—260.
Misch, P., 1935, Arbeit und vorläufige Ergebnisse des Geologen. In R. Finsterwalder: Forschung am Nanga Parbat, Sonderveröff. Geogr. Ges. Hannover.
— 1949, Metasomatic Granitization of batholithic Dimensions. Amer. J. Sci., 247, 209—245, 372—406 and 673—705.
Misra, R. C. und Valdiya, K. S., 1961, The Calc Zone of Pithoragarh, with Special Reference to the Occurrence of Stromatolites. J. geol. Soc. India, 2, 78—90.
Mojsisovics, E. v., 1899, Upper Triassic Cephalopoda faunae of the Himalaya. Pal. Ind., ser. 15, 3 (1), 157 S.
Odell, N. E., 1926, Exhibition of Supposed Fossils from North Face of Mount Everest. Quart. J. geol. Soc. Lond., 82, Proceedings.
— 1948, Geological and some other Observations in the Mount Everest Region. In: Tilman, H. W., Mount Everest 1938, Cambridge Univ. Press, 143—154.
Oldham, R. D., 1883a, Notes on a Traverse between Almora and Mussooree made in October 1882, Rec. G. S. I., 16 (3), 162—164.
— 1883b, Note on the Geology of Jaunsar and the Lower Himalayas. Rec. G. S. I., 16 (4), 193—198.
— 1887, Preliminary Sketch of the Geology of Simla and Jutogh. Rec. G. S. I., 20 (3), 143—153.
— 1888a, The Sequence and correlation of the Pretertiary Sedimentary formations of the Simla Region of the Lower Himalayas. Rec. G. S. I., 21 (3), 130—143.
— 1888b, Some Notes on the Geology of the North-West Himalayas. Rec. G. S. I., 21 (4), 149—159.
— 1893, A Manual of the Geology of India, 2nd Ed., Government of India Press, Calcutta, 543 S.
O'Rourke, J. E., 1962, The Stratigraphy of Himalayan Iron Ores. Amer. J. Sci., 260, 294—302.
Pascoe, E. H., 1950, A Manual of the Geology of India and Burma. 3rd Ed., 1, Government of India Press, Calcutta, 483 S.

Pascoe, E. H., 1959, A Manual of the Geology of India and Burma. 3rd Ed., 2, Government of India Press, Calcutta, 1343 S.
Pettijohn, F. J., 1957, Sedimentary Rocks. 2nd Ed., Harper and Row. New York.
Pilgrim, G. E., 1906, Notes on the Geology of a portion of Bhutan. Rec. G. S. I., 34 (1), 22—30.
Pilgrim, G. E. und West, W. D., 1928, The Structure and Correlation of the Simla Rocks. Mem. G. S. I., 53, 140 S.
Raina, B. N. und Kapoor, H. M., 1964, Geology of the Kashmir Himalaya. (Guide to Excursion), 22nd Intern. Geol. Congr. India, 19 S.
Reed, F. R. C., 1910, The Cambrian Fossils of Spiti. Pal. Ind., ser. 15, 7 (1), 70 S.
— 1912, Ordovician and Silurian fossils of the Central Himalayas, Pal. Ind., ser. 15, 7 (2), 168 S.
— 1932, New Fossils from the Agglomeratic Slate of Kashmir. Pal. Ind., N. S., 20 (1), 79 S.
Schneider, H. J., 1957, Tektonik and Magmatismus im NW-Karakorum. Geol. Rdsch., 46, 426—476.
— 1960, Geosynklinale Entwicklung und Magmatismus an der Wende Paläozoikum-Mesozoikum in NW-Himalaya und -Karakorum, Geol. Rdsch., 50, 334—352.
Seward, A. C. und Woodward, A. S., 1905, Permo Carboniferous Plants and Vertebrates from Kashmir. Pal. Ind., N. S., 2 (2), 13 S.
Singh, H. N., 1964, Geology of the Simla Hills (Guide to Excursion). 22nd Int. Geol. Congr. India, 17 S.
Stoliczka, F., 1865, Geological Sections across the Himalayan Mountains, from Wantu-Bridge on the River Sutlej to Surgdo on the Indus: with an account of the formations in Spiti, accompanied by a revision of all known fossils from that district. Mem. G. S. I., 5 (1), 1—154.
Strachan, I., Bodenhausen, J. W. A., de Booy, T. und Egeler, C. G., 1964, Graptolites in the "Tibetan Zone" of the Nepalese Himalayas. Geologie en Mijnbouw 8, Jg. 43, 380—382.
Suess, E., 1885, Das Antlitz der Erde. Tempsky, Prag und Freytag, Leipzig.
de Terra, H., 1935, Geological studies in the Northwest Himalaya between the Kashmir and Indus Valleys. Mem. Connecticut Acad. Arts. Sci., 8, 18—76.
— 1936, Himalayan and Alpine orogenies. 16th Int. geol. Congr. 1933, 2, 859—871.
Tewari, A. P. und Mehdi, S. H., 1964, Geology of Nainital-Almora Himalaya, U. P. (Guide to Excursion). 22nd Int. Geol. Congr. India, 19 S.
Valdiya, K. S., 1962a, An outline of the Stratigraphy and Structure of the Southern Part of Pithoragarh District, Uttar Pradesh. J. Geol. Soc. Ind. 3, 27—48.
— 1962b, Note on the Discovery of Stromatolitic Structure from the Lower Shali Limestone of Tatapani, near Simla, H. P. Curr., Sci., 31, 64—65.
— 1963, The Stratigraphy and Structure of the Lohaghat Subdivision, District Almora, Uttar Pradesh. Quart. J. Geol. Mining and Metallurg. Soc. Ind. 35, 3, 167—180.
Wadia, D. N., 1928, The Geology of Poonch State (Kashmir) and Adjacent Portions of the Punjab. Mem. G. S. I., 51 (2), 185—370.
— 1929, North Punjab and Kashmir. Rec. G. S. I., 62 (1), 152—156.
— 1930, Hazara-Kashmir syntaxis. Rec. G. S. I., 63 (1), 129—132.
— 1931, The Syntaxis of the North-West Himalaya: Its Rocks, Tectonics and Orogeny. Rec. G. S. I., 65 (2), 189—220.
— 1934, The Cambrian-Trias Sequence of North-Western Kashmir (Parts of Muzaffarabad and Baramula Districts). Rec. G. S. I., 68 (2), 121—176.
— 1937, Permo-Carboniferous Limestone Inliers in the Sub-Himalayan Tertiary Zone of Jammu, Kashmir Himalaya. Rec. G. S. I., 72 (2), 162—173.
— 1961, Geology of India. 3rd Ed. MacMillan, London, 536 S.
Wadia, D. N. und West, W. D., 1931, Hazara-Simla Hills Correlation. Rec. G. S. I., 65 (1), 125—128.
— — 1964, Structure of the Himalayas. 22nd Int. Geol. Congr. India 1964, 10 S.
Wager, L. R., 1934, A Review of the Geology and some new observations, in Hugh Ruttledge, Everest 1933, Hodder and Stoughton, London, 312—337.
— 1939, The Lachi Series of North Sikkim and the Age of the Rocks forming Mount Everest. Rec. G. S. I., 74 (2), 171—188.
Waterhouse, J. B., 1966, Lower Carboniferous and Upper Permian Brachiopods from Nepal. Sonderbd. 12, Jb. G. B. A. Wien, 5—99.
West, W. D., 1929, Simla Hills, Punjab. Rec. G. S. I., 62 (1), 164—166.
— 1937, Simla Hills. Rec. G. S. I., 72 (1), 78—81.
— 1939, The Structure of the Shali "Window" near Simla. Rec. G. S. I., 74 (1), 133—167.

Geologische Karten

Geological Map of India, 1:6,200,000. Geol. Surv. Ind., 1957.
Geological Map of India, 1:5,000,000. Geol. Surv. Ind., 1962.

ANHANG

Tafel 10

a: Orographisch linke Seite des Barbung Khola, S von Tukot.
The orographic left side of the Barbung Khola, S of Tukot.
1   Thini Chu-F. — Thini Chu fn.
2   Skyth + Mukut-Kalk — Lower Trias + Mukut lms.
3   Tarap-Schiefer — Tarap shales
4   Kioto-Kalk — Kioto limestone
4a Quarzit-Serie — Quartzite series
V = Verwerfung — fault

b: Ansicht der W-Seite des Tales, das von Mukut zum Mu La führt. Links der Talkessel von Mukut.
Die N-vergent verfaltete Mukut-Synklinale wird aufgebaut von:
1   Dhaulagiri-Kalk (Kambro-Ordoviz) — Dhaulagiri limestone (Cambro-Ordovician)
2   Silur (?) — Silurian (?)
3   Tilicho-Paß-F. (Devon) — Tilicho Pass fn. (Devonian)
4   Ice Lake-F. (U. Karbon) — Ice Lake fn. (Lower Carboniferous)
5   Thini Chu-F. (Ob. Perm) — Thini Chu fn. (Up. Permian)
6   Skyth + Mukut-Kalk (Anis-Karn) — Lower Trias + Mukut lms. (Anisian to Carnic)
7   Tarap-Schiefer (Nor) — Tarap shales (Noric)
8   Kioto-Kalk (Rhät-Lias) — Kioto limestone (Rhäto-Liassic)
8a Quarzit-Serie (Ob. Nor-Rhät) — Quartzite series (Up. Noric to Rhätic)
The W-Side of the valley leading from Mukut to the Mu La. At the left the basin of Mukut.
The Mukut Syncline folded towards N is built up by: (See above).

Additional material from *Zum Bau des Himalaya,*
ISBN 978-3-211-86343-5 (978-3-211-86343-5_OSFO1),
is available at http://extras.springer.com

Abb. 5: Stromatolith und synsedimentäre Brekzie im (Shali-)Dolomit, Bari Gad (Nepal).
Stromatolitic structure and intraformational breccia in (Shali-)dolomite, Bari Gad (Nepal).

Tafel 12

Abb. 10: Hämatiterz, Uttar Ganga [11]: Idiomorphe Quarzkristalle in sehr feinkörniger Hämatit-Quarz-Grundmasse.
Auflicht 165×, Photo W. Siegl
Hematite ore, Uttar Ganga (Nepal) [11]: Idiomorphic crystals of quartz in very fine grained groundmass of hematite and quartz.
Reflected light 165×, microphoto W. Siegl

Abb. 11: Hämatiterz, Uttar Ganga [11]: Eindeutige Trümmerooide in einer Grundmasse von Hämatitbruchstücken (H) und Quarzkristallen (Q).
Auflicht 56×, Photo W. Siegl
Hematite ore, Uttar Ganga (Nepal) [11]: Ooids in a groundmass consisting of hematitic-debris (H) and quartz crystals (Q).
Reflected light 56×, microphoto W. Siegl

Abb. 12: Hämatiterz, Uttar Ganga [11]: Kern des großen Trümmerooids aus einem Quarz-Hämatit-Brocken (ähnlich Abb. 10), mehrmals umkrustet.
Auflicht 56×, Photo W. Siegl
Hematite ore, Uttar Ganga [11]: The core of the ooid consist of a fragment of quartz-hematite ore similar to Fig. 10, several times incrusted.
Reflected light 56×, microphoto W. Siegl

Tafel 12

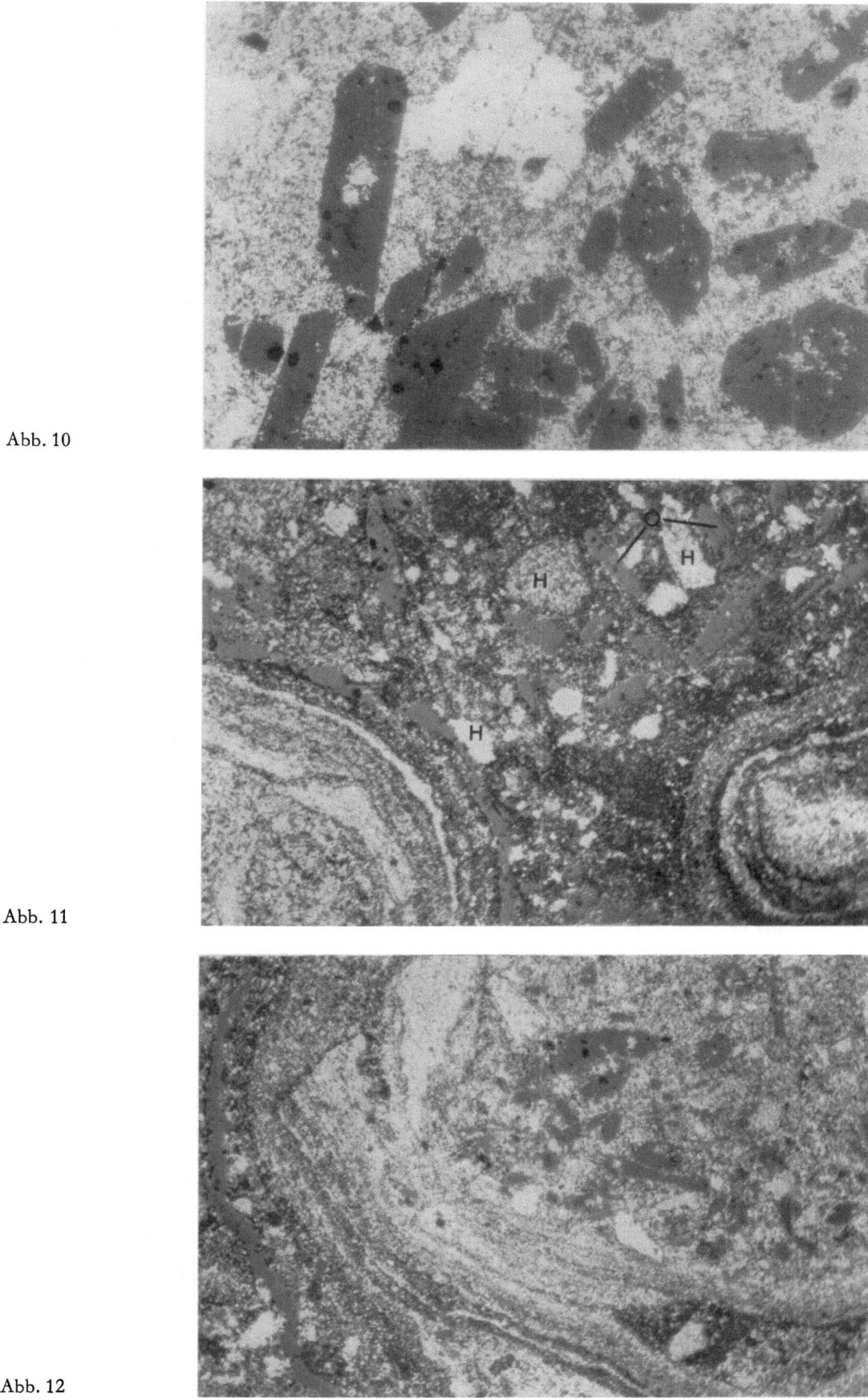

Abb. 10

Abb. 11

Abb. 12

Tafel 13

Abb. 13: Hämatiterz, Uttar Ganga: „Jaspis"-Typ
  Hr = radial strahliger Hämatit
  Qu = weißer Quarz
  J = hier recht Komplexe „Jaspis"-Substanz
  Auflicht 56×, Photo W. Siegl
  Hematite ore, Uttar Ganga: Jaspilite
  Hr = radial growing hematite
  Qu = white quartz
  J = rather complex jaspis
  Reflected light 56×, microphoto W. Siegl

Abb. 14: Sandstein aus der eisenerzführenden Serie, Uttar Ganga [11]:
  Qs = Quarzkörner des Sandsteins
  Qw = weißer Quarz als Porenfüllung; nur in diesem wachsen die mehr oder weniger großen Hämatitkristalle (H)
  Auflicht 165×, Photo W. Siegl
  Sandstone from the iron bearing series, Uttar Ganga [11]:
  Qs = quartz grains of sandstone
  Qw = white quartz filling the pores; hematite crystals (H) only growing in Qw
  Reflected light 165×, microphoto W. Siegl

Abb. 15: Sandstein aus der eisenerzführenden Serie, Uttar Ganga [11]:
  Zwischen den Sandkörnern Ooidbildung im Kleinen.
  Auflicht 165×, Photo W. Siegl
  Sandstone from the iron bearing series. Formation of small scale ooids among the sandgrains.
  Reflected light 165×, microphoto W. Siegl

Tafel 13

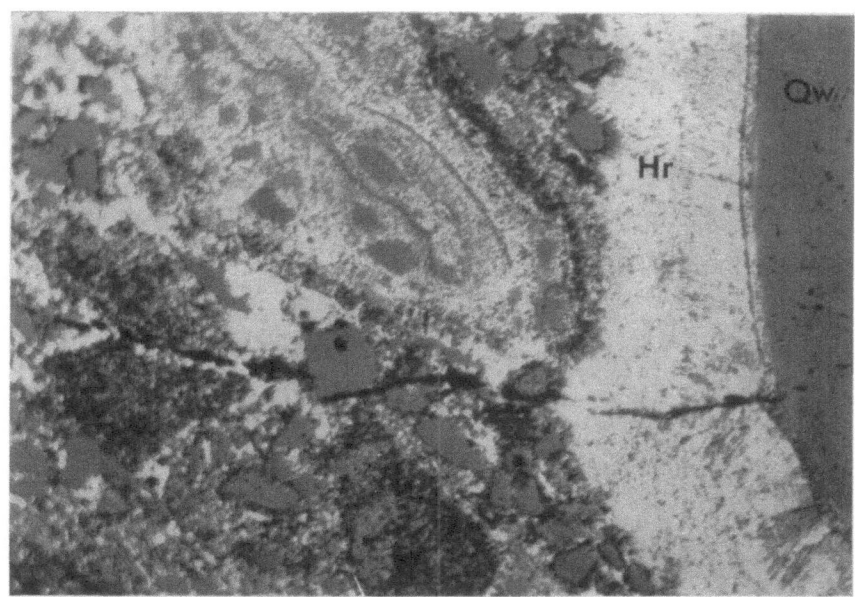

Abb. 13

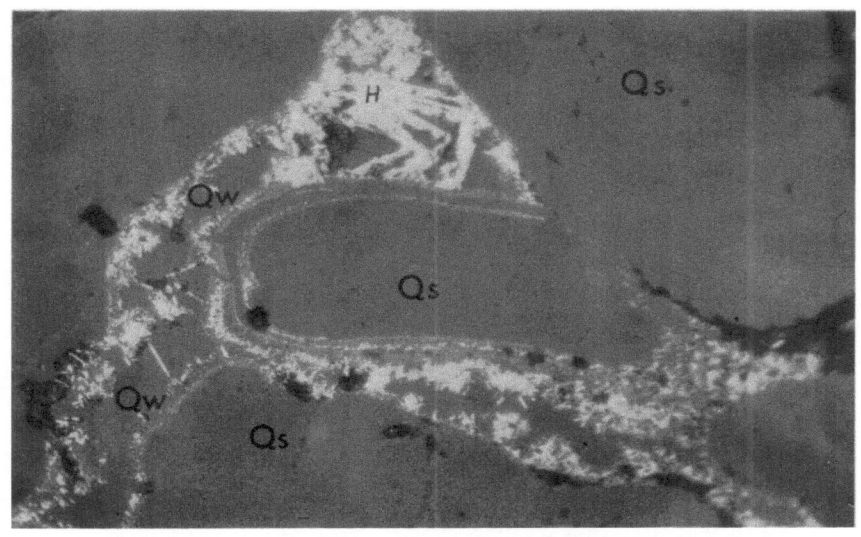

Abb. 14

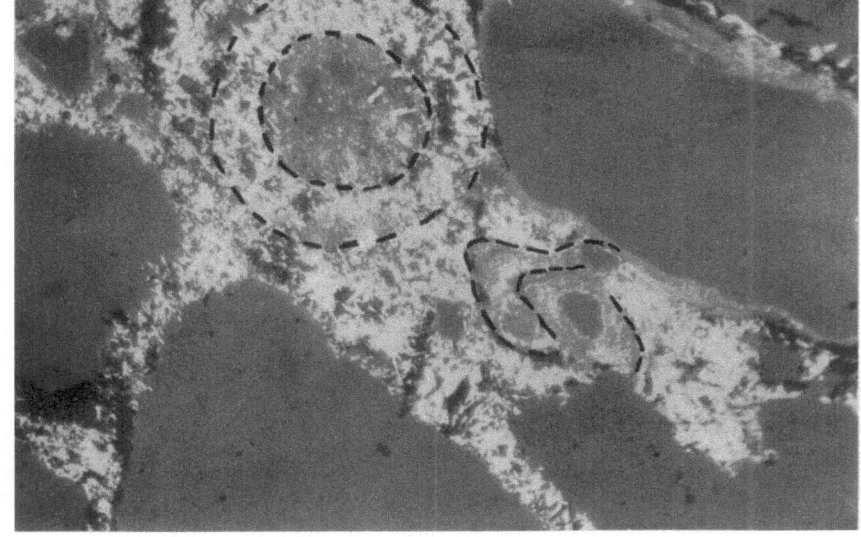

Abb. 15

Tafel 14

Abb. 16: Verschiefertes Konglomerat aus der Chail-Serie; die feinkörnigen Lagen bestehen aus Psammitschiefer oder Serizitschiefer. Nahe der Brücke N Hukam und S von Ranmagaon.
Schistose conglomerate from the Chail series. Fine grained layers consisting of psammitic and sericitic schists. Near the bridge, N of Hukam and S of Ranmagaon (Nepal).

Abb. 18: Grobes Konglomerat aus der Chail-Serie südlich Ranmagaon.
Coarse conglomerate from the Chail series, S of Ranmagaon.

Tafel 14

Abb. 16

Abb. 18

Abb. 19: Trockenrisse und Wellenfurchen in der roten Sandstein-Dolomit-Schiefer-Wechselfolge (Nagthat-Blaini) am Weg zum Jangla Bhanjyang.
Desiccation cracks and ripple marks in the reddish formation consisting of alternations of sandstone, dolomite and slate. On the way to the Jangla Bhanjyang coming from the S.

Abb. 20: Bergsturzblock aus Bänderdolomitfolge; hell: rosa, dichter Dolomit, dunkel: graue, phyllitische Schiefer. (Blaini-Kalk.) Beachte das transversale s und die Scherfaltung. S Nauri, Jangla Bhanjyang. Landslip block of banded dolomite; reddish, dense dolomite (light), grey phyllitic slate (dark) (Blaini lms.). Note the transversal shearing and shear folding, S of Nauri camping ground, Jangla Bhanjyang, Nepal.

Tafel 17

Abb. 21: Blick vom Nauri-Campplatz gegen SW talabwärts (Jangla Bhanjyang).
Nauri camping ground view towards SW down the valley. Jangla Bhanjyang, Nepal.
1 Dolomit (entspr. Unt. Shali-Kalk—Blaini) — dolomite (corresponding Lower Shali lms. and Blaini)
2 Schwarze Schiefer (Shali slates) — black slates (Shali slates)
3 Phyllite + Kalkglimmerschiefer + Dolomitmarmor — phyllite + micaceous marble and dolomitic marble
4 Kalkglimmerschiefer (metamorpher Ob. Shali-Kalk?) — micaceous marble (metamorphosed Up. Shali lms.?)

Abb. 25: Bändermigmatit (1) mit reliktischen Zügen von grobschuppig-pegmatoidem Gneis (2) (ähnlich Abb. 26), Rimgang Khola, Nepal.
Banded migmatite (1) with relicts of coarse grained-pegmatoid gneiss (2) similar to Fig. 26; Rimgang Khola, Nepal.

Abb. 26: Schuppig-flaseriger Granat-Disthengneis mit pegmatoiden Linsen; ENE Tara Gömba, Barbung Khola.
Flaser-gneiss containing garnet, cyanite, and pegmatoid lenses; ENE Tara Gömba, Barbung Khola, Nepal.

Additional material from *Zum Bau des Himalaya,*
ISBN 978-3-211-86343-5 (978-3-211-86343-5_OSFO2),
is available at http://extras.springer.com

Tafel 18

Abb. 37: Blick vom French Col gegen S, gegen Dhaulagiri I (8172 m).
View from French Col towards S to Dhaulagiri I (8172 m), Nepal.
1 Dhaulagiri-Kalk (Kambro-Ordoviz) — Dhaulagiri limestone (Cambro-Ordovician)
2 Silur (?) — Silurian (?)
3 Tilicho-Paß-Formation (Devon) — Tilicho Pass formation (Devonian)

Abb. 38: Faltung im Dhaulagiri-Kalk; Mündung des French Col Gletschers in den Mayangdi Gletscher (Dhaulagirigruppe).
Folds in Dhaulagiri limestone; corner between French Col glacier and Mayangdi glacier (Dhaulagiri group).

Additional material from *Zum Bau des Himalaya*,
ISBN 978-3-211-86343-5 (978-3-211-86343-5_OSFO3),
is available at http://extras.springer.com

Tafel 19

Abb. 39: Gemasert-bänderiger Charakter des Dhaulagiri-Kalk, unterstes Deokamukh Khola, Nepal. Banded-flasery character of the Dhaulagiri limestone, lowest Deokamukh Khola, Nepal.

Tafel 20

Abb. 40: Blick vom Kamm östlich des French Col gegen SW und W.
From French Col view to the SW and W.
1 Dhaulagiri-Kalk (Kambro-Ordoviz) — Dhaulagiri limestone (Cambro-Ordovician)
2 Silur (?) — Silurian (?)
3 Tilicho-Paß Formation (Devon) — Tilicho Pass formation (Devonian)

Abb. 41: Der Talkessel von Mukut, Blick gegen Dhaula Himal.
Basin of Mukut view towards the Dhaula Himal.
1 Dhaulagiri-Kalk — Dhaulagiri limestone
2 Silur (?) — Silurian (?)
3 Tilicho-Paß-Formation (Devon) — Tilicho Pass formation (Devonian)
4 Karbonatquarzit, knapp unter Karbon-Unterkante — Carbonatequartzite, just below Carboniferous-Devonian boundary
5 Ice Lake-Formation (Unt. Karb.) — Ice Lake formation (Lower Carb.)

Additional material from *Zum Bau des Himalaya,*
ISBN 978-3-211-86343-5 (978-3-211-86343-5_OSFO4),
is available at http://extras.springer.com

Tafel 21

Abb. 42: Fächerförmige Fließmarke aus höherem Anteil der Tilicho-Paß-Formation (devonischer Flysch), Gebiet N Terang, Barbung Khola.
Frondescent cast in upper part of Tilicho Pass formation (Devonian flysch), region N of Terang, Barbung Khola, Nepal.

Abb. 44: Brekzienbank (1,10 m) in oberster Tilicho-Paß-Formation. Die Brekzie ist wahrscheinlich synsedimentär entstanden. NW vom French Col, Dhaulagirigruppe.
Probably intraformational breccia in uppermost Tilicho Pass formation. NW of French Col, Dhaulagiri group.

Tafel 21

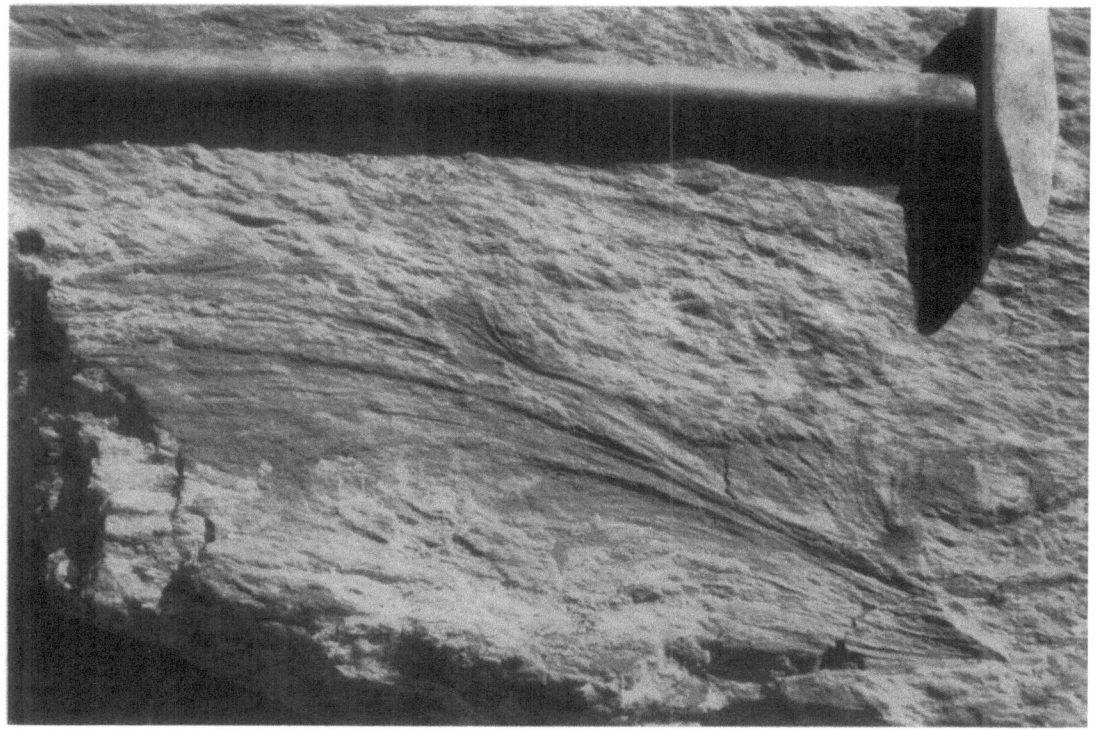

Abb. 42

Abb. 44

Tafel 22

Abb. 45: Deokamukh Khola, NE vom Ringmo-See.
The Deokamukh Khola, NE of Ringmo lake.
1 Devonischer Dolomit mit Kalk- und Schiefereinschaltungen — Devonian dolomite with intercalations of limestone and shale
2 Thini Chu-Formation (Oberes Perm) — Thini Chu formation (Up. Permian)
3 Untertrias — Lower Trias
4 Mukut-Kalk (Anis-Karn) — Mukut limestone (Anisian-Carnic)
5 Tarap-Schiefer (Nor) — Tarap shales (Noric)
6 Quarzit-Serie und Mukut-Kalk — Quartzite series and Mukut limestone

Abb. 46: Vom Paß (5330 m), der von Atali (Tarap Khola) ins Deokamukh Khola führt, Blick gegen SW und W.
View to the SW and W seen from the pass (5330 m) connecting—Atali (Tarap Khola) with the Deokamukh Khola.
1 Devonischer Dolomit — Devonian dolomite
2 Quarzite und Schiefer der Thini Chu-F. (Oberes Perm) — Quartzites and shales of the Thini Chu fn. (Up. Permian)
2a Obere, sandige Schiefer der Thini Chu-Formation — Upper arenaceous shales of the Thini Chu fn.
3 Untertrias — Lower Trias
4 Mukut-Kalk (Anis-Karn) — Mukut limestone (Anisian-Carnic)
5 Tarap-Schiefer (Nor) — Tarap shales (Noric)
6 Quarzit-Serie + Kioto-Kalk — Quartzite series + Kioto limestone

Abb. 47: Die Berge SE vom Tekochen Bhanjyang. Die starren Quarzite des Perm durchstoßen in einer Antiklinale ihre Hüllgesteine.
The mountains SE of Tekochen Bhanjyang. The rigid Permian quartzites of the core of an anticline push through the covering beds.
1 Quarzite der Thini Chu-F. (Ob. Perm) — quartzites of the Thini Chu fn. (Up. Permian)
2 Obere, sandige Schiefer der Thini Chu-Formation — Upper arenaceous shales of Thini Chu fn.
3 Skyth — Lower Trias
4 Mukut-Kalk — Mukut limestone

Additional material from *Zum Bau des Himalaya,*
ISBN 978-3-211-86343-5 (978-3-211-86343-5_OSFO5),
is available at http://extras.springer.com

Tafel 23

Abb. 48: Tetrapodenfährte aus dem obersten Teil der Thini Chu-F. (Ob. Perm), Barbung Khola, nahe [113]
Trace of a tetrapod observed in uppermost part of Thini Chu fn. (Up. Permian), Barbung Khola, Nepal, near [113], Plate 7.

Abb. 49: Untertrias-Aufschluß 7 km N Barbong, Barbung Khola. (Beschreibung im Text.)
Outcrop of Lower Trias, 7 km N of Barbong, Barbung Khola, Nepal.
1 Arenaceous shales containing Permian brachiopods
2 Hard, ferruginous, dark limestone (1.6 m)
3 Grey, in the lower part black shales with a few layers of limestone
4 Very light, grey, partly white-pinkish, thin-bedded limestone (3 m)
5 Hard, blue grey limestone, rich in ammonites (2 m)
6 Grey-blue thin-bedded limestone with lumachelle [114] (1 m)
7 Blue thin-bedded limestone with nodular s-planes and grey shale intercalations in the lower part (3.5 m)
8 Mukut limestone (Anisian-Carnic)

Tafel 23

Abb. 48

Abb. 49

Additional material from *Zum Bau des Himalaya,*
ISBN 978-3-211-86343-5 (978-3-211-86343-5_OSFC6),
is available at http://extras.springer.com

Tafel 25

Abb. 52: Die Ortschaft Tarap von S vom Probepkt. [58] aus gesehen.
Village Tarap seen from the S from point where sample [58] was collected.
1 Quarzit, Sandstein und Schiefer der Thini Chu-F. (Ob. Perm) — quartzite, sandstone and slates of Thini Chu fn. (Up. Permian)
2 Skyth + Mukut-Kalk — Lower Trias + Mukut lms.
3 Tarap-Schiefer (Nor) — Tarap shales (Noric)
4 Quarzit-Serie + Kioto-Kalk — Quartzite series + Kioto limestone
V = Verwerfung — fault

Abb. 53: Die E-Seite des Barbung Khola von Barbong aus gesehen.
View of E-side of Barbung Khola seen from Barbong.
1 Ice Lake-Formation (Unt. Karb.) — Ice Lake fn. (Lower Carb.)
2 Thini Chu-Formation (Ob. Perm) — Thini Chu fn. (Up. Permian)
3 Skyth + Mukut-Kalk (Anis-Karn) — Scythian + Mukut limestone (Anisian-Carnic)
4 Tarap-Schiefer (Nor) — Tarap shales (Noric)
5 Quarzit-Serie (Ob. Nor ?—Rhät) — Quartzite series (Up. Noric ?—Rhaetic)
6 Kioto-Kalk (Rhät—Unt. Dogger) — Kioto limestone (Rhaetic—lower Dogger)
7 Lumachelle-Formation (Dogger) — Lumachelle formation (Dogger)
V = Verwerfung — fault

Abb. 54: Blick von der W-Seite des Barbung Khola gegen NE auf die Berge südlich Charka.
View towards the NE to mountains S of Charka, from the W-side of Barbung Khola.
1 Thini Chu-Formation (Ob. Perm) — Thini Chu fn. (Up. Permian)
2 Skyth + Mukut-Kalk (Anis-Karn) — Scythian + Mukut limestone (Anisian-Carnic)
3 Tarap-Schiefer (Nor) — Tarap shales (Noric)
4 Quarzit-Serie (Ob. Nor—Rhät) + Kioto-Kalk (Rhät—U. Dogger) — Quartzite series (Up. Noric—Rhaetic) + Kioto limestone (Rhaetic—lower Dogger)
V = Verwerfung — fault

Additional material from *Zum Bau des Himalaya,*
ISBN 978-3-211-86343-5 (978-3-211-86343-5_OSFO7),
is available at http://extras.springer.com

Tafel 26

Abb. 55: Karbonatquarzit (li), (Kioto-)Kalk (re) aus Quarzit-Serie W Charka (siehe Text).
Partly crossbedded calcareous quartzite (left) and (Kioto) limestone (right). Transition obvious, both beds belonging to Quartzite series; W Charka.

Abb. 56: Fleckige Schichtung im basalen Kioto-Kalk. Dolomitische Partien (hell), Kalk (dunkel). Kar NNE Mukut.
Mottled bedding in basal Kioto limestone; dolomite (light), limestone (dark); small glacier basin NNE of Mukut.

Tafel 26

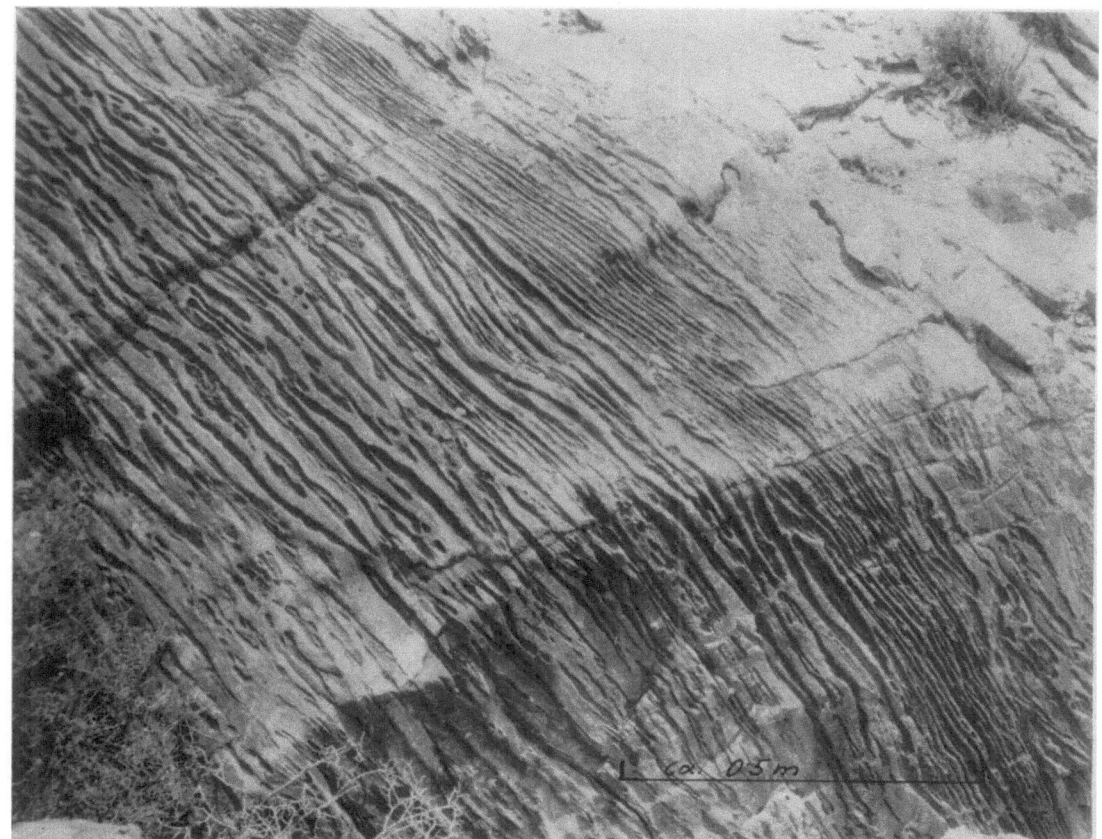

Abb. 55

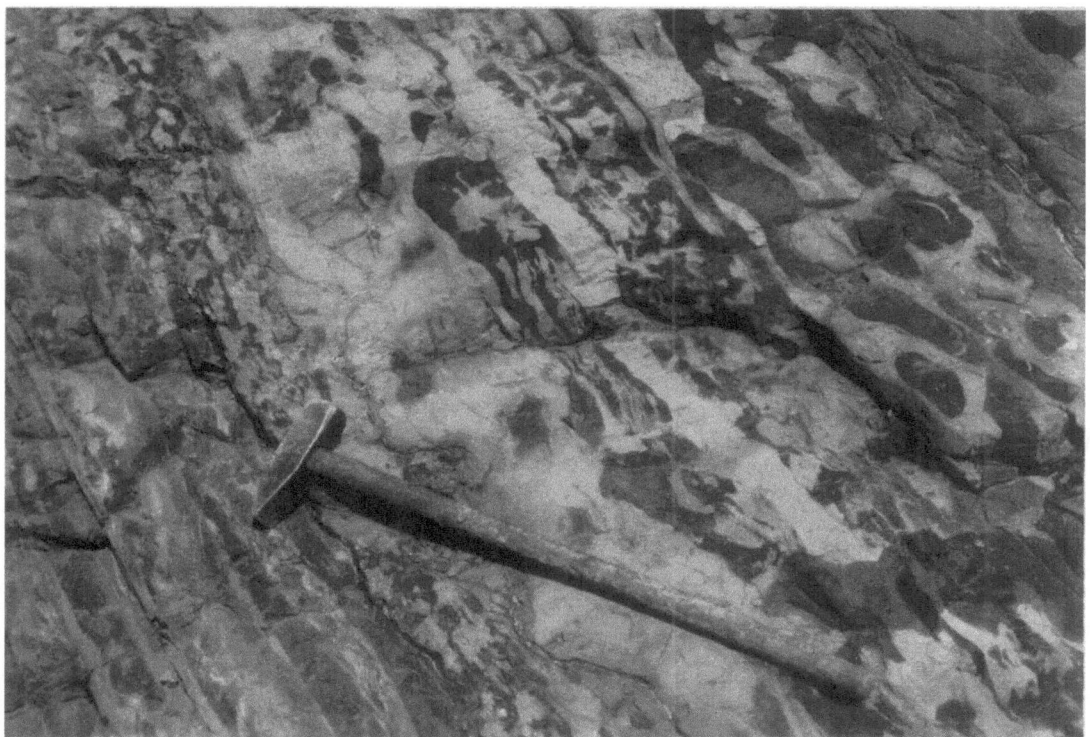

Abb. 56

Tafel 27

Abb. 57: Ansicht des Kares NNE Mukut.
View of the small glacier basin, NNE of Mukut.
1 Mukut-Kalk (Anis-Karn) — Mukut limestone (Anisian-Carnic)
2 Tarap-Schiefer (Nor) — Tarap shales (Noric)
3 Quarzit-Serie (Ob. Nor?—Rhät) — Quartzite series (Up. Noric?—Rhaetic)
3a Bunte Schichten — Varicoloured beds
4 Kioto-Kalk (Rhät—Unt. Dogger) — Kioto limestone (Rhaetic—lower Dogger)
69, 70 Probepunkte — spots where samples taken

Abb. 59: NW-Seite des Tales, das vom Charka Bhanjyang nach Tarap führt.
NW-side of the valley descending from Charka Bhanjyang to Tarap.
1 Tarap-Schiefer (Nor) — Tarap shales (Noric)
2 Kioto-Kalk (Rhät—Unt. Dogger) — Kioto limestone (Rhaetic—lower Dogger)
3a Tieferer, sandsteinreicherer Teil der Lumachelle-F. — Lower part of Lumachelle fn., richer in sandstone
3b Höherer, kalk- und mergelreicherer Teil der Lumachelle F. — Upper part of Lumachelle fn., richer in limestone and marl.

Additional material from *Zum Bau des Himalaya*,
ISBN 978-3-211-86343-5 (978-3-211-86343-5_OSFO8),
is available at http://extras.springer.com

Tafel 28

Abb. 60: Das Tal, das vom Charka Bhanjyang nach Tarap führt, Blick gegen E.
The valley descending from Charka Bhanjyang to Tarap seen from the W.
1 Tarap-Schiefer (Nor) — Tarap shales (Noric)
2 Quarzit-Serie + Kioto-Kalk — Quartzite series + Kioto limestone
3 Lumachelle-Formation (Dogger) — Lumachelle formation (Dogger)
V = Verwerfung — fault

Abb. 61: Dhaula Himal, Mukut- und Barbung Khola von dem Paß (5950 m) aus gesehen, der Mukut und Hidden Valley verbindet.
Dhaula Himal, Mukut- and Barbung Khola seen from the pass (5950 m) connecting Mukut with the Hidden Valley.
1 Dhaulagiri-Kalk (Kambro-Ordoviz) — Dhaulagiri limestone (Cambro-Ordovician)
2 Silur (?) — Silurian (?)
3 Tilicho-Paß-Formation (Devon) — Tilicho Pass fn. (Devonian)
4 Ice Lake-Formation (Unt. Karb.) — Ice Lake fn. (Lower Carb.)
5 Thini Chu-Formation (Ob. Perm) — Thini Chu fn. (Up. Permian)
6 Skyth + Mukut-Kalk (Anis-Karn) — Scythian + Mukut limestone (Anisian-Carnic)
7 Tarap-Schiefer (Nor) — Tarap shales (Noric)
8a Quarzit-Serie (Ob. Nor?—Rhät) — Quartzite series (Up. Noric?—Rhaetic)
8 Kioto-Kalk (Rhät—Unt. Dogger) — Kioto limestone (Rhaetic—lower Dogger)

Additional material from *Zum Bau des Himalaya*,
ISBN 978-3-211-86343-5 (978-3-211-86343-5_OSFO9),
is available at http://extras.springer.com

Tafel 29

Abb. 62: Diskordante Aufschiebung (Ü) des Dhaulagiri Kalk (1) auf devonischen Dolomit (2); oberstes Lulo Khola, Nepal.
Unconformable overthrust (Ü) of Dhaulagiri limestone (1) over Devonian dolomite (2); uppermost Lulo Khola, Nepal.

Abb. 64: Verfaltungen in der Antiklinale N Barbong; E-Seite des engen Talabschnitts des Barbung Khola, N-Barbong.
Folds of the anticline N of Barbong; E-side of the gorge of Barbung Khola, N of Barbong.
1 Tilicho-Paß-Formation (Devon) — Tilicho Pass fn. (Devonian)
2 Ice Lake-Formation (Unt. Karb.) — Ice Lake fn. (Lower Carb.)
3 Thini Chu-Formation (Ob. Perm) — Thini Chu fn. (Up. Permian)
4 Skyth + Mukut-Kalk (Anis-Karn) — Scythian + Mukut limestone (Anisian-Carnic)

Abb. 65: Spitzfalten in Tilicho-Paß-F. (Devon) (1) der Barbong-Antiklinale. 2 = Ice Lake-F. (Unt. Karb.), W-Seite des Barbung Khola.
Zig-zag folds in the Tilicho Pass fn. (Devonian) (1) of the Barbong-anticline. 2 = Ice Lake fn. (Lower Carb.); W-side of Barbung Khola.

Additional material from *Zum Bau des Himalaya*,
ISBN 978-3-211-86343-5 (978-3-211-86343-5_OSFO10),
is available at http://extras.springer.com

If you have any concerns about our products,
you can contact us on
ProductSafety@springernature.com

In case Publisher is established outside the EU,
the EU authorized representative is:
Springer Nature Customer Service Center GmbH
Europaplatz 3, 69115 Heidelberg, Germany

Printed by Libri Plureos GmbH
in Hamburg, Germany